普通高等教育"十一五"国家级规划教材

国家级特色专业"通信工程"系列教材

信息通信专业教材系列

移动通信原理与系统

（第 3 版）

啜　钢　王文博　常永宇　全庆一　编著

U0290926

北京邮电大学出版社

·北京·

内 容 简 介

本书较详细地介绍了移动通信的原理和实际的移动通信系统。首先介绍了无线通信的传播环境和传播预测模型、移动通信中的信源编码和调制解调技术以及抗衰落技术链路增强技术;其次介绍了蜂窝网组网的基本概念和理论,在此基础上重点介绍了 GSM 和其增强系统、第三代移动通信系统、第四代移动通信系统——LTE;最后对当前移动通信的发展和当前移动通信研究的一些热点做了介绍。

本书力求兼顾移动通信的基础理论和应用系统,内容由浅入深,可供不同层次的人员学习的需要。每章开头有学习指导,结束有习题和思考题。

本书可以作为通信本科高年级教材,同时可作为研究生和成人教育的教材,也可作为从事移动通信研究和工程技术人员的参考书。

北京邮电大学通信工程专业是教育部批准的第一批高等学校特色专业建设项目(TS2055),本系列教材的编写获得了该项目的资助,其目标是围绕该项目的建设,打造通信工程专业的精品教材。

图书在版编目(CIP)数据

移动通信原理与系统 / 啜钢等编著. --3 版. --北京:北京邮电大学出版社,2015.2(2018.1重印)
ISBN 978-7-5635-4294-9

Ⅰ.①移… Ⅱ.①啜… Ⅲ.①移动通信—通信系统—高等学校—教材 Ⅳ.①TN929.5

中国版本图书馆 CIP 数据核字(2015)第 028544 号

书　　　　名	移动通信原理与系统(第 3 版)
著作责任者	啜　钢　王文博　常永宇　全庆一　编著
责 任 编 辑	陈岚岚　张珊珊　刘　颖
出 版 发 行	北京邮电大学出版社
社　　　　址	北京市海淀区西土城路 10 号(100876)
发 行 部	电话:010-62282185　传真:010-62283578
E-mail	publish@bupt.edu.cn
经　　　　销	各地新华书店
印　　　　刷	北京鑫丰华彩印有限公司
开　　　　本	787 mm×1 092 mm　1/16
印　　　　张	23.75
字　　　　数	619 千字
版　　　　次	2005 年 9 月第 1 版　2009 年 2 月第 2 版　2015 年 2 月第 3 版　2018 年 1 月第 5 次印刷

ISBN 978-7-5635-4294-9　　　　　　　　　　　　　　　　　　　定　价:49.00 元

· 如有印装质量问题,请与北京邮电大学出版社发行部联系 ·

前　言

本书是 2009 年出版的普通高等教育"十一五"国家级规划教材的修订版。自 2009 年到现在五年多的时间里,移动通信理论和实际系统都发生了飞跃式发展。具体体现在 MIMO 和 OFDM 的理论已经成熟并用于大规模实际商用移动通信系统,同时协作通信的理论和技术、认知无线电的理论和技术以及大规模天线阵的理论也得到了迅猛的发展;另外,LTE 系统(即所谓的 4G 系统)已经商用,在此基础上的 LTE-A 协议版本已经成熟,5G 已经从原来的概念原型逐步走向实际,众多的专家学者已经在这一领域取得了可喜的成果,相信在不久的未来,LTE-A 和 5G 必将成为新一代移动通信系统呈现在人们的面前。鉴于此,我们对原来的教材进行了较大规模的修订,我们的目标是在保留基本理论和技术的同时尽可能地为读者展示新的理论和技术。

具体而言本次修订的教材在以下几个方面作了修改和内容增加:

(1) 对第 1 章的内容作了必要的修改,进一步完善了移动通信系统发展的介绍;

(2) 删除了第 2 章中模型矫正等内容,增加了 MIMO 无线信道的理论分析和建模介绍;

(3) 在第 5 章将功率控制和切换技术删除、移植到了第 7 章,并增加了随机接入和无线资源管理以及 LTE 网络等内容的介绍;

(4) 第 7 章重点介绍 3G 的物理层、功率控制和切换技术;

(5) 增加了第 8 章 LTE 系统的介绍;

(6) 第 9 章给出了未来移动通信的发展,特别是 LTE-A 和 5G 的一些相关技术简介。

本书修订后的主要内容包括:移动通信的发展、蜂窝移动通信系统的基本概念、移动通信的无线传播环境、信源编码和调制技术、抗衰落和链路性能增强技术、蜂窝组网技术、GSM 及其增强移动通信系统、第三代移动通信系统及其增强技术、第四代 LTE 移动通信系统介绍以及无线移动通信未来发展等。

本书的第 1 章、第 9 章由王文博教授编写;第 2 章、第 5 章和第 6 章由啜钢教授编写;第 3 章、第 4 章和第 8 章由常永宇教授编写;第 7 章由全庆一副教授编写。

本书是面向电子、信息与通信工程专业本科高年级学生使用的教材。在编写过程中同时考虑到对移动通信与系统教材的广泛需求,兼顾了研究生和成人教育,因此也可以有选择地作为研究生和成人教育教材。

由于作者才疏学浅,书中难免会出现一些错误和不妥之处,敬请批评指正。

啜钢于北京邮电大学

第1版前言

近年来,蜂窝移动通信系统的发展经历了一个从模拟网到数字网,从频分多址(FDMA)到时分多址(TDMA)和码分多址(CDMA)的过程。这种进展是日新月异的,目前我国的蜂窝移动通信系统已经基本结束了模拟网的历史,进入了数字网的时代。进入21世纪人们在继续关注第二代蜂窝移动通信系统发展的同时,已经把目光转向第三代蜂窝移动通信系统的产品开发和大量投入商用的网络准备工作。与此同时许多专家学者和移动通信产业界的有识之士,又在积极研究和开发第四代蜂窝移动通信系统。这些都无疑预示着21世纪蜂窝移动通信将会有更大的发展,并将继续成为在通信行业发展最活跃、发展最快的邻域之一。

鉴于这种情况,我们在参考大量文献并结合多年的研究开发移动通信的理论和应用系统的基础上,编写了这本以数字移动通信为主体的移动通信教材,力图将当前移动通信的最新理论和应用介绍给读者。

本书较详细地介绍了移动通信的原理和实际的应用系统,其主要内容有:移动通信的发展、蜂窝移动通信系统的基本概念、移动通信的无线传播环境、移动通信系统的调制技术、抗衰落技术、移动通信的组网技术、GSM 系统和 GPRS 系统、CDMA 系统和 cdma2000 1x 系统以及 WCDMA 和 TD-SCDMA 技术。最后对移动通信的发展做了展望。

本书的第1章、第2章、第5章和第6章由啜钢副教授编写;第3章、第4章由李宗豪副教授编写;第7章、第9章由常永宇副教授和啜钢副教授编写;第8章、第10章由常永宇副教授编写;第11章、第12章由王文博教授、彭涛和郑侃编写。

全书由啜钢副教授负责审定。

本书是为通信专业本科高年级学生使用的教材,但编写过程中我们考虑到社会上对移动通信与系统教材的广泛需求,因此也兼顾了研究生和成人教育的需求,所以本书也可以有选择地作为研究生和成人教育教材。

由于作者才疏学浅,书中难免会出现一些错误和不妥之处,敬请批评指正。

啜钢于北京邮电大学

第 2 版前言

20 世纪人类最伟大的科技成果之一就是蜂窝移动通信,它的飞速发展是超乎寻常的。蜂窝移动通信系统的发展经历了一个从模拟网到数字网,从频分多址(FDMA)到时分多址(TDMA)和码分多址(CDMA)的过程。这种进展是日新月异的。进入 21 世纪,人们在继续关注第二代蜂窝移动通信系统发展的同时,已开始将第三代蜂窝移动通信系统投入商用。与此同时,许多专家学者和移动通信产业界又在积极研究和开发第三代移动通信后续新的技术和系统。

伴随着移动通信技术的发展,各种介绍移动通信的专著和教材也层出不穷,然而适合信息通信专业或相关专业大学本科教学的教材还不是很多。鉴于这种情况,我们于 2002 年出版了《移动通信原理与应用》教材。此后,我们始终关注移动通信的教育如何紧跟移动通信的发展。2005 年我们在总结原有教材的基础上结合科研和教学成果重新修订了《移动通信原理与应用》教材,出版《移动通信原理与系统》高校本科教材。此教材已被评为北京市精品教材,同时,2006 年又被评为了普通高等教育"十一五"国家级规划教材。

在本次再版中我们又对原教材进行大量的修订,压缩了原教材的一些篇幅,增加了对一些新理论和技术的介绍,力图将当前移动通信的最新理论和应用介绍给读者。具体表现在:①相对于原教材,增加了信源编码、高阶调制技术、多天线和空时编码以及链路性能技术的介绍;②增加了增强型数据速率 GSM 演进技术(EDGE)的介绍;③重新编排了蜂窝组网技术和 3G 网络技术的内容,将一些带有共性的技术放到了蜂窝组网章节介绍,从而减少了重复,也减少了篇幅;④对当前的最新研究热点问题作了适当的介绍。

本书主要内容包括:移动通信的发展、蜂窝移动通信系统的基本概念、移动通信的无线传播环境、信源编码和调制技术、抗衰落和链路性能增强技术、蜂窝组网技术、GSM 及其增强移动通信系统、第三代移动通信系统及其增强技术和无线移动通信未来发展等。

本书的第 1 章、第 2 章、第 5 章和第 6 章由啜钢副教授编写;第 3 章、第 4 章由常永宇教授编写;第 7 章由全庆一副教授编写;第 8 章由王文博教授编写。

本书是面向信息通信专业本科高年级学生使用的教材。在编写过程中,我们同时考虑到对移动通信与系统教材的广泛需求,兼顾了研究生和成人教育,因此也可以有选择地作为研究生和成人教育教材。

由于作者才疏学浅,书中难免会出现一些错误和不妥之处,敬请批评指正。

啜钢于北京邮电大学

目　录

第1章 概 述

学习重点和要求

本章主要介绍移动通信原理及其应用方面的基本概念,主要包括移动通信发展进程、移动通信的特点、移动通信的工作频段、移动通信的工作方式、移动通信的应用系统和移动通信的发展趋势等。

要求:

- 重点掌握移动通信的概念、特点;
- 了解移动通信的发展历程及发展趋势;
- 了解无线频谱的规划及第三代移动通信的工作频段;
- 掌握移动通信的 3 种工作方式;
- 了解移动通信的应用系统。

1.1 移动通信发展简述

当今的社会已经进入了一个信息化的社会,没有信息的传递和交流,人们就无法适应现代化的快节奏的生活和工作。人们总是期望随时随地、及时可靠、不受时空限制地进行信息交流,提高生活水平和工作效率。

20 世纪 90 年代,通信领域专家提出的个人通信(Personal Communications)是人类通信的最高目标,它是用各种可能的网络技术实现任何人(whoever)在任何时间(whenever)、任何地点(wherever)与任何人(whoever)进行任何种类(whatever)的信息交换。移动通信的发展主要是其能够满足人们在任何时间、任何地点与任何个人进行通信的愿望。移动通信网随时跟踪用户并为其服务,不论主叫或被呼叫的用户是在车上、船上、飞机上,还是在办公室里、家里、公园里,他都能够获得其所需要的通信服务。移动通信是指通信双方或至少有一方处于运动中可进行信息交换的通信方式。移动通信的主要应用系统有无绳电话、无线寻呼、陆地蜂窝移动通信和卫星移动通信等。而陆地蜂窝移动通信是当今移动通信发展的主流和热点,是解决大容量、低成本公众需求的主要系统。

蜂窝移动通信的飞速发展是超乎寻常的,它是 20 世纪人类最伟大的科技成果之一。1946年美国 AT&T 推出第一个移动电话,为通信领域开辟了一个崭新的发展空间。20 世纪 70 年代末各国陆续推出蜂窝移动通信系统,移动通信真正走向广泛的商用,逐渐为广大普通民众所使用。蜂窝移动通信系统从技术上解决了频率资源有限、用户容量受限和无线电波传输时的相互干扰等问题。

20 世纪 70 年代末的蜂窝移动通信采用的空中接入方式为频分多址接入(FDMA)方式,

其传输的信号为模拟量,因此人们称此时的移动通信系统为模拟通信系统,也称为第一代移动通信系统(1G)。这种系统的典型代表有美国的 AMPS(Advanced Mobile Phone System)、欧洲的 TACS(Total Access Communication System)等。我国建设移动通信系统的初期主要就是引入的这两种系统。

然而随着移动通信市场的不断发展,对移动通信技术提出了更高的要求。由于模拟系统本身的缺陷,如频谱效率低、网络容量有限和保密性差等,使得模拟系统已无法满足人们的需求。为此在 20 世纪 90 年代初期北美和欧洲相继开发出了基于数字通信的移动通信系统,即所谓的数字蜂窝移动通信系统,也称为第二代移动通信系统(2G)。

第二代数字蜂窝移动通信系统克服了模拟系统所存在的许多缺陷,因此 2G 系统一经推出就备受人们关注,得到了迅猛的发展。短短的十几年就成为了世界范围的最大的移动通信网,完全取代了模拟移动通信系统。在当今的数字蜂窝移动系统中,最有代表性的是 GSM(Global System for Mobile Communications)系统,其占据着全球移动通信市场的主要份额。

GSM 是为了解决欧洲第一代蜂窝系统四分五裂的状态而发展起来的。在 GSM 之前,欧洲各国在整个欧洲大陆上采用了不同的蜂窝标准,对用户来讲,就不能用一种制式的移动台在整个欧洲进行通信。另外由于模拟网本身的弱点,使得它的容量也受到了限制。为此欧洲电信联盟在 20 世纪 80 年代初期就开始研制一种覆盖全欧洲的移动通信系统,即现在被人们称为 GSM 的系统。如今 GSM 移动通信系统已经遍及全世界,即所谓的“全球通”。

GSM 系统的空中接口采用的是时分多址(TDMA)的接入方式,话音通信过程中不同用户分配不同时隙。基于语音业务的移动通信网已经基本满足人们对于语音移动通信的需求,但是随着人们对数据通信业务的需求日益增高,特别是 Internet 的发展大大推动了人们对数据业务的需求。在这种情况下,移动通信网所提供的以语音为主的业务已不能满足人们的需要,为此移动通信业内开始开发研究适用于数据通信的移动系统。首先人们着手开发的是基于 2G 系统的数据系统,在不大量改变 2G 系统的条件下,适当增加一些网络单元和一些适合数据业务的协议,使系统可以较高效率地传送数据业务。如在 GSM 网络上进行增强的 GPRS 和 EDGE 就是这样的系统,也称为 2.5G 系统。

尽管 2.5G 系统可以方便地传输数据业务,但没有从根本上解决无线信道传输速率低的问题,因此应该说 2.5G 还是个过渡产品。20 世纪 90 年代中期人们定义的第三代移动通信系统(3G)才能基本达到人们对快速传输数据业务的需求。

3G 系统在国际电信联盟(ITU)标准化中称为 IMT-2000,它的目标主要有以下几个方面。

(1) 全球漫游,以低成本的多模手机来实现。全球具有公用频段,用户不再限制于一个地区和一个网络,而能在整个系统和全球漫游。在设计上具有高度的通用性,拥有足够的系统容量和强大的多种用户管理能力,能提供全球漫游。是一个覆盖全球的、具有高度智能和个人服务特色的移动通信系统。

(2) 适应多种环境,采用多层小区结构,即微微蜂窝、微蜂窝、宏蜂窝,将地面移动通信系统和卫星移动通信系统结合在一起,与不同网络互通,提供无缝漫游和业务一致性,网络终端具有多样性,并与第二代系统共存和互通,开放结构,易于引入新技术。

(3) 能提供高质量的多媒体业务,包括高质量的话音、可变速率的数据、高分辨率的图像等多种业务,实现多种信息一体化。

（4）足够的系统容量、强大的多种用户管理能力、高保密性能和服务质量。用户可用唯一个人电信号码（PTN）在任何终端上获取所需要的电信业务，这就超越了传统的终端移动性，真正实现个人移动性。

为实现上述目标，对无线传输技术提出了以下要求。

① 高速传输以支持多媒体业务：

- 室内环境至少 2 Mbit/s；
- 室外步行环境至少 384 kbit/s；
- 室外车辆环境至少 144 kbit/s。

② 传输速率按需分配。

③ 上下行链路能适应不对称业务的需求。

④ 简单的小区结构和易于管理的信道结构。

⑤ 灵活的频率和无线资源的管理、系统配置和服务设施。

第三代移动通信系统（3G）的标准都是以码分多址（CDMA）为核心技术，主要包括：欧洲的 WCDMA、北美的 cdma2000 和中国的 TD-SCDMA 三个标准。

随着移动通信需求的不断增长以及新技术在移动通信中的广泛应用，促使移动网络迅速发展。移动网络由单纯的传递和交换信息，逐步向信息存储和智能化处理等高速数据应用发展，高速移动数据的需求进一步推动了 3G 技术的演进，包括 HSDPA、HSUPA、HSPA 和 HSPA＋等技术应运而生，使 3G 移动网络接入的数据速率可以达到几兆比特每秒到十几兆比特每秒，并在实际网络中得到应用。

近几年来，随着宽带业务的发展，人们希望获得更大带宽的数据速率，传输更高速的多媒体数据，更灵活的网络架构，更小的接入时延。第三代移动通信标准化组织（3GPP）提出了基于正交频分复用和多入多出天线技术开发的准第四代移动通信系统，即第三代移动通信的长期演进技术（3G LTE），其主要特点是在 20 MHz 频谱带宽下能够提供下行 100 Mbit/s 与上行 50 Mbit/s 的峰值速率，相对于 3G 网络大幅度地提高了小区的容量，同时将网络延迟大幅度降低：内部单向传输时延低于 5 ms，控制平面从睡眠状态到激活状态迁移时间低于 50 ms，从驻留状态到激活状态的迁移时间小于 100 ms。

ITU 把第四代移动通信称为 IMT-Advanced。3GPP 提出的 LTE-Advanced 是 3G LTE 技术的升级版，它满足 ITU-R 的 IMT-Advanced 技术征集的需求，现已成为事实上的第四代移动通信标准。LTE-Advanced 是一个后向兼容的技术，完全兼容 LTE，是演进而不是革命，LTE-Advanced 就是 LTE 技术的升级版。它的技术特性包括：100 MHz 带宽，下行 1 Gbit/s，上行 500 Mbit/s 的峰值速率，下行每赫兹 30 bit/s，上行每赫兹 15 bit/s 的峰值频谱效率，有效支持新频段、离散频段和大带宽应用等。

1.2 移动通信的特点

移动通信的传输手段依靠无线电通信，因此，无线电通信是移动通信的基础，而无线通信技术的发展不断推动移动通信的发展。当移动体与固定体之间通信联系时，除依靠无线通信技术外，还依赖于有线通信网络技术，例如，公众电话网（PSTN）、公众数据网（PDN）、综合业务数字网（ISDN）。移动通信的主要特点如下。

1. 移动通信利用无线电波进行信息传输

移动通信中基站至用户终端间必须靠无线电波来传送信息。然而由于陆地无线传播环境十分复杂导致了无线电波传播特性较差,传播的电波一般都是直射波和随时间变化的绕射波、反射波、散射波的叠加,造成所接收信号的电场强度起伏不定,最大可相差几十分贝,这种现象称为衰落。另外,移动台的不断运动,当达到一定速度时,固定点接收到的载波频率将随运动速度 v 的不同,产生不同的频移,即产生多普勒效应,使接收点的信号场强振幅、相位随时间、地点而不断地变化,会严重影响通信传输的质量。这就要求在设计移动通信系统时,必须采取抗衰落措施,保证通信质量。

2. 移动通信在强干扰环境下工作

在移动通信系统中,除了一些外部干扰外,如自于城市噪声、各种车辆发动机点火噪声、微波炉干扰噪声等,自身还会产生各种干扰。主要的干扰有互调干扰(Intermodulation Interference)、邻道干扰(Adjacent Channel Interference)及同频干扰(Cochannel Interference)等。因此,无论在系统设计中,还是在组网时,都必须对各种干扰问题予以充分的考虑。

(1) 互调干扰

互调干扰是指两个或多个信号作用在通信设备的非线性器件上,产生与有用信号频率相近的组合频率,从而对通信系统构成干扰的现象。产生互调干扰的原因是由于在接收机中使用"非线性器件"引起的。如接收机的混频,当输入回路的选择性不好时,就会使不少干扰信号随有用信号一起进入混频级,最终形成对有用信号的干扰。

(2) 邻道干扰

邻道干扰是指相邻或邻近的信道(或频道)之间的干扰,是由于一个强信号串扰弱信号而造成的干扰。如有两个用户距离基站位置差异较大,且这两个用户所占用的信道为相邻或邻近信道时,距离基站近的用户信号较强,而距离远的用户信号较弱,因此,距离基站近的用户有可能对距离远的用户造成干扰。为解决这个问题,在移动通信设备中,使用了自动功率控制电路,以调节发射功率。

(3) 同频干扰

同频干扰是指相同载频电台之间的干扰。由于蜂窝式移动通信采用同频复用来规划小区,这就使系统中相同频率电台之间的同频干扰成为其特有的干扰。这种干扰主要与组网方式有关,在设计和规划移动通信网时必须予以充分的重视。

3. 通信容量有限

频率作为一种资源必须合理安排和分配。由于适于移动通信的频段是有限的,所以在有限的频段内通信容量也是有限的。为满足用户需求量的增加,只能在有限的频段中采取有效利用频率的措施,如频道重复利用和多天线技术等方法。

4. 通信系统复杂

由于移动台在通信区域内随时运动,需要随机选用无线信道,进行频率和功率控制,还需要使用地址登记、越区切换及漫游等跟踪技术,这就使其信令种类比固定网要复杂得多。在入网和计费方式上也有特殊的要求,所以移动通信系统是比较复杂的。

5. 对移动台的要求高

移动台长期处于不固定位置状态,外界的影响很难预料,如尘土、振动、碰撞、日晒雨淋,这就要求移动台具有很强的适应能力。此外,还要求性能稳定可靠,携带方便,小型,低功耗及能耐高,低温等。同时,要尽量使用户操作方便,适应新业务、新技术的发展,以满足不同人群的使用。目前智能化终端已占据移动通信终端的主流市场。

1.3 移动通信工作频段

1.3.1 我国移动通信的工作频段

频谱是宝贵的资源。为了有效使用有限的频率,对频率的分配和使用必须服从国际和国内的统一管理,否则将造成互相干扰或频率资源的浪费。

原邮电部根据国家无线电管理委员会规定现阶段取 160 MHz 频段、450 MHz 频段、900 MHz频段作为移动通信工作频段。

- 160 MHz 频段:138~149.9 MHz;
  150.05~167 MHz。
- 450 MHz 频段:403~420 MHz;
  450~470 MHz。
- 900 MHz 频段:890~915 MHz(移动台发、基站收);
  935~960 MHz(基站发、移动台收)。

IS-95CDMA 出现后,为其分配的频段为:

800 MHz 频段:824~849 MHz(移动台发、基站收);
869~894 MHz(基站发、移动台收)。

1.3.2 第三代移动通信的工作频段

为发展公众陆地移动通信,在选择频率时,必须要考虑满足个人通信系统(PCS)的需要,1 GHz以下仅剩少量离散频带,只有在 1~3 GHz 频段中,既有丰富频率资源又适合于微小区电波传播,适合发展个人通信系统(PCS)。因此,第三代移动通信系统主要工作在 2 000 MHz频段上。目前国际和国内关于第三代移动通信的频率规划如下。

1. ITU 的频率规划

国际电联对第三代移动通信系统的频率划分大致如下:1992 年,世界行政无线电大会(WARC)划分给未来公共陆地移动通信系统(FPLMTS)的频率范围是 1 885~2 025 MHz 和2 110~2 200 MHz,共 230 MHz。其中,1 980~2 010 MHz(地对空)和 2 170~2 200 MHz(空对地),共 60 MHz 频率用于卫星移动业务(MSS)。在世界无线电会议(WRC95)上,又确定了2005 年以后的 MSS 划分范围是 1 980~2 025 MHz 和 2 160~2 200 MHz。2000 年 ITU 代表在土耳其的伊斯坦布尔召开的世界无线电会议(WRC)上,规定了 3 个新的全球频段,标志着建立全球无线系统新时代的到来。这些频段是 805~960 MHz、1 710~1 885 MHz 和 2 500~2 690 MHz。

2. 欧洲的频率规划

欧洲早在 20 世纪 80 年代中期即已开始研究第三代移动通信系统。1987 年正式提出了通用移动通信系统(UMTS)的概念。UMTS 的目标是提供宽带多媒体业务,业务速率达 2 Mbit/s。UMTS 面对第三代移动通信的频率规划为 1 900～2 025 MHz 和 2 110～2 200 MHz。陆地业务频段为 1 900～1 980 MHz、2 110～2 170 MHz 和 2 010～2 025 MHz;卫星移动通信业务频段为 1 980～2 010 MHz 和 2 170～2 200 MHz。在陆地业务频段中,1 900～1 920 MHz 为单向链路或者 TDD 技术,1 920～1 980 MHz 为 FDD 上行,2 110～2 170 MHz 为 FDD 下行。

3. 日本的频率规划

日本的第二代移动通信系统制式没有与国际标准统一,但在第三代移动通信的研究方面已明确指出,要与国际电联的要求相一致。它们的频率划分基本与欧洲 UMTS 的划分相同,其频率划分范围是 1 918～2 010 MHz 和 2 110～2 200 MHz,而 1 895～1 918 MHz 划分给了 PHS(TDD 方式)。

4. 美国的频率规划

美国将 1.9 GHz 左右的频段划分给了个人通信系统(PCS),所以在第三代移动通信系统的频段规划上存在着很多问题。目前,美国正准备向电联建议,能否将 IMT-2000 的上下行频段倒置,以避开其 PCS 基站对 IMT-2000 用户终端的干扰。

美国 PCS 的频率划分范围是 1 850～1 990 MHz,具体划分方案如下。

(1) FDD 方式

- A:1 850～1 865 MHz,1 930～1 945 MHz;
- B:1 870～1 885 MHz,1 950～1 965 MHz;
- C:1 895～1 910 MHz,1 975～1 990 MHz;
- D:1 865～1 870 MHz,1 945～1 950 MHz;
- E:1 885～1 890 MHz,1 965～1 970 MHz;
- F:1 890～1 895 MHz,1 970～1 975 MHz。

(2) TDD 方式

无许可证的频段:1 910～1 930 MHz。

5. 中国的频率规划现状

在我国,根据现有的无线电频率划分表,1 700～2 300 MHz 用于移动业务、固定业务和空间业务。其中,1 990～2 010 MHz 用于航空无线电导航业务,2 090～2 120 MHz 用于空间科学业务(气象辅助和地球探测业务,地对空方向)。在不干扰固定业务的情况下,2 085～2 120 MHz 可用于无线电定位业务。

在已有的频段划分中,已分配给 GSM1800 的频率为 1 710～1 755 MHz/1 805～1 850 MHz,共 2×45 MHz。2000 年 6 月,原信息产业部对 3 400～3 600 MHz 频段进行重新规划,规定 FDD 方式固定无线接入系统,工作频段如下。

- 终端站发射频段:3 400～3 430 MHz;
- 中心站发射频段:3 500～3 530 MHz;

- 收发频率间隔：100 MHz。

　　世界各国和地区频率分配的方式各不相同，因而造成了全球漫游的困难。在某些情况下有些运营公司将使用新的频谱提供 3G 业务，而其他一些运营公司计划使用现有的频谱，提供演进中的预 3G 业务。第三代移动通信系统的频谱分配如图 1.1 所示。

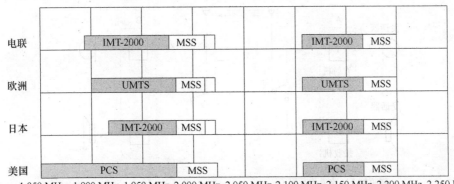

图 1.1　第三代移动通信系统频谱分配

1.3.3　第四代移动通信(4G)的频率划分

　　(1) 国际电联给 4G LTE 划分了 4 个频段：3.4～3.6 GHz 的 200 MHz 带宽、2.3～2.4 GHz 的 100 MHz 带宽、698～806 MHz 的 108 MHz 带宽和 450～470 MHz 的 20 MHz 带宽。

　　(2) 中国 4G 频段包括 TD-LTE 频段和 FDD LTE 频段。

　　① TD-LTE 频段：中国移动分配 130 MHz 带宽，分别为 1 880～1 900 MHz、2 320～2 370 MHz、2 575～2 635 MHz；中国联通分配 40 MHz 带宽，分别为 2 300～2 320 MHz、2 555～2 575 MHz；中国电信分配 40 MHz 带宽，分别为 2 370～2 390 MHz、2 635～2 655 MHz。

　　② FDD LTE 频段：中国电信分配 1.8 GHz 频段 (1 755～1 785 MHz/1 850～1 880 MHz)，中国联通分配 2.1 GHz 频段 (1 955～1 980 MHz/2 145～2 170 MHz)。

1.4　移动通信的工作方式

　　按照通话的状态和频率的使用方法，可将移动通信的工作方式分成不同种类，有单向和双向通信、单工和双工通信。下面是几种常用的工作方式。

1. 单工通信

　　所谓单工通信是指通信双方电台交替地进行收信和发信。根据通信双方是否使用相同的频率，单工制又分为同频单工和双频单工，如图 1.2 所示。单工通信常用于点到点通信。在平时，单工制工作方式双方设备的接收机均处于接听状态。当 A 方需要发话时，先按下"按-讲"开关，关闭接收机，由 B 方接收；B 方发话时也将按下"按-讲"开关，关闭接收机，从而实现双向通信。这种工作方式收发信机可使用同一副天线,而不需天线共用器,设备简单,功耗小,但操作不方便。在使用过程中,往往会出现通话断续现象。同频和双频单工的操作与控制方式一样,差异仅仅在于收发频率的异同。单工制一般适用于专业性强的通信系统,如交通指挥等公安系统。

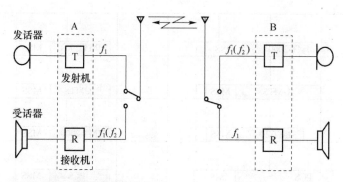

同频单工:收发均采用 f_1。
双频单工:收发分别采用 f_1 和 f_2。

图 1.2   同频(双频)单工方式

2. 双工通信

双工通信是指通信双方的收发信机均同时工作,即任何一方讲话时,可以听到对方的话音,没有"按-讲"开关,双方通话像市内电话通话一样,有时也叫全双工通信。双工通信一般使用一对频道,以实施频分双工(FDD)工作方式。这种工作方式虽然耗电大,但使用方便,因而在移动通信系统中获得了广泛的应用,如图 1.3 所示。

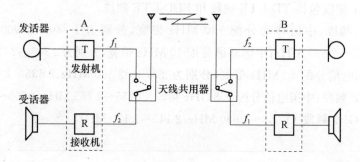

图 1.3   双工方式

3. 半双工通信

为解决双工方式耗电大的问题,在一些简易通信设备中可以使用半双工通信方式。半双工通信是指通信双方有一方使用双工方式,即收发信机同时工作,且使用两个不同的频率 f_1 和 f_2;而另一方面则采用双频单工方式,即收发信机交替工作。这种方式在移动通信中一般使移动台采用单工方式,而基站则收发同时工作。其优点是:设备简单,功耗小,克服了通话断断续续的现象。但操作仍不太方便,所以主要用于专业移动通信系统中,如汽车调度系统等,如图 1.4 所示。

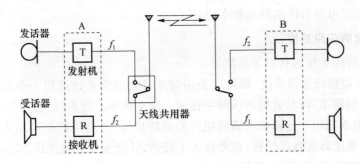

图 1.4　半双工方式

4. 中继方式

为了增加通信距离,可加设中继站。两个移动台之间直接通信距离只有几千米,经中继站转接后通信距离可加大到几十千米。一般采用一次中继转接,若多次中继转接将使信噪比下降。中继通道又分单工中继和双工中继两种基本方式。单工方式的中继站只需一套收发信机,采用全向天线。双工方式的中继站需两套收发信机,并往往采用两副定向天线,对准中继方向。若有一端是移动台,则用一副定向天线和一副全向天线,如图 1.5 所示。

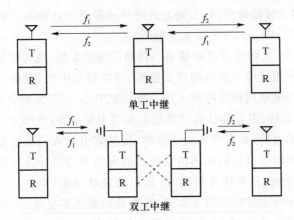

图 1.5　同频(双频)单工方式

1.5　移动通信的分类及应用系统

1. 移动通信的分类方法

- 按使用对象可分为民用设备和军用设备;
- 按使用环境可分为陆地通信、海上通信和空中通信;
- 按多址方式可分为频分多址(FDMA)、时分多址(TDMA)和码分多址(CDMA)等;
- 按覆盖范围可分为城域网和局域网;
- 按业务类型可分为电话网、数据网和综合业务网;
- 按工作方式可分为同频单工、双频单工、双频双工和半双工;
- 按服务范围可分为专用网和公用网;

- 按信号形式可分为模拟网和数字网。

2. 移动通信的应用系统

移动通信的应用系统包括以下系统。

① 蜂窝式公用移动通信系统:蜂窝式公用陆地移动通信系统适用于全双工工作、大容量公用陆地移动通信网络,可与公用电话网中任何一级交换中心相连接,实现移动用户与本地电话网用户、长途电话网用户及国际电话网用户的通话接续;与公用数据网相连接,实现数据业务的接续。这种系统具有越区切换、自动或人工漫游、计费及业务量统计等功能。

② 集群调度移动通信系统:集群调度移动通信系统属于调度系统的专用通信网。这种系统一般由控制中心、总调度台、分调度台、基地台及移动台组成。

③ 无绳电话系统:无绳电话最初是应有线电话用户的需求而诞生的,初期主要应用于家庭。这种无绳电话系统十分简单,只有一个与有线电话用户线相连接的基站和随身携带的手机,基站与手机之间利用无线电沟通。

但是,无绳电话很快得到商业应用,并由室内走向室外。这种公用系统由移动终端(公用无绳电话用户)和基站组成。基站通过用户线与公用电话网的交换机相连接而进入本地电话交换系统。通常在办公楼、居民楼群之间、火车站、机场、繁华街道、商业中心及交通要道设立基站,形成一种微蜂窝或微微蜂窝网,无绳电话用户只要看到这种基站的标志,就可使用手机呼叫。这就是所谓的"Telepoint"(公用无绳电话)。

④ 无线电寻呼系统:无线电寻呼系统是一种单向通信系统,既可作公用也可作专用,仅规模大小有差异而已。专用寻呼系统由用户交换机、寻呼控制中心、发射台及寻呼接收机组成。公用寻呼系统由与公用电话网相连接的无线寻呼控制中心、寻呼发射台及寻呼接收机组成。

⑤ 卫星移动通信系统:卫星移动通信系统是利用卫星中继,在海上、空中和地形复杂而人口稀疏的地区实现移动通信,具有独特的优越性,很早就引起人们的注意。最近二十年来,以手持机为移动终端的非同步卫星移动通信系统已涌现出多种设计及实施方案。其中,影响最大的要算铱(Iridium)系统,它采用 8 轨道 66 颗星的星状星座,卫星高度为 765 km。另外还有:全球星(Global star)系统,它采用 8 轨道 48 颗星的莱克尔星座,卫星高度约 1 400 km;奥德赛(Odessey)系统,采用 3 轨道 12 颗星的莱克尔星座,中轨,卫星高度为 10 000 km;白羊(Aries)系统,采用 4 轨道 48 颗星的星状星座,卫星高度约 1 000 km;以及俄罗斯的 4 轨道 32 颗星的 COSCON 系统。除上述系统外,海事卫星组织推出的 Inmarsat-P,实施全球卫星移动电话网计划,采用 12 颗星的中轨星座组成全球网,提供声像、传真、数据及寻呼业务。该系统设计可与现行地面移动电话系统联网,用户只需携带便携式双模式话机,在地面移动电话系统覆盖范围内使用地面蜂窝移动电话网,而在地面移动电话系统不能覆盖的海洋、空中及人烟稀少的边远山区、沙漠地带,则通过转换开关使用卫星网通信。

⑥ 无线 LAN/WAN:无线 LAN/WAN 是无线通信的一个重要领域。IEEE802.11、802.11a/802.11b 以及 802.11g 等标准已相继出台,为无线局域网提供了完整的解决方案和标准。随着需求的增长和技术的发展,无线局域网的应用越来越广,它的作用不再局限于有线网络的补充和扩展,已经成为计算机网络的一个重要组成部分。现在,一般移动通信智能终端可支持以 WLAN 方式接入互联网。

本书主要讨论蜂窝移动通信系统,其他系统读者可参考有关文献资料。

1.6 移动通信网的发展趋势

未来移动通信网络将向 IP 化的大方向演进。在此过程中,在移动网络上的业务将逐步呈现分组化特征,而网络结构将逐步实现以 IP 方式为核心的模式。

1. 移动业务走向数据化和分组化

在固定通信领域,话音业务正在受到数据业务的强力挑战,目前全球数据通信量将超过话音通信量。与固定通信相比,目前移动通信的话音通信量依然占绝对优势,但随着新技术的引入,如互联网公司开发的各类 OTT 业务,移动数据业务已开始呈现蓬勃发展的景象。

2. 移动通信网络扁平化和 IP 化

移动通信网络将向 IP 化方向演进,未来移动通信网络将是一个全 IP 的分组网络。对此,两个主要的第三代移动通信标准化组织 3GPP 和 3GPP2,都将第三代移动通信发展的目标设定为全 IP 网。ITU 也认为,可以将 IMT-2000 重新定义为 IMT——Interner Mobile/Multimedia Telecommunications,即"互联网移动/多媒体通信"。可以想象,移动通信核心网络已逐步采用宽带 IP 网络,承载从实时话音、视频到 Web 浏览、电子商务等多种业务,它成为一个电信级的多业务统一网络,在无线部分使用宽带无线接入技术。未来的移动通信网络将真正实现移动和 IP 的融合。

值得注意的是,尽管未来的移动通信网将使用移动 IP 技术支持未来的移动数据业务,但是,这并不意味着都将 IP 化。这是因为,话音业务和数据业务的服务质量要求是不一样的,因此可以使用不同的技术手段保障用户满意的服务质量要求。

3. 未来移动通信系统的三大主体

未来的移动通信系统将由以下三大主体给予支撑:

- 设备制造商,负责制造向用户提供服务的移动通信系统设备和终端;
- 服务运营商,负责向用户提供移动通信网络支撑和业务服务;
- 业务设计商,负责向运营商提供用户喜闻乐见的业务形式和业务内容。

这样一种分为三大主体的移动通信系统体系,是为了适应移动通信的业务内容在未来将从单纯提供话音业务向提供包括话音在内的多媒体业务的发展这样一个趋势。在移动通信系统需要提供多媒体业务的条件下,很多业务是不可能在设备制造阶段预见到的。因此,设备的制造就应该尽可能与业务的设置相独立。这一点很像现在的计算机和计算机软件是相互独立的两个生产范畴是一样的。这样一个需求和体系模式,在移动通信系统单纯提供话音业务的情况下显然是没有必要存在的。

因此,从这个意义上讲,未来移动通信的发展不仅将为设备制造商和业务运营商提供更大的市场空间,而且将造就一个庞大的业务服务群体并为其提供良好的市场空间。

总体来说,未来的网络将向宽带化、智能化、个人化方向发展,形成统一的综合宽带通信网,并逐步演进为由核心骨干层和接入层组成、业务与网络分离的构架。图 1.6 给出了未来的网络构架。该图显示,未来的网络已完全融合为一体。

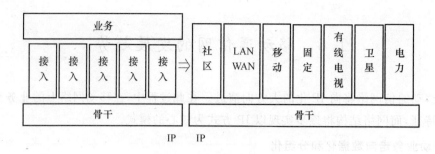

图 1.6　未来的网络结构

1.7　本书的内容安排

移动通信的迅猛发展,给我们在内容选取和结构安排上提出了挑战。本书的宗旨是,以基础理论、基本技术作为基础;以实际移动应用系统作为重点,力图全面准确地介绍蜂窝移动通信系统基础理论和系统。另外,尽量选取较新的资料和我们的一些研究成果为读者了解移动通信的发展以及新技术和方法提供帮助。具体安排如下。

第 2 章,较全面地介绍移动通信的无线传播环境和传播预测模型。这部分内容是移动通信的基础,也是移动通信系统设计的关键因素。

第 3 章,介绍移动通信中的调制解调技术,尽管这些技术在通信专业的先期课程中有所介绍,不过这里将依据移动通信的特点和要求,重点介绍在移动通信系统所采用的调制解调技术。

第 4 章,论述在移动通信系统中的各种抗衰落和抗干扰技术,为本书讲述移动应用系统提供必要的理论基础。

第 5 章,从移动通信网的角度介绍网络的组成基础和结构。

第 6 章,系统介绍 GSM 系统的业务、网络组成、信道结构以及呼叫处理和移动性管理等技术。力求以此系统为例,使读者较全面地了解一个实际系统的运作过程。另外,还将简单介绍 GPRS 和 EDGE 的一些基础。

第 7 章,介绍 cdma2000 1x、WCDMA 和 TD-SCDMA 移动通信系统。包括各系统的特色及其上、下行链路物理层信道结构;并介绍 cdma2000 1x 系统的功率控制与切换。

第 8 章,介绍 3G 长期演进(LTE)系统的特点、网络组成和信道结构等。

第 9 章,主要介绍第四代移动通信系统 3GPP LTE-Advanced 系统的增强技术和第五代移动通信系统的发展状况。

习题与思考题

1.1　简述移动通信的特点。

1.2　移动台主要受哪些干扰影响?哪种干扰是蜂窝系统所特有的?

1.3　简述蜂窝式移动通信的发展历史,说明各代移动通信系统的特点。

1.4　试画出第三代移动通信频谱分配图。

1.5　移动通信的工作方式主要有几种？蜂窝式移动通信系统采用哪种方式？

1.6　简述移动通信网的发展趋势。

本章参考文献

［1］　Willie W. Lu. 4G Mobile Research IN Asia. IEEE Communication magazine，March 2003.

［2］　Toru Otsu, Ichiro Okajima. Network Architecture for Mobile Communications Systems Beyond IMT-2000. IEEE Personal Communications，October 2001.

［3］　Aurelian Bria, Fredrik Gessler. 4th-Generation Wireless Infrastructures Scenarios and Research Challenges. IEEE Personal Communications，December 2001.

［4］　啜钢,王文博,常永宇,等. 移动通信原理与应用. 北京:北京邮电大学出版社,2002.

［5］　啜钢,等. CDMA 无线网络规划与优化. 北京:机械工业出版社,2004.

［6］　杨大成,等. cdma2000 1x 移动通信系统. 北京:机械工业出版社,2003.

第2章 移动通信电波传播与传播预测模型

学习重点和要求

本章主要介绍移动通信电波传播的基本概念和原理,并介绍常用的几种传播预测模型。首先介绍电波传播的基本特性,在此基础上讲解影响电波传播的 3 种基本的机制——反射、绕射和散射。然后较详细地论述移动无线信道及其特性参数,给出 MIMO 信道建模的基本方法,最后介绍常用的几种传播预测模型。

要求:

- 理解电波传播的基本特性;
- 了解 3 种电波传播的机制;
- 掌握自由空间和阴影衰落的概念;
- 掌握多径衰落的特性和多普勒频移;
- 掌握多径信道模型的原理和多径信道的主要参数;
- 掌握多径信道的统计分析及多径信道的分类;
- 掌握多径衰落信道的特征量的概念和计算;
- 了解衰落信道的建模和仿真;
- 了解 MIMO 信道的建模方法;
- 理解传播损耗和传播预测模型的基本概念,理解几种典型模型。

2.1 概　述

2.1.1 电波传播的基本特性

移动通信的首要问题就是研究电波的传播特性,掌握移动通信电波传播特性对移动通信无线传输技术的研究、开发和移动通信的系统设计具有十分重要的意义。移动通信的信道是指基站天线、移动用户天线和两副天线之间的传播路径。从某种意义上来说,对移动无线电波传播特性的研究就是对移动信道特性的研究。移动信道的基本特性就是衰落特性。这种衰落特性取决于无线电波的传播环境,不同的传播环境,其传播特性也不尽相同。而传播环境的复杂,就导致了移动信道特性十分复杂。总体来说,这些传播环境包括地貌、人工建筑、气候特征、电磁干扰情况、通信体移动速度情况和使用的频段等。无线电波在此环境下传播表现出了几种主要传播方式:直射、反射、绕射和散射以及它们的合成。图 2.1 描述了一种典型的信号传输环境。

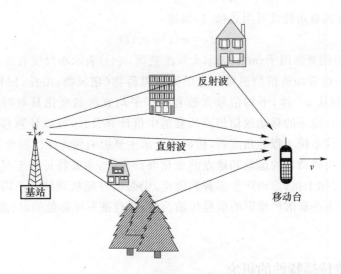

图 2.1　一种典型的信号传播环境

　　移动信道是一种时变信道。无线电波通过这种信道,在这种传播环境下所表现出的衰落一般表现为:随信号传播距离变化而导致的传播损耗和弥散;由于传播环境中的地形起伏、建筑物及其他障碍物对电磁波的遮蔽所引起的衰落,一般称为阴影衰落;无线电波在传播路径上受到周围环境中地形地物的作用而产生的反射、绕射和散射,使得其到达接收机时是从多条路径传来的多个信号的叠加,这种多径传播所引起的信号在接收端幅度、相位和到达时间的随机变化将导致严重的衰落,即所谓多径衰落。

　　另外,移动台在传播径向方向的运动将使接收信号产生多普勒(Doppler)效应,其结果会导致接收信号在频域的扩展,同时改变了信号电平的变化率。这就是所谓的多普勒频移,它的影响会产生附加的调频噪声,出现接收信号的失真。

　　通常人们在分析研究无线信道时,常常将无线信道分为大尺度(Large-Scale)传播模型和小尺度传播模型两种。大尺度模型主要是用于描述发射机与接收机(T-R)之间的长距离(几百或几千米)上信号强度的变化。小尺度模型用于描述短距离(几个波长)或短时间(秒级)内信号强度的快速变化。然而这两种衰落并不是独立的,在同一个无线信道中既存在大尺度衰落,也存在小尺度衰落,如图 2.2 所示。另外,根据发送信号与信道变化快慢程度的比较,无线信道的衰落又可分为长期慢衰落和短期快衰落。一般而言,大尺度表征了接收信号在一定时间内的均值随传播距离和环境的变化而呈现的缓慢变化,小尺度表征了接收信号短时间内的快速波动。

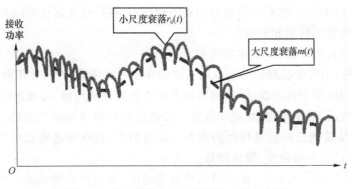

图 2.2　无线信道中的大尺度和小尺度衰落

因此无线信道的衰落特性可用式(2.1)描述：

$$r(t) = m(t) \times r_0(t) \tag{2.1}$$

式中，$r(t)$ 表示信道的衰落因子；$m(t)$ 表示大尺度衰落；$r_0(t)$ 表示小尺度衰落。

大尺度衰落是由移动通信信道路径上的固定障碍物(建筑物、山丘、树林等)的阴影引起的，衰减特性一般服从 d^{-n} 律，平均信号衰落和关于平均衰落的变化具有对数正态分布的特征。利用不同测试环境下的移动通信信道的衰落中值计算公式，可以计算移动通信系统的业务覆盖区域。从无线系统工程的角度看，传播的衰落主要影响到无线区的覆盖。

小尺度衰落是由移动台的运动和地点的变化而产生的，主要特征是多径。多径产生时间扩散，引起信号符号间干扰；运动产生多普勒效应，引起信号随机调频。不同的测试环境有不同的衰落特性。而多径衰落严重影响信号传输质量，并且是不可避免的，只能采用抗衰落技术来减少其影响。

2.1.2　电波传播特性的研究

如上所述，移动通信的无线信道传播环境是十分恶劣和复杂的，因此对于研究和开发移动通信系统来说，首要的问题就是了解移动通信环境下的无线信道传播特性。

一般来讲，研究无线信道的传播环境主要考虑以下问题。

(1) 在某个特定频率段和某种特定的环境中，电波传播和接收信号衰落的物理机制是什么？

(2) 在无线信号的传播路径上信号功率的路径损耗是多少？ 很好地了解路径损耗对移动通信中的无线小区覆盖设计具有实际的意义。路径损耗的预测对移动通信系统的设计和规划具有指导意义。

(3) 接收信号的幅度、相位、多径分量到达时间和功率分布是如何变化的？ 其概率分布的统计规律是怎样的？ 了解这些变化和分布的特性在于，可以根据信号的这些衰落特性研究，开发相应的抗衰落技术。

对无线电波传播特性的研究，将导致以下两种应用成果。

(1) 传播预测模型的建立。根据理论分析和实际测量数据的统计分析或两者的结合，建立适合各种传播环境的各类传播预测模型，根据给定的频率、距离、收发信机天线高度、环境特性参数，预测出电波的传播路径损耗。该结果用于移动通信的无线网络规划设计中。

(2) 为实现信道仿真提供基础。根据传播特性研究的理论分析结果、测量数据的统计分析结果，用硬件或软件实现电波在移动通信环境中传播和传播特性的仿真。应用仿真技术，可进行无线传输系统的试验，更有效地进行调制解调技术、各种抗衰落技术以及网络性能等无线传输技术及网络性能的研究和开发。

研究无线移动传播环境时，基本方法如下。

(1) 理论分析：用电磁场理论分析电波在移动环境中的传播特性，并用数学模型来描述移动信道。通常采用所谓射线跟踪法，即用射线表示电磁波束的传播，在确定收发天线位置及周围建筑等环境特性后，根据反射、绕射和散射等波动现象直接寻找出可能的主要传播路线，并计算出路径损耗及其他反映信道特性的参数。在分析中，往往要忽略次要因素，突出主要因素，以建立简化的信道传输模型，简化计算。

(2) 现场电波传播实测方法：在不同的传播环境中，做电波实测试验。实际测试后，根据实测记录的数据,用计算机对大量的数据进行统计分析,寻找出反映传输特性的各种参数的统计分布。再根据数据的分析结果,建立信道的统计模型来进行传播预测。在传播特性的研究中,统计数据通常用以建立信道的冲激响应模型,所以此方法也称为冲激响应法。

值得注意的是,理论分析方法是应用电磁传播理论来建立预测模型,因而更具有普遍意义。其预测模型的准确程度取决于对预测区域内传播环境描述的详细程度。现场实测方法是通过对实际测试的大量数据,经过统计分析,来建立预测模型。现场测试方法对环境的依赖性较大,对测试设备的要求很高,同时测试工作量较大。但是由于建立模型的过程是根据对大量测试数据的统计分析得出的,所以在相似的传播环境下,其预测值与实际值较为一致。而且对于覆盖区域较大的小区而言,由于地形、地物的复杂,很难用理论的方法建立预测模型。因而通过现场测试和大量数据的统计分析,来建立预测模型无疑是一个可行的方法。

需要说明的是,理论分析方法和实际测试方法不是对立的,而是相互联系、互为补充的。理论预测模型的正确性多用实测数据来证实;现场实测的方法、实测数据的统计和结果分析要在电磁波传播理论的指导下进行。

本章将分析无线移动通信信道中信号的场强、概率分布及功率谱密度、多径传播与快衰落、阴影衰落、时延扩展与相关带宽,以及信道的衰落特性,包括平坦衰落和频率选择性衰落、衰落率与电平通过率、电平交叉率、平均衰落周期与长期衰落、衰落持续时间、衰落信道的数学模型及多输入多输出(MIMO,Multiple Input Multiple Output)信道。另外,还将介绍主要用于无线网络工程设计的无线传播损耗预测模型。

2.2　自由空间的电波传播

自由空间是指在理想的、均匀的、各向同性的介质中传播,电波传播不发生反射、折射、绕射、散射和吸收现象,只存在电磁波能量扩散而引起的传播损耗。在自由空间中,设发射点处的发射功率为 P_t,以球面波辐射,设接收的功率为 P_r,则有

$$P_r = \frac{A_r}{4\pi d^2} P_t G_t \tag{2.2}$$

式中,$A_r = \frac{\lambda^2 G_r}{4\pi}$,$\lambda$ 为工作波长,G_t、G_r 分别表示发射天线和接收天线增益,d 为发射天线和接收天线间的距离。

自由空间的传播损耗 L 定义为

$$L = \frac{P_t}{P_r} \tag{2.3}$$

当 $G_t = G_r = 1$ 时,自由空间的传播损耗可写为

$$L = \left(\frac{4\pi d}{\lambda}\right)^2 \tag{2.4}$$

若以分贝表示,则有

$$[L] = 32.45 + 20\lg f + 20\lg d \tag{2.5}$$

式中,f(单位为 MHz)为工作频率,d(单位为 km)为收发天线间距离。

需要指出的是,自由空间是不吸收电磁能量的介质。实质上自由空间的传播损耗是指,球面波在传播过程中,随着传播距离的增大,电磁能量在扩散过程中引起的球面波扩散损耗。电

波的自由空间传播损耗是与距离的平方成正比的。实际上,接收机天线所捕获的信号能量只是发射机天线发射的一小部分,大部分能量都散失掉了。

另外要说明一点,在移动无线系统中通常接收电平的动态范围很大,因此常常用 dBm 或 dBW 为单位来表示接收电平,即:

$$P_r(\text{dBm}) = 10\lg P_r(\text{mW})$$
$$P_r(\text{dBW}) = 10\lg P_r(\text{W})$$

2.3　3种基本电波传播机制

一般认为,在移动通信系统中影响传播的3种最基本的机制为反射、绕射和散射。

- 反射:反射发生于地球、建筑物和墙壁的表面,当电磁波遇到比其波长大得多的物体时就会发生反射。反射是产生多径衰落的主要因素。
- 绕射:当接收机和发射机之间的无线路径被尖利的边缘阻挡时会发生绕射。由阻挡表面产生的二次波分布于整个空间,甚至绕射于阻挡体的背面。当发射机和接收机之间不存在视距路径(LOS,Line of sight),围绕阻挡体也产生波的弯曲。视距路径是指移动台可以看见基站天线;非视距(NLOS)是指移动台看不见基站天线。
- 散射:散射波产生于粗糙表面、小物体或其他不规则物体。在实际的移动通信系统中,树叶、街道标志和灯柱等都会引发散射。

2.3.1　反射与多径信号

1. 反射

电磁波的反射发生在不同物体界面上,这些反射界面可能是规则的,也可能是不规则的;可能是平滑的,也可能是粗糙的。为了简化,考虑反射表面是平滑的,即所谓理想介质表面。如果电磁波传输到理想介质表面,则能量都将反射回来。图2.3示出了平滑表面的反射。

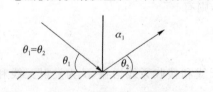

图 2.3　平滑表面的反射

入射波与反射波的比值称为反射系数(R)。反射系数与入射角 θ、电磁波的极化方式和反射介质的特性有关。反射系数可表为

$$R = \frac{\sin\theta - z}{\sin\theta + z} \tag{2.6}$$

式中

$$z = \frac{\sqrt{\varepsilon_0 - \cos^2\theta}}{\varepsilon_0} \quad (\text{垂直极化})$$

$$z = \sqrt{\varepsilon_0 - \cos^2\theta} \quad (\text{水平极化})$$

而 $\varepsilon_0 = \varepsilon - j60\sigma\lambda$,$\varepsilon$ 为介电常数,σ 为电导率,λ 为波长。

这里简单说明一下所谓的极化特性。极化是指电磁波在传播的过程中,其电场矢量的方向和幅度随时间变化的状态。电磁波的极化形式可分为线极化、圆极化和椭圆极化。相对于地面而言,线极化存在两种特殊情况:电场方向平行于地面的水平极化和垂直于地面的垂直极

化,如图 2.4 所示。在移动通信系统中常用垂直极化天线。

垂直极化   水平极化

图 2.4   垂直极化和水平极化

接收天线的极化方式只有同被接收的电磁波的极化形式一致时,才能有效地接收信号,否则将使接收信号质量变坏,甚至完全收不到信号,这种现象称为极化失配。不同极化形式的天线也可以互相配合使用,如线极化天线可以接收圆极化波,但仅能收到两分量中的一个。圆极化天线可以有效地接收相同旋转方向的圆极化波或椭圆极化波,若旋向不一致则几乎不能接收。

对于地面反射,当工作频率高于 $150\ \mathrm{MHz}(\lambda < 2\ \mathrm{m})$ 时,$\theta < 1°$,可以算出:

$$R_{\mathrm{v}}(垂直极化反射系数) = R_{\mathrm{h}}(水平极化反射系数) = -1$$

2. 两径传播模型

移动传播环境是复杂的,实际上由于众多反射波的存在,在接收机端是大量多径信号的叠加。为了使问题简化,首先考虑简单的两径传播情况,然后再研究多径的问题。

图 2.5 表示有一条直射波和一条反射波路径的两径传播模型。

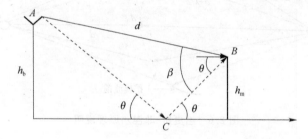

图 2.5   两径传播模型

图 2.5 中,A 表示发射天线,B 表示接收天线,AB 表示直射波路径,ACB 表示反射波路径。在接收天线 B 处的接收信号功率表示为

$$P_{\mathrm{r}} = P_{\mathrm{t}}\left[\frac{\lambda}{4\pi d}\right]^2 G_{\mathrm{r}}G_{\mathrm{t}}\,|\,1 + R\mathrm{e}^{\mathrm{j}\Delta\Phi} + (1-R)A\mathrm{e}^{\mathrm{j}\Delta\Phi} + \cdots\,|^2 \qquad (2.7)$$

式中,在绝对值号内,第一项代表直射波,第二项代表地面反射波,第三项代表地表面波,省略号代表感应场和地面二次效应。

在大多数场合,地表面波的影响可以忽略,则式(2.7)可以简化为

$$P_{\mathrm{r}} = P_{\mathrm{t}}\left[\frac{\lambda}{4\pi d}\right]^2 G_{\mathrm{r}}G_{\mathrm{t}}\,|\,1 + R\mathrm{e}^{\mathrm{j}\Delta\Phi}\,|^2 \qquad (2.8)$$

式中,P_{r} 和 P_{t} 为接收功率和发射功率;G_{t} 和 G_{r} 为基站和移动台的天线增益;R 为地面反射系数,可由式(2.6)求出;d 为收发天线距离;λ 为波长;$\Delta\Phi$ 为两条路径的相位差。

$$\Delta\Phi = \frac{2\pi\Delta l}{\lambda} \qquad (2.9)$$

$$\Delta l=(AC+CB)-AB \tag{2.10}$$

3. 多径传播模型

考虑 N 个路径时,式(2.8)可以推广为

$$P_r = P_t\left[\frac{\lambda}{4\pi d}\right]^2 G_r G_t \left|1 + \sum_{i=1}^{N-1} R_i \exp(\mathrm{j}\Delta\Phi_i)\right|^2 \tag{2.11}$$

当多径数目很大时,已无法用式(2.11)准确计算出接收信号的功率,必须用统计的方法计算接收信号的功率。

2.3.2 绕射

绕射现象可由惠更斯(Huygens)-菲涅尔原理来解释,即波在传播过程中,行进中的波前(面)上的每一点,都可作为产生次级波的点源,这些次级波组合起来形成传播方向上新的波前(面)。绕射由次级波的传播进入阴影区而形成。阴影区绕射波场强为围绕阻挡物所有次级波的矢量和。

图 2.6 是对惠更斯-菲涅尔原理的一个说明。

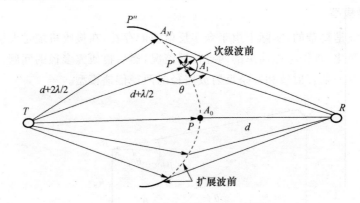

图 2.6 惠更斯-菲涅尔原理说明

由图 2.6 可以看出,在 P' 点处的次级波前中,只有夹角为 θ(即 $\angle TP'R$)的次级波前能到达接收点 R。在 P 点,θ 为 $180°$,对于扩展波前上的其他点,角度 θ 将在 $0°\sim180°$ 变化。θ 的变化决定了到达接收点辐射能量的大小,显然 P'' 点的二次辐射波对 R 处接收信号电平的贡献小于 P' 点的。

若经由 P' 点的间接路径比经由 P 点的直接路径 d 长 $\lambda/2$ 的话,则这两条信号到达 R 点后,由于相位相差 $180°$ 而相互抵消。如果间接路径长度再增加半个波长,则通过这条间接路径的信号到达 R 点与直接路径信号(经由 P 点)是同相叠加的,间接路径的继续增加,经这条路径的信号就会在接收 R 点交替抵消和叠加。

上述现象可用菲涅尔区来解释。菲涅尔区表示从发射点到接收点次级波路径长度比直接路径长度大 $n\lambda/2$ 的连续区域。图 2.7 表示了菲涅尔区的概念。

经过一些推导可得出,菲涅尔区同心的半径为

$$r_n = \sqrt{\frac{n\lambda d_1 d_2}{d_1+d_2}} \tag{2.12}$$

当 $n=1$ 时,就得到第一菲涅尔区半径。通常认为,在接收点处第一菲涅尔区的场强是全

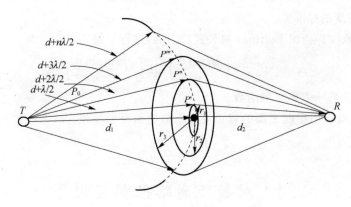

图 2.7 菲涅尔区无线路径的横截面

部场强的一半。若发射机和接收机的距离略大于第一菲涅尔区,则大部分能量可以达到接收机。

由此可得,在第一菲涅尔区次级波路径上次级波前点 A_1 到接收点 R 的距离为 $RA_1 = RA_0 + \lambda/2$,如图 2.6 所示。

建立了上述概念后,可以利用基尔霍夫(Kirchhoff)公式求解从波前点到空间任何一点的场强:

$$E_R = \frac{-1}{4\pi}\int_s \left[E_s \frac{\partial}{\partial n}\left(\frac{e^{-jkr}}{r}\right) - \frac{e^{-jkr}}{r}\frac{\partial E_s}{\partial n}\right]ds \qquad (2.13)$$

式中,E_s 是波面场强;$\dfrac{\partial E_s}{\partial n}$ 是与波面正交的场强导数;$k = \dfrac{2\pi}{\lambda}$;$r$ 是波面到接收点的距离。进一步的理论分析见本章参考文献[4][21]。

在实际计算绕射损耗时,很难给出精确的结果。为了估计计算的方便,人们常常利用一些典型的绕射模型,如刃形绕射模型和多重刃形绕射模型等,具体细节在本章 2.8.1 节有所介绍。

2.3.3 散射

当无线电波遇到粗糙表面时,反射能量由于散射而散布于所有方向。这种现象称为散射,散射给接收机提供了额外的能量。

前面提到的反射一般采用平滑的表面,而散射发生的表面常常是粗糙不平的。给定入射角 θ_i,则可以得到表面平整度的参数高度 h_c 为

$$h_c = \frac{\lambda}{8\sin\theta_i} \qquad (2.14)$$

式中,λ 为入射电波的波长。

若平面上最大的突起高度 h 小于 h_c,则可认为该表面是光滑的;反之认为该表面是粗糙的。计算粗糙表面的反射时需要乘以散射损耗系数 ρ_s,以表示减弱的反射场。在本章参考文献[20]中,Ament 提出表面高度 h 是具有局部平均值的高斯(Gaussian)分布的随机变量,此时 ρ_s 为

$$\rho_s = \exp\left[-8\left(\frac{\pi\sigma_h\sin\theta_i}{\lambda}\right)^2\right] \qquad (2.15a)$$

其中,σ_h 为表面高度的标准差。

本章参考文献[21]指出 Boithias 对公式(2.15a)进行了修正,则 ρ_s 为

$$\rho_s = \exp\left[-8\left(\frac{\pi\sigma_h\sin\theta_i}{\lambda}\right)^2\right]I_0\left[8\left(\frac{\pi\sigma_h\sin\theta_i}{\lambda}\right)^2\right] \tag{2.15b}$$

式中 $I_0(\cdot)$ 是 0 阶第一类贝塞尔函数。

当 $h > h_c$ 时,可以用粗糙表面的修正反射系数表示反射场强:

$$\Gamma_{rough} = \rho_s\Gamma \tag{2.16}$$

2.4 对数距离路径损耗模型

对数距离路径损耗模型是一个能够反映电波传播主要特性的简单模型,对于实际信道来说,这个模型只是一种近似,更精确的模型可采用复杂的解析模型或者通过实测来建立模型。不过在一般系统设计中经常采用如下的简化路径损耗模型:

$$L_{dB} = L(d_0) + 10n\lg\left(\frac{d}{d_0}\right) \tag{2.17}$$

其中,d_0 是一个参考距离,在参考距离或接近参考距离的位置,路径损耗具有自由空间损耗的特点;d 是发射天线到接收天线间的距离;n 是路径损耗指数,主要取决于传播环境,其变化范围为 2~6,表 2.1 给出了路径损耗指数随环境变化的情况。

参考距离 d_0 可根据蜂窝小区的大小确定,例如,在半径大于 10 km 的蜂窝系统,d_0 可设置为 1 km,对于小区为 1 km 的蜂窝系统或者微蜂窝系统,d_0 可设置为 100 m 或 1 m。

表 2.1 不同环境下的路径损耗指数

环 境	路径损耗指数 n
自由空间	2
市区蜂窝	2.7~3.5
市区蜂窝阴影	3~5
建筑物内视距传输	1.6~1.8
建筑物内障碍物阻挡	4~6
工厂内障碍物阻挡	2~3

2.5 阴影衰落

阴影衰落是移动无线通信信道传播环境中的地形起伏、建筑物及其他障碍物对电波传播路径的阻挡而形成的电磁场阴影效应。阴影衰落的信号电平起伏起是相对缓慢的,又称为慢衰落。其特点是衰落与无线电传播地形和地物的分布、高度有关。图 2.8 表示阴影衰落。

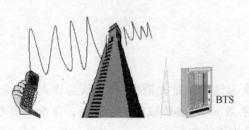

图 2.8 阴影衰落

描述阴影衰落的常用模型为对数正太阴影模型,它已被实测数据证实,可以精确地建模反映室内和室外无线传播环境中接收功率的变化。

移动用户和基站之间的距离为 d 时,传播路径损耗和阴影衰落可以表示为

$$L(d) = L(d_0) + 10n\lg\left(\frac{d}{d_0}\right) + \zeta_\sigma \qquad (2.18)$$

式中,ζ_σ 为由于阴影产生的对数损耗(dB),服从零平均和标准偏差 σ(dB)的对数正态分布。

2.6　移动无线信道及特性参数

2.6.1　多径衰落的基本特性

移动无线信道的主要特征是多径传播。多径传播是由于无线传播环境的影响,在电波的传播路径上电波产生了反射、绕射和散射,这样当电波传输到移动台的天线时,信号不是单一路径来的,而是许多路径来的多个信号的叠加。因为电波通过各个路径的距离不同,所以各个路径电波到达接收机的时间不同,相位也就不同。不同相位的多个信号在接收端叠加,有时是同相叠加而加强,有时是反相叠加而减弱。这样接收信号的幅度将急剧变化,即产生了所谓的多径衰落。多径衰落将严重影响信号的传输质量,所以研究多径衰落对移动通信传输技术的选择和数字接收机的设计尤为重要。

按照大尺度衰落和小尺度衰落分类,这里所讨论的属于小尺度衰落。

多径衰落的基本特性表现在信号幅度的衰落和时延扩展。具体地说,从空间角度考虑多径衰落时,接收信号的幅度将随着移动台移动距离的变动而衰落,其中本地反射物所引起的多径效应表现为较快的幅度变化,而其局部均值是随距离增加而起伏的,反映了地形变化所引起的衰落以及空间扩散损耗;从时间角度考虑,由于信号的传播路径不同,所以到达接收端的时间也就不同,当基站发出一个脉冲信号时,接收信号不仅包含该脉冲,还将包括此脉冲的各个时延信号,这种由于多径效应引起的接收信号中脉冲的宽度扩展现象称为时延扩展。一般来说,模拟移动通信系统主要考虑多径效应引起的接收信号的幅度变化;数字移动通信系统主要考虑多径效应引起的脉冲信号的时延扩展。

基于上述多径衰落特性,在研究多径衰落时从这样几个方面研究:研究无线信道的数学描述方法;考虑无线信道的特性参数;根据测试和统计分析的结果,建立移动无线信道的统计模型;考察多径衰落的衰落特性参数。

2.6.2　多普勒频移

当移动体在 x 轴上以速度 v 移动时会引起多普勒(Doppler)频率漂移,如图 2.9 所示。此时,多普勒效应引起的多普勒频移可表示为

$$f_d = \frac{v}{\lambda}\cos\alpha \qquad (2.19)$$

式中,v 为移动速度;λ 为波长;α 为入射波与移动台移动方向之间的夹角;$\frac{v}{\lambda} = f_m$ 为最大多普勒(Doppler)频移。

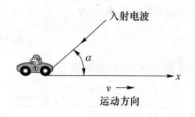

图 2.9　多普勒频移示意图

由式(2.19)可以看出,多普勒频移与移动台运动的方向、速度以及无线电波入射方向之间的夹角有关。若移动台朝向入射波方向运动,则多普勒频移为正(接收信号频率上升);反之若移动台背向入射波方向运动,则多普勒频移为负(接收信号频率下降)。信号经过不同方向传播,其多径分量造成接收机信号的多普勒扩散,因而增加了信号带宽。

2.6.3　多径信道的信道模型

多径信道对无线信号的影响表现为多径衰落特性。通常信道可以看成作用于信号上的一个滤波器,因此可通过分析滤波器的冲击响应和传递函数得到多径信道的特性。

设传输信号为

$$x(t) = \text{Re}\{s(t)\exp(\text{j}2\pi f_c t)\} \tag{2.20}$$

其中,f_c 为载频。

当此信号通过无线信道时,会受到多径信道的影响而产生多径效应。这样假设第 i 径的路径长度为 x_i、衰落系数(或反射系数)为 a_i,则接收到的信号可表示为

$$
\begin{aligned}
y(t) &= \sum_i a_i x\left(t - \frac{x_i}{c}\right) = \sum_i a_i \text{Re}\left\{s\left(t - \frac{x_i}{c}\right)\exp\left[\text{j}2\pi f_c\left(t - \frac{x_i}{c}\right)\right]\right\} \\
&= \text{Re}\left\{\sum_i a_i s\left(t - \frac{x_i}{c}\right)\exp\left[\text{j}2\pi\left(f_c t - \frac{x_i}{\lambda}\right)\right]\right\}
\end{aligned}
\tag{2.21}
$$

式中,c 为光速;$\lambda = \dfrac{c}{f_c}$ 为波长。

经简单推导可以得出接收信号的包络:

$$y(t) = \text{Re}\{r(t)\exp(\text{j}2\pi f_c t)\} \tag{2.22}$$

其中,$r(t)$ 是接收信号的复数形式,即

$$r(t) = \sum_i a_i \exp\left(-\text{j}2\pi\frac{x_i}{\lambda}\right)s\left(t - \frac{x_i}{c}\right) = \sum_i a_i \exp(-\text{j}2\pi f_c\tau_i)s(t - \tau_i) \tag{2.23}$$

式中,$\tau_i = \dfrac{x_i}{c}$ 为时延。

$r(t)$ 实质上是接收信号的复包络模型,是衰落、相移和时延都不同的各个路径的总和。

上面的讨论忽略了移动台的移动情况。考虑移动台移动时,由于移动台周围的散射体较为杂乱,则多径的各个路径长度将发生变化。这种变化就会导致每条路径的频率发生变化,产生多普勒效应。

设路径 i 的到达方向和移动台运动方向之间的夹角为 θ_i,则路径的变化量为

$$\Delta x_i = -vt\cos\theta_i \tag{2.24}$$

这时信号输出的复包络将变为

$$
\begin{aligned}
r(t) &= \sum_i a_i \exp\left(-\text{j}2\pi\frac{x_i + \Delta x_i}{\lambda}\right)s\left(t - \frac{x_i + \Delta x_i}{c}\right) \\
&= \sum_i a_i \exp\left(-\text{j}2\pi\frac{x_i}{\lambda}\right)\exp\left(\text{j}2\pi\frac{v}{\lambda}t\cos\theta_i\right)s\left(t - \frac{x_i}{c} + \frac{vt\cos\theta_i}{c}\right)
\end{aligned}
\tag{2.25}
$$

简化式（2.25），忽略信号的时延变化量 $\dfrac{vt\cos\theta_i}{c}$ 在 $s\left(t-\dfrac{x_i}{c}+\dfrac{vt\cos\theta_i}{c}\right)$ 中的影响，因为

$\dfrac{vt\cos\theta_i}{c}$ 的数量级比 $\dfrac{x_i}{c}$ 小得多；但 $\dfrac{vt\cos\theta_i}{c}$ 在相位中不能忽略，则

$$\begin{aligned}
r(t) &= \sum_i a_i \exp\left(\mathrm{j}2\pi\left[\frac{v}{\lambda}t\cos\theta_i-\frac{x_i}{\lambda}\right]\right)s\left(t-\frac{x_i}{c}\right)\\
&= \sum_i a_i \exp\left(\mathrm{j}2\pi\left[f_\mathrm{m}t\cos\theta_i-\frac{x_i}{\lambda}\right]\right)s\left(t-\tau_i\right)\\
&= \sum_i a_i \exp\left(\mathrm{j}\left[2\pi f_\mathrm{m}t\cos\theta_i-2\pi f_\mathrm{c}\tau_i\right]\right)s\left(t-\tau_i\right)\\
&= \sum_i a_i s\left(t-\tau_i\right)\exp\left(-\mathrm{j}\left[2\pi f_\mathrm{c}\tau_i-2\pi f_\mathrm{m}t\cos\theta_i\right]\right)
\end{aligned}\tag{2.26}$$

其中，f_m 为最大多普勒频移。

式（2.26）表明了多径和多普勒效应对传输信号 $s(t)$ 施加的影响，$s(t)$ 为复基带传输信号。
令

$$\psi_i(t)=2\pi f_\mathrm{c}\tau_i-2\pi f_\mathrm{m}t\cos\theta_i=\omega_\mathrm{c}\tau_i-\omega_{\mathrm{D},i}t\tag{2.27}$$

其中，τ_i 代表第 i 条路径到达接收机的信号分量的增量延迟，它随时间变化，增量延迟是指实际迟延减去所有分量取平均的迟延。因此 $\omega_\mathrm{c}\tau_i$ 表示了多径延迟对随机相位 $\psi_i(t)$ 的影响，$\omega_{\mathrm{D},i}t$ 表示多普勒效应对 $\psi_i(t)$ 的影响。在任何时刻 t，随机相位 $\psi_i(t)$ 都可产生对 $r(t)$ 的影响，从而引起多径衰落。

进一步分析式（2.26），可得：

$$r(t)=\sum_i a_i s\left(t-\tau_i\right)\mathrm{e}^{-\mathrm{j}\psi_i(t)}=s(t)*h(t,\tau)\tag{2.28}$$

式中，$s(t)$ 为复基带传输信号；$h(t,\tau)$ 为信道的冲激响应；符号 $*$ 表示卷积。图 2.10 表明了这种等效的冲激响应的信道模型。

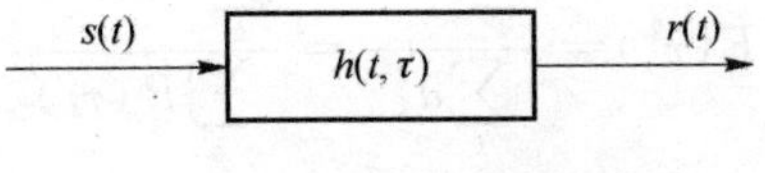

图 2.10　等效的冲激响应模型

冲激响应 $h(t,\tau)$ 可表示为

$$h(t,\tau)=\sum_i a_i \mathrm{e}^{-\mathrm{j}\psi_i(t)}\delta(\tau-\tau_i)\tag{2.29}$$

式中，a_i、τ_i 表示第 i 个分量的实际幅度和增量延迟；相位 $\psi_i(t)$ 包含在第 i 个增量延迟内一个多径分量所有的相移；$\delta(\cdot)$ 为单位冲激函数。

如果假设信道冲激响应具有时不变性，或者至少在一小段时间间隔或距离内具有时不变性，则信道冲激响应可以简化为

$$h(\tau)=\sum_i a_i \mathrm{e}^{-\mathrm{j}\psi_i(t)}\delta(\tau-\tau_i)\tag{2.30}$$

此冲激响应完全描述了信道特性，研究表明相位 ψ_i 服从 $[0,2\pi]$ 的均匀分布，多径信号的个数、每个多径信号的幅度（或功率）以及时延需要进行测试，找出其统计规律。此冲激响应模型在工程上可用抽头延迟线实现。

2.6.4 描述多径信道的主要参数

由于多径环境和移动台运动等因素的影响,使得移动信道对传输信号在时间、频率和角度上造成了色散。通常用功率在时间、频率以及角度上的分布来描述这种色散,即用功率延迟分布(PDP,Power Delay Profile)描述信道在时间上的色散;用多普勒功率谱密度(DPSD,Doppler Power Spectral Density)描述信道在频率上的色散;用角度谱(PAS,Power Azimuth Spectrum)描述信道在角度上的色散。定量描述这些色散时,常用一些特定参数来描述,即所谓多径信道的主要参数。

1. 时间色散参数和相关带宽

(1) 时间色散参数

这里讨论的多径信道时间色散特性参数,是用平均附加时延$\bar{\tau}$和均方根(rms)时延扩展σ_τ以及最大附加时延扩展(X dB)描述的。这些参数是由功率延迟分布(PDP)$P(\tau)$来定义的。功率延迟分布是一基于固定时延参考τ_0的附加时延τ的函数,通过对本地瞬时功率延迟分布取平均得到。

平均附加延时$\bar{\tau}$定义为

$$\bar{\tau} = \frac{\sum\limits_k a_k^2 \tau_k}{\sum\limits_k a_k^2} = \frac{\sum\limits_k P(\tau_k)\tau_k}{\sum\limits_k P(\tau_k)} \tag{2.31}$$

rms时延扩展σ_τ定义为

$$\sigma_\tau = \sqrt{E(\tau^2) - (\bar{\tau})^2} \tag{2.32}$$

其中

$$E(\tau^2) = \frac{\sum\limits_k a_k^2 \tau_k^2}{\sum\limits_k a_k^2} = \frac{\sum\limits_k P(\tau_k)\tau_k^2}{\sum\limits_k P(\tau_k)} \tag{2.33}$$

最大附加延时扩展(X dB)定义为多径能量从初值衰落到比最大能量低X(dB)处的时延。也就是说最大附加时延扩展定义为$\tau_x - \tau_0$,其中τ_0是第一个到达信号的时刻,τ_x是最大时延值,期间到达的多径分量不低于最大分量减去X dB(最强多径信号不一定在τ_0处到达)。实际上最大附加时延扩展(X dB处)定义了高于某特定门限的多径分量的时间范围。

在市区环境中常将功率时延分布近似为指数分布,如图2.11所示。

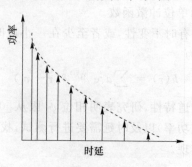

图2.11 功率时延分布示意图

其指数分布为

$$P(\tau) = \frac{1}{T} e^{-\frac{\tau}{T}} \tag{2.34}$$

式中，T 是常数，为多径时延的平均值。

为了更直观地说明平均附加时延$\bar{\tau}$和 rms 时延扩展 σ_τ 以及最大附加时延扩展(X dB)的概念，图 2.12 给出了典型的对最强路径信号功率的归一化时延扩展谱。

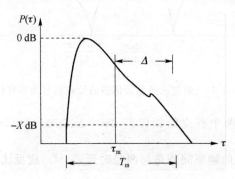

图 2.12　典型的归一化时延扩展谱

图中，T_m 为归一化的最大附加时延扩展(X dB)；τ_m 为归一化平均附加时延$\bar{\tau}$；Δ 为归一化 rms 时延扩展 σ_τ。

(2) 相关带宽

与时延扩展有关的另一个重要概念是相关带宽。当信号通过移动信道时，会引起多径衰落。我们自然会考虑，信号中不同频率分量通过多径衰落信道后所受到的衰落是否相同。频率间隔靠得很近的两个衰落信号存在不同时延，这可使两个信号变得相关，使得这一情况经常发生的频率间隔取决于时延扩展 σ_τ。这一频率间隔称为"相干"(Coherence)或"相关"(Correlation)带宽(B_c)。

为了说明问题简单，先考虑两径的情况。图 2.13 表示的是两条路径信道模型的情况。

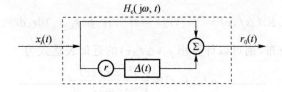

图 2.13　两条路径信道模型

第一条路径信号为 $x_i(t)$，第二条路径信号为 $rx_i(t) e^{j\omega\Delta(t)}$，其中 r 为比例常数，$\Delta(t)$ 为两径时延差。

接收信号为

$$r_0(t) = x_i(t)(1 + re^{j\omega\Delta(t)}) \tag{2.35}$$

两路径信道的等效网络传递函数为

$$H_e(j\omega, t) = \frac{r_0(t)}{x_i(t)} = 1 + re^{j\omega\Delta(t)} \tag{2.36}$$

信道的幅频特性为

$$A(\omega, t) = |1 + r\cos\omega\Delta(t) + jr\sin\omega\Delta(t)| \tag{2.37}$$

所以,当 $\omega\Delta(t)=2n\pi$ 时(n 为整数),两径信号同相叠加,信号出现峰点;而当 $\omega\Delta(t)=(2n+1)\pi$ 时,双径信号反相相减,信号出现谷点。幅频特性如图 2.14 所示。

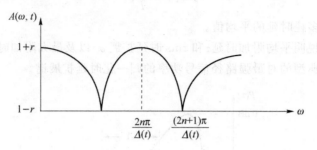

图 2.14　通过两条路径信道的接收信号幅频特性

由图 2.14 可见,相邻两个谷点的相位差 $\Delta\varphi=\Delta\omega\times\Delta(t)=2\pi$,$\Delta\omega=\dfrac{2\pi}{\Delta(t)}$ 或 $B_c=\dfrac{\Delta\omega}{2\pi}=$ $\dfrac{1}{\Delta(t)}$,两相邻场强为最小值的频率间隔是与两径时延差 $\Delta(t)$ 成反比的。

实际上,移动信道中的传播路径通常是多条(不只两条),且由于移动台处于运动状态。因此考虑多径时 $\Delta(t)$ 应为 rms 时延扩展 $\sigma_\tau(t)$。上面从时延扩展出发比较直观地说明了相关带宽的概念,但由于 $\sigma_\tau(t)$ 是随时间变化的,所以合成信号的振幅的谷点和峰点在频率轴上的位置也随时间变化,使得信道的传递函数变得复杂,很难准确地分析相关带宽的大小。通常的做法是先考虑两个信号包络的相关性,当多径时其 rms 时延扩展 $\sigma_\tau(t)$ 可以由大量实测数据经过统计处理计算出来,再确定相关带宽,这也说明相关带宽是信道本身的特性参数,与信号无关。

下面来说明考虑两个信号包络的相关性时,推导出的相关带宽。

设两个信号的包络为 $r_1(t)$ 和 $r_2(t)$,频率差为 $\Delta f=|f_1-f_2|$,则包络相关系数为

$$\rho_r(\Delta f,\tau)=\frac{R_r(\Delta f,\tau)-\langle r_1\rangle\langle r_2\rangle}{\sqrt{[\langle r_1^2\rangle-\langle r_1\rangle^2][\langle r_2^2\rangle-\langle r_2\rangle^2]}} \tag{2.38}$$

此处 $R_r(\Delta f,\tau)$ 为相关函数:

$$R_r(\Delta f,\tau)=\langle r_1,r_2\rangle=\int_0^\infty r_1 r_2\,p(r_1,r_2)\mathrm{d}r_1\mathrm{d}r_2 \tag{2.39}$$

若信号衰落符合瑞利分布,则可以计算出 $\rho_r(\Delta f,\tau)$ 的近似表达式为

$$\rho_r(\Delta f,\tau)\approx\frac{\mathrm{J}_0^2(2\pi f_m\tau)}{1+(2\pi\Delta f)^2\sigma_\tau^2} \tag{2.40}$$

式中 $\mathrm{J}_0(\cdot)$ 为零阶贝塞尔(Bessel)函数,f_m 为最大多普勒频移。不失一般性,可令 $\tau=0$,于是式(2.40)简化为

$$\rho_r(\Delta f)\approx\frac{1}{1+(2\pi\Delta f)^2\sigma_\tau^2} \tag{2.41}$$

从式(2.41)可见,当频率间隔增加时,包络的相关性降低。通常,根据包络的相关系数 $\rho_r(\Delta f)=0.5$ 来测度相关带宽。例如 $2\pi f\sigma_\tau=1$,得到 $\rho_r(\Delta f)=0.5$,相关带宽为

$$\Delta f=\frac{1}{2\pi\sigma_\tau} \tag{2.42}$$

即相关带宽为

$$B_c=\frac{1}{2\pi\sigma_\tau} \tag{2.43}$$

根据衰落与频率的关系,将衰落分为两种:频率选择性衰落和非频率选择性衰落,后者又称为平坦衰落。

频率选择性衰落是指传输信道对信号不同的频率成分有不同的随机响应,信号中不同频率分量衰落不一致,引起信号波形失真。

非频率选择性衰落是指信号经过传输信道后,各频率分量的衰落是相关的,具有一致性,衰落波形不失真。

是否发生频率选择性衰落或非频率选择性衰落要由信道和信号两方面来决定。对于移动信道来说,存在一个固有的相关带宽。当信号的带宽小于相关带宽时,发生非频率选择性衰落;当信号的带宽大于相关带宽时,发生频率选择性衰落。

对于数字移动通信来说,当码元速率较低、信号带宽小于信道相关带宽时,信号通过信道传输后各频率分量的变化具有一致性,衰落为平坦衰落,信号的波形不失真;反之,当码元速率较高、信号带宽大于信道相关带宽时,信号通过信道传输后各频率分量的变化是不一致性的,衰落为频率选择性衰落,引起波形失真,造成码间干扰。

2. 频率色散参数和相关时间

频率色散参数是用多普勒扩展来描述的,而相关时间是与多普勒扩展相对应的参数。与时延扩展和相关带宽不同的是多普勒扩展和相关时间描述的是信道的时变特性。这种时变特性或是由移动台与基站间的相对运动引起的,或是由信道路径中的物体运动引起的。

当信道时变时,信道具有时间选择性衰落,这种衰落会造成信号的失真。这是因为发送信号在传输过程中,信道特性发生了变化。信号尾端的信道特性与信号前端的信道特性发生了变化,不一样了,就会产生时间选择性衰落。

(1) 多普勒扩展

假设发射载频为 f_c,接收信号是由许多经过多普勒频移的平面波的合成。即是由 N 个平面波合成的,当 $N \to \infty$ 时,接收天线在 $\alpha \sim \mathrm{d}\alpha$ 角度内的入射功率趋于连续。

再假设 $P(\alpha)\mathrm{d}\alpha$ 表示在角度 $\alpha \sim \mathrm{d}\alpha$ 内的入射功率,$G(\alpha)$ 表示接收天线增益,则入射波在 $\alpha \sim \mathrm{d}\alpha$ 内的功率为

$$b \cdot G(\alpha) \cdot P(x) \cdot \mathrm{d}\alpha \tag{2.44}$$

式中,b 为平均功率。

考虑多普勒频移时,则接收的频率为

$$f(\alpha) = f = f_c + f_m \cos \alpha = f(-\alpha) \tag{2.45}$$

式中,f_c 为载波频率。

用 $S(f)$ 表示功率谱,则

$$S(f)|\mathrm{d}f| = b|P(\alpha)G(\alpha) + P(-\alpha)G(-\alpha)| \cdot |\mathrm{d}\alpha| \tag{2.46}$$

式中,$\mathrm{d}|f(\alpha)| = f_m|-\sin \alpha||\mathrm{d}\alpha|$,又由式(2.43)知 $\alpha = \arccos\left(\dfrac{f-f_c}{f_m}\right)$,则可推导得出:

$$\sin \alpha = \sqrt{1 - \left(\frac{f-f_c}{f_m}\right)^2} \tag{2.47}$$

$$S(f) = \frac{b}{|\mathrm{d}f(\alpha)|} \cdot [P(\alpha)G(\alpha) + P(-\alpha)G(-\alpha)] \cdot |\mathrm{d}\alpha|$$
$$= \frac{b[P(\alpha)G(\alpha) + P(-\alpha)G(-\alpha)]}{f_m\sqrt{1 - \left(\dfrac{f-f_c}{f_m}\right)^2}} \qquad |f-f_c| < f_m \tag{2.48}$$

对 b 归一化,并设 $G(\alpha)=1$,$P(\alpha)=1/2\pi(-\pi\leqslant\alpha\leqslant\pi)$,得到典型的多普勒功率谱,即

$$S(f)=\frac{1}{\pi\sqrt{f_m^2-(f-f_c)^2}} \qquad |f-f_c|<f_m \qquad (2.49)$$

由于多普勒效应,接收信号的功率谱展宽到 f_c-f_m 和 f_c+f_m 范围了。图2.15表示多普勒扩展功率谱,即多普勒扩展。

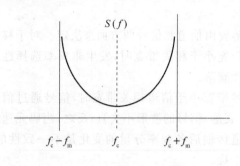

图 2.15　多普勒扩展功率谱

在应用多普勒频谱时,通常假设以下条件成立。

① 对于室外传播信道,大量接收信号波到达后均匀地分布在移动台的水平方位上,每个时延间隔的仰角为0°。假设天线方向图在水平方位上是均匀的。在基站一方,一般来说,到达的接收波在水平方位上处于一个有限的范围内。这种情况的多普勒扩展由式(2.49)表示,称为典型(Class)多普勒扩展。

② 对于室内传播信道,在基站一方,对于每个时延间隔,大量到达的接收波均匀地分布在仰角方位和水平方位上。假设天线是短波或半波垂直极化天线,此时天线增益 $G(\alpha)=1.64$。这种情况的多普勒扩展由式(2.50)表示,称为平坦(Flat)多普勒扩展:

$$S(f)=\frac{1}{2f_m} \qquad |f-f_c|\ll f_m \qquad (2.50)$$

(2) 相关时间

相关时间是信道冲激响应维持不变的时间间隔的统计平均值。也就是说,相关时间是指一段时间间隔,在此间隔内,两个到达信号具有很强的相关性,换句话说,在相关时间内信道特性没有明显的变化。因此相关时间表征了时变信道对信号的衰落节拍,这种衰落是由多普勒效应引起的,并且发生在传输波形的特定时间段上,即信道在时域具有选择性。一般称这种由于多普勒效应引起的在时域产生的选择性衰落为时间选择性衰落。时间选择性衰落对数字信号误码有明显的影响,为了减少这种影响,要求基带信号的码元速率远大于信道相关时间的倒数。

时间相关函数 $R(\Delta\tau)$ 与多普勒功率谱 $S(f)$ 之间是傅里叶变换关系:

$$R(\Delta\tau)\leftrightarrow S(f) \qquad (2.51)$$

所以多普勒扩展的倒数就是对信道相关时间的度量,即

$$T_c\approx\frac{1}{f_D}\approx\frac{1}{f_m} \qquad (2.52)$$

式中,f_D 为多普勒扩展(有时也用 B_D 表示),即多普勒频移。入射波与移动台移动方向之间的夹角 $\alpha=0$ 时,式(2.52)成立。

与讨论相关带宽的方法类似,如果将相关时间定义为信号包络相关度为0.5时,则由以下公式求出相关时间。

令式(2.40)中 $\Delta f=0$,则

$$\rho_r(0,\tau)\approx J_0^2(2\pi f_m\tau) \qquad (2.53)$$

因此

$$\rho_r(0,T_c)\approx J_0^2(2\pi f_m T_c)=0.5 \qquad (2.54)$$

可推出

$$T_c \approx \frac{9}{16\pi f_m}$$ (2.55)

式中，f_m 为最大多普勒频移。

由相关时间的定义可知，时间间隔大于 T_c 的两个到达信号受到信道的影响各不相同。例如，移动台的移动速度为 30 m/s，信道的载频为 2 GHz，则相关时间为 1 ms。所以要保证信号经过信道不会在时间轴上产生失真，就必须保证传输的符号速率大于 1 kbit/s。

另外，在测量小尺度电波传播时，要考虑选取适当的空间取样间隔，以避免连续取样值有很强的时间相关性。一般认为，式(2.55)给出的 T_c 是一个保守值，所以可以选取 $\frac{T_c}{2}$ 作为取样值的时间间隔，以此求出空间取样间隔。

在现代数字通信中，比较粗糙的方法是规定 T_c 为式(2.52)和式(2.55)的几何平均作为经验关系：

$$T_c \approx \sqrt{\frac{9}{16\pi f_m^2}} = \frac{0.423}{f_m}$$ (2.56)

3. 角度色散参数和相关距离

由于无线通信中移动台和基站周围的散射环境不同，使得多天线系统中不同位置的天线经历的衰落不同，从而产生了角度色散，即空间选择性衰落。与单天线的研究不同，在对多天线的研究过程中，不仅要了解无线信道的衰落、时延等变量的统计特性，还需了解有关角度的统计特性，如到达角度和离开角度等，正是这些角度的原因从而引发了空间选择性衰落。角度扩展和相关距离是描述空间选择性衰落的两个主要参数。

（1）角度扩展

角度扩展 Δ(AS，Azimuth Spread)是用来描述空间选择性衰落的重要参数，它与角度功率谱(PAS)$p(\theta)$有关。

角度功率谱是信号功率谱密度在角度上的分布。研究表明，角度功率谱一般为均匀分布、截短高斯分布和截短拉普拉斯分布。

角度扩展 Δ 等于功率角度谱 $p(\theta)$ 的二阶中心矩的平方根，即

$$\Delta = \sqrt{\frac{\int_0^\infty (\theta - \bar{\theta})^2 p(\theta)\,\mathrm{d}\theta}{\int_0^\infty p(\theta)\,\mathrm{d}\theta}}$$ (2.57)

式中

$$\bar{\theta} = \frac{\int_0^\infty \theta p(\theta)\,\mathrm{d}\theta}{\int_0^\infty p(\theta)\,\mathrm{d}\theta}$$ (2.58)

角度扩展 Δ 描述了功率谱在空间上的色散程度，角度扩展在 $[0, 360°]$ 之间分布。角度扩展越大，表明散射环境越强，信号在空间的色散度越高；相反，角度扩展越小，表明散射环境越弱，信号在空间的色散度越低。

（2）相关距离

相关距离 D_c 指的是信道冲激响应保证一定相关度的空间距离。在相关距离内，信号经历的衰落具有很大的相关性。在相关距离内，可以认为空间传输函数是平坦的，也就是说，如

果天线元素放置的空间距离比相关距离小得多,即

$$\Delta x \ll D_c \tag{2.59}$$

信道就是非空间选择性信道。

2.6.5 多径信道的统计分析

这里所述的多径信道的统计分析,主要是讨论多径信道的包络统计特性。一般而言,接收信号的包络根据不同的无线环境服从瑞利分布和莱斯分布。另外,还有一种具有参数 m 的 Nakagami-m 分布,参数 m 取不同的值时对应的分布也不相同,因此更具有广泛性。

1. 瑞利分布

设发射信号是垂直极化,并且只考虑垂直波时,场强为

$$E_z = E_0 \sum_{n=1}^{N} C_n \cos(\omega_c t + \theta_n) \quad (\text{实部}) \tag{2.60}$$

式中,ω_c 为载波频率;$E_0 \cdot C_n$ 为第 n 个入射波(实部)幅度;$\theta_n = \omega_n t + \phi_n$,$\omega_n$ 为多普勒频率漂移,ϕ_n 为随机相位($0 \sim 2\pi$ 均匀分布)。

假设:

- 发射机和接收机之间没有直射波路径;
- 有大量的反射波存在,且到达接收机天线的方向角是随机的($0 \sim 2\pi$ 均匀分布);
- 各个反射波的幅度和相位都是统计独立的。

通常离基站较远、反射物较多的地区是符合上述假设的。

E_z 可以表示为

$$E_z = T_c(t)\cos \omega_c t - T_s(t)\sin \omega_c t \tag{2.61}$$

式中

$$T_c(t) = E_0 \sum_{n=1}^{N} C_n \cos(\omega_n t + \phi_n)$$

$$T_s(t) = E_0 \sum_{n=1}^{N} C_n \sin(\omega_n t + \phi_n)$$

$T_c(t)$ 和 $T_s(t)$ 分别为 E_z 的两个角频率相同的相互正交的分量。当 N 很大时,$T_c(t)$ 和 $T_s(t)$ 是大量独立随机变量之和。根据中心极限理论,大量独立随机变量之和接近于正态分布,因而 $T_c(t)$ 和 $T_s(t)$ 是高斯随机过程,对应固定时间 t,T_c 和 T_s 为随机变量。T_c、T_s 具有零平均和等方差:

$$\langle T_c^2 \rangle = \langle T_s^2 \rangle = \frac{E_s^2}{2} = \langle |E_z|^2 \rangle \tag{2.62}$$

$\langle |E_z|^2 \rangle$ 是关于 α_n、ϕ_n 的总体平均,C_n、T_s、T_c 是不相关的,$\langle T_s \cdot T_c \rangle = 0$。

由于 T_c 和 T_s 是高斯过程,因此,其概率密度公式为

$$p(x) = \frac{1}{\sqrt{2\pi \cdot b}} e^{-\frac{x^2}{2b}} \tag{2.63}$$

式中,$b = \frac{E_0^2}{2}$ 为信号的平均功率;$x = T_c$ 或 T_s。

由于 T_s 和 T_c 是统计独立的,则 T_s 和 T_c 的联合概率密度为

$$p(T_s, T_c) = p(T_s)p(T_c) = \frac{1}{2\pi\sigma^2} e^{\frac{T_s^2 + T_c^2}{2\sigma^2}} \tag{2.64}$$

其中，$\sigma^2 = b = \dfrac{1}{2}E_0^2$。

为了求出接收信号的幅度和相位分布，将把 $p(T_s, T_c)$ 变为 $p(r, \theta)$，即将上式的直角坐标变换为极坐标的形式。

令

$$r = \sqrt{(T_s^2 + T_c^2)}, \quad \theta = \arctan \frac{T_s}{T_c} \tag{2.65}$$

则

$$T_c = r\cos\theta, \quad T_s = r\sin\theta \tag{2.66}$$

由雅各比行列式：

$$J = \frac{\partial(T_c, T_s)}{\partial(r, \theta)} = \begin{vmatrix} \cos\theta & -r\sin\theta \\ \sin\theta & r\cos\theta \end{vmatrix} = r \tag{2.67}$$

所以

$$p(r, \theta) = p(T_c, T_s) \cdot |J| = \frac{r}{2\pi\sigma^2}e^{-\frac{r^2}{2\sigma^2}} \tag{2.68}$$

对 θ 积分，有

$$p(r) = \frac{1}{2\pi\sigma^2}\int_0^{2\pi} re^{-\frac{r^2}{2\sigma^2}}\,\mathrm{d}\theta = \frac{r}{\sigma^2}e^{-\frac{r^2}{2\sigma^2}} \qquad r \geqslant 0 \tag{2.69}$$

对 r 积分，有

$$p(\theta) = \frac{1}{2\pi\sigma^2}\int_0^{\infty} re^{-\frac{r^2}{2\sigma^2}}\,\mathrm{d}r = \frac{1}{2\pi} \tag{2.70}$$

所以信号包络 r 服从瑞利分布，见式（2.69），θ 在 $0 \sim 2\pi$ 内均匀分布。其中，σ 是包络检波之前所接收的电压信号的均方根值（rms），$\sigma^2 = \dfrac{1}{2}E_0^2$ 为接收信号包络的时间平均功率，r 是幅度。

不超过某一特定值 R 的接收信号的包络的概率分布（PDF）由下式给出：

$$p(R) = p_r(r \leqslant R) = \int_0^R p(r)\mathrm{d}r = 1 - \exp\left(-\frac{R^2}{2\sigma^2}\right) \tag{2.71}$$

瑞利分布的均值 r_{mean} 及方差 σ 为

$$r_{\text{mean}} = E[r] = \int_0^R rp(r)\,\mathrm{d}r = \sigma\sqrt{\frac{\pi}{2}} = 1.253\,3\sigma \tag{2.72}$$

$$\sigma^2 = E[r^2] - E^2[r] = \int_0^R r^2\,\mathrm{d}r - \frac{\sigma^2}{2}$$

$$= \sigma^2\left(2 - \frac{\pi}{2}\right) = 0.429\,2\sigma^2 \tag{2.73}$$

满足 $p(r \leqslant r_m) = 0.5$ 的 r_m 值称为信号包络样本区间的中值，由式（2.71）可以求出 $r_m = 1.177\sigma$。

瑞利分布的概率密度函数如图 2.16 所示。

2. 莱斯分布

当接收信号中有视距传播的直达波信号时，视距信号成为主接收信号分量，同时还有不同角度随机到达的多径分量叠加在这个主信号分量上，这时的接收信号就呈现为莱斯分布，甚至高斯分布。但当主信号减弱达到与其他多径信号分量的功率一样，即没有视距信号时，混合信号的包络又服从瑞利分布。所以，在接收信号中没有主导分量时，莱斯分布就转变为瑞利

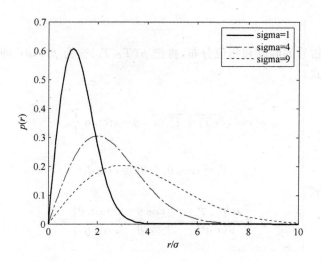

图 2.16　瑞利分布的概率密度函数

分布。

　　莱斯分布的概率密度表示为

$$p(r) = \frac{r}{\sigma^2} e^{-\frac{(r^2+A^2)}{2\sigma}} I_0 \left(\frac{A^2}{\sigma^2} \right) \quad (A \geqslant 0, r \geqslant 0) \tag{2.74}$$

$$p(r) = 0 \qquad r < 0 \tag{2.75}$$

式中,A 是主信号的峰值;r 是衰落信号的包络,σ^2 为 r 的方差;$I_0(\cdot)$ 是 0 阶第一类修正贝塞尔函数。贝塞尔分布常用参数 K 来描述,$K = \frac{A^2}{2\sigma^2}$,定义为主信号的功率与多径分量方差之比,用 dB 表示,即

$$K(\text{dB}) = 10\lg \frac{A^2}{2\sigma^2} \tag{2.76}$$

　　K 值是莱斯因子,完全决定了莱斯的分布。当 $A \to 0$,$K \to -\infty$,莱斯分布变为瑞利分布。很显然,强直射波的存在使得接收信号包络从瑞利分布变为莱斯分布,当直射波进一步增强 $\left(\frac{A}{2\sigma^2} \gg 1 \right)$,莱斯分布将向高斯分布趋近。图 2.17 表示莱斯分布的概率密度函数。

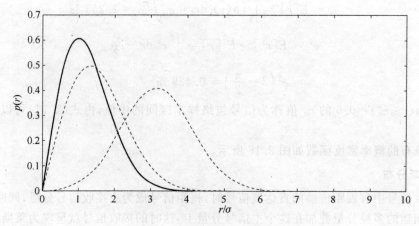

图 2.17　莱斯分布的概率密度函数

注意:莱斯分布适用于一条路径明显强于其他多径的情况,但并不意味着这条路径就是直射径。在非直射系统中,如果源自某一个散射体路径的信号功率特别强,信号的衰落也会服从莱斯分布。

3. Nakagami-m 分布

Nakagami-m 分布由 Nakagami 在 20 世纪 40 年代提出,通过基于场测试的实验方法,用曲线拟合,达到近似分布。研究表明,Nakagami-m 分布对于无线信道的描述具有很好的适应性。

若信号的包络 r 服从 Nakagami-m 分布,则其概率密度函数为

$$p(r) = \frac{2m^m r^{2m-1}}{\Gamma(m)\Omega^m} \exp\left(-\frac{mr^2}{\Omega}\right) \tag{2.77}$$

式中,$m = \dfrac{E^2(r^2)}{\text{var}(r^2)}$,为不小于 $\dfrac{1}{2}$ 的实数;$\Omega = E(r^2)$;$\Gamma(m) = \displaystyle\int_0^{+\infty} x^{m-1}\mathrm{e}^{-x}\,\mathrm{d}x$,为伽马函数。

对于功率 $s = \dfrac{r^2}{2}$ 的概率密度函数,则有

$$p(s) = \left(\frac{m}{\bar{s}}\right)^m \frac{s^{m-1}}{\Gamma(m)} \exp\left(-\frac{ms}{\bar{s}}\right) \tag{2.78}$$

式中,$\bar{s} = E(s) = \dfrac{\Omega}{2}$ 为信号的平均功率。

$m = 1$ 时,则

$$p(r) = \frac{2r}{\Omega} \exp\left(-\frac{r^2}{\Omega}\right) = \frac{r}{\bar{s}} \exp\left(\frac{2r^2}{\bar{s}}\right) \tag{2.79}$$

Nakagami-m 分布成为瑞利分布。

另外,Nakagami-m 分布可以用 m(一般称为形状因子)和莱斯因子 K 之间的关系来确定近似,即

$$m = \frac{(K+1)^2}{2K+1} \tag{2.80}$$

当 m 较大时,Nakagami-m 分布接近高斯分布。

2.6.6　多径衰落信道的分类

前面详细讨论了信号通过无线信道时,所产生的多径时延、多普勒效应以及信号的包络所服从的各种分布等。由此导致了信号通过无线信道时,经历了不同类型的衰落。移动无线信道中的时间色散和频率色散可能产生 4 种衰落效应,这是由信号、信道以及发送频率的特性引起的。

概括起来这 4 种衰落效应是:由于时间色散导致发送信号产生的平坦衰落和频率选择性衰落;根据发送信号与信道变化快慢程度的比较,也就是频率色散引起的信号失真,可将信道分为快衰落信道和慢衰落信道。

1. 平坦衰落和频率选择性衰落

如果信道带宽大于发送信号的带宽,且在带宽范围内有恒定增益和线性相关,则接收信号就会经历平坦衰落过程。在平坦衰落情况下,信道的多径结构使发送信号的频谱特性在接收机内仍能保持不变。所以平坦衰落也称为频率非选择性衰落。平坦衰落信道的条件可概括为

$$B_s \ll B_c \tag{2.81}$$

$$T_s \gg \sigma_\tau \tag{2.82}$$

其中，T_s 为信号周期（信号带宽 B_s 的倒数）；σ_τ 是信道的时延扩展；B_c 为相关带宽。

如果信道具有恒定增益且相位的带宽范围小于发送信号带宽，则此信道特性会导致接收信号产生选择性衰落。此时，信道冲激响应应具有多径时延扩展，其值大于发送信号波形带宽的倒数。在这种情况下，接收信号中包含经历了衰减和时延的发送信号波形的多径波，因而产生接收信号失真。频率选择性衰落是由信道中发送信号的时间色散引起的。这种色散会引起符号间干扰。

对于频率选择性衰落而言，发送信号的带宽大于信道的相关带宽，由频域可以看出，不同频率获得不同增益时，信道就会产生频率选择。产生频率选择性衰落的条件是：

$$B_s > B_c \tag{2.83}$$

$$T_s < \sigma_\tau \tag{2.84}$$

通常，若 $T_s \leqslant 10\sigma_\tau$，该信道可认为是频率选择性的，但这一范围依赖于所用的调制类型。

2. 快衰落信道和慢衰落信道

当信道的相关时间比发送信号的周期短，且基带信号的带宽 B_s 小于多普勒扩展 B_D 时，信道冲激响应在符号周期内变化很快，从而导致信号失真，产生衰落，此衰落为快衰落。所以信号经历快衰落的条件是：

$$T_s > T_c \tag{2.85}$$

$$B_s < B_D \tag{2.86}$$

当信道的相关时间远远大于发送信号的周期，且基带信号的带宽 B_s 远远大于多普勒扩展 B_D 时，信道冲激响应变化比要传送的信号码元的周期低很多，可以认为该信道是慢衰落信道，即信号经历慢衰落的条件是：

$$T_s \ll T_c \tag{2.87}$$

$$B_s \gg B_D \tag{2.88}$$

显然，移动台的移动速度（或信道路径中物体的移动速度）及基带信号发送速率，决定了信号是经历了快衰落还是慢衰落。

另外，当考虑角度扩展时，会有角度色散，即空间选择衰落。这样可以根据信道是否考虑了空间选择性，把信道分为标量信道和矢量信道。标量信道是指只考虑时间和频率的二维信息信道；而矢量信道是指考虑了时间、频率和空间的三维信息信道。

2.6.7　衰落特性的特征量

通常用衰落率、电平交叉率、平均衰落周期及衰落持续时间等特征量表示信道的衰落特性。

1. 衰落率和衰落深度

衰落率，定义为信号包络在单位时间内以正斜率通过中值电平的次数。简单地说，衰落率就是信号包络衰落的速率。衰落率与发射频率、移动台行进的速度和方向及多径传播的路径数有关。测试结果表明，当移动台行进方向朝着或背着电波传播方向时，衰落最快。频率越高，速度越快，则平均衰落率的值越大。

（1）平均衰落率

$$A = \frac{v}{\lambda/2} = 1.85 \times 10^{-3} vf \qquad (2.89)$$

式中，v 为运动速度（km/h）；f 为频率（MHz）；A 为平均衰落（Hz）。

（2）衰落深度

即信号的有效值与该次衰落的信号最小值的差值。

2. 电平通过率和平均衰落持续时间

（1）电平通过率

电平通过率，定义为信号包络在单位时间内以正斜率通过某一规定电平值 R 的平均次数，描述衰落次数的统计规律。

衰落信道的实测结果发现，衰落率是与衰落深度有关的。深度衰落发生的次数较少，而浅度衰落发生得相当频繁，电平通过率定量描述这一特征。衰落率只是电平通过率的一个特例，即规定的电平值为信号包络的中值。

电平通过率为

$$N(R) = \int_0^\infty \dot{r}\, p(R, \dot{r})\, \mathrm{d}\dot{r} \qquad (2.90)$$

式中，$\dot{r}$ 为信号包络 r 对时间的导函数；$p(R, \dot{r})$ 为 R 和 $\dot{r}$ 的联合概率密度函数。

图 2.18 解释了电平通过率。

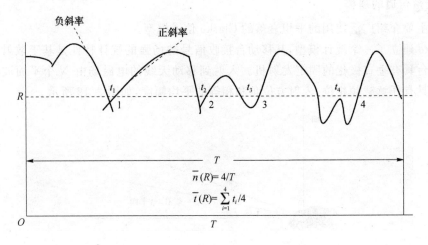

图 2.18　电平通过率和平均衰落持续时间

图 2.18 中 R 为规定电平，在时间 T 内以正斜率通过 R 电平的次数为 4，所以电平通过率为 $4/T$。

由于电平通过率是随机变量，通常用平均电平通过率来描述。对于瑞利分布可以得到：

$$N(R) = \sqrt{2\pi} f_{\mathrm{m}} \cdot \rho \mathrm{e}^{-\rho^2} \qquad (2.91)$$

式中，f_{m} 为最大多普勒频率；$\rho = \dfrac{R}{\sqrt{2}\sigma} = \dfrac{R}{R_{\mathrm{rms}}}$，信号的平均功率 $E(r^2) = \displaystyle\int_0^\infty r^2 p(r)\,\mathrm{d}r = 2\sigma^2$，$R_{\mathrm{rms}} = \sqrt{2}\sigma$ 为信号有效值。

（2）平均衰落持续时间

平均衰落持续时间,定义为信号包络低于某个给定电平值的概率与该电平所对应的电平通过率之比,由于衰落是随机发生的,所以只能给出平均衰落持续时间为

$$\tau_R = \frac{P(r \leqslant R)}{N_R} \qquad (2.92)$$

对于瑞利衰落,可以得出平均衰落持续时间为

$$\tau_R = \frac{1}{\sqrt{2\pi} f_m \rho}(e^{\rho^2} - 1) \qquad (2.93)$$

电平通过率描述了衰落次数的统计规律,那么,信号包络衰落到某一电平之下的持续时间是多少,也是一个很有意义的问题。当接收信号电平低于接收机门限电平时,就可能造成话音中断或误比特率突然增大,了解接收信号包络低于某个门限的持续时间的统计规律,就可以判定话音受影响的程度,以及在数字通信中是否会发生突发性错误和突发性错误的长度。

在图 2.18 中时间 T 内的衰落持续时间为 $t_1 + t_2 + t_3 + t_4$,则平均衰落持续时间为

$$\tau_R = \sum_i \frac{t_i}{N} = (t_1 + t_2 + t_3 + t_4)/4$$

2.6.8 衰落信道的建模与仿真简介

1. 衰落信道的建模

这里主要介绍广泛使用的平坦衰落的 Clarke 信道模型。

Clarke 建立了一个统计模型,其移动台接收信号的场强的统计特性是基于散射的。模型假设有一台具有垂直极化的固定发射机。入射到移动天线的电磁场由 N 个平面波组成。这些平面波具有任意载频相位、入射方位角和相等的平均幅度,如图 2.19 所示。

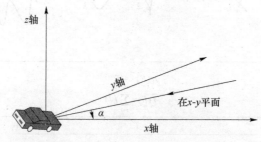

图 2.19 入射角到达平面示意图

对于第 n 个角度 α_n 到达 x 轴的入射波,多普勒频移为

$$f_n = \frac{v}{\lambda}\cos\alpha_n \qquad (2.94)$$

到达移动台的垂直极化平面波存在 E 和 H 场强分量,即

$$E_z = E_0 \sum_{n=1}^{N} C_n \cos(2\pi f_c t + \theta_n) \qquad (2.95)$$

$$H_x = -\frac{E_0}{\eta} \sum_{n=1}^{N} C_n \sin\alpha_n \cos(2\pi f_c t + \theta_n) \qquad (2.96)$$

$$H_y = -\frac{E_0}{\eta} \sum_{n=1}^{N} C_n \cos\alpha_n \cos(2\pi f_c t + \theta_n) \qquad (2.97)$$

其中，E_0 是本地 E 场（假设为恒定值）的实数幅度；C_n 表示不同电波幅度的实数随机变量；η 为自由空间的固定阻抗（337 Ω）；f_c 是载波频率。第 n 个到达分量的随机相位 θ_n 为

$$\theta_n = 2\pi f_n t + \varphi_n \tag{2.98}$$

对场强归一化后，有

$$\sum_{n=1}^{N} \overline{C_n^2} = 1 \tag{2.99}$$

由于多普勒频移相对于载波很小，所以 3 种场分量可用窄带随机过程表示。若 N 足够大，三分量可以近似看成高斯随机变量。设相位角在 $(0, 2\pi]$ 间隔内有均匀的概率密度函数，则 E 场可用同相和正交分量表示：

$$E_z = T_c(t)\cos(2\pi f_c t) - T_s \sin(2\pi f_c t) \tag{2.100}$$

式中

$$T_c(t) = E_0 \sum_{n=1}^{N} C_n \cos(2\pi f_n t + \varphi_n) \tag{2.101}$$

$$T_s(t) = E_0 \sum_{n=1}^{N} C_n \sin(2\pi f_n t + \varphi_n) \tag{2.102}$$

高斯随机过程在任意时刻 t 均可独立表示为 T_c 和 T_s。T_c、T_s 具有零平均和等方差：

$$\langle T_c^2 \rangle = \langle T_s^2 \rangle = \frac{E_s^2}{2} = \langle |E_z|^2 \rangle \tag{2.103}$$

式中，$\langle |E_z|^2 \rangle$ 是关于 α_n、ϕ_n 的总体平均，C_n、T_s、T_c 是不相关的，$\langle T_s \cdot T_c \rangle = 0$。

接收的 E 场的包络为

$$|E_z| = \sqrt{T_c^2(t) + T_s^2(t)} = r(t) \tag{2.104}$$

包络服从瑞利分布：

$$p(r) = \frac{1}{2\pi\sigma^2} \int_0^{2\pi} r e^{-\frac{r^2}{2\sigma^2}} \, \mathrm{d}\theta = \frac{r}{\sigma^2} e^{-\frac{r^2}{2\sigma^2}} \qquad r \geqslant 0 \tag{2.105}$$

式中

$$\sigma = \frac{E_0^2}{2} \tag{2.106}$$

2. 衰落信道的仿真

仿真方法和算法很多，这里只简单介绍 Jakes 仿真的基本原理。

Jakes 仿真器模拟的是在均匀介质散射环境中频率非选择性衰落信道的复低通包络。用有限个（大于等于 10 个）低频振荡器来近似构建一种可分析的模型。

依据 Clarke 模型，接收端波形可表示为经历了 N 条路径的一系列平面波的叠加。

$$R_D(t) = E_0 \sum_{n=1}^{N} C_n \cos(\omega_c t + \omega_n t + \phi_n) \tag{2.107}$$

$$\omega_n = \omega_m \cos \alpha_n \tag{2.108}$$

式中，E_0 是余弦波的幅度；C_n 表示第 n 条路径的衰减；α_n 表示第 n 条路径的到达角；ϕ_n 表示经过路径 n 后附加的相移；ω_c 是载波频率；ω_m 是最大多普勒频移。不同路径的附加相移 ϕ_n 是相互独立的，且 ϕ_n 是在 $(0, 2\pi]$ 均匀分布的随机变量。

为了方便将 $R_D(t)$ 标准化，使其功率归一化，得：

$$R(t) = \sqrt{2} \sum_{n=1}^{N} C_n \cos(\omega_c t + \omega_m t \cos \alpha_n + \phi_n) \tag{2.109}$$

$$= X_c(t)\cos \omega_c t + X_s(t)\sin \omega_c t$$

式中

$$X_c(t) = \sqrt{2}\sum_{n=1}^{N} C_n \cos(\omega_m t \cos\alpha_n + \varphi_n) \tag{2.110}$$

$$X_s(t) = -\sqrt{2}\sum_{n=1}^{N} C_n \sin(\omega_m t \cos\alpha_n + \varphi_n) \tag{2.111}$$

假设平面波有 N 个入射角,且在$(0,2\pi]$均匀分布,则模型中的参数为

$$d\alpha = \frac{2\pi}{N} \tag{2.112}$$

$$\alpha_n = \frac{2\pi}{N} \cdot n \qquad (n = 1,2,\cdots,N) \tag{2.113}$$

$$C_n^2 = p(\alpha_n)d\alpha = \frac{1}{2\pi}d\alpha = \frac{1}{N} \tag{2.114}$$

$$C_n = \sqrt{\frac{1}{N}} \tag{2.115}$$

$$\omega_n = \omega_m \cos\frac{2\pi}{N}n \tag{2.116}$$

将这些参数代入式(2.108),可得

$$R(t) = \sqrt{\frac{2}{N}}\sum_{n=1}^{N} \cos(\omega_c t + \omega_m t \cos\frac{2\pi}{N}n + \phi_n) \tag{2.117}$$

由此可得出,描述平坦衰落的随机信号 $R(t)$ 可以用 N 个随机变量(C_n,α_n,ϕ_n)表示,且它们都是相互独立的,所以 $R(t)$ 可以用 N 个低频振荡器来生成。图 2.20 是 Jakes 仿真器的模型。

有关 Jakes 仿真器的模型的统计特性此处不再讨论,请读者参考有关文献。

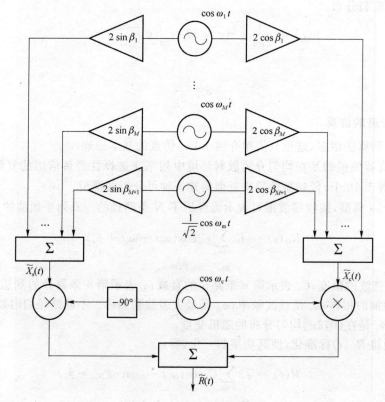

图 2.20　Jakes 仿真器模型

2.7　MIMO 信道

正如前文所述,移动通信的信道是指基站天线、移动用户天线和两副天线之间的传播路径。当基站端和移动用户端的天线都为一副天线时,可称此时的移动通信的信道为单输入单输出(SISO,Single Input Single Output)。相对于 SISO 信道而言,MIMO 信道就是在基站端和用户端都为多副天线。MIMO 信道建模与 SISO 信道建模的不同点在于,MIMO 信道建模要考虑发射天线和接收天线之间的相关性。目前 MIMO 信道建模主要有两种方式,一是分析模型,主要考虑 MIMO 信道的空时特征进行建模,二是物理模型,主要考虑 MIMO 信道的传播特征进行建模。通常物理模型是基于无线传播的特定参数,例如,传播时延扩展、角度扩展、幅度增益以及天线分布等来构建 MIMO 信道矩阵;而分析模型是对基本物理模型的数学抽象,重点考虑空间的相关性,也就是说通过相关矩阵等运算来构建 MIMO 信道矩阵,而不考虑特殊的传播过程。一般而言,分析模型构造相对简单,主要用于链路级评估,而物理模型构造较为复杂,适合于系统级性能评估。下面对这两种模型的构建作一简单介绍。

2.7.1　分析模型

本章参考文献[11]给出了基本分析模型的构建方法和过程。

假设基站端由 M 个天线阵列构成,移动台由 N 个天线阵列构成,基站端的信号向量可表示为 $\boldsymbol{y}(t)=[y_1(t),y_2(t),\cdots,y_M(t)]^{\mathrm{T}}$,$[\,\cdot\,]^{\mathrm{T}}$ 表示转置;移动台端的信号向量表示为 $\boldsymbol{s}(t)=[s_1(t),s_2(t),\cdots,s_N(t)]^{\mathrm{T}}$,如图 2.21 所示。

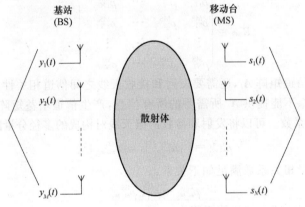

图 2.21　散射环境下多天线示意图

根据这样的假设,可得到 MIMO 信道的冲激响应为

$$\boldsymbol{H}(t)=\sum_{l=1}^{L}\boldsymbol{A}_l\delta(t-\tau_l) \tag{2.118}$$

式中,$\boldsymbol{H}(t)\in\mathbb{C}^{M\times N}$,$\boldsymbol{A}_l$ 为

$$\boldsymbol{A}_l=\begin{bmatrix} a_{11}^{(l)} & a_{12}^{(l)} & \cdots & a_{1N}^{(l)} \\ a_{21}^{(l)} & a_{22}^{(l)} & \cdots & a_{2N}^{(l)} \\ \vdots & \vdots & \ddots & \vdots \\ a_{M1}^{(l)} & a_{M2}^{(l)} & \cdots & a_{MN}^{(l)} \end{bmatrix}_{M\times N} \tag{2.119}$$

是每径信道的空时响应矩阵,其中 $a_{mn}^{(l)}$ 表示 BS 端第 m 个天线和 MS 端第 n 个天线之间链路的第 l 径的复衰落系数。

由此可得出 BS 和 MS 信号分别为

$$y(t) = \int H(\tau) s(t - \tau) \mathrm{d}\tau \tag{2.120}$$

或

$$s(t) = \int H(\tau) y(t - \tau) \mathrm{d}\tau \tag{2.121}$$

假设 $a_{mn}^{(l)}$ 是服从均值为 0 的复高斯分布,即 $E(a_{mn}^{(l)}) = 0$,幅度 $|a_{mn}^{(l)}|$ 服从瑞利分布,这样可得第 l 径的功率 $P_l = E\{|a_{mn}^{(l)}|^2\}$,同时假设不同时延的多径分量不相关,即

$$\rho_{mn}^{l_1 l_2} = \langle |a_{mn}^{(l_1)}|^2, |a_{mn}^{(l_2)}|^2 \rangle = 0 \qquad l_1 \neq l_2 \tag{2.122}$$

其中,$\langle x, y \rangle$ 表示随机变量 x 和 y 的相关系数。

根据本章参考文献[11],定义 BS 端天线相间的相关系数为

$$\rho_{m_1 m_2}^{\mathrm{BS}} = \langle |a_{m_1 n}^{(l)}|^2, |a_{m_2 n}^{(l)}|^2 \rangle \tag{2.123}$$

同样定义 MS 端天线相间的相关系数为

$$\rho_{n_1 n_2}^{\mathrm{MS}} = \langle |a_{mn_1}^{(l)}|^2, |a_{mn_2}^{(l)}|^2 \rangle \tag{2.124}$$

这样可得到 BS 端和 MS 端天线相间的相关矩阵为

$$\mathbf{R}_{\mathrm{BS}} = \begin{bmatrix} \rho_{11}^{\mathrm{BS}} & \rho_{12}^{\mathrm{BS}} & \cdots & \rho_{1M}^{\mathrm{BS}} \\ \rho_{21}^{\mathrm{BS}} & \rho_{22}^{\mathrm{BS}} & \cdots & \rho_{2M}^{\mathrm{BS}} \\ \vdots & \vdots & \ddots & \vdots \\ \rho_{M1}^{\mathrm{BS}} & \rho_{M2}^{\mathrm{BS}} & \cdots & \rho_{MM}^{\mathrm{BS}} \end{bmatrix}_{M \times N} \tag{2.125}$$

$$\mathbf{R}_{\mathrm{MS}} = \begin{bmatrix} \rho_{11}^{\mathrm{MS}} & \rho_{12}^{\mathrm{MS}} & \cdots & \rho_{1N}^{\mathrm{MS}} \\ \rho_{21}^{\mathrm{MS}} & \rho_{22}^{\mathrm{MS}} & \cdots & \rho_{2N}^{\mathrm{MS}} \\ \vdots & \vdots & \ddots & \vdots \\ \rho_{N1}^{\mathrm{MS}} & \rho_{N2}^{\mathrm{MS}} & \cdots & \rho_{NN}^{\mathrm{MS}} \end{bmatrix}_{N \times N} \tag{2.126}$$

另外,为了产生信道矩阵 $\mathbf{A}_l$,还需要发射和接收天线之间信道相关性的信息,但 BS 和 MS 的相关矩阵 $\mathbf{R}_{\mathrm{BS}}$ 和 $\mathbf{R}_{\mathrm{MS}}$ 不能提供 $\mathbf{A}_l$ 所需要的所有信息,产生信道增益矩阵 $\mathbf{A}_l$ 还需要发射和接收天线对之间的相关系数。可以将发射和接收两组天线对构成的多径分量间的相关系数表示为

$$\rho_{n_2 m_2}^{n_1 m_1} = \langle |a_{m_1 n_1}^{(l)}|^2, |a_{m_2 n_2}^{(l)}|^2 \rangle \tag{2.127}$$

一般地,多径分量相关系数满足如下关系:

$$\rho_{n_2 m_2}^{n_1 m_1} = \rho_{n_1 n_2}^{\mathrm{MS}} \rho_{m_1 m_2}^{\mathrm{BS}} \tag{2.128}$$

这样可得到 MIMO 信道的相关矩阵为

$$\mathbf{R} = \mathbf{R}_{\mathrm{MS}} \otimes \mathbf{R}_{\mathrm{BS}} = (\rho_{n_2 m_2}^{n_1 m_1})_{MN \times MN} \tag{2.129}$$

其中 $\otimes$ 表示克罗内克(Kronocker)积。

下面讨论相关 MIMO 信道系数的产生。首先需要生成 $L \times M \times N$ 个非相关高斯分量,然后通过滤波器获得满足空间相关的空时响应向量,即表示为

$$\widetilde{\mathbf{A}}_l = \sqrt{P_l} \mathbf{C} a_l \tag{2.130}$$

其中,$\mathbf{C}$ 为相关矩阵或对称映射矩阵,P_l 是第 l 条路径的平均功率,即功率延迟分布中定义的第 l 个可分辨径的功率,$\widetilde{\mathbf{A}}_l$ 为 $MN \times l$ 的 MIMO 信道向量,即为矩阵 $\mathbf{A}_l$ 中元素的列矩阵:

$$\widetilde{\mathbf{A}}_l = (a_{11}^{(l)}, a_{21}^{(l)}, \cdots, a_{M1}^{(l)}, a_{12}^{(l)}, a_{22}^{(l)}, \cdots, a_{M2}^{(l)}, a_{13}^{(l)}, \cdots, a_{MN}^{(l)})^{\mathrm{T}} \tag{2.131}$$

a_l 为第 l 条路径的 MIMO 衰落信道,表示为

$$\boldsymbol{a}_l = (a_1^{(l)}, a_2^{(l)}, \cdots, a_{MN}^{(l)})^{\mathrm{T}} \tag{2.132}$$

式中,$a_x^{(l)}$,$x=1,2,\cdots,MN$ 是均值为 0,方差为 1 的独立复高斯分量。

矩阵 $\boldsymbol{C}$ 可以通过乔里斯基(Cholesky)分解,即由式(2.129)分解得到:

$$\boldsymbol{R} = \boldsymbol{C}\boldsymbol{C}^{\mathrm{T}} \tag{2.133}$$

根据扩展 ITU 信道提供的功率时延分布(如表 2.2),可计算得到式(2.130)中的 P_l。另外,$a_l^{(l)}$ 反映了 MIMO 信道的时频衰落特性,可以利用 Jakes 仿真模型来生成。这样就可以得到每个可分辨径的信道转移矩阵 $\boldsymbol{A}_l$,接下来,从扩展 ITU 信道提供的功率时延分布得到各个可分辨径之间的相对时延,再根据 L 抽头的延迟抽头线模型产生带有相关性的 MIMO 信道冲激响应,这样可以得到图 2.22 的 MIMO 信道仿真模型。

表 2.2　扩展 ITU 模型的功率延迟表

抽头号	EPA(Extended Pedestrian A model)		EVA(Extended Vehicular A model)		ETU(Extended Typical Urban model)	
	附加抽头时延/ns	相对抽头功率/dB	附加抽头时延/ns	相对抽头功率/dB	附加抽头时延/ns	相对抽头功率/dB
1	0	0.0	0	0.0	0	-1.0
2	30	-1.0	30	-1.5	50	-1.0
3	70	-2.0	150	-1.4	120	-1.0
4	80	-3.0	310	-3.6	200	0.0
5	110	-8.0	370	-0.6	230	0.0
6	190	-17.2	710	-9.1	500	0.0
7	410	-20.8	1 090	-7.0	1 600	-3.0
8	—	—	1 730	-12.0	2 300	-5.0
9			2 510	-16.9	5 000	-7.0

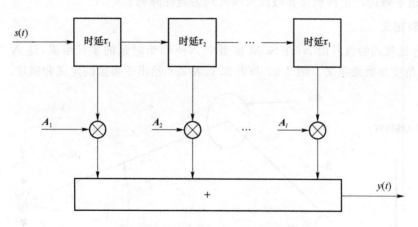

图 2.22　时延抽头 MIMO 信道模型

如果天线间隔距离很小,还需要考虑天线阵列的到达角相位差,这里不再介绍了,读者可参考本章文献[11]。

2.7.2　物理模型

相对于分析模型来说,物理模型较为准确,但计算复杂。一般来说,物理模型更适合于系

统级仿真。典型的物理模型就是 3GPP 协议所给出的基于射线法（或者说基于子径）的 SCM（Spatial Channel Model)信道模型。该模型是基于散射随机假设所建立的信道模型,基本原理是利用统计得到的信道特性（如时延扩展、角度扩展等）来构建模型。模型的每条径都有特定角度扩展值,这些空间分布特性产生了每条径在不同天线间的空间相关特性,并且通过引入天线间距得到信道之间的相关性。每条径（或者说射线）的衰落特性由 20 条等功率的子径所构成,这些子径角度服从拉普拉斯分布。

　　SCM 信道模型主要定义了 3 种场景,分别为城市宏小区、郊区宏小区和城市微小区。模型构造和仿真方法对于 3 种传播场景来说都相同,但角度、时延等参数的产生过程有所不同。在对 SCM 信道进行建模之前,先介绍一些必要的假设条件与仿真参数。

1. 一般假设

- 到达角与离开角的值在上下行链路中是一致的。
- 对于 FDD 系统,上下行链路间的子路径随机相位不相关。
- 不同移动台间的阴影衰落不相关。在实际过程中,如果移动台相互之间位置很接近,则该不相关假设是不成立的。但是此处的不相关假设可以使得模型简化。
- 该空间信道模型可适用于不同的天线配置。
- 角度扩展、时延扩展和阴影衰落因子是根据信道应用场景而定的相关参数。扇区间子路径的相位满足随机分布。角度扩展由 6×20 条子径组成,每一条子径都有一个确定的离开角（对应每一个基站天线增益）。天线增益可能引起信道模型中不同基站天线间的角度扩展和时延扩展的改变,同时这种影响与信道模型无关。
- 不考虑海拔的扩展。
- 为比较不同天线场景,单天线的发送功率与总的天线发送功率应保持一致。
- 信道系数的产生过程需要假设天线阵列为线性阵列。

2. 参数定义

　　移动台处收到的信号由 N（在 SCM 模型中 $N=6$)个时延的多径组成,这 N 条路径由功率、时延和角度参数来定义。图 2.23 和表 2.3、表 2.4 给出了参数的定义和描述。

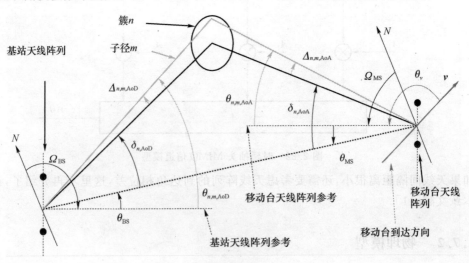

图 2.23　SCM 空间信道模型的示意图

表 2.3　参数说明

参数名称	参数含义
Ω_{BS}	基站天线阵列方向
θ_{BS}	直视径与基站天线法线的夹角
$\delta_{n,AoD}$	第 n 条主径的 AoD 与直视径的夹角
$\Delta_{n,m,AoD}$	第 n 条主径的第 m 条子径相对于 $\delta_{n,AoD}$ 的角度偏移
$\theta_{n,m,AoD}$	第 n 条主径的第 m 条子径的绝对离开角
Ω_{MS}	移动台天线阵列方向
θ_{MS}	直视径与移动台天线法线的夹角
$\delta_{n,AoA}$	第 n 条主径的 AoA 与直视径的夹角
$\Delta_{n,m,AoA}$	第 n 条主径的第 m 条子径相对于 $\delta_{n,AoA}$ 的角度偏移
$\theta_{n,m,AoA}$	第 n 条主径的第 m 条子径的绝对到达角
v	移动台的移动速度
θ_v	移动台的移动方向

不同角度扩展下的子径相对主径的角度偏移 $\Delta_{n,m,AoD}$ 与 $\Delta_{n,m,AoA}$ 的取值见表 2.4。

表 2.4　子径角度偏移

子径序号(m)	宏小区、基站角度扩展为 2° 的 $\Delta_{n,m,AoD}$	微小区、基站角度扩展为 5° 的 $\Delta_{n,m,AoD}$	移动台角度扩展为 35° 的 $\Delta_{n,m,AoA}$
1,2	±0.089 4°	±0.223 6°	±1.564 9°
3,4	±0.282 6°	±0.706 4°	±4.944 7°
5,6	±0.498 4°	±1.246 1°	±8.722 4°
7,8	±0.743 1°	±1.857 8°	±13.004 5°
9,10	±1.025 7°	±2.564 2°	±17.949 2°
11,12	±1.359 4°	±3.398 6°	±23.789 9°
13,14	±1.768 8°	±4.422 0°	±30.953 8°
15,16	±2.296 1°	±5.740 3°	±40.182 4°
17,18	±3.038 9°	±7.597 4°	±53.181 6°
19,20	±4.310 1°	±10.775 3°	±75.427 4°

另外,表 2.5 还定义了 SCM 信道模型在 3 种传播环境下的各项环境参数。

表 2.5　SCM 信道模型 3 种传播场景下的环境参数设置

传播场景	郊区宏小区	城市宏小区	城市微小区
路径数(N)	6	6	6
子径数(M)	20	20	20
基站处角度扩展均值	$E(\sigma_{AS})=5°$	$E(\sigma_{AS})=8°,15°$	NLOS: $E(\sigma_{AS})=19°$

传播场景	郊区宏小区	城市宏小区	城市微小区
基站处角度扩展为对数正态随机变量: $\sigma_{AS}=10^{(\varepsilon_{AS}x+\mu_{AS})}$ $x\sim\eta(0,1)$	$\mu_{AS}=0.69$ $\varepsilon_{AS}=0.13$	8°: $\mu_{AS}=0.810$ $\varepsilon_{AS}=0.34$ 15°: $\mu_{AS}=1.18$ $\varepsilon_{AS}=0.210$	LOS:N/A(不适用)
$r_{AS}=\sigma_{AoD}/\sigma_{AS}$	1.2	1.3	N/A
基站每径的角度扩展	2°	2°	5°
基站每径离开角分布	$\eta(0,\sigma_{AoD}^2)$ $\sigma_{AoD}=r_{AS}\sigma_{AS}$	$\eta(0,\sigma_{AoD}^2)$ $\sigma_{AoD}=r_{AS}\sigma_{AS}$	$U(-40°,+40°)$
移动台角度扩展均值	$E(\sigma_{AS,MS})=68°$	$E(\sigma_{AS,MS})=68°$	$E(\sigma_{AS,MS})=68°$
移动台每径角度扩展	35°	35°	35°
移动台每径到达角分布	$\eta(0,\sigma_{AoA}^2(Pr))$	$\eta(0,\sigma_{AoA}^2(Pr))$	$\eta(0,\sigma_{AoA}^2(Pr))$
时延扩展 (对数正态分布) $\sigma_{DS}=10^{(\varepsilon_{DS}x+\mu_{DS})}$ $x\sim\eta(0,1)$	$\mu_{DS}=-6.80$ $\varepsilon_{DS}=0.288$	$\mu_{DS}=-6.18$ $\varepsilon_{DS}=0.18$	N/A
RMS 时延扩展均值	$E(\sigma_{DS})=0.17\ \mu s$	$E(\sigma_{DS})=0.65\ \mu s$	$E(\sigma_{DS})=0.251\ \mu s$
$r_{DS}=\sigma_{delays}/\sigma_{DS}$	1.4	1.7	N/A
径时延分布	N/A	N/A	$U(0,1.2\ \mu s)$
对数正态阴影衰落的标准差	8 dB	8 dB	NLOS:10 dB LOS:4 dB

考虑具有 S 个天线单元的发射天线和 U 个天线单元的接收天线,在第 s 根发射天线和第 u 根接收天线之间,第 n 条路径的信道系数可以表示为

$$h_{s,u,n}=\sqrt{第\,n\,条路径的功率}\sum_{m=1}^{M}\left\{\begin{bmatrix}BS\\PAS\end{bmatrix}\cdot(BS\,阵列相位)\cdot\begin{bmatrix}MS\\PAS\end{bmatrix}\cdot(MS\,阵列相位)\right\}$$

(2.134)

式中,M 表示每一径内的子径数,括号内的量对应每一径的属性。具体地说,对于单极化场景具有均匀功率的子径,式(2.134)可表示为如下形式:

$$h_{u,s,n}(t)=\sqrt{\frac{P_n\sigma_{SF}}{M}}\sum_{m=1}^{M}\begin{bmatrix}\sqrt{G_{BS}(\theta_{n,m,AoD})}\exp(j[kd_s\sin(\theta_{n,m,AoD})+\Phi_{n,m}])\times\\\sqrt{G_{MS}(\theta_{n,m,AoA})}\exp(jkd_u\sin(\theta_{n,m,AoA}))\times\\\exp jk\parallel v\parallel\cos(\theta_{n,m,AoA}-\theta_v)t\end{bmatrix}$$

(2.135)

式中的各个变量参数说明如表 2.6 所示。

表 2.6　参数说明

参数名称	参数含义
P_n	每一径的功率
σ_{SF}	对数正态阴影衰落
M	每一径的子路径数
$\theta_{n,m,AoD}$	第 n 径的第 m 子径的离开角相对基站阵列法线的角度
$\theta_{n,m,AoA}$	第 n 径的第 m 子径的到达角相对移动台阵列法线的角度
$G_{BS}(\theta_{n,m,AoD})$	基站天线增益
$G_{MS}(\theta_{n,m,AoA})$	移动台天线增益
j	复数虚部
k	$k=2\pi/\lambda$（λ 为载波波长）
d_s	基站处天线到参考天线的距离（$s=1$ 时，$d_1=0$）
d_u	基站处天线到参考天线的距离（$u=1$ 时，$d_1=0$）
$\Phi_{n,m}$	第 n 径的第 m 个子径的相位
$\|v\|$	移动台的速度矢量的模
θ_v	移动台的速度矢量的相位

接下来讨论如何产生式(2.135)中的相关信道参数。注意到,产生信道参数时要区分宏小区和微小区两种场景,由于本书篇幅有限,这里只给出宏小区信道参数的产生方法,关于微小区信道参数的产生方法读者可参考本章参考文献[16]等相关文献。

宏小区信道参数的产生可分为如下步骤。

(1) 步骤 1:选择传播场景(城市宏小区或郊区宏小区)。

(2) 步骤 2:确定距离参数和方向参数,主要包括 BS 到 MS 的距离 d 以及 BS 和 MS 的方位角 θ_{BS} 和 θ_{MS}。

(3) 步骤 3:确定时延扩展(DS)、角度扩展(AS)与阴影衰落(SF)。时延扩展 σ_{DS}、角度扩展 σ_{AS} 和阴影衰落 σ_{SF} 的产生步骤具体如下。

① 为保证全相关矩阵是半正定的,小区内 σ_{DS}、σ_{AS} 和 σ_{SF} 的相关性应满足如下要求:

* $\rho_{\alpha\beta}=$ DS 与 AS 的相关系数 $=+0.5$;
* $\rho_{\gamma\beta}=$ SF 与 AS 的相关系数 $=-0.6$;
* $\rho_{\gamma\alpha}=$ SF 与 DS 的相关系数 $=-0.6$。

小区内相关矩阵可表示为如下矩阵 A 的形式:

$$A=\begin{pmatrix} 1 & \rho_{\alpha\beta} & \rho_{\gamma\alpha} \\ \rho_{\alpha\beta} & 1 & \rho_{\gamma\beta} \\ \rho_{\gamma\alpha} & \rho_{\gamma\beta} & 1 \end{pmatrix}$$

除了小区内存在相关性以外,不同小区间也存在相关性,其相关矩阵可表示为如下矩阵 B 的形式:

$$B=\begin{pmatrix} 0 & 0 & 0 \\ 0 & 0 & 0 \\ 0 & 0 & \zeta \end{pmatrix}$$

小区间的相关性包括阴影衰落,其相关系数 $\zeta=0.5$。

② 分别产生 3 个相互独立的高斯随机变量 w_{n1}、w_{n2} 和 w_{n3}，同时对所有的基站产生 3 个相互独立的高斯随机变量 ξ_1、ξ_2 和 ξ_3。因此，具有相关性的高斯随机变量 α_n、β_n 和 γ_n 可以通过如下公式计算得到：

$$\begin{bmatrix} \alpha_n \\ \beta_n \\ \gamma_n \end{bmatrix} = \begin{bmatrix} c_{11} & c_{12} & c_{13} \\ c_{21} & c_{22} & c_{23} \\ c_{31} & c_{32} & c_{33} \end{bmatrix} \begin{bmatrix} w_{n1} \\ w_{n2} \\ w_{n3} \end{bmatrix} + \begin{bmatrix} 0 & 0 & 0 \\ 0 & 0 & 0 \\ 0 & 0 & \sqrt{\zeta} \end{bmatrix} \begin{bmatrix} \xi_1 \\ \xi_2 \\ \xi_3 \end{bmatrix} \tag{2.136}$$

其中，矩阵 C 中的元素 c_{ij} 可由下式表示：

$$C = (A - B)^{1/2} = \begin{bmatrix} 1 & \rho_{\alpha\beta} & \rho_{\gamma\alpha} \\ \rho_{\alpha\beta} & 1 & \rho_{\gamma\beta} \\ \rho_{\gamma\alpha} & \rho_{\gamma\beta} & 1-\zeta \end{bmatrix}^{1/2} \tag{2.137}$$

③ 根据 α_n、β_n 和 γ_n 分别产生时延扩展 σ_{DS}、角度扩展 σ_{AS} 和阴影衰落 σ_{SF} 的值。时延扩展 σ_{DS} 的计算公式如下：

$$\sigma_{DS,n} = 10^{(\varepsilon_{DS}\alpha_n + \mu_{DS})} \tag{2.138}$$

其中，α_n 由上一步已给出，$\mu_{DS} = E(\lg\sigma_{DS})$ 表示的是时延扩展的对数平均值，$\varepsilon_{DS} = \sqrt{E[\lg^2(\sigma_{DS,n})] - \mu_{DS}^2}$ 表示的则是时延扩展的对数标准差。

同样地，角度扩展 σ_{AS} 的计算公式如下：

$$\sigma_{AS,n} = 10^{(\varepsilon_{AS}\beta_n + \mu_{AS})} \tag{2.139}$$

其中，β_n 由上一步已给出，$\mu_{AS} = E(\lg\sigma_{AS})$ 表示的是角度扩展的对数平均值，$\varepsilon_{AS} = \sqrt{E[\lg^2(\sigma_{AS,n})] - \mu_{AS}^2}$ 表示的则是角度扩展的对数标准差。

最后，阴影衰落的计算公式为

$$\sigma_{SF,n} = 10^{(\sigma_{SH}\gamma_n/10)} \tag{2.140}$$

其中，γ_n 由上一步已给出，σ_{SH} 表示的是阴影衰落的标准差（单位为 dB）。

（4）步骤 4：确定 N 条路径各自的随机时延。在宏小区场景下，从表 2.5 可知 $N=6$，进而产生出随机变量 $\tau'_1, \cdots, \tau'_N$，其中：

$$\tau'_n = -r_{DS}\sigma_{DS}\ln z_n, \quad n = 1, \cdots, N \tag{2.141}$$

式中，z_n 服从均匀分布 $U(0,1)$，r_{DS} 的值由表 2.5 给出，σ_{DS} 于步骤 3 已产生。对上述 N 条路径的时延按降序进行重新排序，即 $\tau'_{(N)} > \tau'_{(N-1)} > \cdots > \tau'_{(1)}$，并去掉最小值，则第 n 径的时延 τ_n 可用如下公式进行计算：

$$\tau_n = \frac{T_c}{16} \cdot \text{floor}\left(\frac{\tau'_{(n)} - \tau'_{(1)}}{\frac{T_c}{16}} + 0.5\right), n = 1, \cdots, N \tag{2.142}$$

其中：floor(x) 为取整函数，T_c 为码片间隔（3GPP 中 $T_c = 1/3.84 \times 10^6$ s）。

（5）步骤 5：确定 N 条路径的随机平均功率。非标准化的功率计算公式为

$$P'_n = e^{\frac{(1-r_{DS}) \cdot (\tau'_{(n)} - \tau'_{(1)})}{r_{DS} \cdot \sigma_{DS}}} \times 10^{-\xi_n/10}, n = 1, \cdots, N \tag{2.143}$$

其中，ξ_n 是独立同分布的高斯随机变量，标准差 $\sigma_{RND} = 3$ dB。考虑到在上述功率计算公式中，功率是由非量化的信道时延所确定的，因此在计算平均功率时应对其标准化，具体如下：

$$P_n = \frac{P'_n}{\sum_{j=1}^{6} P'_j} \tag{2.144}$$

（6）步骤 6：确定每一径的离开角。首先产生独立同分布的零均值高斯随机变量 $\delta_n' \sim \eta(0, \sigma_{AoD}^2)$，其中 $\sigma_{AoD} = r_{AS}\sigma_{AS}$（$r_{AS}$ 的值由表 2.5 给出），角度扩展 σ_{AS} 的取值由步骤 3 确定。将 δ_n' 的绝对值按升序排列，即 $|\delta_{(1)}'| < |\delta_{(2)}'| < \cdots < |\delta_{(N)}'|$，在此基础上，令 $\delta_{n,AoD} = \delta_{(n)}'$，即确定了每一径的离开角的值。

（7）步骤 7：将每一径各自的时延与离开角两个值关联起来。其中时延 τ_n 由步骤 4 产生，离开角 $\delta_{n,AoD}$ 由步骤 6 产生。

（8）步骤 8：确定基站处 N 条径中 20 条子径的功率、相位和离开角偏移值。每条径的 20 条子径都有相同的功率（$P_n/20$），且独立同分布相位 $\Phi_{n,m}$ 服从 $0° \sim 360°$ 的均匀分布。第 m 条子径的相对主径的角度偏移值 $\Delta_{n,m,AoD}$ 由表 2.4 以确定值的形式给出，以产生相应的每径角度扩展（宏小区基站端角度扩展为 $2°$，微小区基站端角度扩展为 $5°$）。

（9）步骤 9：确定每一径的到达角。到达角 AoA 为独立同分布高斯随机变量，服从如下分布：

$$\delta_{n,AoA} \sim \eta(0, \sigma_{n,AoA}^2), n = 1, \cdots, N \tag{2.145}$$

其中 $\sigma_{n,AoA} = 104.12(1 - \exp(-0.2175|10\lg(P_n)|))$，$P_n$ 即为步骤 5 中所产生的 N 条路径的随机平均功率。

（10）步骤 10：确定移动台处 N 条径中的 20 条子径的到达角偏移值。与步骤 8 产生基站处的子径离开角偏移值的方法类似，在本步骤中 20 条子径的到达角偏移值由表 2.4 以确定值的形式给出，以产生相应的每径角度扩展（移动台处角度扩展为 $35°$）。

（11）步骤 11：关联基站端和移动台端的路径和子路径。首先，将基站端的第 n 条路径（由其时延 τ_n、功率 P_n 和离开角 $\delta_{n,AoD}$ 定义）与移动台处的第 n 条路径（由其时延 τ_n、功率 P_n 和离开角 $\delta_{n,AoD}$ 定义）相关联。接下来，对于第 n 对路径，从基站端的 M 条子径（由其角度偏移 $\Delta_{n,m,AoD}$ 定义）和移动台端的 M 条子径（由其角度偏移 $\Delta_{n,m,AoA}$ 定义）中分别随机选出一条子径来进行关联。每一对子径这样的关联方式则可对应产生出步骤 8 中所提及的服从 $0° \sim 360°$ 均匀分布的独立同分布相位 $\Phi_{n,m}$。为简化相关表达方式，将对移动台端的每一条子径的编号进行重新编号，使其编号为该条子径刚刚关联上的基站端的那条子径的编号。也就是说，如果基站端的第 1 条子径与移动台端的第 6 条子径相关联，则可用 $\Delta_{n,1,AoA}$ 来替换关联之前的 $\Delta_{n,6,AoA}$。

（12）步骤 12：确定基站端和移动台端的各条子径的天线增益，这些子径的天线增益同时也是其到达角和离开角的函数。

对于第 n 条路径，它的第 m 条子径的离开角为

$$\theta_{n,m,AoD} = \theta_{BS} + \delta_{n,AoD} + \Delta_{n,m,AoD} \tag{2.146}$$

同样对于第 n 条路径的第 m 条子径，其离开角为

$$\theta_{n,m,AoA} = \theta_{MS} + \delta_{n,AoA} + \Delta_{n,m,AoA} \tag{2.147}$$

由式（2.146）和式（2.147）两式可知，天线增益的计算依赖于子径的离开角与到达角的值，可表示为 $G_{BS}(\theta_{n,m,AoD})$ 与 $G_{MS}(\theta_{n,m,AoA})$。

（13）步骤 13：将所得出的路径损耗（基于步骤 2 的相关距离参数）和阴影衰落（由步骤 3 所确定）作为大尺度参数作用于信道模型的每子径，以产生信道系数。

3GPP 在 TR 25.996 中提出的 SCM 信道模型是为载频 2 GHz、带宽 5 MHz 系统设计的，而对于 LTE 系统，需要最高可支持到 20 MHz 的信道模型，因此欧洲的 WINNER 组织对 SCM 模型做了一些改变，形成了 SCME（SCM Extension）模型，其可以工作在 2 GHz 和 5 GHz

的载频上,并支持最高达 20 MHz 的带宽,改进后的 SCME 保持了模型的简单性,对 SCM 向下兼容,并沿用了 SCM 中信道系数的生成方法。另外,为了评估 IMT-Advanced 无线空中接口的技术,ITU-R 的 R-REP-M.2135 协议给出了 IMT-A 信道模型,以在不同应用场景下模拟实际的传播环境。SCME 和 IMT-A 信道模型是 SCM 信道模型的扩展,其基本方法是相同的。由于本书篇幅有限,读者可参考本章参考文献[13]～[19],其中文献[16][17]分别给出了 SCME 和 IMT-A 信道模型的构建方法和具体实现流程,并给出了仿真校准。

2.8　电波传播损耗预测模型

研究建立电波传播损耗预测模型的目的就是在无线移动通信网络设计时,很好地掌握在基站周围所有地点处接收信号的平均强度及其变化特点,以便为网络覆盖的研究以及整个网络设计提供基础。

无线传播环境决定了电波传播的损耗,然而由于传播环境极为复杂,所以在研究建立电波传播预测模型时人们常常根据测试数据分析归纳出基于不同环境的经验模型。在此基础上对模型进行校正,以使其更加接近实际,更准确。

确定某一特定地区的传播环境的主要因素有:
- 自然地形(如高山、丘陵、平原、水域等);
- 人工建筑的数量、高度、分布和材料特性;
- 该地区的植被特征;
- 天气状况;
- 自然和人为的电磁噪声状况。

另外,还要考虑系统的工作频率和移动台运动等因素。

电波传播预测模型通常分为室外传播模型和室内传播模型。室外传播模型相对于室内传播模型来说比较成熟,所以这里重点介绍室外传播模型,对室内传播模型只做简单的介绍。

2.8.1　室外传播模型

常用的几种电波传播损耗预测模型有 Okumura-Hata 模型、COST-231-Hata 模型、CCIR 模型、LEE 模型以及 COST-231-Walfisch-Ikegami 模型。

Hata 模型是广泛使用的一种中值路径损耗预测的传播模型,适用于宏蜂窝(小区半径大于 1 km)的路径损耗预测,根据应用频率的不同,Hata 模型又分为:

① Okumura-Hata 模型,适用的频率范围为 150～1 500 MHz,主要用于 900 MHz。

② COST-231 Hata 模型,是 COST-231 工作委员会提出的将频率扩展到 2 GHz 的 Hata 模型扩展版本。

1. Okumura-Hata 模型

Okumura-Hata 模型是根据测试数据统计分析得出的经验公式,应用频率在 150～1 500 MHz,适用于小区半径大于 1 km 的宏蜂窝系统,基站有效天线高度在 30～200 m,移动台有效天线高度在 1～10 m。

Okumura-Hata 模型路径损耗计算的经验公式为

$$L_{\mathrm{p}}(\mathrm{dB})=69.55+26.16\lg f_{\mathrm{c}}-13.82\lg h_{\mathrm{te}}-\alpha(h_{\mathrm{re}})+(44.9-6.55\lg h_{\mathrm{te}})\lg d+C_{\mathrm{cell}}+C_{\mathrm{terrain}}$$

$$(2.148)$$

式中，f_{c} 为工作频率（单位为 MHz）；h_{te} 为 基站天线有效高度（单位为 m），定义为基站天线实际海拔高度与基站沿传播方向实际距离内的平均地面海拔高度之差，即 $h_{\mathrm{te}}=h_{\mathrm{BS}}-h_{\mathrm{ga}}$；$h_{\mathrm{re}}$ 为移动台有效天线高度（单位为 m），定义为移动台天线高出地表的高度；d 为基站天线和移动台天线之间的水平距离（单位为 km）；$\alpha(h_{\mathrm{re}})$为有效天线修正因子，是覆盖区大小的函数：

$$\alpha(h_{\mathrm{re}})=\begin{cases}\text{中小城市} & (1.11\lg f_{\mathrm{c}}-0.7)h_{\mathrm{re}}-(1.56\lg f_{\mathrm{c}}-0.8)\\[2mm]\text{大城市、郊区、乡村}\begin{cases}8.29(\lg 1.54h_{\mathrm{re}})^2-1.1 & f_{\mathrm{c}}\leqslant 300\ \mathrm{MHz}\\3.2(\lg 11.75h_{\mathrm{re}})^2-4.97 & f_{\mathrm{c}}>300\ \mathrm{MHz}\end{cases}\end{cases}\quad(2.149)$$

C_{cell}为小区类型校正因子：

$$C_{\mathrm{cell}}=\begin{cases}0 & \text{城市}\\[2mm]-2\left[\lg\left(\dfrac{f_{\mathrm{c}}}{28}\right)\right]^2-5.4 & \text{郊区}\\[2mm]-4.78(\lg f_{\mathrm{c}})^2-18.33\lg f_{\mathrm{c}}-40.98 & \text{乡村}\end{cases}\quad(2.150)$$

C_{terrain}为地形校正因子。

地形分为：水域、海、湿地、郊区开阔地、城区开阔地、绿地、树林、40 m 以上高层建筑群、20～40 m 规则建筑群、20 m 以下高密度建筑群、20 m 以下中密度建筑群、20 m 以下低密度建筑群、郊区乡镇以及城市公园。地形校正因子反映一些重要的地形环境因素对路径损耗的影响，如水域、树木、建筑等，合理的地形校正因子取值通过传播模型的测试和校正得到，也可以由人为设定。

2. COST-231 Hata 模型

COST-231 Hata 模型是 EURO-COST 组成的 COST 工作委员会开发的 Hata 模型的扩展版本，应用频率在 1 500～2 000 MHz，适用于小区半径大于 1 km 的宏蜂窝系统，发射有效天线高度在 30～200 m，接收有效天线高度在 1～10 m。

COST-231 Hata 模型路径损耗计算的经验公式为

$$L_{50}(\mathrm{dB})=46.3+33.9\lg f_{\mathrm{c}}-13.82\lg h_{\mathrm{te}}-\alpha(h_{\mathrm{re}})+$$
$$(44.9-6.55\lg h_{\mathrm{te}})\lg d+C_{\mathrm{cell}}+C_{\mathrm{terrain}}+C_{\mathrm{M}}\qquad(2.151)$$

式中，C_{M} 为大城市中心校正因子：

$$C_{\mathrm{M}}=\begin{cases}0\ \mathrm{dB} & \text{中等城市和郊区}\\3\ \mathrm{dB} & \text{大城市中心}\end{cases}\qquad(2.152)$$

COST-231 Hata 模型和 Okumura-Hata 模型主要的区别是频率衰减的系数不同，其中 COST-231 Hata 模型的频率衰减因子为 33.9，Okumura-Hata 模型的频率衰减因子为 26.16。另外 COST-231 Hata 模型还增加了一个大城市中心衰减 C_{M}，大城市中心地区路径损耗增加 3 dB。

3. CCIR 模型

CCIR 给出了反映自由空间路径损耗和地形引入的路径损耗联合效果的经验公式：

$$L_{50}(\mathrm{dB})=69.55+26.16\lg f_{\mathrm{c}}-13.82\lg h_{\mathrm{te}}-\alpha(h_{\mathrm{re}})+(44.9-6.55\lg h_{\mathrm{te}})\lg d-B$$

$$(2.153)$$

该公式为 Hata 模型在城市传播环境下的应用，其校正因子为

$$B = 30 - 25\lg(\text{被建筑物覆盖的区域的百分比})$$

例如,15%的区域被建筑物覆盖时,则

$$B = 30 - 25\lg 15 \approx 0 \text{ dB}$$

图2.24给出了Hata和CCIR路径损耗公式的对比,从图中看出,CCIR公式中的简单校正因子B和Hata模型中的复杂一些的校正因子C_{cell}所起的效果是一样的,都是为了在公式与建筑物密度之间建立一种联系,即路径损耗随建筑物密度而增大。

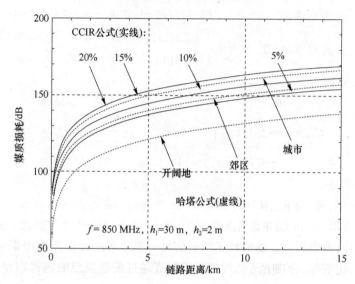

图2.24　Hata和CCIR路径损耗公式的对比

4. LEE 模型

LEE模型应用广泛,主要原因是模型中的主要参数易于根据测量值调整,适合本地无线传播环境,模型准确性大大提高。另外,路径损耗预测算法简单,计算速度快,很多无线通信系统(AMPS、DAMPS、GSM、IS-95、PCS等)采用这种模型进行设计。

(1) LEE 宏蜂窝模型

有两个因素决定移动台接收信号的大小,一个是人为建筑物,另一个是地形地貌。LEE模型的基本思路是先把城市当成平坦的,只考虑人为建筑物的影响,在此基础上再把地形地貌的影响加进来。LEE模型将地形地貌的影响分成3种情况计算:无阻挡的情况、有阻挡的情况以及水面反射的情况。

① 无阻挡的情况

考虑地形的影响,采用有效天线高度进行计算:

$$\Delta G = 20\lg\left(\frac{h_1'}{h_1}\right) \quad \text{(dB)} \tag{2.154}$$

式中,h_1'为天线有效高度;h_1为天线实际高度。若$h_1' > h_1$,ΔG是一个增益,若$h_1' < h_1$,ΔG是一个损耗。

$$P_r = P_{r1} - \gamma\lg\frac{r}{r_0} + \alpha_0 + 20\lg\frac{h_1'}{h_1} - n\lg\frac{f}{f_0} \tag{2.155}$$

式中,r_0取1英里或1 km;$f_0 = 850$ MHz;$n = \begin{cases} 20 & f < f_0 \\ 30 & f > f_0 \end{cases}$。

② 有阻挡的情况

$$P_r = P_{r1} - \gamma \lg \frac{r}{r_0} + \alpha_0 + L(v) - n \lg \frac{f}{f_0} \tag{2.156}$$

式中，$L(v)$ 为由于山坡等地形阻挡物引起的衍射损耗。

计算单个刃形边的衍射损耗如下：r_1、r_2 和 h_p 如图 2.25 所示，同时定义一个无量纲的参数 v，$v = -h_p \sqrt{\dfrac{2}{\lambda} \left(\dfrac{1}{r_1} + \dfrac{1}{r_2} \right)}$，考虑两种情况，①如图 2.25(a)所示，电波被阻挡，h_p 为负，v 为正，接收功率(单位为 W)衰减系数 $F \geqslant 0.5$；②如图 2.25(b)所示，h_p 为正，v 为负，$0 \leqslant F \leqslant 0.5$。

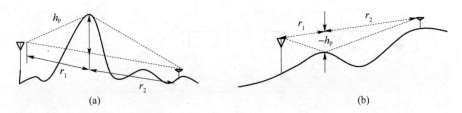

图 2.25　山坡等地形阻挡物引起的衍射损耗

计算单个刃形边衍射损耗 L_r：

$$L_{r0} = 0 \qquad 1 \leqslant v$$
$$L_{r1} = 20 \lg (0.5 + 0.62v) \qquad 0 \leqslant v \leqslant 1$$
$$L_{r2} = 20 \lg (0.5 e^{0.95v}) \qquad -1 \leqslant v \leqslant 0$$
$$L_{r3} = 20 \lg \left(0.4 - \sqrt{0.1184 - (0.1v + 0.38)^2} \right) \qquad -2.4 \leqslant v \leqslant -1$$
$$L_{r4} = 20 \lg \left(-\frac{0.225}{v} \right) \qquad v < -2.4$$

③ 水面反射的情况

$$P_r = \alpha \cdot P_0 \cdot \left(\frac{\lambda}{4\pi d} \right)^2 \tag{2.157}$$

式中，α 为由于移动无线通信环境引起的衰减因子($0 \leqslant \alpha \leqslant 1$)，比如，移动台接收天线通常低于周围物体而引入的衰减因子；$P_0 = P_t G_t G_m$；P_t 为基站发射功率；G_t、G_m 分别为基站和移动台的天线增益。

(2) LEE 微蜂窝模型

LEE 微蜂窝小区路径损耗预测公式为

$$L(\text{dB}) = L_{los}(d_A, h_t) + L_B \tag{2.158}$$

式中，$L_{los}(d_A, h_t)$ 是基站天线有效高度 h_t，距离基站 d_A 处的直射波路径损耗，是一个双斜率模型。

$L_{los}(d_A, h_t)$ 的理论值为

$$L_{los}(d_A, h_t) = \begin{cases} 20 \lg \dfrac{4\pi d_A}{\lambda} (\text{自由空间传播损耗}) & d_A < D_f \\ 20 \lg \dfrac{4\pi D_f}{\lambda} + \gamma \lg \dfrac{d_A}{D_f} & d_A > D_f \end{cases} \tag{2.159}$$

式中，$D_f = \dfrac{4 h_t h_r}{\lambda}$ 为菲涅尔区的距离。

式(2.158)中 L_B 是由于建筑物引起的损耗。L_B 的值可以这样得到,首先按图 2.26 所示计算从基站到 A 点的穿过街区的总的阻挡长度 B,$B=a+b+c$,再根据 B 查找曲线,曲线如图 2.27,可得 L_B 值。

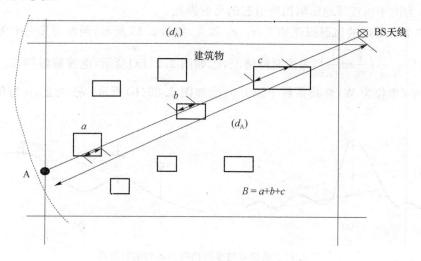

图 2.26　计算街区建筑物引入的损耗

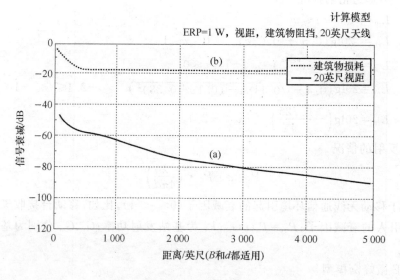

图 2.27　微小区参数

5. COST-231-Walfisch-Ikegami 模型

COST-231-Walfisch-Ikegami 模型基于 Walfisch-Bertoni 模型和 Ikegami 模型,广泛地用于建筑物高度近似一致的郊区和城区环境,经常在移动通信系统(GSM/PCS/DECT/DCS)的设计中使用。在高基站天线情况下采用理论的 Walfisch-Bertoni 模型计算多屏绕射损耗,在低基站天线情况下采用测试数据计算损耗。这个模型也考虑了自由空间损耗、从建筑物顶到街面的损耗以及受街道方向影响的损耗。因此,可以计算基站发射天线高于、等于或低于周围建筑物等不同情况的路径损耗,如图 2.28 所示。

COST-231-Walfisch-Ikegami 模型使用的有效范围是 $800\text{ MHz} \leqslant f \leqslant 2\,000\text{ MHz}$,$4\text{ m} \leqslant h_B \leqslant 50\text{ m}$,$1\text{ m} \leqslant h_m \leqslant 3\text{ m}$,$0.02\text{ km} \leqslant d \leqslant 5\text{ km}$。

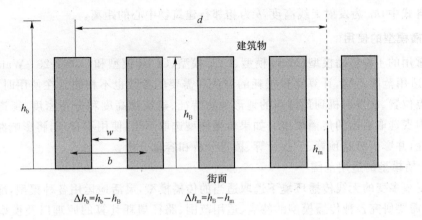

图 2.28　COST-231-Walfisch-Ikegami 模型参数

COST-231-Walfisch-IkegamiI 模型分视距传播(LOS)和非视距传播(NLOS)两种情况近似计算路径损耗。

(1) 视距传播情况,路径损耗(类似于自由空间传播损耗)为

$$L = 42.6 + 26\lg d + 20\lg f \tag{2.160}$$

(2) 非视距传播情况,路径损耗为

$$L = L_0 + L_1 + L_2 \tag{2.161}$$

式中,L_0 为自由空间损耗;L_1 为由沿屋顶下沿最近的衍射引起的衰落损耗:

$$L_1 = -16.9 - 10\lg w + 10\lg f + 20\lg(h_R - h_m) + L_{11}(\phi) \tag{2.162}$$

式中,w 为接收机所在的街道宽度(单位为 m);h_R 为建筑物的平均高度(单位为 m);h_m 为接收天线的高度,且

$$L_{11}(\phi) = \begin{cases} -10 + 0.357\,1\phi & 0 < \phi < 35° \\ 2.5 + 0.075(\phi - 35°) & 35° \leqslant \phi < 55° \\ 4 - 0.111\,4(\phi - 55°) & 55° \leqslant \phi \leqslant 90° \end{cases}$$

其中,ϕ 为由街区轴线与连接发射机和接收机天线的夹角;L_2 为沿屋顶的多重衍射(除了最近的衍射)。

$$L_2 = L_{21} + k_a + k_d\lg d + k_f\lg f - 9\lg b \tag{2.163}$$

式中:

$$L_{21} = \begin{cases} -18\lg(1 + h_B - h_R) & h_B \geqslant h_R \\ 0 & h_B < h_R \\ & h_B \geqslant h_R \end{cases}$$

$$k_a = \begin{cases} 54 & \\ 54 - 0.8(h_B - h_R) & h_B < h_R \quad 并且 \quad d \geqslant 0.5\ \text{km} \\ 54 - 0.4d(h_B - h_R) & h_B < h_R \quad 并且 \quad d < 0.5\ \text{km} \end{cases}$$

$$k_d = \begin{cases} 18 & h_B \geqslant h_R \\ 18 - \dfrac{15(h_B - h_R)}{h_R} & h_B < h_R \end{cases}$$

$$k_f = -4 + \begin{cases} 0.7\left(\dfrac{f}{925} - 1\right) & 中等城市和郊区 \\ 1.5\left(\dfrac{f}{925} - 1\right) & 大城市 \end{cases}$$

上面各式中,h_B 为发射天线高度,b 为相邻行建筑物中心的距离。

6. 传播模型的使用

上述常用的 4 种传播模型(Hata 模型、LEE 模型、CCIR 模型和 COST-231-Walfisch-Ikegami 模型)适用范围不同,计算路径损耗的方法和需要的参数也不相同。在使用时,应该根据不同预测点位置、从发射机到预测点的地形地物特征、建筑物高度和分布密度、街道宽度和方向差异等因素选取适当的传播模型。如果传播模型选取不当,使用不合理,将影响路径损耗预测的准确性,并影响链路预算、干扰计算、覆盖分析和容量分析。

(1) 传播模型的适用范围

要在复杂多变的无线传播环境下选取适当的传播模型,灵活地运用各种模型,准确地预测路径损耗,需要研究各种传播模型的特点、适用范围、路径损耗计算的原理以及模型中各个参数的含义。Hata 模型、LEE 模型、CCIR 模型和 COST-231-Walfisch-Ikegami 模型(WIM)的适用范围见表2.7。

表 2.7　4 种传播模型的适用范围

传播模型	适用范围	宏蜂窝(>1 km) 微蜂窝(<1 km)	频率/MHz	天线高度/m	城区/郊区/乡村
Hata	Okumura-Hata	宏蜂窝	150~1 500	基站:30~200 移动台:1~10	城区、郊区、乡村
	COST-231 Hata	宏蜂窝	1 500~2 000	基站:30~200 移动台:1~10	城区、郊区、乡村
CCIR		宏蜂窝	150~2 000	基站:30~200 移动台:1~10	城区、郊区
LEE		宏蜂窝	450~2 000	基站:30~200 移动台:1~10	城区、郊区、乡村
		微蜂窝, 分 LOS 和 NLOS	450~2 000	基站:30~200 移动台:1~10	城区、郊区
WIM		0.02~5 km, 分 LOS 和 NLOS	800~2 000	基站:4~50 移动台:1~3	城区、郊区

(2) 传播模型的应用方法

当基站和移动台之间水平距离大于 1 km 时,应该采用宏蜂窝模型,如 Hata 模型、CCIR 模型、LEE 宏蜂窝模型和 WIM 模型。此时,对于距离比较远的情况(大于 5 km),一般采用 Hata 模型或 CCIR 模型,距离近时(小于 5 km),采用 WIM 模型,有实测数据并得到 LEE 模型中参数 P_{r1}(1 km 处接收功率)和距离衰减因子 γ 时,建议采用 LEE 模型。

当基站和移动台之间水平距离小于 1 km 时,应该采用微蜂窝模型,如 LEE 微蜂窝模型和 WIM 模型。一般采用 WIM 模型,有实测数据时,可采用 LEE 模型。

传播模型的具体使用及其评价如下。

① Hata 模型

路径损耗计算公式中的参数(如工作频率、天线有效高度、距离、覆盖区类型等)容易获得,因此模型易于使用,这是 Hata 模型广泛使用的主要原因。

但是,Hata 模型中把覆盖区简单分成 4 类:大城市、中小城市、郊区和乡村,这种分类过于简单,尤其是在城市环境中,建筑物的高度和密度、街道的分布和走向是影响无线电波传播的主要因素。Hata 模型中没有反映这些因素的参数,因此模型计算出的路径损耗难以反映这些导致的路径损耗的差异,预测值和实际值的误差较大。

② CCIR 模型

CCIR 模型是 Hata 模型在城市传播环境下的应用,和 Hata 城市模型相比,CCIR 模型粗略地考虑了建筑物密度对路径损耗的影响,模型中除了需要 Hata 模型的参数外,还需要地理数据给出被建筑物覆盖的区域的百分比参数,这个参数定义为覆盖区域内被建筑物覆盖的面积与总面积的比值,反映了建筑物的密度,这个参数从地理数据不难获得。

③ LEE 模型

LEE 模型中的主要参数 P_{r0}(距离基站 r_0 处断点的接收功率)和路径损耗的斜率 γ 易于根据测量值调整,适合本地无线传播环境,这种情况下,模型准确性大大提高,另外,LEE 模型预测算法简单,计算速度快,因此,在有测试数据时,建议采用这种模型进行设计。

④ COST-231-Walfisch-Ikegami 模型

COST-231-WI 模型广泛用于建筑物高度近似一致的郊区和城区环境,高基站天线时模型采用理论的 Walfisch-Bertoni 模型计算多屏绕射损耗,低基站天线时采用测试数据,模型也考虑了自由空间损耗、从建筑物顶到街面的损耗以及街道方向的影响。因此,发射天线可以高于、等于或低于周围建筑物。

由于在实际应用中,建筑物的高度和间距不是规则的,所以在使用该模型时,路径损耗计算公式中的两个主要参数建筑物的平均高度 h_R 和相邻建筑物中心的距离 b 计算如下:

- 根据收发天线的第一菲涅尔区判断产生绕射的建筑物;
- 将这些发生绕射的建筑物的高度及其间距平均,得出建筑物的平均高度 h_R 和相邻建筑物中心的距离 b。

2.8.2 室内传播模型

室内无线信道与传统的无线信道相比,具有两个显著的特点:其一,室内覆盖面积小得多;其次,收发机间的传播环境变化更大。研究表明,影响室内传播的因素主要是建筑物的布局、建筑材料和建筑类型等。

室内的无线传播同样受到反射、绕射、散射 3 种主要传播方式的影响,但是与室外传播环境相比,条件却大大不同。实验研究表明建筑物内部接收到的信号强度随楼层高度增加,在建筑物的较低层,由于都市群的原因有较大的衰减,使穿透进入建筑物的信号电平很小,在较高楼层,若存在 LOS 路径的话,会产生较强的直射到建筑物外墙处的信号。因而对室内传播特性的预测,需要使用针对性更强的模型。这里将简单介绍几种室内传播模型。

1. 对数距离路径损耗模型

很多研究表明,室内路径损耗遵从公式:

$$\mathrm{PL}_{[\mathrm{dB}]} = \mathrm{PL}(d_0) + 10\gamma\lg\left(\frac{d}{d_0}\right) + X_{\sigma[\mathrm{dB}]} \qquad (2.164)$$

式中,γ 依赖于周围环境和建筑物类型,X_σ 是标准偏差为 σ 的正态随机变量。这个模型实质上就是阴影衰落模型,见 2.5 节模型公式(2.18)。

2. Ericsson 多重断点模型

Ericsson 多重断点模型有 4 个断点,并考虑了路径损耗的上下边界,模型假定在 $d_0 = 1\ \mathrm{m}$

处衰减为 30 dB,这对于频率为 900 MHz 的单位增益天线是准确的。Ericsson 多重断点模型没有考虑对数正态阴影部分,它提供特定地形路径损耗范围的确定限度。图 2.29 是基于 Ericsson 多重断点模型的室内路径损耗图。

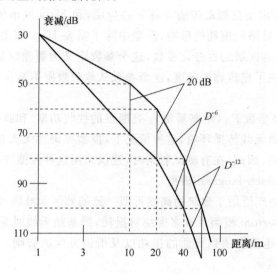

图 2.29　多重断点室内路径损耗模型

3. 衰减因子模型

适用于建筑物内传播预测的衰减因子模型包含了建筑物类型影响以及阻挡物引起的变化。这一模型灵活性很强,预测路径损耗与测量值的标准偏差约为 4 dB,而对数距离模型的偏差可达 13 dB。衰减因子模型为

$$\overline{PL}(d)_{[dB]} = \overline{PL}(d_0)_{[dB]} + 10\gamma_{SF}\lg\left(\frac{d}{d_0}\right) + FAF_{[dB]} \tag{2.165}$$

其中,γ_{SF} 表示同层测试的指数值(同层指同一建筑楼层)。如果对同层存在很好估计 γ,则不同楼层路径损耗可通过附加楼层衰减因子(FAF,Floor attenuation factor)获得。或者在式(2.165)中,FAF 由考虑多楼层影响的指数所代替,即

$$\overline{PL}(d)_{[dB]} = \overline{PL}(d_0)_{[dB]} + 10\gamma_{MF}\lg\left(\frac{d}{d_0}\right) \tag{2.166}$$

其中,γ_{MF} 表示基于测试的多楼层路径损耗指数。

室内路径损耗等于自由空间损耗加上附加损耗因子,并且随着距离呈指数增长。对于多层建筑物,修改式(2.165)得到:

$$\overline{PL}(d)_{[dB]} = \overline{PL}(d_0)_{[dB]} + 20\lg\left(\frac{d}{d_0}\right) + \alpha d + FAF_{[dB]} \tag{2.167}$$

其中,α 为信道衰减常数,单位为 dB/m。

习题与思考题

2.1　说明多径衰落对数字移动通信系统的主要影响。

2.2　若某发射机发射功率为 100 W,请将其换算成 dBm 和 dBW。如果发射机的天线增

益为单位增益,载波频率为 900 MHz,求出在自由空间中距离天线 100 m 处的接收功率为多少 dBm?

2.3　若载波 $f_0 = 800$ MHz,移动台速度 $v = 60$ km/h,求最大多普勒频移。

2.4　说明时延扩展、相关带宽和多普勒扩展、相关时间的基本概念。

2.5　设载波频率 $f_c = 1\,900$ MHz,移动台运动速度 $v = 50$ m/s,问移动 10 m 进行电波传播测量时需要多少个样值? 进行这些测量需要多少时间? 信道的多普勒扩展为多少?

2.6　若 $f = 800$ MHz,$v = 50$ km/h,移动台沿电波传播方向行驶,求接收信号的平均衰落率。

2.7　已知移动台速度 $v = 60$ km/h,$f = 1\,000$ MHz,求对于信号包络均方值电平 R_{rms} 的电平通过率。

2.8　设基站天线高度为 40 m,发射频率为 900 MHz,移动台天线高度为 2 m,通信距离为 15 km,利用 Okumura-Hata 模型分别求出城市、郊区和乡村的路径损耗(忽略地形校正因子的影响)。

本章参考文献

[1]　(美) Theodore S. Rappaport. Wireless communications principles and practice(影印版). 北京:电子工业出版社,1998.

[2]　郭梯云,等. 数字移动通信. 北京:人民邮电出版社,1995.

[3]　啜钢,王文博,常永宇,等. 移动通信原理与应用. 北京:北京邮电大学出版社,2002.

[4]　吴志忠. 移动通信无线传播. 北京:人民邮电出版社,2002.

[5]　杨大成,等. 移动传播环境. 北京:机械工业出版社,2003.

[6]　Jhong Sam Lee Leonard E. Miller. CDMA 系统工程手册. 许希斌,等,译. 北京:人民邮电出版社,2001.

[7]　张平,王卫东,陶小峰,等. WCDMA 移动通信系统. 北京:人民邮电出版社,2001.

[8]　啜钢,等. CDMA 无线网络规划与优化. 北京:机械工业出版社,2004.

[9]　李建东,杨家玮. 个人通信. 北京:人民邮电出版社,1998.

[10]　William C. Y. Lee. 移动通信工程理论和应用. 宋维模,姜焕成,等,译. 北京:人民邮电出版社,2002.

[11]　K. I. Pedersen, J. B. Andersen, J. p. Kermoal, P. Mogensen. A stochastic multiple-input multiple-output radio channel model for evaluation of space-time coding algorithms. Proc IEEE Vehi. Tech. Conf, Boston, USA, Sept. 2000, 893-897.

[12]　吴伟陵,牛凯. 移动通信原理. 第二版. 北京:电子工业出版社,2012.

[13]　Yong Soo Cho,Jaekwon Kim,Won Young Yang,Chung G. Kang. MIMO-OFDMA 无线通信技术及 MATLAB 实现. 孙锴,黄威,译. 北京:电子工业出版社,2013.

[14]　3GPP TS 25.201 v8.3.0. Physical layer - general description (Release 8),2009-03.

[15]　JianHua Zhang. review of wideband MIMO channel measurement and modeling for IMT-advanced systems. Chinese Science Bulletin,2012.

[16] 唐兴伟. TD-LTE 系统动态仿真链路预算的研究与实现[D]. 北京:北京邮电大学,2010.

[17] 夏宗友. TD-LTE 中 MIMO 无线信道建模与仿真研究[D]. 北京:北京邮电大学,2011.

[18] 3GPP TR 25.996 v8.0.0. Spatial channel mode for Multiple Input Multiple Output (MIMO) simulations(Release8),2008.

[19] 3GPP Technical Specification 36.814. Further advancements for E-UTRA physical layer aspects(Release 9). www.3gpp.org.

[20] Ament, W. S. Toward a Theory of Reflection by a Rough Surface. Proceedings of the IRE,1953,41(1):142-146.

[21] A·麦罗拉. 蜂窝移动通信工程设计. 聂涛,王京,李承耀,译. 北京:人民邮电出版社,1997.

[22] Andrea Goldsmith. 无线通信. 杨鸿文,李卫东,郭文彬,译. 北京:人民邮电出版社,2007.

第3章 移动通信中的信源编码和调制解调技术

学习重点和要求

本章首先介绍在蜂窝移动通信系统中对信源编码和调制解调技术的要求,然后介绍信源编码的基本概念和移动通信中常用的信源编码技术,接着介绍蜂窝移动通信系统中常见的几种调制方式:频移键控、相移键控和正交频分复用,其中主要介绍 GMSK 和各种 QPSK。介绍已调信号的特点和功率谱特性,以及它们在蜂窝移动电话系统中的应用。

要求:

- 信源编码的目的;
- 信源编码的原理与应用;
- 在蜂窝移动通信中对调制解调技术的要求;
- 频移键控信号的相位连续性对信号功率谱的影响;
- MSK 和 GMSK 信号的特点和功率谱特性;
- QPSK、OQPSK 和 π/4-QPSK 信号的特点和功率谱特性;
- 高阶调制原理及其在 3G、4G 中的应用;
- 正交频分复用的原理与应用。

3.1 概　述

信源编码和调制解调技术对移动通信系统的有效性和可靠性均有直接的影响,而这两种技术对保证有效性更是起到至关重要的作用。

信源编码将信源中的冗余信息进行压缩,减少传递信息所需的带宽资源,这对于频谱有限的移动通信系统而言具有重大意义。从数字化的第二代移动通信系统开始,信源编码就在其中得到充分应用并不断发展,例如,语音编码有:GSM 系统中的全速率(FR)、半速率(HR)、增强全速率(EFR),GPRS/WCDMA 系统中的自适应多速率(AMR),IS-95 系统中使用的码激励线性预测(CELP)编码,以及 cdma2000 演进系统中使用的可选择模式语声编码(SMV),它们都能够以 10 kbit/s 左右甚至更低的平均速率实现和普通 64 kbit/s PCM 话音可懂度相当的性能,从而提高无线频谱的利用效率。

由于移动通信环境下的各种不利因素和一些特有的问题,例如,衰落和干扰的影响、终端电池受限制等,使得信源编码除了满足有效性的目标之外,还需要考虑对差错具有较好的容忍程度,并且具有较低的编译码复杂度等特点,这些都使得移动通信中的信源编码设计更具有挑战。

调制就是对消息源信息进行编码的过程,其目的就是使携带信息的信号与信道特性相匹配以及有效地利用信道。第一代的蜂窝移动电话系统(如 AMPS、TACS 等)是模拟系统,其话音采用模拟调频方式(信令用数字调制方式),第二代的系统是数字系统(如 GSM、DAMPS 和 CDMA/IS-95 等),其话音、信令均采用数字调制方式。未来的移动通信系统都采用数字调制方式。

移动信道存在的多径衰落、多普勒频率扩展都会对信号传输的可靠性产生影响,另外,日益增加的用户数目,无线信道频谱的拥挤,要求系统有比较高的频谱效率,即在有限的频率资源情况下,应尽可能多地容纳用户,所有这些因素对调制方式的选择都有重大的影响,这表现在以下几个方面。

1. 频带利用率

为了容纳更多的移动用户,要求移动通信网有比较高的频带效率,这种要求越来越重要。移动通信系统从第一代向第二代的过渡,很重要的一个原因就是第二代的数字系统比第一代的模拟系统有更高的频带效率,其中调制方式起重要的作用。在现有的频谱资源情况下,第二代系统可以提供更多的无线信道。例如,AMPS 系统每信道占用带宽 30 kHz,而在 DAMPS 中,30 kHz 可以提供 3 个信道。在数字调制中,常用带宽效率 η_b 来表示它对频谱资源的利用效率,它定义为 $\eta_b = R_b/B$,其中 R_b 为比特速率,B 为无线信号的带宽。当采用 M 进制调制方式时,由于 $R_b = R_s \log_2 M$(R_s 为码元速率),在同样的信号带宽条件下,可以有较高的频带效率,因此常常为移动通信所采用。例如,DAMPS 所采用的 $\pi/4$-QPSK 调制方式,是一种属于线性调制的 MPSK 调制方式,有较高的带宽效率,$\eta_b = 1.6$ bit·s^{-1}·Hz^{-1};而另一个移动通信系统 GSM 采用 GMSK 调制方式,$\eta_b = 1.3$ bit·s^{-1}·Hz^{-1},前者的效率就比后者高,但技术也复杂。

2. 功率效率

这里功率效率是指保持信息精确度的情况下所需的最小信号功率(或者说最小信噪比),功率越小效率就越高。对模拟信号,表现为在满足一定的输出信噪比条件下,所要求的输入信噪比越低,功率效率就越高。例如,FM 信号的功率效率就可以比 AM 高许多。对数字信号,它表现为误比特率 P_b,它是信噪比的函数。在噪声功率一定的情况下,为达到同样的 P_b,要求已调信号功率越低越好,已调信号功率越低,功率效率就越高。不同的调制解调方式,功率效率也不相同,例如,PSK 一般来说比 FSK 高;相干解调比非相干解调高。

3. 已调信号恒包络

具有恒包络特性的信号对放大器的非线性不敏感,功率放大器可以使用 C 类放大器而不会导致频谱的带外辐射的明显增加。这样的放大器直流-交流转换效率高,可以节省电源,这也是高功率效率的另一种表现。功率效率对电源供给不受限制的基站来说不是一个重要的问题,但对使用电池的移动设备(如一般用户的手机)来说有重要意义:它可以延长 MS 工作时间,或者可以减小设备的体积(或质量)。而且非线性功率放大器成本也比较低,有利于移动设备的普及。另外,恒包络信号所承载的信息不在幅度,可以使用限幅器来减小瑞利衰落的影响。

4. 易于解调

对已调信号的解调,根据调制方式的不同,可以采用不同的解调方法:相干解调和非相干解调。例如,2FSK 信号,可以采用滤波和包络检波的非相干解调方法,也可以采用相干解调的方法。相干方法有较好的误码性能,但要求在接收端产生一个和接收信号同频同相的相干载波,这在移动信道上是不容易做到的。非相干方法由于不用提取相干载波,技术上比较简单;对信道衰落的影响也不那么敏感,误码性能相对来说反而不那么严重。所以,在信道衰落强度较大的移动通信系统中,常常用非相干解调。

5. 带外辐射

蜂窝移动通信系统是一个多用户同时工作的系统,许多用户在同一时间、同一空间发射无线信号。为了减小相互之间(特别是相邻信道之间)的干扰,每个用户的信号的频谱必须严格控制在规定的带宽内。这就要求已调信号的功率谱的副瓣很小,使超出带宽外的信号功率降低到规定以下,一般要求达到$-70\sim-60$ dB。不同的调制方式,信号的功率谱也不同,一般来说线性调制比非线性调制有更好的功率谱特性;同时,为减小带外辐射,常常对基带信号进行预滤波,使已调信号的带外辐射控制在允许的范围内。

在移动通信系统中,采用何种调制方式,要综合考虑上述各种因素。实际上没有一种调制方式能同时满足上述的要求。例如,采用 QAM 调制方式就比采用 BPSK 调制方式有更高的带宽效率,但为了保持应有的误码率,就需要提高 QAM 发射信号功率。这就是说,频谱效率可以以牺牲功率效率来获得;也可以反过来,用频谱效率来换取功率效率。总之,调制方式的选择需要综合考虑各种因素。例如,在北美,蜂窝移动电话发展比较早,用户数目大,频谱短缺,发展第二代数字系统 DAMPS 的一个重要考虑便是要充分利用现有的频率资源,而且能和现有的模拟系统兼容。DAMPS 采用了 π/4-QPSK 方式就有较高的频带效率。但这种调制方式要求有线性功率放大器,电路比较复杂。在欧洲,发展第二代数字系统 GSM 的目的主要考虑的是要取代不统一的模拟系统。它所采用的调制方式是比较简单的 GMSK。这是一种恒包络调制方式,可以采用功率效率高而便宜的非线性功率放大器,这使用户单元(手机)的价格比较低,有利于当时移动电话的普及。

3.2　信源编码

3.2.1　信源编码的基本概念

通常,对于一个数字通信系统而言,信源编码位于从信源到信宿的整个传输链路中的第一个环节,其基本目的就是通过压缩信源产生的冗余信息,降低传递这些不必要的信息的开销,从而提高整个传输链路的有效性。在这个过程中,对冗余信息的界定和处理是信源编码的核心问题,那么首先需要对这些冗余信息的来源进行分析,接下来才能够根据这些冗余信息的不同特点设计和采取相应的压缩处理技术进行高效的信源编码。简言之,信息的冗余来自两个主要方面:首先是信源的相关性和记忆性,其次是信宿对信源失真具有一定的容忍程度,下面分别介绍。

我们知道,根据信息论中有关信源统计特性的结论,无记忆的信源会比有记忆的信源具有更大的信息熵,而现实中的信源通常都是具有一定相关性和有记忆的,这两种特性就为信源压缩编码带来了空间。打个比方说,人们经常使用的缩写和简称,就可以看成一种压缩编码;在一段话中某一个词组反复出现时,相当于这段话的内容前后具有了一定的记忆特性,对这个特定的词组使用缩写,就可以大大减少篇幅,同时不影响原有信息的准确传递。针对这种类型的冗余,信源编码的主要处理是减少信源编码输出的相关性和记忆特性,或对相关性高和记忆性高的信息采用低速率的编码。这类编码的典型例子有预测编码、变换编码等,具体可以参考信息论方面的书籍。

除了上面介绍的这种信源冗余外,还有一种冗余类型,即由于信宿本身的局限,如受接收机的灵敏度、分辨率等的限制,或是受感官分辨信息精度的限制,信源具有的信息量不可能被信宿完全接收或处理,这些无法被接收或处理的信息量就可以看成是冗余。举例来说,速率超过每秒 25 帧左右的连续画面对于人的视觉而言就没有什么分别了,因此电影胶片放映的速率没有必要做得比这个更高,这对于人们观看电影没有影响。也就是说,在这个过程中,对信源的处理将带来一些失真,但这些失真只要是在可接受的范围之内,那么就是可以利用的,通过省去对这些无法接收或处理的信息的传递,从而提高有效性。这类编码的直接应用有很大一部分是在对模拟信源的量化上,或连续信源的限失真编码,具体可参考信息论方面的有关书籍。

值得注意的是,虽然在信源编码中对冗余的界定和处理是核心的内容,但我们不能忽略,这些压缩处理的一个最重要的前提是对信息传递的质量是有保障的。具体来说,这个前提是经过信源编码和解码,信息的失真是在允许的范围之内,其隐含的意思是,可以将信源编码看成是在有效性和传递的信息完整性(质量)之间的一种折中手段。

3.2.2　移动通信中的信源编码

信源编码目前广泛地用于各种现代通信系统中,在几乎所有的有线和无线通信系统中都有不同程度的应用,因为无论是有线的还是无线的通信系统,都需要信源编码对信息传输的有效性进行更好的保障,从而提升系统整体的性能。然而,与有线通信系统中不同的是,在无线通信系统特别是移动通信系统中,信源编码不仅对信息传输的有效性进行保障,其应用还与其他一些系统指标密切相关,如覆盖和质量,下面我们就对此进行简要介绍。

移动通信系统与有线通信系统不同,其通信的参与方具有移动性,使用的传输媒介是无线频谱,因此,移动通信系统的容量或传输速率受到无线频谱带宽有限的限制,其通信距离或覆盖范围则受到无线电波衰减和发信机功率的限制,而其通信的质量或可靠性受到无线信道衰落和干扰等不理想因素的影响。而有线通信中,若不考虑成本,带宽、传输距离和质量相对而言都非常理想。更为重要的一点是,移动通信系统中,容量、覆盖和质量这些指标之间相互密切关联,而有线通信中一般不是这样。因此,移动通信中的信源编码,除了考虑保障有效性这一基本目标之外,还会涉及与系统覆盖和质量的相互平衡,下面举例说明。

以 GSM 系统中普通的全速率和半速率话音编码来说,其速率分别为 13 kbit/s 和 6.5 kbit/s,前者的话音质量好于后者,但占用的系统资源是后者的两倍左右。当系统的覆盖不是限制因素时,使用半速率编码可以牺牲质量换取倍增的容量,即提高系统的有效性。而当系统的容量相对固定时,可以通过使用半速率编码牺牲质量换取覆盖的增加,因为半速率编码对于接收信号质量的要求降低了。

除了上面的这些指标之间的平衡与折中外,移动通信中信源编码的设计与实现还要考虑其他一些因素。由于移动终端通常由电池供电,其运算处理能力有限,因此在移动终端上要求信源编码和解码在保证质量的前提下具有尽可能低的复杂度,以减小功耗、降低处理时延。例如,用于移动多媒体广播的 H.264 协议设计,其基站侧的图像压缩编码处理较为复杂,但在终端侧的接收解码处理则相对简单。另外,考虑到终端信宿处理能力的差异,如不同档次终端其屏幕分辨率不同,信源编码应该具有内在的可扩展性,即编码后的数据流包含不同质量等级的信息,以适应不同的终端应用需求。考虑到移动信道的差错特性和一些话音、多媒体业务的实时性,这类业务通常要求移动通信中的信源编码能够容忍一定的差错而无须复杂的重传。这可能涉及在发端联合考虑信源编码和信道编码,对重要的信息(如画面的布局)进行重点保护,而对一些不重要的信息(如相对静止的画面细节)降低保护程度;或者在收端当出现差错时采取差错隐藏技术,如基于已经收到的画面和预测信息替代当前丢失的画面等。接下来将对一些常见的移动通信中的信源编码进行介绍,读者可以从中进一步体会上述这些特点。

3.2.3　移动通信中的信源编码举例

1. 2G/3G 系统中的话音信源编码

2G/3G 系统中的话音信源编码的基本原理是相同的,都采用了矢量量化和参数编码的方式,这种方式与传统的 64 kbit/s PCM 话音有很大差别。PCM 方式是对话音信号的模拟波形进行等间隔抽样,然后对这些抽样进行量化,传递的是话音信号的波形信息,而没有充分利用话音信号内在的一些特征。参数编码则不同,它不直接传递话音信号的波形,而是对这些波形进行参数提取,传递的是这些参数。举例来说,如果要把一段小号吹奏的乐曲编码后传递,PCM 是对这段乐曲的波形信号的采样进行直接传递,而参数编码方式则是把小号本身的输入输出特性、吹奏的气流情况、演奏者的指法等这些参数提取出来进行传递,在收端利用这些参数建立小号的模型然后恢复出乐曲。对应到话音编码上,就是只需要提取和传递人发声器官的模型的特征,以及激励这个模型的参数(如输入的气流强弱等)即可。一方面传递这些参数本身需要的数据量比较小;另一方面,说话的声音停止时,这种方式允许用很少的带宽只把描述背景噪声的参量发到对方从而大大提高有效性。下面介绍一些常见的话音信源编码标准。

(1) IS-95 中的变速率码激励线性预测编码(CELP)

IS-95 中的 CELP 技术通过 4 个等级的变速率编码实现话音激活,即使用者发声时进行全速率(9.6 kbit/s)编码,而不发声时仅仅传递八分之一(1.2 kbit/s)的背景噪声,以降低功耗和对其他用户的干扰。由于一般通话过程中讲话的时间比例大约占 40%(即话音激活比例),此时的编码对应于全速率,听的时间比例大约占 50%多,对应于八分之一速率,其余是介于两者之间的过渡速率,即二分之一和四分之一速率。因此,使用这种变速率编码技术从总体上减少了约一半系统中的干扰,增加了系统中同时通话的用户数,提高了系统整体容量。通常,这种变速率技术要求收端能够对当前的速率进行盲检测,而发端不再额外发送指示速率等级的信令。

(2) GPRS/WCDMA 中的自适应多速率编码(AMR)

最初的 AMR(窄带)于 1998 年提出,其核心原理和 IS-95 中码激励线性预测基本相同,其主要目标是满足基本的话音通信需要,对其保真度要求不高,以变速率的非立体声方式传输,速率从 4.75 kbit/s 到 12.2 kbit/s 分为多个等级。3GPP 将其作为 3G 无线网络的基本编码技术。AMR 的基本原理是根据环境或应用需求的变化动态调整编码速率,例如,在信道条件恶化时,降低编码速率,通过牺牲话音品质以拿出更多的无线资源用于更可靠的信道编码以保证基本的语音可懂,而在信道条件好的时候则采用较高的编码速率保证话音品质。此外,在使用者不讲话的时候则降低编码速率以节省带宽和功耗,同时降低对其他用户的干扰。而系统也可以通过专门配置为使用较低速率的编码以实现更大的容量。针对 AMR 后来还开发出了宽带版本 AMR-WB,其最高速率达到 23.85 kbit/s,具有更好的话音品质,以适应 3G 及其演进系统中宽带通信的要求。

(3) cdma2000 演进系统中的可选择模式语声编码(SMV)

SMV 用于 cdma2000 演进系统中,其基本原理与前述两种基本相同,它也是可变速率的,从速率等级上看与 IS-95 中的 CELP 一样,有 9.6 kbit/s、4.8 kbit/s、2.4 kbit/s、1.2 kbit/s 4 种。不同的是,SMV 允许有 4 种模式供系统侧选择,即 Mode 0(高品质模式,Premium Mode)、Mode 1(标准模式,Standard Mode)、Mode 2(经济模式,Economy Mode)、Mode 3(容量节省模式,Capacity-Saving Mode),不同的模式实现不同程度的话音质量和平均速率的折中,通过调整不同等级速率所占的比例实现不同的模式,从而调整平均数据速率。从 Mode 0 到 Mode 3,9.6 kbit/s 占的比重逐渐下降,4.8 kbit/s 占的比重逐渐增加,其他速率等级占的比重只稍有变化。例如,针对同一段通话过程,Mode 0 中 9.6 kbit/s 的比例可以高达 70%,其余的速率等级占余下的 30%,改为 Mode 3 后,9.6 kbit/s 的比例降至低于 10%,4.8 kbit/s 的比例增至近 50%,其余速率等级占近 40%。以有关标准中给出的统计数据为例,从 Mode 0 到 Mode 3,在话音激活比例为 70% 左右时,这 4 种模式典型平均数据速率依次大致为:7.2 kbit/s、5.2 kbit/s、4.1 kbit/s 和 3.7 kbit/s。此外,Mode 0 和 Mode 1 还可以将最高速率等级配置为半速率 4.8 kbit/s 的模式以提供更多的灵活性。

2. 3G 系统中的视频信源编码 H.264

前面介绍了几种话音压缩编码,下面以 H.264 为例介绍 3G 移动通信中的视频信源编码。3G 中的视频通信业务可以分为 3 类:分组交换会话业务(PCS)、分组交换流媒体业务(PSS)和多媒体信息业务(MMS)。在 3GPP 的 R6、R7 以及 3GPP2 的高演进版本中,视频通信业务采用了 H.264/AVC(Advanced Video Codes,高级视频编码)视频压缩标准。此标准相比于之前的 H.263、MPEG-4 SP(Simple Profiles)等版本降低了 50% 的码率,节省了带宽,实现了更高的压缩比、更高的视频质量,以及更好的网络适应性。由于传输带宽、移动终端处理能力和屏幕尺寸的限制,3G 视频应用中的图像格式一般采用 QCIF(Quarter Common Intermediate Format,176×144)或 CIF(Common Intermediate Format,352×288)。

H.264 从某种程度上看是 MPEG 的扩展。MPEG 中编码后的帧有 3 类:I 帧、B 帧和 P 帧。I 帧只使用帧内压缩,包含的是静态画面的重要信息;B 帧为双向帧间编码,压缩前后两帧图像间的差异;P 帧为前向预测编码,只考虑与最近的帧之间的差别进行压缩。在 H.264 中,一幅图像可编码成一个或者若干个片(slice,此处与帧的含义相同),每个 slice 包含整数个 MB(Macro Block),相当于一个完整图像中的不同区域,编码片(slice)共有 5 种不同的类型,包括 I 片、B 片、P 片、SP 片和 SI 片,SP 和 SI 介于 I 与 P 之间,但考虑了更多数据片之间的相关性,进一步压缩了数据速率。

H.264/AVC 在系统层面上提出了 VCL(Video Coding Layer,视频编码层)和 NAL(Network Adaptive Layer,网络自适应层),VCL 对视频编码信息进行有效描述,尽可能独立于网络而进行高效的编码,而 NAL 负责将 VCL 产生的比特流进行打包封装并通过特定网络将编码视频信息进行传输。NAL 的工作模式分为 SSM(Single Slice Mode,孤立片模式)和

DPM(Data Partition Mode,数据分区模式),如图 3.1 所示。在 SSM 中,属于同一数据片的所有编码信息在一个 RTP(Real-time Transport Protocol,实时传送协议)数据包中通过网络进行传输。在 DPM 中,每个 slice 中的 MB 间彼此联系,利用相邻 MB 存在空间相关性来进行帧内预测编码。将图像数据分成动态矢量数据(即基本层,需要更好的差错保护)以及剩余的信息。每个数据片的编码视频信息首先被分割成 3 部分并分别放到 A、B、C 数据分区中,每个数据分区中包含的信息被分别封装到相应的 RTP 数据包中通过网络进行传输。其中,Part A 中包含最重要的 slice 头信息、MB 头信息,以及动态矢量信息;Part B 中包含帧内和 SI 片宏块的编码残差数据,能够阻止误码继续传播;Part C 中包含帧间宏块的编码残差数据,帧间编码数据块的编码方式信息和帧间变换系数。在传输过程中根据每个数据分区重要性的差异而进行不均等差错保护。

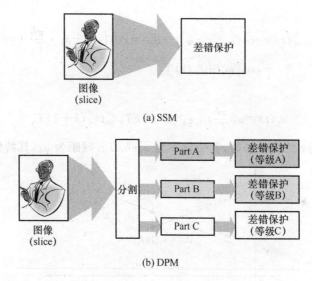

图 3.1　H.264 网络自适应层 NAL 工作模式示意图

　　在解码端,采用差错隐藏技术(Error Concealment)解码。由于传输错误会导致信息丢失,从而引起解码中断,为了保证解码过程的连续性,采用差错隐藏技术来掩盖错误发生的影响,降低用户感受到的视频质量恶化程度。这里利用了空时维上图像的相关性,在通过已经接收到的正确帧或部分正确帧,重构替代用的图像。差错隐藏技术包括帧内复制、帧间复制以及动态补偿技术。

3.3　最小移频键控

3.3.1　相位连续的 FSK

1. 2FSK 信号

　　设要发送的数据为 $a_k = \pm 1$,码元长度为 T_b。在一个码元时间内,它们分别用两个不同频率 f_1, f_2 的正弦信号表示,例如:

$$
\left.\begin{array}{ll}
a_k = +1: & s_{FSK}(t) = \cos(\omega_1 t + \varphi_1) \\
a_k = -1: & s_{FSK}(t) = \cos(\omega_2 t + \varphi_2)
\end{array}\right\} \quad kT_b \leqslant t \leqslant (k+1)T_b
$$

式中,$\omega_1 = 2\pi f_1$,$\omega_2 = 2\pi f_2$,定义载波角频率(虚载波)为

$$
\omega_c = 2\pi f_c = (\omega_1 + \omega_2)/2 \tag{3.1}
$$

ω_1,ω_2 对 ω_c 的角频偏为

$$
\omega_d = 2\pi f_d = |\omega_1 - \omega_2|/2 \tag{3.2}
$$

其中,$f_d = |f_1 - f_2|/2$ 就是对载波频率 f_c 的频率偏移。

定义调制指数 h 为

$$
h = |f_1 - f_2|T_b = 2f_d T_b = 2f_d/R_b \tag{3.3}
$$

它也等于以码元速率为参考的归一化频率差。根据 a_k,h,T_b 可以重写一个码元内 2FSK 信号表达式:

$$
s_{FSK}(t) = \cos(\omega_c t + a_k \omega_d t + \varphi_k) = \cos\left(\omega_c t + a_k \cdot \frac{\pi h}{T_b} \cdot t + \varphi_k\right) \tag{3.4}
$$

$$
= \cos[\omega_c t + \theta_k(t)]
$$

式中

$$
\theta_k(t) = a_k \frac{\pi h}{T_b} t + \varphi_k \qquad kT_b \leqslant t \leqslant (k+1)T_b \tag{3.5}
$$

称为附加相位。它是 t 的线性函数,其中斜率为 $a_k \pi h/T_b$,截距为 φ_k,其特性如图 3.2 所示。

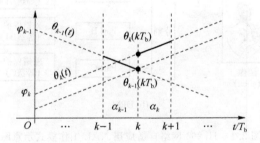

图 3.2　附加相位特性

2. 相位连续的 2FSK

从原理上讲,2FSK 信号的产生可以用两种不同的方法:开关切换方法和调频的方法,如图 3.3 所示。

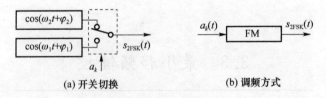

(a) 开关切换　　　　　　　　(b) 调频方式

图 3.3　2FSK 信号的产生

开关切换的方法所得的 2FSK 信号一般情况下是一种相位不连续的 FSK 信号;调频的方法所产生的是相位连续的 2FSK 信号 CPFSK(Continuous Phase FSK)。所谓相位连续是指不仅在一个码元持续期间相位连续,而且在从码元 a_{k-1} 到 a_k 转换的时刻 kT_b,两个码元的相位也相等,即

$$\theta_k(kT_b) = \theta_{k-1}(kT_b)$$

把式(3.5)代入上式有

$$a_k \frac{\pi h}{T_b} \cdot kT_b + \varphi_k = a_{k-1} \frac{\pi h}{T_b} \cdot kT_b + \varphi_{k-1}$$

这样就要求满足关系式：

$$\varphi_k = (a_{k-1} - a_k)\pi h \cdot k + \varphi_{k-1} \tag{3.6}$$

即要求当前码元的初相位 φ_k 由前一码元的初相位 φ_{k-1}、当前码元 a_k 和前一码元 a_{k-1} 来决定，该关系就是相位约束条件。满足该条件的 FSK 就是相位连续的 FSK。这两种相位特性不同的 FSK 信号波形如图 3.4 所示。

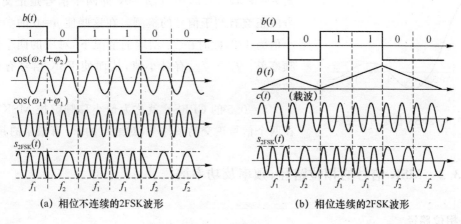

(a) 相位不连续的2FSK波形　　　　　(b) 相位连续的2FSK波形

图 3.4　2FSK 信号的波形

由图 3.4 可以看出，相位不连续的 2FSK 信号在码元交替时刻，波形是不连续的，而 CPFSK 信号是连续的，这使得它们的功率谱特性很不同。图 3.5 分别是它们的功率谱特性例子。图中给出了调制指数分别为 $h=0.5$、0.8 和 1.5 时的功率谱特性。比较图 3.5(a)、(b)可以发现，在相同的调制指数 h 情况下，CPFSK 的带宽要比一般的 2FSK 带宽要窄。这意味着前者的频带效率要高于后者，所以，在移动通信系统中 2FSK 调制常常采用相位连续的调制方式。另外我们还看到它们的一个共同点，就是随着调制指数 h 的增加，信号的带宽也在增加。从频带效率考虑，调制指数 h 不宜太大，但过小又因两个信号频率过于接近而不利于信号的检测。所以应当从它们的相关系数以及信号的带宽综合考虑。

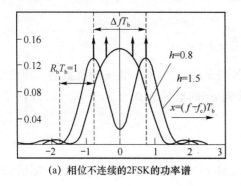
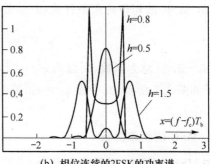

(a) 相位不连续的2FSK的功率谱　　　　(b) 相位连续的2FSK的功率谱

图 3.5　2FSK 信号的功率谱

3. 最小移频键控(MSK)

2FSK 信号的归一化互相关系数 ρ 可以求得如下(为方便讨论,令它们的初相 $\varphi_k = 0$):

$$\rho = \frac{2}{T_b} \int_0^{T_b} \cos \omega_1 t \cos \omega_2 t \, dt = \frac{\sin(2\omega_c T_b)}{2\omega_c T_b} + \frac{\sin 2\omega_d T_b}{2\omega_d T_b} \tag{3.7}$$

通常总有 $\omega_c T_b = 2\pi f_c / f_b \gg 1$,或 $\omega_c T_b = n\pi$,因此略去第一项,得到

$$\rho = \frac{\sin 2\omega_d T_b}{2\omega_d T_b} = \frac{\sin 2\pi(f_1 - f_2)T_b}{2\pi(f_1 - f_2)T_b} = \frac{\sin 2\pi h}{2\pi h} \tag{3.8}$$

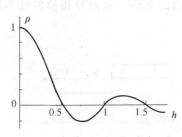

图 3.6 2FSK 信号的相关系数

ρ-h 关系曲线如图 3.6 所示。从图中可以看出,当调制指数 $h = 0.5, 1, 1.5, \cdots$ 时,$\rho = 0$,即两个信号是正交的。信号的正交有利于信号的检测。在这些使 $\rho = 0$ 的参数 h 最小值为 $1/2$,此时在 T_b 给定的情况下,对应的两个信号的频率差 $|f_1 - f_2|$ 有最小值,从而使 FSK 信号有最小的带宽。

$h = 0.5$ 的 CPFSK 就称为最小移频键控 MSK。它是在两个信号正交的条件下,对给定的 R_b 有最小的频差。

3.3.2 MSK 信号的相位路径、频率及功率谱

1. 相位路径

由于 $h = 0.5$,MSK 信号的表达式为

$$\left.\begin{array}{l} s_{MSK}(t) = \cos(\omega_c t + \theta_k) \\[2mm] \theta_k(t) = a_k \cdot \dfrac{\pi}{2T_b} \cdot t + \varphi_k \end{array}\right\} \qquad kT_b \leqslant t \leqslant (k+1)T_b \tag{3.9}$$

由式(3.9)可知,一个码元从开始时刻到该码元结束的时刻,其相位变化量(增量)等于

$$\Delta\theta_k = \theta_k[(k+1)T_b] - \theta_k(kT_b) = b_k \frac{\pi}{2} \tag{3.10}$$

由于 $b_k = \pm 1$,因此每经过 T_b 时间,相位增加或减小 $\pi/2$,视该码元 b_k 的取值而定。这样随着时间的推移,附加相位的函数曲线是一条折线。这一折线就是 MSK 信号的相位路径。由于 $h = 1/2$,MSK 的相位约束条件式(3.6)就是:

$$\varphi_k = (a_{k-1} - a_k)\frac{\pi}{2} \cdot k + \varphi_{k-1}$$

由于 $|a_k - a_{k-1}|$ 总为偶数,所以当 $\varphi_0 = 0$ 时,其后各码元的初相位 φ_k 为 π 的整数倍。相位路径的例子如图 3.7 所示,其中设 $\varphi_0 = 0$。图中可以看到 φ_k 的取值为 $0, -\pi, -\pi, -\pi, 3\pi, \cdots (k = 0, 1, 2, \cdots)$。

2. MSK 的频率关系

在 MSK 信号中,码元速率 $R_b = 1/T_b$、峰值频偏 f_d 和两个频率 f_1, f_2 存在一定的关系。因为

$$\rho = \frac{\sin(2\omega_c T_b)}{2\omega_c T_b} + \frac{\sin(2\omega_d T_b)}{2\omega_d T_b} = 0$$

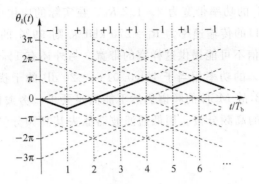

图 3.7 附加相位的相位路径

则有

$$
\left.\begin{array}{l}
2\omega_{c}T_{b}=4\pi f_{c}T_{b}=2\pi(f_{2}+f_{1})T_{b}=m\pi \\
2\omega_{d}T_{b}=4\pi f_{d}T_{b}=2\pi(f_{2}-f_{1})T_{b}=n\pi
\end{array}\right\}
\tag{3.11}
$$

式中,m,n 均为整数。对 MSK 信号因 $h=(f_{1}-f_{2})T_{b}=1/2$,因此,式(3.11)中 $n=1$。当给定码元速率 R_{b} 时可以确定各个频率如下:

$$
\left.\begin{array}{l}
f_{c}=mR_{b}/4 \\
f_{2}=(m+1)R_{b}/4 \\
f_{1}=(m-1)R_{b}/4
\end{array}\right\}
\tag{3.12}
$$

即载波频率应当是 $R_{b}/4$ 的整数倍。例如,$R_{b}=5$ kbit/s,$R_{b}/4=1.25$ kbit/s。设 $m=7$,则 $f_{c}=7\times1.25=8.75$ kHz;$f_{1}=(7+1)\times1.25=10$ kHz;$f_{2}=(7-1)\times1.25=7.5$ kHz。该信号的 f_{1} 在一个 T_{b} 时间内有 $f_{1}T_{b}=10/5=2$ 个周期,而 f_{2} 有 $f_{2}T_{b}=7.5/5=1.5$ 个周期。

3. MSK 的功率谱

MSK 的功率谱为

$$
W_{MSK}(f)=\frac{16A^{2}T_{b}}{\pi^{2}}\left\{\frac{\cos[2\pi(f-f_{c})T_{b}]}{1-[4(f-f_{c})T_{b}]^{2}}\right\}^{2}
\tag{3.13}
$$

式中,A 为信号的幅度。功率谱特性如图 3.8 所示,为便于比较,图中也给出一般 2FSK 信号的功率谱特性。由图可见,MSK 信号比一般 2FSK 信号有更高的带宽效率。

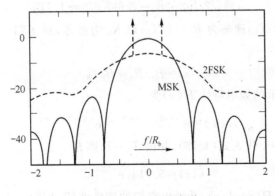

图 3.8 MSK 的功率谱

MSK 的谱特性已比 2FSK 有很大的改进,但旁瓣的辐射功率仍然很大。90% 的功率

带宽为 $2 \times 0.75 R_b$；99% 的功率带宽为 $2 \times 1.2\, R_b$。在实际的应用中，该带宽仍然是比较宽的。例如，GSM 空中接口的传输速率为 $R_b = 270$ kbit/s，则 99% 的功率带宽为 $B_s = 2.4 \times 270 = 648$ kHz。移动通信不可能提供这样宽的带宽。另外还有 1% 的边带功率辐射到邻近信道，造成邻道干扰。1% 的功率相当于 $10 \lg 0.01 = -20$ dB 的干扰，而移动通信的邻道干扰要求在 $-70 \sim -60$ dB，故 MSK 的频谱仍然不能满足要求。旁瓣的功率之所以大是因为数字基带信号含有丰富的高频分量。用低通滤波器滤去其高频分量，便可以减少已调信号的带外辐射。

3.4　高斯最小移频键控

3.4.1　高斯滤波器的传输特性

高斯最小移频键控（GMSK，Gaussian Minimum Shift Keying）就是基带信号经过高斯低通滤波器的 MSK，如图 3.9 所示。

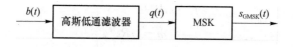

图 3.9　GMSK 信号的产生

1. 频率特性 $H(f)$ 和冲激响应 $h(t)$

高斯滤波器具有指数形式的响应特性，其中幅度特性为

$$H(f) = e^{-(f^2/a^2)} \tag{3.14}$$

冲激响应为

$$h(t) = \sqrt{\pi} a\, e^{-(\pi a t)^2} \tag{3.15}$$

式中，a 为常数，取值不同将影响滤波器的特性。令 B_b 为 $H(f)$ 的 3 dB 带宽，因为 $H(0) = 1$，则有 $H(f)|_{f=B_b} = H(B_b) = 0.707$，可以求得 a 为

$$a = \sqrt{2/\ln 2} \cdot B_b = 1.698\,6 B_b \approx 1.7 B_b$$

设要传输的码元长度为 T_b，速率为 $R_b = 1/T_b$，以 R_b 为参考，对 f 归一化：$x = f/R_b = fT_b$，则归一化 3 dB 带宽为

$$x_b = B_b/R_b = B_b T_b \tag{3.16}$$

这样，用归一化频率表示的频率特性 $H(x)$ 为

$$H(x) = e^{-(xR_b/1.7B_b)^2} = e^{-(x/1.7x_b)^2} \tag{3.17}$$

令 $\tau = t/T_b$，把 $a = 1.7B_b$ 代入式(3.15)，并设 $T_b = 1$，则有

$$h(\tau) = 3.01 x_b\, e^{-(5.3x_b\tau)^2} \tag{3.18}$$

给定 x_b，就可以计算出 $H(x)$、$h(\tau)$，并画出它们的特性曲线，如图 3.10 所示。从上述讨论可知，滤波器的特性完全可以由 x_b 确定。

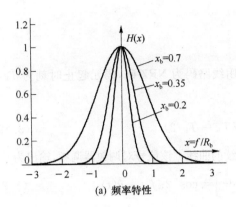
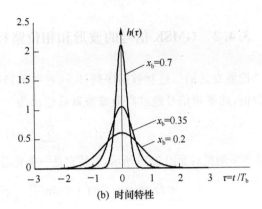

(a) 频率特性　　　　　　　　　　　　(b) 时间特性

图 3.10　高斯滤波器特性

2. 方波脉冲通过高斯滤波器

设有如图 3.11 所示的方波 $f(t)$：

$$f(t) = \begin{cases} 1 & |t| \leqslant T_b/2 \\ 0 & |t| > T_b/2 \end{cases}$$

经过高斯滤波器后，输出为

$$g(t) = \int_{-\infty}^{t} h(\tau) f(t-\tau) \mathrm{d}\tau = \int_{-\infty}^{t} \sqrt{\pi} a \mathrm{e}^{-(\pi a \tau)^2} f(t-\tau) \mathrm{d}\tau$$

$$= Q[\sqrt{2} a \pi (t - T_b/2)] - Q[\sqrt{2} a \pi (t + T_b/2)]$$

式中

$$Q(z) = \frac{1}{\sqrt{2\pi}} \int_{z}^{\infty} \mathrm{e}^{-y^2/2} \mathrm{d}y$$

　　给定 x_b，便可以计算出 $g(t)$，例如 $x_b = 0.3$ 和 $x_b = 1$ 时的 $g(t)$ 如图 3.12 所示。响应 $g(t)$ 在 $t = 0$ 有最大值 $g(0)$，没有负值，时间是从 $t = -\infty$ 开始，延伸到 $+\infty$。显然这样的滤波器不符合因果关系，是物理不可实现的。但注意到 $g(t)$ 有意义的取值仅持续若干个码元时间，在此之外 $g(t)$ 的取值可以忽略。例如，当 $x_b = 0.3$ 时，$g(\pm 1.5 T_b) = 0.016\, g(0)$；$x_b = 1$ 时，$g(\pm T_b) = 8 \times 10^{-5}\, g(0)$。所以，可以截取其中有意义的区间作为实际响应波形的长度，并在时间上作适当的延迟，就可以使它成为与 $g(t)$ 有足够的近似和可以实现的波形。通常截取的范围是以 $t = 0$ 为中心的 $\pm (N + 1/2) T_b$，即长度为 $(2N + 1) T_b$，并延迟 $(N + 1/2) T_b$。例如，$x_b = 0.3$ 时，$N = 1$，长度为 $3 T_b$。显然，N 越大，近似效果越好，但需要的时延就越大。

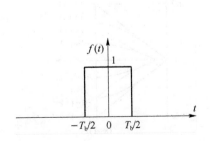
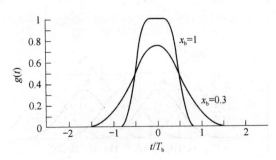

图 3.11　高斯滤波器的输入脉冲　　　　　　图 3.12　高斯滤波器对方波的响应

3.4.2 GMSK 信号的波形和相位路径

设要发送的二进制数据序列$\{b_k\}$($b_k = \pm 1$)所用线路码为 NRZ 码,码元起止时刻为 T_b 的整数倍,此基带信号经过高斯滤波器后输出为

$$q(t) = \sum_{k=-\infty}^{\infty} b_k g(t - kT_b - T_b/2) \tag{3.19}$$

其波形举例见后面图 3.15 所示,显然它是一条光滑连续的曲线。该信号对调频器调频,输出为

$$s(t) = \cos\left[2\pi f_c t + 2\pi k_f \int_{-\infty}^{t} q(\tau)d\tau\right] = \cos\left[2\pi f_c t + \theta(t)\right] \tag{3.20}$$

式中

$$\theta(t) = k_f \int_{-\infty}^{t} q(\tau)d\tau \tag{3.21}$$

为附加相位;k_f 为由调频器灵敏度确定的常数。由于 $q(t)$ 为连续函数,$\theta(t)$ 也为连续函数,因此 $s(t)$ 是一个相位连续的 FSK 信号。式(3.21)也可以表示为

$$\theta(t) = k_f \int_{-\infty}^{t} q(\tau)\,d\tau = k_f \int_{-\infty}^{kT_b} q(\tau)d\tau + k_f \int_{kT_b}^{t} q(\tau)\,d\tau$$
$$= \theta(kT_b) + \Delta\theta(t) \tag{3.22}$$

式中

$$\theta_k(kT_b) = k_f \int_{-\infty}^{kT_b} q(\tau)d\tau \tag{3.23}$$

$$\Delta\theta_k(t) = k_f \int_{kT_b}^{t} q(\tau)\,d\tau \tag{3.24}$$

$\theta(kT_b)$ 为码元 b_k 开始时刻的相位,$\Delta\theta_k(t)$ 则是在 b_k 期间相位的变化量。在一个码元结束时,相位的增量取决于在该码元期间 $q(t)$ 曲线下的面积 A_k:

$$\Delta\theta_k = k_f \int_{kT_b}^{(k+1)T_b} q(t)dt = k_f \int_{kT_b}^{(k+1)T_b} \sum_{n=k-N}^{k+N} g(t - kT_b - T_b/2)dt = k_f A_k$$

例如图 3.13,$x_b = 0.3$,截取 $g(t)$ 的长度为 $3T_b$($N=1$)的情况。在 b_k 期间内,$q(t)$ 曲线只由 b_k 及其前后一个码元 b_{k-1}、b_{k+1} 所确定,与其他码元无关。当这 3 个码元同符号时,A_k 有最大值 A_{max},是个常数。设计调频器的参数 k_f 使 $\Delta\theta_{max} = k_f A_{max} = \pi/2$。这样,调频器输出就是一个 GMSK 信号。由于 3 个码元取值的组合有 8 种,因此一个码元内 $\Delta\theta_k(t)$ 的变化有 8 种,相位增量 $\Delta\theta_k$ 也只有 8 种,且 $|\Delta\theta_k(t)| \leq \pi/2$,如图 3.14 所示。可见,对 GMSK 信号不是每经过一个码元相位都变化 $\pi/2$,它不仅和本码元有关,还和前后 N 个码元取值有关。

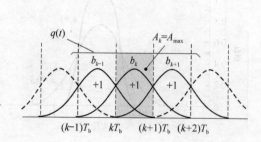

图 3.13　$q(t)$ 曲线下的面积最大

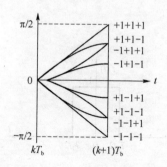

图 3.14　相位的 8 种状态

经过预滤波后的基带信号 $q(t)$、相位函数 $\theta(t)$ 和 GMSK 信号的例子如图 3.15 所示。由图可以看出,GMSK 信号的相位函数 $\theta(t)$ 是一条光滑连续的曲线。即使是在码元交替的时刻,其导数也是连续的,因此信号的频率在码元交替时刻也不会发生突变,这会使信号的副瓣有更快的衰减。

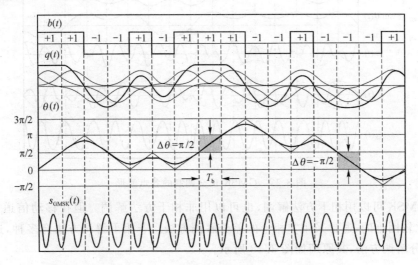

图 3.15　GMSK 信号波形

3.4.3　GMSK 信号的调制与解调

从原理上 GMSK 信号可用 FM 方法产生。所产生的 FSK 信号是相位连续的 FSK,只要控制调频指数 k_f 使 $h=1/2$,便可以获得 GMSK。但在实际的调制系统中,常常采用正交调制方法。因为

$$s_{\text{GMSK}}(t) = \cos\left[\omega_c t + k_f \int_{-\infty}^{t} q(\tau)\,\mathrm{d}\tau\right] = \cos\left[\omega_c t + \theta(t)\right]$$
$$= \cos\theta(t)\cos\omega_c t - \sin\theta(t)\sin\omega_c t \tag{3.25}$$

式中

$$\theta(t) = \theta(kT_b) + \Delta\theta(t) \tag{3.26}$$

在正交调制中,把式中 $\cos\theta(t)$、$\sin\theta(t)$ 看成是经过波形形成后的两条支路的基带信号。现在的问题是如何根据输入的数据 b_k 求得这两个基带信号。因为 $\Delta\theta(t)$ 是第 k 个码元期间信号相位随时间变化的量,因此 $\theta(t)$ 可以通过对 $\Delta\theta(t)$ 的累加得到。由于在一个码元内 $q(t)$ 波形为有限,在实际的应用中可以事先制作 $\cos\theta(t)$ 和 $\sin\theta(t)$ 两张表,根据输入数据通过查表读出相应的数值,得到相应的 $\cos\theta(t)$ 和 $\sin\theta(t)$ 波形。GMSK 正交调制方框图及各点波形如图 3.16 和图 3.17 所示。

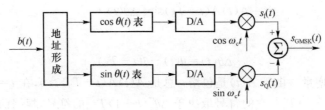

图 3.16　GMSK 正交调制

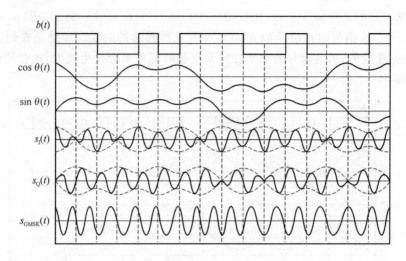

图 3.17　GMSK 正交调制的各点波形

GMSK 可以用相干方法解调，也可以用非相干方法解调。但在移动信道中，提取相干载波是比较困难的，通常采用非相干的差分解调方法。非相干解调方法有多种，这里介绍 1 bit 延迟差分解调方法，其原理如图 3.18 所示。

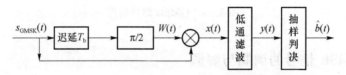

图 3.18　GMSK 1 bit 延迟差分解调原理图

设接收到的信号为

$$s(t) = s_{GMSK}(t) = A(t)\cos[\omega_c t + \theta(t)]$$

这里，$A(t)$ 是信道衰落引起的时变包络。接收机把 $s(t)$ 分成两路，一路经过 1 bit 的延迟和 90° 的移相，得到 $W(t)$：

$$W(t) = A(t - T_b)\cos[\omega_c(t - T_b) + \theta(t - T_b) + \pi/2]$$

它与另一路的 $s(t)$ 相乘得 $x(t)$：

$$\begin{aligned}
x(t) &= s(t)W(t) \\
&= A(t)A(t - T_b)\frac{1}{2}\{\sin[\theta(t) - \theta(t - T_b) + \omega_c T_b] - \\
&\quad \sin[2\omega_c t - \omega_c T_b + \theta(t) + \theta(t - T_b)]\}
\end{aligned}$$

经过低通滤波同时考虑到 $\omega_c T_b = 2n\pi$，得到 $y(t)$ 为

$$\begin{aligned}
y(t) &= \frac{1}{2}A(t)A(t - T_b)\sin[\theta(t) - \theta(t - T_b) + \omega_c T_b] \\
&= \frac{1}{2}A(t)A(t - T_b)\sin[\Delta\theta(t)]
\end{aligned}$$

式中

$$\Delta\theta(t) = \theta(t) - \theta(t - T_b)$$

是一个码元的相位增量。由于 $A(t)$ 是包络，总是 $A(t)A(t - T_b) > 0$，在 $t = (k+1)T_b$ 时刻对 $y(t)$ 抽样得到 $y[(k+1)T_b]$，它的符号取决于 $\Delta\theta[(k+1)T_b]$ 的符号，根据前面对 $\Delta\theta(t)$ 路径的

分析,就可以进行判决:

- $y[(k+1)T_b]>0$,即 $\Delta\theta[(k+1)T_b]>0$ 判决解调的数据为 $\hat{b}_k=+1$;

- $y[(k+1)T_b]<0$,即 $\Delta\theta[(k+1)T_b]<0$ 判决解调的数据为 $\hat{b}_k=-1$。

解调过程的各波形如图 3.19 所示,其中设 $A(t)$ 为常数。

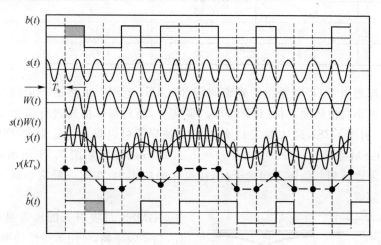

图 3.19　GMSK 解调过程各点波形

3.4.4　GMSK 功率谱

MSK 引入高斯滤波器后,平滑了相位路径,使得信号的频率变化平稳,大大地减少了发射信号频谱的边带辐射。事实上,低通滤波器减少了基带信号的高频分量,使已调信号的频谱变窄。高斯低通滤波器的通带越窄,即 x_b 越小,GMSK 信号的频谱就越窄。对邻信道的干扰也会减小。对 GMSK 信号功率谱的分析是比较复杂的,图 3.20 是计算机仿真得到 $x_b=0.5$, 1 和 ∞(MSK)时的功率谱。

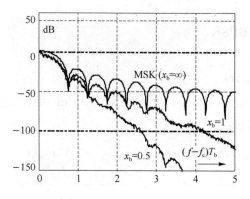

图 3.20　GMSK 功率谱

许多文献都给出了不同 x_b 的百分比功率带宽,见表 3.1,其中带宽是以码元速率为参考的归一化带宽。例如,GSM 空中接口码元速率 $R_b=270$ kbit/s,若取 $x_b=T_bB_b=0.25$,则 $B_b=x_b/T_b=x_bR_b=0.25\times270=65.567$ kHz(低通滤波器 3 dB 带宽):

- 99 % 功率带宽为 $0.86R_b=0.86\times270=232.2$ kHz;

- 99.9 % 功率带宽为 $1.09R_b = 1.09 \times 270 = 294.3 \text{ kHz}$。

表 3.1 GMSK 百分比功率归一化带宽

$x_b = B_b T_b$	90%	99%	99.9%	99.99%
0.2	0.52	0.79	0.99	1.22
0.25	0.57	0.86	1.09	1.37
0.5	0.69	1.04	1.33	2.08
MSK	0.76	1.20	2.76	6.00

这些带宽都超出了 GSM 系统的频道间隔 200 kHz 范围。虽然进一步减小 x_b 可以使带宽更窄,但 x_b 过小会使码间干扰(ISI)增加。事实上,当对基带信号进行高斯滤波后,使波形在时间上扩展,引入了 ISI,这从图 3.19 的波形和抽样值可以看出。x_b 越小 ISI 就越严重,x_b 应适当选择。GSM 系统选择 $x_b = 0.3$。$x_b = 0.3, 0.25$ 的眼图如图 3.21 所示,x_b 越小,眼图张开就越小。考虑到相邻信道之间的干扰,在实际的应用中,在同一蜂窝小区中,载波频率应当相隔若干个频道。

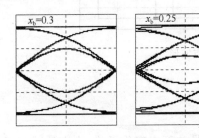

图 3.21 GMSK 信号的眼图

GMSK 最吸引人的地方是具有恒包络特性,功率效率高,可用非线性功率放大器和非相干检测。GMSK 的缺点是频谱效率还不够高。例如,GMSK 270.833 kbit/s 信道带宽 200 kHz,频带效率为 270.833/200 = 1.35 bit · s⁻¹ · Hz⁻¹。在北美,频率资源紧缺,系统采用具有更高频谱效率的调制方式,这就是 π/4-QPSK。

3.5 QPSK 调制

3.5.1 二相调制 BPSK

1. 二相调制信号 $s_{\text{BPSK}}(t)$

在二进制相位调制(BPSK,Binary Phase Shift Keying)中,二进制的数据 $b_k = \pm 1$ 可以用相位 φ_k 不同取值表示,例如:

$$s_{\text{BPSK}}(t) = \cos(\omega_c t + \varphi_k) \qquad kT_b \leqslant t \leqslant (k+1)T_b \qquad (3.27)$$

其中

$$\varphi_k = \begin{cases} 0 & b_k = +1 \\ \pi & b_k = -1 \end{cases} \qquad (3.28)$$

由于 $\cos(\omega_c t + \pi) = -\cos \omega_c t$,所以 BPSK 信号一般也可以表示为

$$s_{\text{BPSK}}(t) = b(t)\cos \omega_c t \qquad (3.29)$$

设二进制的基带信号 $b(t)$ 的波形为双极性 NRZ 码,BPSK 信号的波形如图 3.22 所示。

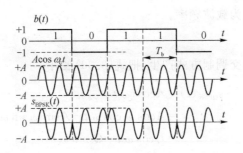

图 3.22　BPSK 波形

2. BPSK 信号的功率谱

由式(3.29)可知,BPSK 信号是一种线性调制,当基带波形为 NRZ 码时,其功率谱如图

3.23 所示。90% 功率带宽 $B=2R_s=2R_b$,频带效率只有 1/2。用在某些移动通信系统中,信号的频带就显得过宽。例如,DAMPS 移动电话系统,它的频道(载波)带宽为 30 kHz,而它的传输速率 $R_b=48.6$ kbit/s,则信号带宽 $B=97.2$ kHz 远大于频道带宽。此外,BPSK 信号有较大的副瓣,副瓣的总功率约占信号总功率的 10%,带外辐射严重。为了减小信号带宽,可考虑用 M 进制代替二进制。

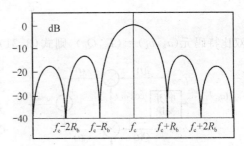

图 3.23　NRZ 基带信号的 BPSK 信号功率谱

因为 $R_s=R_b/\log_2 M$, $M=4$ 时, $R_s=R_b/\log_2 4=R_b/2$ 。这样便减小了带宽: $B=2R_s=R_b$,频带效率等于 1。在 MPSK 调制方式中,$M=4$ 就是 QPSK。

3.5.2　四相调制 QPSK

1. QPSK 信号

在 QPSK 调制中,在要发送的比特序列中,每两个相连的比特分为一组构成一个 4 进制的码元,即双比特码元,如图 3.24 所示。双比特码元的 4 种状态用载波的 4 个不同相位 φ_k($k=1,2,3,4$)表示。双比特码元和相位的对应关系可以有许多种,图 3.25 是其中一种。这种对应关系称为相位逻辑。

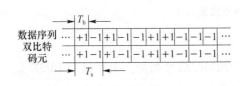

图 3.24　双比特码元

双极性表示		φ_k
a_k	b_k	
+1	+1	$\pi/4$
−1	+1	$3\pi/4$
−1	−1	$5\pi/4$
+1	−1	$7\pi/4$

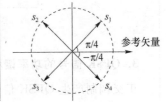

图 3.25　QPSK 的一种相位逻辑

QPSK 信号可以表示为

$$s_{\text{QPSK}}(t)=A\cos(\omega_c t+\varphi_k) \qquad k=1,2,3,4,\ kT_s\leqslant t\leqslant(k+1)T_s \qquad (3.30)$$

其中 A 为信号的幅度,ω_c 为载波频率。

2. QPSK 信号产生

QPSK 信号可以用正交调制方式产生,把式(3.30)展开:

$$
\begin{aligned}
s_{\text{QPSK}}(t) &= A\cos(\omega_c t + \varphi_k) \\
&= A\cos\varphi_k\cos\omega_c t - A\sin\varphi_k\sin\omega_c t \\
&= I_k\cos\omega_c t - Q_k\sin\omega_c t
\end{aligned}
\tag{3.31}
$$

式中

$$
\left.
\begin{aligned}
I_k &= A\cos\varphi_k \\
Q_k &= A\sin\varphi_k
\end{aligned}
\right\}
\tag{3.32}
$$

$$
\varphi_k = \arctan\frac{Q_k}{I_k}
\tag{3.33}
$$

令双比特码元$(a_k, b_k) = (I_k, Q_k)$,则式(3.31)就是实现图 3.25 相位逻辑的 QPSK 信号。所

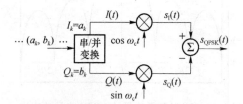

图 3.26　QPSK 正交调制原理图

以,把串行输入的(a_k, b_k)分开进入两个并联的支路——I 支路(同相支路)和 Q 支路(正交支路),分别对一对正交载波进行调制,然后相加便得到 QPSK 信号。调制器的原理图如图 3.26 所示。调制器的各点波形如图 3.27 所示。由图 3.27 可以看出,当 I_k 和 Q_k 信号为方波时,QPSK 是一个恒包络信号。

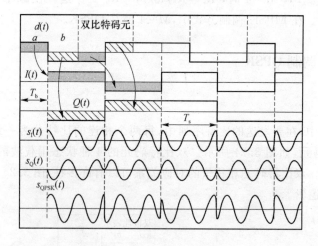

图 3.27　QPSK 调制器各点波形

3. QPSK 信号的功率谱和带宽

正交调制产生 QPSK 信号的方法实际上是把两个 BPSK 信号相加。由于每个 BPSK 信号的码元长度是原序列比特长度的 2 倍,即 $T_s = 2T_b$,或者说码元速率为原比特速率的一半 $R_s = R_b/2$;另外它们有相同的功率谱和相同的带宽 $B = 2R_s = R_b$。而两个支路信号的叠加得到的 QPSK 信号的带宽也为 $B = R_b$。频带效率 B/R_b 则提高为 1。

QPSK 信号比 BPSK 信号的频带效率高出一倍,但当基带信号的波形是方波序列时,它含

有较丰富的高频分量,所以已调信号功率谱的副瓣仍然很大,计算机分析表明信号主瓣的功率占 90%,而 99% 的功率带宽约为 $10R_s$。在两个支路加入低通滤波器(LPF)(如图 3.28 所示),对形成的基带信号实现限带,衰减其部分高频分量,就可以减小已调信号的副瓣。所用的低通滤波器通常就是特性如图 3.29 所示的升余弦特性滤波器。

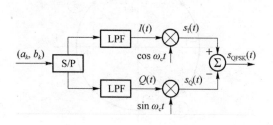

图 3.28　QPSK 的限带传输

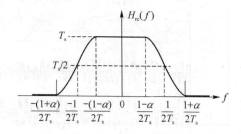

图 3.29　升余弦滤波特性

采用升余弦滤波的 QPSK 信号的功率谱在理想情况下,信号的功率完全被限制在升余弦滤波器的通带内,带宽为

$$B = (1+\alpha)R_s = R_b(1+\alpha)/2 \tag{3.34}$$

式中 α 为滤波器的滚降系数($0<\alpha\leqslant1$)。$\alpha=0.5$ 时的 QPSK 信号的功率谱如图 3.30 所示。

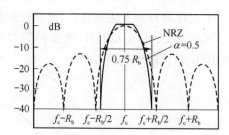

图 3.30　不同基带信号 QPSK 信号的功率谱

4. QPSK 信号的包络特性和相位跳变

前面已经看到,当基带信号为方波脉冲(NRZ)时,QPSK 信号具有恒包络特性。由升余弦滤波器形成的基带信号是连续的波形,它以有限的斜率通过零点,因此各支路的 BPSK 信号的包络有起伏且最小值为零,QPSK 信号的包络也不再恒定,如图 3.31 所示。包络起伏的幅度和 QPSK 信号相位跳变幅度有关。QPSK 是一种相位不连续的信号,随着双码元的变化,在码元转换的时刻,信号的相位发生跳变。当两个支路的数据符号同时发生变化时,相位跳变 $\pm180°$;当只有一个支路改变符号时,相位跳变 $\pm90°$。信号相位的跳变情况可以用图 3.32 的信号星座图例子来说明。图中的虚线表示相位跳变的路径,并显示了 I_k,Q_k 状态从②→③相位 $-180°$ 的变化和从④→⑤的 $+90°$ 变化。

信号的恒包络特性可以使用非线性(C 类)功率放大器,这种高功率效率放大器对电池容量有限的移动用户设备有重要意义;而非恒包络信号对非线性放大很敏感,它会通过非线性放大而使功率谱的副瓣再生,因此应当设法减小信号包络的波动幅度,所采取的措施就是减小信号相位的跳变幅度。

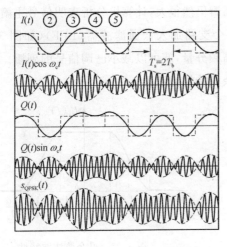

图 3.31　限带 QPSK 信号

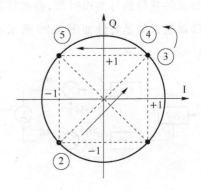

图 3.32　QPSK 信号相位跳变

3.5.3　偏移 QPSK——OQPSK

把 QPSK 两个正交支路的码元时间上错开 $T_s/2 = T_b$，这样两支路的符号不会同时发生变化，每经过 T_b 时间，只有一个支路的符号发生变化，因此相位的跳变就被限制在 $\pm 90°$，因而减小信号包络的波动幅度。OQPSK(Offset QPSK)两支路符号错开和相位变化的例子如图 3.33 所示，图 3.34 是 OQPSK 相位跳变的路径。

图 3.33　OQPSK 支路符号的偏移

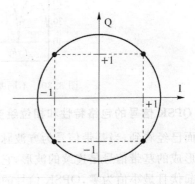

图 3.34　OQPSK 信号相位跳变路径

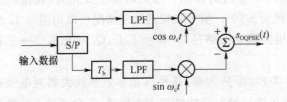

图 3.35　OQPSK 调制器原理图

图 3.35 是 OQPSK 调制器的原理框图,各点波形如图 3.36 所示。可以看出它的包络变化的幅度要比 QPSK 的小许多,且没有包络零点。由于两个支路符号的错开并不影响它们的功率谱,OQPSK 信号的功率谱和 QPSK 相同,因此有相同的带宽效率。

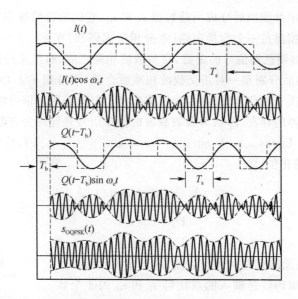

图 3.36　限带 OQPSK 信号

与 QPSK 信号比较,OQPSK 信号对放大器的非线性不那么敏感,信号的动态范围比较小,因此可以有较高的功率效率同时不会引起副瓣功率显著的增加。在 CDMA/IS-95 系统中,移动台就使用这种调制方式向基站发送信号。

3.5.4　π/4-QPSK

在移动环境下,多径衰落使得相干检测十分困难,而且往往导致工作性能比非相干检测更差,所以常常希望采用差分检测。在差分检测中,OQPSK 的性能比 QPSK 差。为了兼顾频带效率、包络波动幅度小和能采用差分检测,π/4-QPSK 是一种很好的折中。它有适度的相位跳变,与 QPSK、OQPSK 相比,π/4-QPSK 的特点是相位跳变最大幅度大于 OQPSK 而小于 QPSK,只有 ±45°(π/4)和 ±135°(3π/4),因此信号包络波动幅度大于 OQPSK 而小于 QPSK。

π/4-QPSK 常常采用差分编码,以便在解调的时候采用差分译码。采用差分编码的 π/4-QPSK 就称为 π/4-DQPSK。

1. 信号产生

π/4-DQPSK 可采用正交调制方式产生,其原理图如图 3.37 所示。

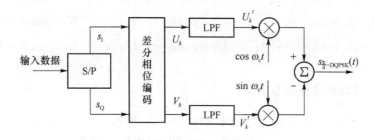

图 3.37　π/4-DQPSK 调制器

输入的数据经过串并变换后分成两路数据 s_I 和 s_Q,它们的符号速率等于输入串行比特速率的一半。这两路数据经过一个变换电路(差分相位编码器)在 $kT_s \leqslant t \leqslant (k+1)T_s$ 期间内输出信号 U_k,V_k,为了抑制已调信号的副瓣,在与载波相乘之前,通常还经过具有升余弦特性的形成滤波器(LPF),然后分别和一对正交载波相乘后合并,即得到 $\pi/4$-DQPSK 信号。由于该信号的相位跳变是取决于相位差分编码,为了突出相位差分编码对信号相位跳变的影响,下面的讨论先不考虑滤波器的存在,即认为调制载波的基带信号是脉冲为方波(NRZ)信号,于是:

$$s_{\pi/4\text{-DQPSK}}(t) = U_k \cos \omega_c t - V_k \sin \omega_c t = \cos(\omega_c t + \theta_k) \qquad kT_s \leqslant t \leqslant (k+1)T_s \quad (3.35)$$

式中,θ_k 为当前码元的相位,即

$$\theta_k = \theta_{k-1} + \Delta\theta_k = \arctan\frac{V_k}{U_k} \tag{3.36}$$

$$\left.\begin{array}{l} U_k = \cos\theta_k \\ V_k = \sin\theta_k \end{array}\right\} \tag{3.37}$$

其中,θ_{k-1} 为前一个码元结束时的相位,$\Delta\theta_k$ 是当前码元的相位增量。所谓相位差分编码就是输入的双比特 s_I 和 s_Q 的 4 个状态用 4 个 $\Delta\theta_k$ 值来表示,其相位逻辑见表 3.2。

式(3.36)表明,当前码元的相位 θ_k 可以通过累加的方法求得。当已知 s_I 和 s_Q,设初相位 $\theta_0 = 0$,根据这编码表可以计算得到信号每个码元相位的跳变 $\Delta\theta$,并通过累加的方法确定 θ_k,从而求得 U_k,V_k 值。相位差分编码的例子见表 3.3。

表 3.2 相位逻辑

s_I	s_Q	$\Delta\theta$
$+1$	$+1$	$\pi/4$
-1	$+1$	$3\pi/4$
-1	-1	$-3\pi/4$
$+1$	-1	$-\pi/4$

表 3.3 相位差分编码例子

		k	0	1	2	3	4	5
数据	s_I $\quad$ s_Q			$+1$ $+1$	-1 $+1$	$+1$ -1	-1 $+1$	-1 -1
S/P	s_Q			$+1$	$+1$	-1	$+1$	-1
	s_I			$+1$	-1	$+1$	-1	-1
	$\Delta\theta = \arctan(s_Q/s_I)$			$\pi/4$	$3\pi/4$	$-\pi/4$	$3\pi/4$	$-3\pi/4$
	$\theta_k = \theta_{k-1} + \Delta\theta_k$		0	$\pi/4$	π	$3\pi/4$	$3\pi/2$	$3\pi/4$
	$U_k = \cos\theta_k$		1	$1/\sqrt{2}$	-1	$-1/\sqrt{2}$	0	$-1/\sqrt{2}$
	$V_k = \sin\theta_k$		0	$1/\sqrt{2}$	0	$1/\sqrt{2}$	-1	$1/\sqrt{2}$

表 3.3 中设 $k=0$ 时 $\theta_0 = 0$,于是有

$k=1$ $\qquad \theta_1 = \theta_0 + \Delta\theta_1 = \pi/4$; $\qquad U_1 = \cos\theta_1 = 1/\sqrt{2}$; $\qquad V_1 = \sin\theta_1 = 1/\sqrt{2}$

$k=2$ $\qquad \theta_2 = \theta_1 + \Delta\theta_2 = \pi$; $\qquad U_2 = \cos\theta_2 = -1$; $\qquad V_2 = \sin\theta_2 = 0$

$k=3$ $\qquad \theta_3 = \theta_2 + \Delta\theta_3 = -\pi/4$; $\qquad U_3 = \cos\theta_3 = -1/\sqrt{2}$; $\qquad V_3 = \sin\theta_3 = 1/\sqrt{2}$

…

上述结果也可以从递推关系求得:

$$\begin{aligned} U_k &= \cos\theta_k = \cos(\theta_{k-1} + \Delta\theta_k) \\ &= \cos\theta_{k-1}\cos\Delta\theta_k - \sin\theta_{k-1}\sin\Delta\theta_k \\ V_k &= \sin\theta_k = \sin(\theta_{k-1} + \Delta\theta_k) \\ &= \sin\theta_{k-1}\cos\Delta\theta_k + \cos\theta_{k-1}\sin\Delta\theta_k \end{aligned}$$

即

$$U_k = U_{k-1}\cos\Delta\theta_k - V_{k-1}\sin\Delta\theta_k \\ V_k = V_{k-1}\cos\Delta\theta_k + U_{k-1}\sin\Delta\theta_k \Big\} \tag{3.38}$$

从上述例子可以看出，U_k，V_k 值有 5 种可能的取值 0，±1，$\pm1/\sqrt{2}$，并且总有

$$\sqrt{U_k^2 + V_k^2} = \sqrt{\cos^2\theta_k + \sin^2\theta_k} = 1 \qquad kT_s \leqslant t \leqslant (k+1)T_s \tag{3.39}$$

所以若不加低通滤波器，$\pi/4$-DQPSK 信号仍然是一个具有恒包络特性的等幅波。为了抑制副瓣的带外辐射，在进行载波调制之前，用升余弦特性低通滤波器进行限带。结果信号失去恒包络特性而呈现波动。$\pi/4$-DQPSK 信号的波形如图 3.38 所示。由于的码元长度 $T_s = 2T_b$，已调信号仍然是两个 2PSK 信号的叠加，它的功率谱和 QPSK 是一样的，因此有相同的带宽。

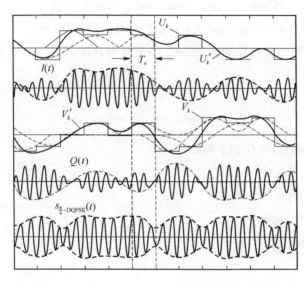

图 3.38　$\pi/4$-DQPSK 调制器各点波形

2. $\pi/4$-DQPSK 信号的相位跳变

由于 $\Delta\theta$ 可能的取值有 4 个：$\pm\pi/4$，$\pm3\pi/4$，所以相位 θ 有 8 种可能的取值，其星座图的 8 个点实际是由两个彼此偏移 $\pi/4$ 的 QPSK 星座图构成的，相位的跳变总是在这两个星座图之间交替进行，跳变的路径如图 3.39 的虚线所示。图中还标出了表 3.3 中的各码元相位跳变位置。注意，所有的相位路径都不经过原点（圆心）。这种特性使得信号的包络波动比 QPSK 要小，即降低了最大功率和平均功率的比值。

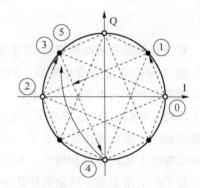

图 3.39　$\pi/4$-DQPSK 相位跳变

3. $\pi/4$-DQPSK 的解调

从 $\pi/4$-DQPSK 的调制方法可以看出，所传输的信息包含在两个相邻的载波相位差之中。既然信息完全包含在相位差之中，就可以采用易于用硬件实现的非相干差分检波。图 3.40 是中频差分解调的原理图。设信号接收中频信号为

$$s(t) = \cos(\omega_0 t + \theta_k) \qquad kT_s \leqslant t \leqslant (k+1)T_s$$

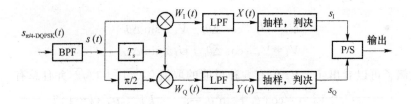

图 3.40 $\pi/4$-DQPSK 中频差分解调

解调器把输入中频(频率等于 f_0)$\pi/4$-DQPSK 信号 $s(t)$ 分成两路,一路是 $s(t)$ 和它的延迟一个码元的信号 $s(t-T_s)$ 相乘得 $W_I(t)$;另一路则是 $s(t-T_s)$ 和 $s(t)$ 移相 $\pi/2$ 后相乘得 $W_Q(t)$:

$$W_I(t)=\cos(\omega_0 t+\theta_k)\cos[\omega_0(t-T_s)+\theta_{k-1}]$$

$$W_Q(t)=\cos(\omega_0 t+\theta_k+\pi/2)\cos[\omega_0(t-T_s)+\theta_{k-1}]$$

设 $\omega_0 T_s=2n\pi$(n 为整数),经过低通滤波器后,得到低频分量 $X(t)$,$Y(t)$,抽样得到

$$X_k=\frac{1}{2}\cos(\theta_k-\theta_{k-1})=\frac{1}{2}\cos\Delta\theta_k$$

$$Y_k=\frac{1}{2}\sin(\theta_k-\theta_{k-1})=\frac{1}{2}\sin\Delta\theta_k$$

根据相位差分编码表,可作如下判决:

- 当 $X_k>0$ 时,判 $\hat{s}_I=+1$;
- 当 $X_k<0$ 时,判 $\hat{s}_I=-1$;
- 当 $Y_k>0$ 时,判 $\hat{s}_Q=+1$;
- 当 $Y_k<0$ 时,判 $\hat{s}_Q=-1$。

3.6   高阶调制

频谱资源是有限而珍贵的,并且是不可再生资源。然而随着移动通信各种标准日新月异地发展,频谱资源显得日渐紧缺。同时新业务的推陈出新也使得所需要的数据速率越来越高。这对频带利用率提出了更高的要求。例如,LTE 系统将在 20 MHz 的带宽下实现 100 Mbit/s 的下行峰值传输速率,也就是说需要达到 5 bit $\cdot$ s^{-1} $\cdot$ Hz^{-1} 的频谱利用率。在这种情况下,对高阶调制的需求就越来越迫切了。它能够在有限带宽下很好地实现高速数据传输,并且可以在很大程度上提高频谱利用率。另外,线性功放在 1986 年以后取得的突破性进展以及链路自适应技术的应用为高阶调制的使用提供了技术基础。

3.6.1   数字调制的信号空间原理

误码性能的好坏是通过欧式距离来衡量的。研究表明信号波形的表示式和多维矢量空间的表示式存在一定程度的相似性,如果把信号的波形映射到矢量空间就可以很直观地表示欧氏距离了。并且把信号的矢量分析和统计判决理论相结合就可以很好地分析误码性能。

包含 N 个正交归一化矢量的矢量组 $(e_1, e_2, \cdots, e_N)$ 能够组成一个完备的坐标系统：

$$e_i e_j = \begin{cases} 1 & i = j \\ 0 & i \neq j \end{cases} \quad (3.40)$$

由于矢量空间是完备的，那么任意一个矢量 x 就可以由这个矢量组的线性组合来表示。把 x 投影到这些正交矢量上，有

$$x = \sum_{i=1}^{N} x_i e_i \quad (3.41)$$

其中 $x_i = x e_i$ 为矢量 x 在 e_i 上的投影，矢量 x 在这个完备的坐标系统中就可以表示为 $(x_1, x_2, \cdots, x_N)$。

以上介绍了多维矢量的空间表示，以此类推也可以把信号波形在一个完备的矢量空间中正交展开。对于一个确定的实信号 $s(t)$，它具有有限能量 E_s，即

$$E_s = \int_{-\infty}^{+\infty} s^2(t) \mathrm{d}t \quad (3.42)$$

在一组完备的归一化正交函数集 $\{f_n(t), n = 1, 2, \cdots, N\}$ 中，有

$$\int_{-\infty}^{+\infty} f_m(t) f_n(t) \mathrm{d}t = \begin{cases} 1 & m = n \\ 0 & m \neq n \end{cases} \quad (3.43)$$

实信号 $s(t)$ 可以由这些函数的加权线性组合来近似表示：

$$\hat{s}(t) = \sum_{n=1}^{N} s_n f_n(t) \quad (3.44)$$

由近似表示所带来的误差为

$$e(t) = \hat{s}(t) - s(t) \quad (3.45)$$

通过最小化误差 $e(t)$ 能量可以得到加权系数 s_n，即

$$s_n = \int_{-\infty}^{+\infty} s(t) f_n(t) \mathrm{d}t \quad (3.46)$$

由此 $s(t)$ 在 N 维矢量空间中就可以表示为

$$s = (s_1, s_2, \cdots, s_N) \quad (3.47)$$

如果把 M 个能量有限的信号映射到 N 维的矢量空间上，空间中的 M 个映射点称为星座点，矢量空间称为信号空间。在矢量空间中可以很容易地描述衡量误码性能的两个指标，即信号之间的互相关系数和欧氏距离。当各个信号波形的能量相等都为 E_s 时，两个信号波形 s_m、s_n 之间的互相关系数可以表示为

$$\rho_{mn} = \frac{s_m \cdot s_n}{\sqrt{E_m E_n}} = \frac{s_m \cdot s_n}{E_s} \quad (3.48)$$

其中，$s_m \cdot s_n$ 表示这两个向量的内积，E_m 和 E_n 分别为两个信号波形的能量。它们之间的欧氏距离可以表示为

$$d_{mn} = |s_m - s_n| = [2E_s(1 - \rho_{mn})]^{1/2} \quad (3.49)$$

由式 (3.49) 可以看出，符号之间相关性越大，欧氏距离就越小，那么误码性能就越差。一般来说，调制阶数越高欧氏距离就越小。但是由于频率资源的限制，使得调制方式必须要采用比较高的阶数。为了保证高频谱效率下链路的性能，可以相应地采用强有力的差错控制技术、提升功率等措施来弥补误码性能的缺陷。

3.6.2 *M* 进制数字调制以及高阶调制

调制一般是对载波的幅度、相位或者频率进行的,由此来与信道特性相匹配,更有效地利用信道。*M* 进制的数字调制,一般可以分为 MASK、MPSK、MQAM 和 MFSK,它们属于无记忆的线性调制。如果结合到信号的矢量空间表示,可以理解为这些不同的调制方式是因为采用了不同的正交函数集。一般认为在阶数 $M \geqslant 8$ 时为高阶调制。MASK、MQAM 和 MPSK 这 3 种调制方式在信息速率和 *M* 值相同的情况下,频谱利用率是相同的。由于 MPSK 的抗噪声性能优于 MASK,所以 2PSK、QPSK 获得了广泛的应用。并且 ASK 信号是对载波的幅度进行调制,所以不适合衰落信道。在 $M > 8$ 时 MQAM 的抗噪声性能优于 MPSK,所以阶数更高的调制一般采用的是 QAM 的形式。在传输高速数据时一般使用的是 8PSK、16QAM、32QAM、64QAM 等形式。而 MFSK 采用的是用带宽的增加来换取误码性能的提升,这种方式牺牲了很大的带宽因而不适于无线通信。下面分别介绍目前应用广泛的 MPSK 和 MQAM 数字调制。

1. *M* 进制移相键控(MPSK)

MPSK 信号是使用 MPAM 数字基带信号对载波的相位进行调制得到的,每个 *M* 进制的符号对应一个载波相位,MPSK 信号可以表示为

$$
\begin{aligned}
s_i(t) &= g_T(t)\cos\left[\omega_c t + \frac{2\pi(i-1)}{M}\right] \\
&= g_T(t)\left[\cos\frac{2\pi(i-1)}{M}\cos\omega_c t - \sin\frac{2\pi(i-1)}{M}\sin\omega_c t\right]
\end{aligned} \tag{3.50}
$$
$$
i = 1,2,\cdots,M \qquad 0 \leqslant t \leqslant T_s
$$

每个 MPSK 信号的能量为 E_s,即

$$
E_s = \int_0^{T_s} s_i^2(t)\,\mathrm{d}t = \frac{1}{2}\int_0^{T_s} g_T^2(t)\,\mathrm{d}t = \frac{1}{2}E_g \tag{3.51}
$$

由式(3.50)看出可以把 MPSK 信号映射到一个二维的矢量空间上,这个矢量空间的两个归一化正交基函数为

$$
f_1(t) = \sqrt{\frac{2}{T_s}}\cos\omega_c t
$$

$$
f_2(t) = -\sqrt{\frac{2}{T_s}}\sin\omega_c t \tag{3.52}
$$

MPSK 信号的正交展开式为

$$
s_i(t) = s_{i1}f_1(t) + s_{i2}f_2(t) \tag{3.53}
$$

其中

$$
s_{i1} = \int_0^{T_s} s_i(t)f_1(t)\,\mathrm{d}t \qquad s_{i2} = \int_0^{T_s} s_i(t)f_2(t)\,\mathrm{d}t \tag{3.54}
$$

MPSK 信号的二维矢量表示为

$$
\boldsymbol{s}_i = (s_{i1}, s_{i2}) \tag{3.55}
$$

相邻符号间的欧氏距离为

$$d_{\min}=\sqrt{E_g\left(1-\cos\frac{2\pi}{M}\right)} \tag{3.56}$$

8PSK 和 16PSK 的信号星座图如图 3.41 所示。

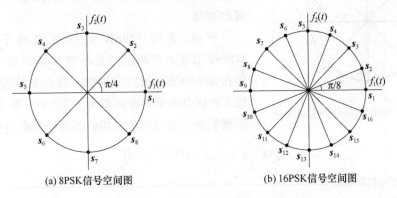

(a) 8PSK信号空间图   (b) 16PSK信号空间图

图 3.41 8PSK 和 16PSK 的信号星座图

以 8PSK 为例,其产生框图如图 3.42 所示。输入的二进制序列$\{b_n\}$经串并变换后成为 3 bit 并行码,即将二进制转换为八进制,对应于 8 个星座点,并与 a_i、a_q 电平之间满足一定的映射关系。(a_i,a_q) 为星座点的坐标。将图 3.41(a)中 8PSK 信号空间图旋转 22.5°之后,a_i、a_q 便为四电平序列。

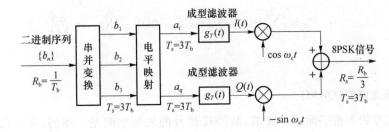

图 3.42 产生 8PSK 信号的原理框图

MPSK 接收信号可用二维矢量表示:

$$\begin{aligned}r&=s_i+n\\&=[r_1,r_2]\\&=[\sqrt{E_s}a_i+n_1,\sqrt{E_s}a_q+n_2]\\&\quad i=1,2,\cdots,M\qquad 0\leqslant t\leqslant T_s\end{aligned} \tag{3.57}$$

在加性白高斯噪声干扰下,MPSK 的最佳接收框图如图 3.43 所示。

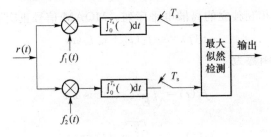

图 3.43 在加性白高斯噪声干扰下 MPSK 最佳接收

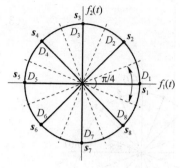

图 3.44 8PSK 的最佳判决域划分

在各信号波形等概率出现情况下,最佳接收的判决准则是最大似然准则。根据此判断准则可最佳地划分判决域。图 3.44 表示 8PSK 信号空间图及其最佳判决域的划分。

下面,介绍 MPSK 最佳接收的平均误符率。MPSK 信号的解调是通过计算矢量的相位,判断矢量落在哪个判决区域内实现的。接收矢量的包络 V 和相位 θ 的联合概率密度函数为 $p(V\theta|s_i)$,那么根据计算边缘概率密度就可以求出相位的条件概率密度函数:

$$p(\theta\mid s_i)=\int_0^\infty p(V\theta\mid s_i)\mathrm{d}V \tag{3.58}$$

发 s_1 时的错误概率为

$$P(e\mid s_1)=1-\int_{-\frac{\pi}{M}}^{\frac{\pi}{M}}p(\theta\mid s_1)\,\mathrm{d}\theta \tag{3.59}$$

发 $s_i(i=2,\cdots,M)$ 时的错误概率为

$$P(e\mid s_i)=1-\int_{[2(i-1)-1]\frac{\pi}{M}}^{[2(i-1)+1]\frac{\pi}{M}}p(\theta\mid s_i)\,\mathrm{d}\theta \tag{3.60}$$

在先验等概时,MPSK 的平均误符率为

$$P_M=\sum_{i=1}^M P(s_i)P(e\mid s_i)\approx 2Q\left(\sqrt{2K\gamma_b}\sin\frac{\pi}{M}\right) \tag{3.61}$$

其中,$\gamma_b=\dfrac{E_b}{N_0}$。

2. 正交幅度调制(QAM)

MASK 信号的矢量空间是一维的,MPSK 信号的矢量空间是二维的,随着调制阶数的增加,符号间的欧氏距离在减小。那么如果能充分利用二维矢量空间的平面,在不减少欧氏距离的情况下增加星座的点数就可以增加频谱利用率,从而引出了联合控制载波的幅度和相位的正交幅度调制方式 QAM。MQAM 方式也是高阶调制中使用得最多的,下面重点介绍。

(1) MQAM 信号的矢量表示

MQAM 信号是由被相互独立的多电平幅度序列调制的两个正交载波叠加形成的,信号表示式为

$$s_i(t)=a_{i_c}g_T(t)\cos\omega_c t-a_{i_s}g_T(t)\sin\omega_c t$$
$$i=1,2,\cdots,M \qquad 0\leqslant t\leqslant T_s \tag{3.62}$$

其中 $\{a_{i_c}\}$,$\{a_{i_s}\}$ 是两组相互独立的离散电平序列。MQAM 信号正交展开可以表示为

$$s_i(t)=s_{i1}f_1(t)+s_{i2}f_2(t) \tag{3.63}$$

两个归一化正交基函数为

$$f_1(t)=\sqrt{\frac{2}{E_g}}g_T(t)\cos\omega_c t$$

$$f_2(t)=-\sqrt{\frac{2}{E_g}}g_T(t)\sin\omega_c t \tag{3.64}$$

其中

$$s_{i1} = \int_0^{T_s} s_i(t) f_1(t) \mathrm{d}t = a_{i_c} \sqrt{\frac{E_g}{2}}, \quad s_{i2} = \int_0^{T_s} s_i(t) f_2(t) \mathrm{d}t = a_{i_s} \sqrt{\frac{E_g}{2}} \tag{3.65}$$

MQAM 的二维矢量表示为

$$\boldsymbol{s}_i = (s_{i1}, s_{i2}) = \left(a_{i_c} \sqrt{\frac{E_g}{2}}, a_{i_s} \sqrt{\frac{E_g}{2}} \right) \tag{3.66}$$

MQAM 信号星座有圆形的和矩形的,由于矩形星座实现和解调简单,因此获得了广泛的应用,图 3.45 给出了各种阶数下 MQAM 信号的矩形星座图。图中 MQAM 的两相邻信号矢量的欧氏距离与 MPAM 的一样,其最小欧氏距离为

$$d_{\min} = \sqrt{2E_g} \tag{3.67}$$

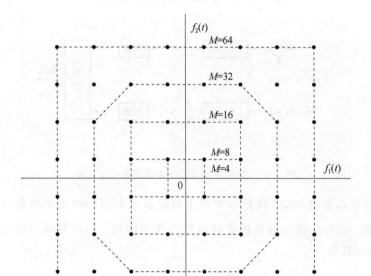

图 3.45　MQAM 信号的矩形星座图

（2）矩形星座 MQAM 信号的产生

产生矩形星座 MQAM 信号的框图如图 3.46 所示。输入二进制序列 $\{a_k\}$,经串并变换后成为速率减半的双比特并行码元,此双比特并行码元在时间上是对齐的。在同相及正交支路又将速率为 $R_b/2$ 的每 $K/2$ 个比特码元变换为相应的 $\sqrt{M}$ 电平,形成 $\sqrt{M}$ 进制幅度序列,再经过成型滤波器限带后,得到 $I(t)$ 及 $Q(t)$ 的 $\sqrt{M}$ 电平的 PAM 基带信号（数字期望为 0）,然后将 $I(t)$ 及 $Q(t)$ 分别对正交载波进行 $\sqrt{M}$ 进制 ASK 调制,两者之和即为矩形星座的 QAM 信号。

（3）矩形星座 MQAM 信号最佳接收及其误符率

在加性白高斯噪声信道条件下,其最佳接收框图如图 3.47 所示。图中,分别按照同相及正交支路的 $\sqrt{M}$ 进制 ASK 进行解调,在抽样、判决后经并串变换恢复数据。

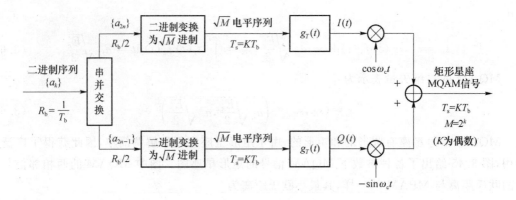

图 3.46　产生 MQAM 信号的原理框图

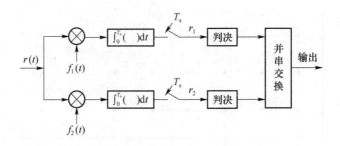

图 3.47　矩形星座 MQAM 信号的最佳接收

由式(3.62)可以看出 MQAM 信号实质上可以看成由同相和正交两路 $\sqrt{M}$ 进制的 ASK 信号的叠加而成,那么在进行最佳接收时也可以按照两路 $\sqrt{M}$ 进制的 ASK 信号进行解调。MQAM 信号的误符率为

$$P_M = 1 - (1 - P_{\sqrt{M}})^2 \tag{3.68}$$

其中,$P_{\sqrt{M}}$ 是 $\sqrt{M}$ 进制的 ASK 信号的平均误符率:

$$P_{\sqrt{M}} = 2\left(1 - \frac{1}{\sqrt{M}}\right)Q\left[\sqrt{\frac{3E_{av}}{(M-1)N_0}}\right] \tag{3.69}$$

E_{av} 是 T_s 内信号的平均能量,即

$$E_{av} = \frac{1}{M}\sum_{i=1}^{M}E_i = \frac{1}{M}\sum_{i=1}^{M}\int_0^{T_s}s_i^2(t)\,\mathrm{d}t \tag{3.70}$$

3.6.3　高阶调制在 3G、4G 中的应用

高阶调制在高速数据传输系统中的应用是相当多的。为了提高频谱效率,在 LTE、HSPA、802.11n 等宽带无线通信系统中广泛采用了高阶调制。这些调制技术与信道编码结合,构成自适应调制编码(AMC)方案,成为 B3G 和 4G 移动通信的关键技术。下面从移动通信标准应用方面介绍各个调制方式。

表 3.4 中列出了 2G、3G、B3G、4G 中几种代表性系统所采用的调制方式。2G 标准的 GSM 采用 GMSK 调制方式。GMSK 是一种恒包络调制,具有极低的旁瓣能量,可使用高效率的 C 类高功率放大器。1986 年以后,由于实用化的线性高功放已取得突破性进展,人们又

重新对简单易行的 BPSK 和 QPSK 予以重视。EDGE 作为 GSM 的演进采用了 8PSK 调制方式。3G 标准的 cdma2000 1x、WCDMA、TD-SCDMA 均采用了 QPSK,其中 TD-SCDMA 还引入了 8PSK。随着差错控制技术的发展,当演进到 HSPA 阶段,无论是 TDD 系统还是 FDD 系统都引入了高阶的 16QAM、64QAM 调制方式。cdma2000 1x 演进到 EV-DO 阶段,也引入了8PSK、16QAM、64QAM 等高阶调制方式。LTE 作为 B3G 的主流标准,为提高频谱利用率数据信道引入了 16QAM、64QAM 调制方式,控制信道采用 BPSK、QPSK 调制方式。

表 3.4 几种代表性系统所采用的调制方式

系统类型	调制方式	
	上 行	下 行
GSM	GMSK	GMSK
EDGE	8PSK	8PSK
IS-95/CDMA one	BPSK	QPSK
cdma2000 1x	OQPSK	QPSK
WCDMA	双通道 QPSK	QPSK
TD-SCDMA	QPSK,8PSK	QPSK,8PSK
cdma20001x EV-DO	BPSK,QPSK,8PSK	QPSK,8PSK,16QAM,64QAM
HSPA/HSPA+	BPSK,QPSK,16QAM,64QAM	QPSK,16QAM,64QAM
LTE/LTE-A	QPSK,16QAM,64QAM	BPSK,QPSK,16QAM,64QAM

3.7 正交频分复用

3.7.1 概述

多径传播环境下,当信号的带宽大于信道的相关带宽时,就会使所传输的信号产生频率选择性衰落,在时域上表现为脉冲波形的重叠,即产生码间干扰。面对恶劣的移动环境和频谱的短缺,需要设计抗衰落性能良好和频带利用率高的信道。在一般的串行数据系统中,每个数据符号都完全占用信道的可用带宽。由于瑞利衰落的突发性,一连几个比特往往在信号衰落期间被完全破坏而丢失,这是十分严重的问题。

采用并行系统可以减小串行传输所遇到的上述困难。这种系统把整个可用信道频带 B 划分为 N 个带宽为 Δf 的子信道。把 N 个串行码元变换为 N 个并行的码元,分别调制这 N 个子信道载波进行同步传输,这就是频分复用。通常 Δf 很窄,可以近似看成是传输特性理想的信道。若子信道的码元速率 $1/T_s \leqslant \Delta f$,各子信道可以看成是平坦性衰落的信道,从而避免严重的码间干扰。另外若频谱允许重叠,还可以节省带宽而获得更高的频带效率,如图 3.48 所示。

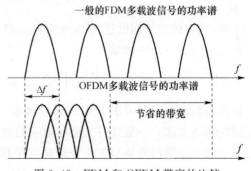

图 3.48 FDM 和 OFDM 带宽的比较

并行系统把衰落分散到多个符号上,使得每个符号只受到稍微一点损害而不至于造成一连多个符号被完全破坏,这样就有可能精确地恢复它们的大多数。另外并行系统扩展了码元的长度 T,它远远大于信道的时延,这样可以减小时延扩展对信号传输的影响。

3.7.2 正交频分复用的原理

如果不考虑带宽的使用效率,并行传输系统就是采用一般的频分复用(FDM,Frequency Dirision Multiplexing)的方法。在这样的系统中各个子信道的频谱不重叠,且相邻的子信道之间有足够的保护间隔以便接收机用滤波器把这些子信道分离出来。但是如果子载波的间隔等于并行码元长度的倒数 $1/T_s$,并使用相干检测,采用子载波的频谱重叠可以使并行系统获得更高的带宽效率。这就是正交频分复用(OFDM,Orthogonal Frequency Division Multiplexing)。

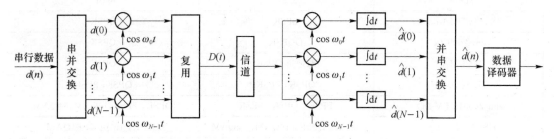

图 3.49 OFDM 系统

OFDM 系统如图 3.49 所示。设串行的码元周期为 t_s,速率为 $r_s = 1/t_s$。经过串并变换后 N 个串行码元被转换为长度为 $T_s = Nt_s$、速率为 $R_s = 1/T_s = 1/Nt_s = r_s/N$ 的并行码。将 N 个码元分别调制到 N 个子载波 f_n 上:

$$f_n = f_0 + n\Delta f \qquad n = 0, 1, 2, \cdots, N-1 \qquad (3.71)$$

式中,Δf 为子载波的间隔,在系统设计中使其满足:

$$\Delta f = 1/T_s = 1/Nt_s \qquad (3.72)$$

它是 OFDM 系统的重要设计参数之一。这样当 $f_0 \gg 1/T_s$ 时,各子载波是两两正交的,即

$$\frac{1}{T_s} \int_0^{T_s} \sin(2\pi f_k t + \varphi_k)\sin(2\pi f_j t + \varphi_j)\mathrm{d}t = 0 \qquad (3.73)$$

其中,$f_k - f_j = m/T_s (m=1,2,\cdots)$。把 N 个并行支路的已调子载波信号相加,便得到 OFDM 实际发射的信号:

$$D(t) = \sum_{n=0}^{N-1} d(n)\cos(2\pi f_n t) \qquad (3.74)$$

在接收端,接收的信号同时进入 N 个并联支路,分别与 N 个子载波相乘和积分(相干解调)便可以恢复各并行支路的数据:

$$\hat{d}(k) = \int_0^{T_s} D(t)2\cos\omega_k t \, \mathrm{d}t = \int_0^{T_s} \sum_{n=0}^{N-1} d(n)2(\cos\omega_n t)^2 \mathrm{d}t = d(k)$$

各支路的调制可以采用 PSK、QAM 等数字调制方式。为了提高频谱的利用率,通常采用多进制的调制方式。一般并行支路的输入的数据可以表示为 $d(n) = a(n) + jb(n)$,其中 $a(n)$、$b(n)$ 表示输入的同相分量和正交分量的实序列(如 QPSK,$a(n)$、$b(n)$ 取值 ± 1;16QAM 取值 $\pm 1, \pm 3$,等等),它们在每个支路上调制一对正交载波,输出的 OFDM 信号便为

$$D(t) = \sum_{n=0}^{N-1} [a(n)\cos(2\pi f_n t) + b(n)\sin(2\pi f_n t)] = \mathrm{Re}\Big\{\sum_{n=0}^{N-1} A(t)\mathrm{e}^{\mathrm{j}2\pi f_0 t}\Big\} \tag{3.75}$$

式中，$A(t)$ 为信号的复包络：

$$A(t) = \sum_{n=0}^{N-1} d(n)\mathrm{e}^{\mathrm{j}n\Delta\omega t} \tag{3.76}$$

系统的发射频谱的形状是经过仔细设计的，使得每个子信道的频谱在其他子载波频率上为零，这样子信道之间就不会发生干扰。当子信道的脉冲为矩形脉冲时，具有 sinc 函数形式的频谱可以准确满足这一要求，如 $N=4$、$N=32$ 的 OFDM 功率谱如图 3.50 所示。

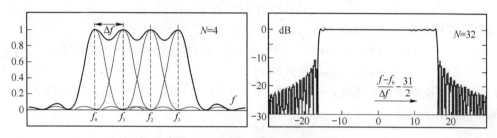

图 3.50　OFDM 的功率谱例子

由于频谱的重叠使得带宽效率得到很大的提高。OFDM 信号的带宽一般可以表示为

$$B = f_{N-1} - f_0 + 2\delta = (N-1)\Delta f + 2\delta \tag{3.77}$$

式中，δ 为子载波信道带宽的一半。设每个支路采用 M 进制调制，N 个并行支路传输的比特速率便为 $R_b = NR_s\log_2 M$，因此频谱利用率为

$$\eta = \frac{R_b}{B} = \frac{NR_s\log_2 M}{(N-1)\Delta f + 2\delta} \tag{3.78}$$

式中，符号速率 $R_s = 1/T_s$。若子载波信道严格限带且 $\delta = \Delta f/2 = 1/2T_s$，则频谱利用率为

$$\eta = \frac{R_b}{B} = \log_2 M \tag{3.79}$$

但在实际的应用中，子信道的带宽比最小带宽稍大一些，即 $\delta = (1+\alpha)/2T_s$，这样

$$\eta = \frac{\log_2 M}{1+\alpha/N} \tag{3.80}$$

为了提高频带利用率可以增加子载波的数目 N 和减小 α。

3.7.3　正交频分复用的 DFT 实现

OFDM 技术早在 20 世纪中期就出现，但信号的产生及解调需要许多的调制解调器，硬件结构的复杂性使得在当时的技术条件下难以在民用通信中普及，后来（20 世纪 70 年代）出现的离散傅里叶变换（DFT）方法可以简化系统的结构，但也是在大规模集成电路和信号处理技术充分发展后才得到广泛的应用。用 DFT 技术的 OFDM 系统如图 3.51 所示。

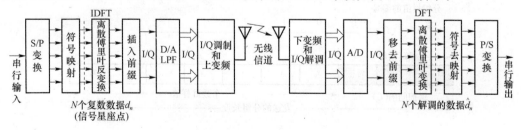

图 3.51　使用 DFT 的 OFDM 系统

输入的串行比特以 L 比特为一帧,每帧分为 N 组,每组比特数可以不同,第 i 组有 q_i 个比特,即

$$L = \sum_{i=1}^{N} q_i$$

第 i 组比特对应第 i 子信道的 $M_i = 2^{q_i}$ 个信号点。这些复数信号点对应这些子信道的信息符号,用 $d_n(n=0,1,2,\cdots,N-1)$ 表示。利用 IDFT 可以完成 $\{d_n\}$ 的 OFDM 基带调制,因为式(3.76)的复包络可以表为

$$A(t) = x(t) + \mathrm{j}y(t) \tag{3.81}$$

则 OFDM 信号就为

$$D(t) = \mathrm{Re}\{A(t)\mathrm{e}^{\mathrm{j}\omega_0 t}\} = \mathrm{Re}\{[x(t)+\mathrm{j}y(t)](\cos\omega_0 t + \mathrm{j}\sin\omega_0 t)\} \tag{3.82}$$
$$= x(t)\cos\omega_0 t - y(t)\sin\omega_0 t$$

若对 $A(t)$ 以奈奎斯特采样间隔 $t_s = 1/B$(当 N 很大时,可以认为符号带宽 $B = N\Delta f$)采样,由式(3.76)得到

$$A(m) = x(m) + \mathrm{j}y(m) = \sum_{n=0}^{N-1} d_n \mathrm{e}^{\mathrm{j}n\Delta\omega \cdot m t_s} = \sum_{n=0}^{N-1} d_n \mathrm{e}^{\mathrm{j}2\pi nm/N} = \mathrm{IDFT}\{d_n\} \tag{3.83}$$

可见所得到的 $A(m)$ 是 $\{d_n\}$ 的 IDFT,或者说直接对 $\{d_n\}$ 求离散傅里叶反变换就得到 $A(t)$ 的采样 $A(m)$。而 $A(m)$ 经过低通滤波(D/A 变换)后所得到的模拟信号对载波进行调制便得到所需的 OFDM 信号。在接收端则进行相反的过程,把解调得到的基带信号经过 A/D 变换后得到 $\hat{d}_n$,再经过并串变换输出。因此,在 OFDM 系统中 $\{d_n\}$ 与 $\{A(m)\}$ 分别被称为频域符号与时域符号。当 N 比较大且 N 是 2 的整数次幂时,可以采用高效率的 IFFT(FFT)算法,现在已有专用的 IC 可用,利用它可以取代大量的调制解调器,使结构变得简单。

设信道输入一个符号信号为 $p(t)$,信道的冲激响应为 $h(t)$,不考虑信道噪声的影响,信道的输出等于卷积 $r(t) = p(t) * h(t)$。$r(t)$ 的时间长度将等于 $T_r = T_s + \tau$(τ 为信道冲激响应的持续时间)。若发送的码元是一个接一个的无缝的连续发射,接收的信号由于 $T_r > T_s$ 会产生码间干扰,应在数据块之间加入保护间隔 T_g,只要 $T_g \geqslant \tau$,就可以完全消除码间干扰。除了上述的载波间隔 Δf,T_g 是 OFDM 系统的另一个重要的设计参数。

通常,T_g 是以一个循环前缀的形式存在,这些前缀由信号 $p(t)$ 的 g 个样值构成,使得发送的符号样值序列的长度增加到 $N+g$,如图 3.52 所示。由于是连续传输,若信道的冲激响应样值序列长度 $j \leqslant g$,则信道的输出序列 $\{r_n\}$ 的前 g 个样值会受到前一分组拖尾的干扰,把它们舍去,然后根据 N 个接收到的信号样值 $r_n(0 \leqslant n \leqslant N-1)$ 来解调。之所以用循环前缀填入保护间隔内,其中一个原因是为了保持接收载波的同步,在此段时间必须传输信号而不能让它空白。由于加入了循环前缀,为了保持原信息传输速率不变,信号的抽样速率应提高到原来的 $1+N/g$ 倍。

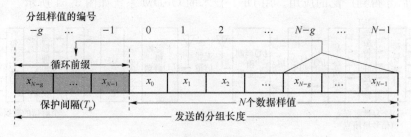

图 3.52　循环前缀的加入

3.7.4　OFDM 的应用

由上述的讨论可知,采用 OFDM 有很多优点,具体如下。

① 由于采用正交载波和频带重叠的设计,OFDM 有比较高的带宽效率。如式(3.80)所示,随着 N 的增加,带宽效率接近 $\log_2 M$ Baud/Hz 的理想情况。

② 由于并行的码元长度 $T_s = Nt_s$ 远大于信道的平均衰落时间 $\overline{T_f}$,瑞利衰落对码元的损伤是局部的,一般都可以正确恢复。而不像单载波传输时,由于 $\overline{T_f} > t_s$ 引起多个串行码元的丢失。

③ 当 $T_s \gg \tau$(多径信道的相对时延)时,系统因时延所产生的码间干扰就不那么严重,系统一般不需要均衡器。

④ 由于是多个窄带载波传输,当信道在某个频率出现较大幅度衰减或较强的窄带干扰时,也只是影响个别的子信道,而其他子信道的传输并未受影响。

⑤ 由于可以采用 DFT 实现 OFDM 信号,极大简化了系统的硬件结构。

此外,在实际的应用中,OFDM 系统可以自动测试子载波的传输质量,据此及时调整子信道的发射功率和发射比特数,使每个子信道的传输速率达到最佳的状态。

OFDM 的这些特点使得它在有线信道或无线信道的高速数据传输中得到广泛的应用。例如,在数字用户环路上的 ADSL、无线局域网的 IEEE802.11a 和 HIPERLAN-2、数字广播、高清晰度电视等。研究表明,OFDM 技术和 CDMA 技术的结合比 DC-CDMA 具有更好的性能,也具有成为未来宽带大容量蜂窝移动通信系统的无线接入技术的巨大潜力。因此,第四代移动通信(4G,主要包括 LTE-A 与 IEEE802.16m)系统使用的就是 MIMO-OFDM 系统。OFDM 不仅极大地提高了系统抗衰落的性能,也迎合了当前移动数据业务爆发的形势下对频谱效率的进一步要求。并且 OFDM 能有效地与多入多出(MIMO,Multiple-Input Multiple-Output)技术结合,大大提高无线链路的传输速率与可靠性。对于 MIMO 技术与 4G 相关标准将分别在第 4 章与第 8 章中给出介绍。

在应用 OFDM 时,也有一些问题需要认真考虑。例如,和所有频分复用系统一样,存在发射信号的峰值功率和平均功率比值(PAPR,Peak-to-avarage Power Ratio)过大的问题。过大的 PAPR 会使发射机的功率放大器饱和,造成发射信号的互调失真。降低发射功率使信号工作在线性放大范围,可以减小或避免这种失真,但这样又降低了功率效率。另一个问题是 OFDM 信号对频率的偏移十分敏感。OFDM 的优越性能是建立在子载波正交的基础上的,移动台移动会产生多普勒频谱扩展,这种频率漂移会破坏这种正交性,造成子信道之间的干扰。实际上多普勒效应在时间上表现为信道的时变性质,当信号码元长度大于信道的相干时间时,就会产生失真。为此应控制码元的长度不超出移动信道的相干时间。最后,接收机要确定 FFT 符号的开始时间也是比较困难的。

习题与思考题

3.1　信源编码的目的是什么?

3.2　H.264 中图像数据被分成了哪几部分?

3.3 在移动通信中对调制有哪些考虑？

3.4 什么是相位不连续的 FSK？相位连续的 FSK(CPFSK)应当满足什么条件？为什么移动通信中，在使用移频键控时一般总是考虑使用 CPFSK？

3.5 MSK 信号数据速率为 100 kbit/s。若载波频率为 2 MHz，求发送 1、0 时，信号的两个载波频率。

3.6 已知发送数据序列$\{b_n\} = \{-1+1+1-1+1-1-1-1\}$。① 画出 MSK 信号的相位路径；② 设 $f_c = 1.75R_b$，画出 MSK 信号的波形；③ 设附加相位初值 $\varphi_0 = 0$，计算各码元对应的 φ_k。

3.7 用数值方法计算 MSK 信号功率谱第二零点带宽的功率。

3.8 GMSK 系统空中接口传输速率为 270.833 33 kbit/s，求发送信号的两个频率差。若载波频率是 900 MHz，这两个频率又等于多少？

3.9 设升余弦滤波器的滚降系数为 $\alpha = 0.35$，码元长度为 $T_s = 1/24\,000$ s。写出滤波器的频率响应表达式(频率单位:kHz)和它的冲激响应表达式(时间单位:ms)。

3.10 设高斯滤波器的归一化 3 dB 带宽 $x_b = 0.5$，符号速率为 $R_s = 19.2$ kbit/s。写出滤波器的频率响应表达式(频率单位:kHz)和它的冲激响应表达式(时间单位:ms)。

3.11 高斯滤波器的归一化参数 x_b 的大小是如何影响带宽效率和误码特性的？

3.12 QPSK 信号以 9 600 bit/s 速率传输数据，若基带信号采用具有升余弦特性的脉冲响应，滚降系数为 0.5。问信道应有的带宽和传输系统的带宽效率；若改用 8PSK 信号，带宽效率又等于多少？

3.13 在移动通信系统中，采用 GMSK 和 π/4-QPSK 调制方式各有什么优点？

3.14 若二进制的数字基带信号为二电平的非归零码，在进行 FSK、MSK、GMSK、2PSK、QPSK、π/4-QPSK 和 OQPSK 调制后，这些已调信号是否具有恒包络性质？若基带信号经过低通滤波器后再进行调制，这些已调信号的包络会发生什么变化？包络的变化使功率放大器的非线性对它们有什么不同的影响？

3.15 QPSK、π/4-QPSK 和 OQPSK 信号相位跳变在信号星座图上的路径有什么不同？

3.16 请画出数字通信系统中 16PSK 信号最佳判决域的划分。在白高斯信道下，已知 MPSK 符号能量 E_s，噪声功率 σ^2，请推导在发端先验等概、收端采用最佳接收时 16PSK 信号的误码率。

3.17 在白高斯信道下，已知噪声功率为 σ^2，计算 MQAM 软解调时的比特对数似然比 LLR(见本章参考文献[13]和[20])。

3.18 什么是 OFDM 信号？为什么它可以有效地抵抗频率选择性衰落？

3.19 OFDM 系统是如何利用 IFFT 数字信号处理技术实现的？

3.20 OFDM 有什么优点和缺点？

本章参考文献

[1] 周炯槃,庞沁华,续大我,吴伟陵,杨鸿文.通信原理.第 3 版.北京:北京邮电大学出版社,2008.

[2] 3GPP, TR 26.901. Adaptive Multi-Rate Wideband (AMR-WB) speech codec. Feasibility study report.

［3］　3GPP2，C. S0030-0. Selectable Mode Vocoder（SMV）Service Option for Wideband Spread Spectrum Communication Systems.

［4］　NOKIA. Performance Comparison of Source Controlled GSM AMR and SMV Vocoders，http：//europe. nokia. com/library/files/docs/Makinen2. pdf.

［5］　BENQ. 3GPP SA4 Work Item Video Codec Performance Requirements – Justification，Concepts，and Results. http：//itg32. hhi. de/docs/ITG312_NOM_05_2_146. pdf.

［6］　3GPP2. C. R1008-0. cdma2000 Multimedia Services Evaluation Methodology.

［7］　Theodore S. Rappapaort. Wireless communications principles & practice. 北京：电子工业出版社，1998.

［8］　John G. Proakis . Digital communications. 北京：电子工业出版社，1998.

［9］　西蒙·赫金. 通信系统. 第四版. 宋铁成，徐平平，等，译. 北京：电子工业出版社，2003.

［10］　John G. Proakis ，Masoud Salehi. 通信系统工程. 第 2 版. 叶芝慧，赵新胜，译. 北京：电子工业出版社，2002.

［11］　Leon W. Couch Ⅱ Digital and analog communication system . 北京：清华大学出版社，1997.

［12］　Rodger E. Ziemer，William H. Tranter. Principles of Communications：System，Modulation and Noise. 5th ed. 北京：高等教育出版社，2003.

［13］　Stephane Le Goff，Alain Glavieux. Turbo-codes and High Spectral Efficiency Modulation. ICC. Vol. 2：645-649.

［14］　Fei Zesong，Wan Lei. Improved Binary Turbo Coded Modulation with 16QAM in HSDPA. WCNC2003. Vol. 1：322-325.

［15］　K. Fagervik，T. G. Jeans. Low complexity bit by bit soft output demodulator. 1996 LETTERS. Vol. 32. No. 11.

［16］　JProakis. Digital Communications. 3rd edition. New York：McGraw-Hill，1995.

［17］　常永宇，等. TD-HSPA 移动通信技术. 北京：人民邮电出版社，2008.

［18］　刘聪锋. 高效数字调制技术及其应用. 北京：人民邮电出版社，2006.

［19］　关清三. 数字调制解调基础. 崔炳哲，译. 北京：科学出版社，2002.

［20］　杨大成，等. 现代移动通信中的先进技术. 北京：机械工业出版社，2005.

第4章 抗衰落和链路性能增强技术

学习重点和要求

本章介绍移动通信中常用的抗衰落技术,它们是分集接收、信道编码、信道均衡、扩频技术、多天线和空时编码。再分别介绍 AMC 和 HARQ 两种链路性能增强技术。

要求:

- 分集接收技术的指导思想;获得多个衰落独立的信号常用的几种方法:频率分集、时间分集和空间分集;对衰落独立信号的处理方式:选择合并、最大比值合并和等增益合并以及它们的性能。
- 信道编码在移动通信中的应用;卷积码的编译码原理;Turbo 码的基本概念。
- 掌握信道时域均衡的基本原理;移动通信中所采用的自适应均衡技术的基本概念。
- 直接序列扩频技术原理;直接序列扩频技术抗多径衰落原理;RAKE 接收机原理。
- 了解多天线和空时编码抗衰落的基本原理。
- 了解 MIMO 的分集和复用方式分别起的作用。
- 理解 AMC 和 HARQ 两种自适应链路性能增强技术的基本原理。

4.1 概　述

移动信道的多径传播引起的瑞利衰落、时延扩展以及伴随接收机移动过程产生的多普勒频移使接收信号受到严重的衰落;阴影效应会使接收的信号过弱而造成通信的中断;信道存在的噪声和干扰,也会使接收信号失真而造成误码。因此,在移动通信中需要采取一些信号处理技术来改善接收信号的质量。分集接收技术、均衡技术、信道编码技术和扩频技术是最常见的信号处理技术,根据信道的实际情况,它们可以独立使用或联合使用。

分集接收的基本思想就是把接收到的多个衰落独立的信号加以处理,合理地利用这些信号的能量来改善接收信号的质量。分集通常用来减小在平坦性衰落信道上接收信号的衰落深度和衰落的持续时间。分集接收充分利用接收信号的能量,因此无须增加发射信号的功率而可以使接收信号得到改善。

信道编码的目的是为了尽量减小信道噪声或干扰的影响,是用来改善通信链路性能的技术。其基本思想是通过引入可控制的冗余比特,使信息序列的各码元和添加的冗余码元之间存在相关性。在接收端信道译码器根据这种相关性对接收到的序列进行检查,从中发现错误或进行纠错。对某种调制方式,在给定的 E_b/N_0 无法达到误码的要求时,信道编码就是唯一可行的方法。

当传输的信号带宽大于无线信道的相关带宽时,信号产生频率选择性衰落,接收信号就会产生失真,它在时域表现为接收信号的码间干扰。所谓信道均衡就是在接收端设计一个称之为均衡器的网络,以补偿信道引起的失真。这种失真是不能通过增加发射信号功率来减小的。由于移动信道的时变特性,均衡器的参数必须能跟踪信道特性的变化而自行调整,因此均衡器应当是自适应的。

随着移动通信的发展,所传输的数据速率越来越高,信号的带宽也远超出信道的相干带宽,采用传统的均衡技术难以保证信号传输的质量。多径衰落就成为妨碍高速数据传输的主要障碍。采用扩频技术极大地扩展了信息的传输带宽,可以把携带有同一信息的多径信号分离出来并加以利用,因此扩频技术具有频率分集和时间分集的特点。扩频技术是克服多径干扰的有效手段。它是第三代移动通信无线传输的主流技术。

MIMO 是在收发两端都采用多天线配置,充分利用空间信息,大幅度提高信道容量的一种技术。之前所说的多天线分集接收技术也可以算作 MIMO 的一种特例 SIMO,它是一种抗衰落的传统技术。后续的研究表明,如果采用多天线发送,并且发送天线数不太大时,随着发送天线数的增加,信道容量也相应地增加。由此也推动了无线通信领域对于 MIMO 技术研究的热潮。此外,基于多天线发射分集的空时编码可以在不同天线发射的信号之间引入时域和空域相关,使得在接收端可以进行分集接收,从而大大提高了信号质量。下面将分别介绍几种常用的空时编码技术。

由于无线信道的特性是复杂的,包含了时、频、空三维的衰落。如果能够根据信道的特性自适应地调整传输速率,在信道条件好时提高传输速率,信道条件差时降低传输速率,那么就可以有效地提高平均吞吐量。下面将具体介绍 AMC 和 HARQ 两种链路自适应技术。

4.2　分集技术

在移动通信中为对抗衰落产生的影响,分集接收是常采用的有效措施之一。在移动环境中,通过不同途径所接收到的多个信号其衰落情况是不同的、衰落独立的。设其中某一信号分量的强度低于检测门限的概率为 p,则所有 M 个信号分量的强度都低于检测门限的概率 p^M 远低于 p。综合利用各信号分量,就有可能明显地改善接收信号的质量,这就是分集接收的基本思想。分集接收的代价是增加了接收机的复杂度,因为要对各径信号进行跟踪及时对更多的信号分量进行处理,但它可以提高通信的可靠性,因此被广泛用于移动通信。

移动无线信号的衰落包括了两个方面,一个来自因地形地物造成的阴影衰落,它使接收的信号平均功率(或者信号的中值)在一个比较长的空间(或时间)区间内发生波动,这是一种宏观的信号衰落;而多径传播使得信号在一个短距离上(或一短时间内)信号强度发生急剧的变化(但信号的平均功率不变),这是一种微观衰落。针对这两种不同的衰落,常用的分集技术可以分为宏观分集和微观分集。这里主要介绍微观分集,也就是通常所说的分集。

分集技术对信号的处理包含两个过程,首先是要获得 M 个相互独立的多径信号分量,然后对它们进行处理以获得信噪比的改善,这就是合并技术。本节将讨论与这两个过程有关的基本问题。

4.2.1　宏观分集

为了消除由于阴影区域造成的信号衰落,可以在两个不同的地点设置两个基站,情况如图4.1所示。这两个基站可以同时接收移动台的信号。由于这两个基站的接收天线相距甚远,所接收到的信号的衰落是相互独立,互不相关的。用这样的方法我们获得两个衰落独立、携带同一信息的信号。

由于传播的路径不同,所得到的两个的信号强度(或平均功率)一般是不等的 。设基站 A接收到的信号中值为 m_A,基站 B 接收到的信号中值为 m_B,它们都服从对数正态分布。若 $m_A > m_B$,则确定用基站 A 与移动台通信;若 $m_A < m_B$,则确定用基站 B 与移动台通信。如图4.1中,移动台在 B 路段运动时,可以和基站 B 通信;而在 A 路段则和基站 A 通信。从所接收到的信号中选择最强信号,这是宏观分集中所采用的信号合并技术。

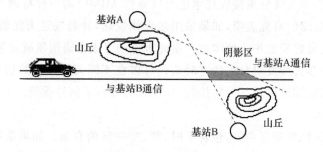

图 4.1　宏观分集

宏观分集所设置的基站数可以不止一个,视需要而定。宏观分集也称为多基站分集。

4.2.2　微观分集的类型

若在一个局部地区(一个短距离上)接收移动无线信号,信号衰落所呈现的独立性是多方面的,如时间、频率、空间、角度以及携带信息的电磁波极化方向等。利用这些特点采用相应的方法可以得到来自同一发射机的衰落独立的多个信号,这就有多种分集技术。这里只讨论目前移动通信中常见的几种分集方式。

1. 时间分集

在移动环境中,信道的特性随时间变化。当移动的时间足够长(或移动的距离足够大),大于信道的相干时间,则这两个时刻(或地点)无线信道衰落特性是不同的,可以认为是独立的。可以在不同的时间段发送同一信息,接收端则在不同的时间段接收这些衰落独立的信号。时间分集要求在收发信机都有存储器,这使得它更适合于移动数字传输。时间分集只需使用一部接收机和一副天线。若信号发送 M 次,则接收机重复使用以接收 M 个衰落独立的信号。此时称系统为 M 重时间分集系统。要注意的是,因为 $f_m = v/\lambda$,当移动速度 $v = 0$ 时,相干时间会变为无穷大,所以时间分集不起作用。

2. 频率分集

在无线信道中,若两个载波的间隔大于信道的相干带宽,则这两个载波信号的衰落是相互独立的。例如,若信道的时延扩展为 $\Delta = 0.5\,\mu s$,相干带宽为 $B_c = 1/2\pi\Delta = 318\,kHz$。所以为了获得衰落独立的信号,两个载波的间隔应大于此带宽。实际上为了获得完全的不相关,信号的频率间隔还应当更大(比如 1 MHz)。所以为了获得多个频率分集信号,直接在多个载波上传输同一信息,所需的带宽就很宽,这对频谱资源短缺的移动通信来说,代价是很大的。

在实际的应用中,一种实现频率分集的方法是采用跳频扩频技术。它把调制符号在频率快速改变的多个载波上发送,这种情况如图 4.2 所示。采用跳频方式的频率分集很适合于采用 TDMA 接入方式的数字移动通信系统。由于瑞利衰落和频率有关,在同一地点,不同频率的信号衰落的情况是不同的,所有频率同时严重衰落的可能性很小,如图 4.3 所示。当移动台静止或以慢速移动时,通过跳频获取频率分集的好处是明显的;当移动台高速移动时,跳频没什么帮助,也没什么危害。数字蜂窝移动电话系统(GSM)在业务密集的地区常常采用跳频技术,以改善接收信号的质量。

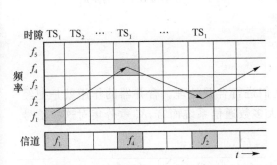

图 4.2 调频图案

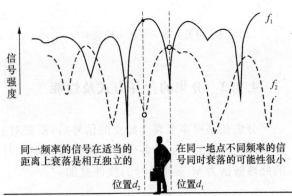

图 4.3 瑞利衰落引起信号强度随地点、频率变化

3. 空间分集

由于多径传播的结果,在移动信道中不同的地点信号的衰落情况是不同的(见图 4.3)。在相隔足够大的距离上,信号的衰落是相互独立的,若在此距离上设置两副接收天线,它们所接收到的来自同一发射机发射的信号就可以认为是不相关的。这种分集方式也称为天线分集。使接收信号不相关的两副天线的距离因移动台天线和基站天线所处的环境不同而有所区别。

一般移动台的附近反射体、散射体比较多,移动台天线和基站天线的直线传播的可能性比较小,因此移动台接收的信号多是服从瑞利分布的。理论分析表明,移动台两副垂直极化天线的水平距离为 d 时,接收信号的相关系数与 d 的关系为

$$\rho(d) = J_0^2\left(\frac{2\pi}{\lambda}d\right)$$

式中,$J_0(x)$ 为第一类零阶贝塞尔函数。$\rho(d)$-d 的特性如图 4.4 所示。

由图 4.4 可以看出,随着天线距离的增加,相关系数呈现波动衰减。在 $d = 0.4\lambda$ 时,相关系数为零。实际上只要相关系数小于 0.2,这两个信号就可以认为是互不相关的。实际测量表明,通常在市区,取 $d = 0.5\lambda$,在郊区可以取 $d = 0.8\lambda$。

对基站的天线来说,两个接收信号的相关系数 ρ 和天线高度 h、天线的距离 d 以及移动台相对于基站天线的方位角 θ(见图 4.5)有关,当然和工作波长 λ 也有关。对它的理论分析是比较复杂的,可以通过实际测量来确定。实际测量结果表明,h/d 越大,相关系数 ρ 就越大;h/d 为一定时,$\theta = 0°$ 相关性最小,$\theta = 90°$ 相关性最大。在实际的工程设计中,比值约为 10,天线一

般高几十米,天线的距离约有几米,相当于十多个波长或更多。

空间分集需要多副天线,使用这种分集的移动台一般是车载台。

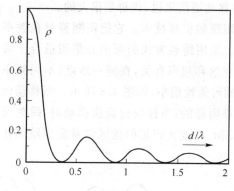

图 4.4　相关系数 ρ 与 d/λ 的关系

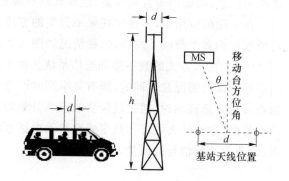

图 4.5　分集接收天线的距离

4.2.3　分集的合并方式及性能

分集在获得多个衰落独立的信号后,需要对它们进行合并处理。合并器的作用就是把经过相位调整和时延后的各分集支路信号相加。对大多数通信系统而言,M 重分集对这些信号的处理概括为 M 支路信号的线性叠加:

$$f(t) = \alpha_1(t)f_1(t) + \alpha_2(t)f_2(t) + \cdots + \alpha_M(t)f_M(t) = \sum_{k=1}^{M} \alpha_k(t)f_k(t) \tag{4.1}$$

其中,$f_k(t)$ 为第 k 支路的信号;$\alpha_k(t)$ 为第 k 支路信号的加权因子。信号合并的目的就是要使它的信噪比有所改善,因此对合并器的性能分析是围绕其输出信噪比进行的。分集的效果常用分集改善因子或分集增益来描述,也可以用中断概率来描述。可以预见,分集合并器的输出信噪比的均值将大于任何一支路输出的信噪比均值。最佳的分集就在于最有效地减小信噪比低于正常工作门限信噪比的时间。信噪比的改善和加权因子有关,对加权因子的选择方式不同,形成 3 种基本的合并方式:选择合并、最大比值合并和等增益合并。在下面的讨论中假设:

① 每支路的噪声与信号无关,为零均值、功率恒定的加性噪声;

② 信号幅度的变化是由于信号的衰落,其衰落的速率比信号的最低调制频率低许多;

③ 各支路信号相互独立,服从瑞利分布,具有相同的平均功率。

1. 选择合并

这是所有合并方法中最简单的一种。在所接收的多路信号中,合并器选择信噪比最高的一路输出,这相当于在 M 个系数 $\alpha_k(t)$ 中,只有一个等于 1,其余的为 0。这种选择可以在解调(检测)前的 M 个射频信号中进行,也可以在解调后的 M 个基带信号中进行,这对选择合并来说都是一样的,因为最终只选择一个解调的数据流。$M=2$ 即有两个分集支路的例子如图 4.6 所示。合并器实际就是一个开关,在各支路噪声功率相同的情况下,系统

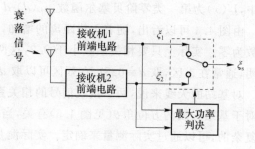

图 4.6　二重分集的选择合并

把开关置于最大信号功率的支路,输出的信号就有最大的信噪比。

设第 k 支路信号包络为 $r_k=r_k(t)$,其概率密度函数为

$$p(r_k)=\frac{r_k}{b^2}\mathrm{e}^{-r_k^2/2b^2} \tag{4.2}$$

则信号的瞬时功率为 $r_k^2/2$。设支路的噪声平均功率为 N_k,第 k 支路的信噪比 $\xi_k=\xi_k(t)$ 为

$$\xi_k=\frac{r_k^2}{2N_k}$$

选择合并器的输出信噪比 ξ_s 就为

$$\xi_s=\max\{\xi_k\}\qquad k=1,2,\cdots,M \tag{4.3}$$

$M=2$ 时,ξ_s 的选择情况如图 4.7 所示。

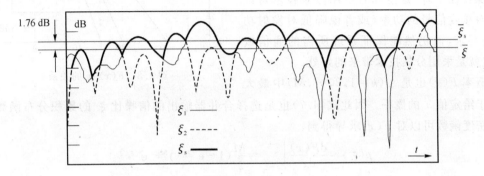

图 4.7　二重分集选择合并的信噪比

由于 r_k 是一个随机变量,正比于它的平方的信噪比 ξ_k 也是一个随机变量,可以求得其概率密度函数为

$$p(\xi_k)=\frac{1}{\bar{\xi}_k}\mathrm{e}^{-\xi_k/\bar{\xi}_k} \tag{4.4}$$

式中

$$\bar{\xi}_k=E(\xi_k)=\frac{b_k^2}{N_k} \tag{4.5}$$

为 k 支路的平均信噪比。ξ_k 小于某一指定的信噪比 x 的概率为

$$P(\xi_k<x)=\int_0^x\frac{1}{\bar{\xi}_k}\mathrm{e}^{-\xi_k/\bar{\xi}_k}\mathrm{d}\xi_k=1-\mathrm{e}^{-x/\bar{\xi}_k} \tag{4.6}$$

设各支路都有相同的噪声功率,即 $N_1=N_2=\cdots=N$;信号平均功率相同,也即 $b_1^2=b_2^2=\cdots=b^2$,各支路有相同的平均信噪比 $\bar{\xi}=b^2/N$。由于 M 个分集支路的衰落是互不相关的,所有支路的 $\xi_k(k=1,2,\cdots,M)$ 同时小于某个给定值 x 的概率为

$$F(x)=(1-\mathrm{e}^{-x/\bar{\xi}})^M \tag{4.7}$$

若 x 为接收机正常工作的门限,$F(x)$ 就是通信中断的概率。而至少有一支路信噪比超过 x 的概率就是使系统能正常通信的概率(可通率)为

$$1-F(x)=1-(1-\mathrm{e}^{-x/\bar{\xi}})^M \tag{4.8}$$

$F(x)$-x 的关系如图 4.8 所示。由图可以看出,当给定一个中断概率 $F(x)$ 时,有分集 ($M>1$) 与无分集 ($M=1$) 时所要求 $x/\bar{\xi}$ 值是不同的。例如,$F=10^{-3}$,无分集时,要求

$$(x/\bar{\xi})_{dB}=-30\ \mathrm{dB}$$

或

$$20 \lg(\bar{\xi}) - 20\lg(x) = \bar{\xi}_{\mathrm{dB}} - x_{\mathrm{dB}} = 30 \text{ dB}$$

即要求支路接收信号的平均信噪比门限高出 30 dB。而有分集时,比如 $M=2$,这一数值为

15 dB。就是说,采用二重分集,在保证中断概率不超过给定该值的情况下,所需支路接收信号的平均信噪比下降了 $30-15=15$ dB。采用三重分集时,信噪比则下降了 $30-10=20$ dB,四重分集时,信噪比则下降了 $30-7=23$ dB。由此可以看出,在给定的门限信噪比情况下,随着分集支路数的增加,所需支路接收信号的平均信噪比在下降,这意味着采用分集技术可以降低对接收信号的功率(或者说降低对发射功率)的要求,而仍然能保证系统所需的通信概率,这就是采用分集技术带来的好处。

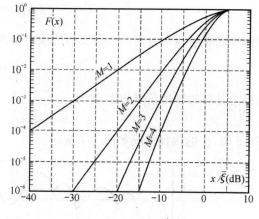

图 4.8 $F(x)$-x 的关系

概率 $F(x)$ 也是 $\xi_k(k=1,2,\cdots,M)$ 中最大值小于给定值 x 的概率。因此式(4.7)也是选择合并器输出的信噪比 ξ_s 的累积分布函数,其概率密度函数可以对 $F(x)$ 求导得到:

$$p(\xi_\mathrm{s}) = \left.\frac{\mathrm{d}F(x)}{\mathrm{d}x}\right|_{x=\xi_\mathrm{s}} = \frac{M}{\bar{\xi}}(1-\mathrm{e}^{-\xi_\mathrm{s}/\bar{\xi}})^{M-1}\mathrm{e}^{-\xi_\mathrm{s}/\bar{\xi}} \tag{4.9}$$

可以进一步求得 ξ_s 的均值:

$$\overline{\xi_\mathrm{s}} = \int_0^\infty \xi_\mathrm{s}\, p(\xi_\mathrm{s})\,\mathrm{d}\xi_\mathrm{s} = \bar{\xi}\sum_{k=1}^{M}\frac{1}{k} \tag{4.10}$$

对二重分集 $M=2$ 有

$$\overline{\xi_\mathrm{s}} = \bar{\xi}(1+1/2) = 1.5\,\bar{\xi} \tag{4.11}$$

它等于没有分集的平均信噪比的 1.5 倍,等于 10lg1.5=1.76 dB,如图 4.7 所示。在 $\bar{\xi}$ 相同的情况下,$\overline{\xi_\mathrm{s}}$ 可以用作不同合并技术性能的比较,这在后面讨论。

2. 最大比值合并

在选择合并中,只选择其中一个信号,其余信号被抛弃。这些被弃之不用的信号都具有能量并且携带相同的信息,若把它们也利用上,将会明显改善合并器输出的信噪比。基于这样的考虑,最大比值合并把各支路信号加权后合并。在信号合并前对各路载波相位进行调整并使之同相,然后相加。这样合并器输出信号的包络为

$$r_{\mathrm{mr}} = \sum_{k=1}^{M}\alpha_k r_k \tag{4.12}$$

输出的噪声功率等于各支路的输出噪声功率之和

$$N_{\mathrm{mr}} = \sum_{k=1}^{M}\alpha_k^2 N_k$$

于是合并器的输出信噪比为

$$\xi_{\mathrm{mr}} = \frac{r_{\mathrm{mr}}^2/2}{N_{\mathrm{mr}}} = \frac{\left(\sum\limits_{k=1}^{M}\alpha_k r_k\right)^2}{2\sum\limits_{k=1}^{M}\alpha_k^2 N_k} = \frac{\left(\sum\limits_{k=1}^{M}\alpha_k\sqrt{N_k}\cdot r_k/\sqrt{N_k}\right)^2}{2\sum\limits_{k=1}^{M}\alpha_k^2 N_k}$$

我们希望输出的信噪比有最大值,根据许瓦兹不等式,有

$$\left(\sum_{k=1}^{M} x_k y_k \right)^2 \leqslant \left(\sum_{k=1}^{M} x_k^2 \right) \left(\sum_{k=1}^{M} y_k^2 \right) \tag{4.13}$$

若

$$\frac{x_1}{y_1} = \frac{x_2}{y_2} = \cdots = \frac{x_M}{y_M} = C(\text{常数})$$

则式(4.13)取等号,即等式左边获最大值。现令

$$x_k = \alpha_k \sqrt{N_k}, \quad y_k = r_k / \sqrt{N_k}$$

若使加权系数 α_k 满足:

$$\frac{\alpha_k \sqrt{N_k}}{r_k / \sqrt{N_k}} = \frac{\alpha_k N_k}{r_k} = C(\text{常数}) \qquad k = 1, 2, \cdots, M$$

即

$$\alpha_k = C \frac{r_k}{N_k} \propto \frac{r_k}{N_k}$$

则有

$$\xi_{\text{mr}} = \frac{\left(\sum_{k=1}^{M} \alpha_k \sqrt{N_k} \cdot r_k / \sqrt{N_k} \right)^2}{2 \sum_{k=1}^{M} \alpha_k^2 N_k} = \frac{\left(\sum_{k=1}^{M} \alpha_k^2 N_k \right) \left(\sum_{k=1}^{M} r_k^2 / N_k \right)}{2 \sum_{k=1}^{M} \alpha_k^2 N_k} = \sum_{k=1}^{M} \frac{r_k^2}{2 N_k} = \sum_{k=1}^{M} \xi_k$$

该结果表明,若第 k 支路的加权系数 α_k 和该支路信号幅度 r_k 成正比,和噪声功率 N_k 成反比,则合并器输出的信噪比有最大值,且等于各支路信噪比之和:

$$\xi_{\text{mr}} = \sum_{k=1}^{M} \xi_k \tag{4.14}$$

一个 $M=2$ 的例子如图 4.9 所示。ξ_{mr} 随时间的变化的例子如图 4.10 所示。

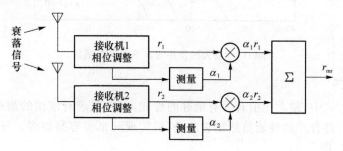

图 4.9　二重分集最大比值合并

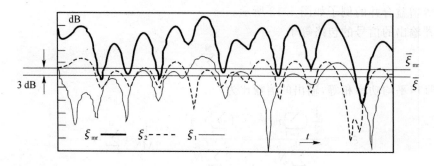

图 4.10　二重分集最大比值合并的信噪比

由于 r_k 是服从瑞利分布的随机变量,各支路有相同的平均信噪比,可以证明其概率密度函数为

$$p(\xi_{\mathrm{mr}}) = \frac{1}{(M-1)! \ (\bar{\xi})^M} (\xi_{\mathrm{mr}})^{M-1} \mathrm{e}^{-\xi_{\mathrm{mr}}/\bar{\xi}}$$

ξ_{mr} 小于等于给定值 x 的概率为

$$F(x) = P(\xi_{\mathrm{mr}} \leqslant x) = \int_0^x \frac{\xi_{\mathrm{mr}}^{M-1} \mathrm{e}^{-\xi_{\mathrm{mr}}/\bar{\xi}}}{(\bar{\xi})^M (M-1)!} \mathrm{d}\xi_{\mathrm{mr}} = 1 - \mathrm{e}^{-x/\bar{\xi}} \sum_{k=1}^M \frac{(x/\bar{\xi})^{k-1}}{(k-1)!} \tag{4.15}$$

$F(x)$-x 的特性如图 4.11 所示,由图可以看出,和选择合并一样,对给定的中断概率 10^{-3},随着 M 的增加,所需的信噪比在减小:相对于没有分集,$M=2$ 时所需信噪比减小了 $30-13.5=16.5\ \mathrm{dB}$,$M=3$ 时减小了 $30-7.2=22.8\ \mathrm{dB}$,$M=4$ 时减小了 $30-3.7=26.3\ \mathrm{dB}$。

ξ_{mr} 的均值可以由式(4.12)直接求得:

$$\bar{\xi}_{\mathrm{mr}} = \sum_{k=1}^M \bar{\xi}_k = M\bar{\xi} \tag{4.16}$$

$M=2$ 时,其信噪比是没有分集时信噪比的 2 倍,即增加了 3 dB(见图 4.10)。

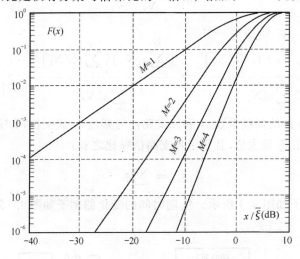

图 4.11　最大比合并的 x 累积分布函数

3. 等增益合并

在 3 种合并方式中,最大比值合并有最好的性能,但它要求有准确的加权系数,实现的电路比较复杂。等增益合并的性能虽然比它差些,但实现起来要容易得多。等增益合并器的各个加权系数均为 1,即

$$\alpha_k = 1 \qquad k = 1, 2, \cdots, M$$

二重分集等增益合并的例子如图 4.12 所示。

合并器输出的信号的包络等于

$$r_{\mathrm{eq}} = \sum_{k=1}^M r_k \tag{4.17}$$

设各支路噪声平均功率相等,输出的信噪比为

$$\xi_{\mathrm{eq}} = \frac{\frac{1}{2} \left(\sum_{k=1}^M r_k \right)^2}{\sum_{k=1}^M N_k} = \frac{\left(\sum_{k=1}^M r_k \right)^2}{2 \sum_{k=1}^M N_k} = \frac{1}{2MN} \left(\sum_{k=1}^M r_k \right)^2 \tag{4.18}$$

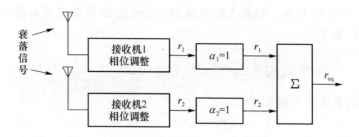

图 4.12 二重分集等增益合并

$M=2$ 时 ξ_{eq} 随时间变化的例子如图 4.13 所示。

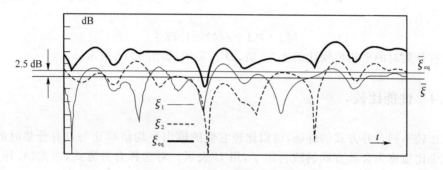

图 4.13 二重分集等增益合并的信噪比

对于 $M>2$ 的情况,要求得 ξ_{eq} 的累积分布函数和概率密度函数是比较困难的,可以用数值方法求解,但 $M=2$ 时其累积分布函数为(推导过程略)

$$F(x)=P(\xi_{eq}\leqslant x)=1-e^{-2x/\bar{\xi}}-\sqrt{\frac{\pi x}{\bar{\xi}}} \cdot e^{-x/\bar{\xi}} \cdot \mathrm{erf}\left(\sqrt{\frac{x}{\bar{\xi}}}\right)$$

概率密度函数为

$$p(\xi_{eq})=\frac{1}{\bar{\xi}} \cdot e^{-2\xi_{eq}/\bar{\xi}}-\sqrt{\pi} \cdot e^{-\xi_{eq}/\bar{\xi}} \cdot \left(\frac{1}{2}\frac{1}{\sqrt{\xi_{eq}\bar{\xi}}}-\frac{1}{\bar{\xi}}\sqrt{\frac{\xi_{eq}}{\bar{\xi}}}\right) \cdot \mathrm{erf}\left(\sqrt{\frac{\xi_{eq}}{\bar{\xi}}}\right) \qquad (4.19)$$

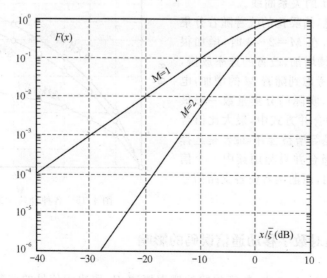

图 4.14 等增益合并的 x 累积分布函数

$F(x)$ 特性如图 4.14 所示。虽然无法得到 $M>2$ 时 ξ_{eq} 的概率密度函数的一般表达式,但可以求得其均值 $\bar{\xi}_{eq}$ 如下:

$$\bar{\xi}_{eq} = \frac{1}{2MN} \overline{\left(\sum_{k=1}^{M} r_k\right)^2} = \frac{1}{2MN}\left(\sum_{k=1}^{M} \overline{r_k^2} + \sum_{\substack{j,k=1 \\ j \neq k}}^{M} \overline{r_k r_j}\right) \tag{4.20}$$

因为各支路的衰落各不相关,所以

$$\overline{r_j \cdot r_k} = \overline{r_j} \cdot \overline{r_k} \qquad j \neq k$$

对瑞利分布有 $\overline{r_k^2} = 2b^2$ 和 $\overline{r_k} = b\sqrt{\pi/2}$,把这些关系代入式(4.20),便得到

$$\bar{\xi}_{eq} = \frac{1}{2MN}\left[2Mb^2 + M(M-1)\frac{\pi b^2}{2}\right] = \bar{\xi}\left[1 + (M-1)\frac{\pi}{4}\right] \tag{4.21}$$

例如 $M=2$,有

$$\bar{\xi}_{eq} = \bar{\xi}(1 + \pi/4) = 1.78\,\bar{\xi}$$

即等于没有分集时的平均信噪比的 1.78 倍,即 2.5 dB,如图 4.13 所示。

4.2.4 性能比较

为了比较不同合并方式的性能,可以比较它们的输出平均信噪比与没有分集时的平均信噪比。这个比值称为合并方式的改善因子,用 D 表示。对选择合并方式,由式(4.10)得改善因子为

$$D_s = \frac{\bar{\xi}_s}{\bar{\xi}} = \sum_{k=1}^{M} \frac{1}{k} \tag{4.22}$$

对最大比值合并,由式(4.16)得改善因子为

$$D_{mr} = \frac{\bar{\xi}_{mr}}{\bar{\xi}} = M \tag{4.23}$$

对等增益合并,由式(4.21)得改善因子为

$$D_{eq} = \frac{\bar{\xi}_{eq}}{\bar{\xi}} = 1 + (M-1)\frac{\pi}{4} \tag{4.24}$$

通常用 dB 表示:$D(\text{dB}) = 10\lg D$,图 4.15 给出了各种 $D(\text{dB})\text{-}M$ 的关系曲线。

由图 4.15 可见,信噪比的改善随着分集的重数增加而增加,在 $M=2\sim3$ 时,增加很快,但随着 M 的继续增加,改善的速率放慢,特别是选择合并。考虑到随着 M 的增加,电路复杂程度也增加,实际的分集重数一般最高为 $3\sim4$。在 3 种合并方式中,最大比值合并改善最多,其次是等增益合并,最差是选择合并,这是因为选择合并只利用其中一个信号,其余没有被利用,而前两者使各支路信号的能量都得到利用。

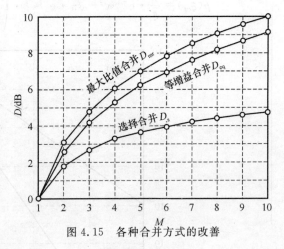

图 4.15 各种合并方式的改善

4.2.5 分集对数字移动通信误码的影响

在加性高斯白噪声信道中,数字传输的错误概率 P_e 取决于信号的调制解调方式及信噪

比 γ。在数字移动信道中,信噪比是一个随机变量。前面对各种分集合并方式的分析,得到了在瑞利衰落的信噪比概率密度函数。可以把 P_e 看成是衰落信道中给定信噪比 $\gamma=\xi$ 的条件概率。为了确定所有可能值的平均错误概率 $\overline{P}_e$,可以计算下面的积分:

$$\overline{P}_e = \int_0^\infty P_e(\xi) \cdot p_M(\xi) \mathrm{d}\xi \tag{4.25}$$

式中,$p_M(\xi)$ 即为 M 重分集的信噪比概率密度函数。下面以二重分集为例说明分集对二进制数字传输误码的影响。由于差分相干解调 DPSK 误码率的表达式是比较简单的指数函数,这里以它为例来分析多径衰落环境下各种合并器的误码特性。DPSK 的误码率为

$$P_b = \frac{1}{2} e^{-\gamma} \tag{4.26}$$

利用式(4.25)的积分可以计算各种合并器的误码率(推导过程略)。

1. 采用选择合并器的 DPSK 误码特性

令 $\gamma=\xi_s$,则平均误码率为

$$\overline{P}_b = \int_0^\infty \frac{1}{2} e^{-\xi_s} \cdot p(\xi_s) \mathrm{d}\xi_s = = \frac{M}{2} \sum_{k=0}^{M-1} C_{M-1}^k (-1)^k \frac{1}{1+k+\overline{\xi}} \tag{4.27}$$

式中,C_m^n 为二项式系数,等于 $m! / (m-n)! \, n!$。

2. 采用最大比值合并器的 DPSK 误码特性

令 $\gamma=\xi_{mr}$,则平均误码率为

$$\overline{P}_b = \int_0^\infty \frac{1}{2} e^{-\xi_{mr}} \cdot p(\xi_{mr}) \mathrm{d}\xi_{mr} = \frac{1}{2(1+\overline{\xi})^M} \tag{4.28}$$

3. 采用等增益合并器的 DPSK 误码特性

令 $\gamma=\xi_{eq}$,由 $M=2$ 时等增益合并的输出信噪比的概率密度函数,可以求得平均误码率为

$$\overline{P}_b = \int_0^\infty \frac{1}{2} e^{-\xi_{eq}} \cdot p(\xi_{eq}) \mathrm{d}\xi_{eq} = \frac{1}{2(1+\overline{\xi})} - \frac{\overline{\xi}}{2(\sqrt{1+\overline{\xi}})^3} \mathrm{arccot}(\sqrt{1+\overline{\xi}}) \tag{4.29}$$

上述各积分计算也可以用数值计算的方法。图 4.16 给出了 $M=2$ 时,3 种合并方式的平均误码特性。由图可见,二重分集对无分集误码特性有了很大的改善,而 3 种合并的差别不是很大。

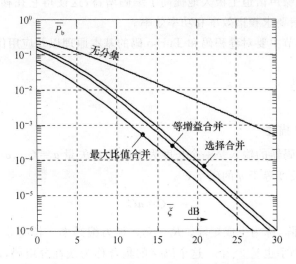

图 4.16 $M=2$ 各种合并方式 DPSK 的平均误码率

4.3 信道编码与交织

4.3.1 概述

传统的信道编码通常分成两大类,即分组码和卷积码。这两种码在移动通信中都得到应用。例如,目前数字蜂窝标准 GSM、D-AMPS 都采用了卷积码和循环码(分组码的一个子类)。虽然分组码译码器的硬判决比较容易实现,但卷积码可以采用一些非常简单的译码算法(如 Viterbi 算法),因此更受欢迎。

传统的信道编码还存在一个问题,就是为了尽量接近香农信道容量的理论极限,需要增加线性分组码的长度或卷积码的约束长度,长度的增加实际会使最大似然估计译码器的计算复杂程度以指数增加,最后复杂到译码器无法实现。20 世纪 90 年代出现的 Turbo 码在接近该理论极限开辟了新的途径。1993 年,在日内瓦举行的 IEEE 国际通信学会上,两位法国电机工程师克劳德·伯劳(Claude Berrou)和雷恩·格莱维欧克斯(Alain Glavieux)提出一种新的编码方法。他们声称在误比特率为 10^{-5} 情况下,这种编码方法和香农极限的距离缩小到 0.5 dB 以内。这篇论文(Near Shannon limit error-correcting coding and decoding:turbo codes)后来被证明是对纠错编码具有革命性的影响。由于 Turbo 码的巨大的前景,它已成为通信研究的前沿,全世界各大公司和大学的许多研究小组都聚焦在这一领域,获得许多成果并用在第三代移动通信上。

在早期的数字通信中,调制技术和编码技术是两个独立的设计部分。信道编码常是以增加信息速率(即增加信号的带宽)来获得编码增益的,这对频谱资源丰富但功率受限制的信道是很适用的,但在频带受限制的蜂窝移动通信系统,其应用就受到很大的限制。为了改善这种状况,在 20 世纪后期出现了把调制和编码看成是一个整体来考虑的网格编码调制(TCM,Trellis Coded Modulation)。理论和实践表明,在不牺牲带宽和速率的前提下,TCM 编码在频带有限的加性高斯白噪声信道上极大地提高了编码增益,这使得它在移动通信中具有很大的吸引力,因为移动通信要求频谱效率和功率效率。

由于篇幅关系本节主要对卷积码和 Turbo 码的基本原理以及应用作一些介绍。

4.3.2 分组码

1. 分组码的基本描述

二进制分组码编码器的输入是一个长度为 k 的信息矢量 $\boldsymbol{a}=(a_1,a_2,\cdots,a_k)$,它通过一个线性变换,输出一个长度等于 n 的码字 $\boldsymbol{C}$。

$$C=aG \tag{4.30}$$

式中,$\boldsymbol{G}$ 为 $k\times n$ 的矩阵,称为生成矩阵。$R_c=k/n$ 称为编码率。长度等于 k 的输入矢量有 2^k 个,因此编码得到的码字也是 2^k 个。这个码字的集合称为线性分组,即 (n,k) 分组码。分组码的设计任务就是要找到一个合适的生成矩阵 $\boldsymbol{G}$。

若生成矩阵具有下述的形式:

$$G=(I \mid P) \tag{4.31}$$

式中，I 为 k 阶单位矩阵；P 为 $k \times (n-k)$ 矩阵，则式(4.30)生成的分组码就称为系统码。其码字的前 k 位比特就是信息矢量 a，后面的 $(n-k)$ 位则是校验位。

对一个分组码的生成矩阵 G，也存在一个 $(n-k) \times n$ 矩阵 H 满足：

$$GH^{\mathrm{T}}=0 \tag{4.32}$$

式(4.32)中 0 为一个 $k \times (n-k)$ 全零矩阵。H 称为校验矩阵，它也满足：

$$CH^{\mathrm{T}}=0 \tag{4.33}$$

式(4.33)中 0 为一个 $1 \times (n-k)$ 全零行矩阵。据式(4.33)，可以用来校验所接收到的码字是否有错。

通常码字 C_i 中 1 的个数称为 C_i 的重量，表为 $w\{C_i\}$。两个分组码字 C_i、C_j 对应位不同的数目称为 C_i、C_j 的汉明距离，表为 $d\{C_i, C_j\}$。任意两个码字之间汉明距离的最小值称为码的最小距离，表为 $d_{\min}$。由于对线性分组码来说，任何两个码字之和都是另一个码字。所以码的最小距离等于非零码字重量的最小值。$d_{\min}$ 是衡量码的抗干扰能力(检、纠错能力)的重要参数，$d_{\min}$ 越大，码字之间差别就越大，即使传输过程产生较多的错误，也不会变成其他的码字，因此码的抗干扰能力就越强。理论分析表明：

① (n, k) 线性分组码能纠正 t 个错误的充分条件是

$$d_{\min}=2t+1 \tag{4.34}$$

或

$$t=\left\lfloor \frac{d_{\min}-1}{2} \right\rfloor \tag{4.35}$$

式中，$\lfloor x \rfloor$ 表示对 x 取整数部分。

② (n, k) 线性分组码能发现接收码字中 l 个错误的充分条件是

$$d_{\min}=l+1 \tag{4.36}$$

③ (n,k) 线性分组码能纠正 t 个错误并能发现 $l(l>t)$ 个错误的充分条件是

$$d_{\min}=t+l+1 \tag{4.37}$$

译码是编码的反变换。译码器根据编码规则和信道特性，对所接收到的码字进行判决，这一过程就是译码。通过译码纠正码字在传输过程中产生的错误，从而求出发送信息的估值。设发送的码字为 C，接收到的码字 $R=C+e$，其中 e 为错误图样，它指示码字中错误码元的位置。当没有错误时，e 为全零矢量。因为码字符合式(4.33)，也可以利用这种关系检查接收的码字是否有错。定义接收码字 R 的伴随式(或校验子)为

$$S=RH^{\mathrm{T}} \tag{4.38}$$

如果 $S=0$，则 R 是一个码字；若 $S \neq 0$，则传输一定有错。但是由于任意两个码字的和是另外一个码字，所以 $S=0$ 不等于没有错误发生，而未能发现这种错误的图样有 2^k-1 个。由于

$$S=RH^{\mathrm{T}}=(C+e)H^{\mathrm{T}}=CH^{\mathrm{T}}+eH^{\mathrm{T}}=eH^{\mathrm{T}} \tag{4.39}$$

可见伴随式仅与错误图样有关，与发送的具体码字无关；不同的错误图样有不同的伴随式，它们有一一对应的关系，据此可以构造伴随式与错误图样关系的译码表。(n,k) 线性码对接收码字的译码步骤如下：

① 计算伴随式 $S^{\mathrm{T}}=HR^{\mathrm{T}}$；

② 根据伴随式检出错误图样 e；

③ 计算发送码字的估值 $\hat{C}=R \oplus e$。

这种译码方法可以用于任何线性分组码。

2. 分组码的例子

(1) 汉明码

汉明码是最早(1950 年)出现的纠一个错误的线性码。由于它的编码简单,在通信和数据存储系统有广泛的应用。其主要参数如下:

- 码长 $n=2^m-1$;
- 信息位数 $k=2^m-m-1$;
- 监督位数 $n-k=m(m\geqslant 3)$;
- 最小距离 $d_{\min}=3$。

(2) 循环码

上述介绍的译码步骤适用于所有的线性分组码。但在求错误图样 e 时,需要使用组合逻辑电路,当 $n-k$ 比较大时,电路将变得十分复杂而不实际。由于循环码可以使用线性反馈移位寄存器很容易实现编码和伴随式的计算,以及译码方法简单,因此得到广泛的应用。

如果 (n,k) 线性分组码的每个码字经过任意循环移位后仍然是一个分组码的码字,则称该码为循环码。为便于讨论,通常把码字 $C=(c_{n-1},c_{n-2},\cdots,c_1,c_0)$ 的各个分量看成是一个多项式的系数,即

$$C(x)=c_{n-1}x^{n-1}+c_{n-2}x^{n-2}+\cdots+c_1x+c_0 \qquad (4.40)$$

$C(x)$ 称为码多项式。循环码可以由一个 $(n-k)$ 阶生成多项式 $g(x)$ 产生。$g(x)$ 的一般形式为

$$g(x)=x^{n-k}+g_{n-k-1}x^{n-k-1}+\cdots+g_1x+1 \qquad (4.41)$$

$g(x)$ 是 $1+x^n$ 的一个 $n-k$ 次因式。设信息多项式为

$$m(x)=m_{k-1}x^{k-1}+\cdots+m_1x+m_0 \qquad (4.42)$$

循环码的编码步骤为:

- 计算 $x^{n-k}m(x)$;
- 计算 $x^{n-k}m(x)/g(x)$ 得余式 $r(x)$;
- 得到码字多项式 $C(x)=x^{n-k}m(x)+r(x)$。

循环码的译码方法基本上是按照上述分组码的译码步骤进行。由于采用了线性反馈移位寄存器,使译码电路变得十分简单。

循环码特别适合误码检测,在实际应用中许多用于误码检测的码都属于循环码。用于误码检测的循环码称为循环冗余校验码(CRC,Cyclic Redundancy Check)。

3. 分组码在移动通信的应用例子

在 CDMA 蜂窝移动通信的系统中,前向链路和反向链路在信道中消息是以帧的形式来传送的。帧结构随信道的类型不同(如同步信道、寻呼信道、接入信道和业务信道等)和数据率的不同而变化。例如,图 4.17 是全速率(9 600 bit/s)前向业务信道的帧结构。帧持续时间 20 ms,可以发送 192 个比特。这 192 个比特由 172 个信息比特、12 个帧质量指示比特和 8 个拖尾比特组成。帧质量指示比特用于循环冗余编码的系统检错。由于信息比特作为帧的一部分,因此确定一个帧是否正确接收是非常重要的。所以在全速率前向业务链路的帧中都有一个帧质量指示器(FQI),以便在接收端确定帧是否发生了错误。CRC 比特是对帧中除了 FQI 本身和拖尾比特(用于其后的卷积编码)以外的所有其他比特的校验,所以这是一个 $(n,k)=(172+12,172)=(184,172)$ 分组码。其生成多项式为

$$g(x) = x^{12} + x^{11} + x^{10} + x^9 + x^8 + x^4 + x + 1$$

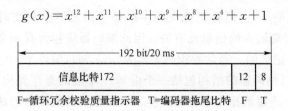

图 4.17　CDMA/IS-95 全速率前向信道的帧结构

半速率前向业务信道为

$$g(x) = x^8 + x^7 + x^4 + x^3 + x + 1$$

除了业务信道，前向链路的同步信道、寻呼信道和其他逻辑信道也都使用了 CRC 编码。

在 GSM 系统中话音信息、控制信息和同步信息在传输过程中都使用了 CRC 码。例如，在 GSM 系统中，话音编码采用规则脉冲激励-长期预测编码（RPE-LTP）。它以 20 ms 为一帧，共 260 bit，即速率为 13 kbit/s。这 260 个比特的误码对话音质量的影响是不同的，据此分为 3 类：I_a 类（50 bit），I_b 类（132 bit）和 Ⅱ 类（78 bit），如图 4.18 所示。I_a 类对误码最为敏感，需特别关注，信道编码首先对它进行 CRC 编码，用来检测话音在传输过程的质量。其生成多项式为

$$g(x) = x^3 + x + 1$$

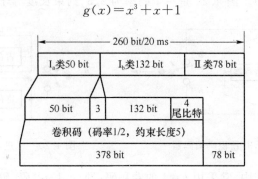

图 4.18　GSM 话音比特的保护

除此以外，控制信道如广播信道、寻呼信道、随路信道等还使用截断循环码（fire 码），其生成多项式为

$$g(x) = (x^{23} + 1)(x^{17} + x^3 + 1)$$

这是一个信息位为 184 和 40 个冗余位的编码。对接入允许信道，其生成多项式为

$$g(x) = (x + 1)(x^5 + x^2 + 1)$$

同步信道为

$$g(x) = x^{10} + x^8 + x^6 + x^5 + x^4 + x^2 + 1$$

4.3.3　卷积码

1. 卷积码编码器

分组码的码字是逐组产生的，即编码器每接收一组 k 个信息比特就输出一个长度等于 n 的码字。编码器所添加的 $n-k$ 个冗余仅和这 k 个信息比特有关，和其他信息分组无关，所以编码器是无记忆的。卷积码编码器对输入的数据流每 1 比特或 k 比特进行编码，输出 n 个编

码符号(称为 n 维分支码字)。但输出分支码字的每个码元不仅和此时刻输入的 k 个信息有关,也和前 m 个连续时刻输入的信息元有关。因此编码器应包含有 m 级寄存器以记录这些信息,即卷积编码器是有记忆的。通常卷积码表示为(n,k,m),编码率 $r=k/n$。

当 $k=1$ 时,卷积码编码器的结构包括一个由 m 个串接的寄存器构成的移位寄存器(称为 m 级移位寄存器)、n 个连接到指定寄存器的模二加法器以及把模二加法器的输出转换为串行输出的转换开关。图 4.19 是一个简单的卷积码编码器的例子,其中 $n=2$,$m=3$,所以是 $(2,1,3)$ 编码。卷积码编码器每次(一个单元时间即一个节拍)输入一个信息比特,从 $\boldsymbol{b}^{(1)} \boldsymbol{b}^{(2)}$ 端子输出卷积码分支码字的两个码元,并由转换开关把 $\boldsymbol{b}^{(1)} \boldsymbol{b}^{(2)}$ 变换为串行输出。显然,输出的两个码元不仅和当前输入的信息元有关,还和前面输入的两个信息元有关。每个输入的信息码元对当前和其后编码的分支码字都有影响,直到该信息元完全移出移位寄存器。卷积码的约束长度就定义为串行输入比特通过编码器所需的移位次数,它表示编码过程相互约束的相连的分支码字数。所以,具有 m 级移位寄存器的编码器其约束长度 $K=m+1$。图 4.19 编码器的约束长度为 4。

上述的概念可以推广到码率为 k/n 的卷积码。此时编码器包含了 k 个移位寄存器、n 个模二加法器和输入输出开关。若用 K_i 表示第 i 个移位寄存器的约束长度,整个编码器的约束长度定义为 $K=\max(K_i)$。图 4.20 是一个码率为 2/3、约束长度等于 2 的卷积码编码器。

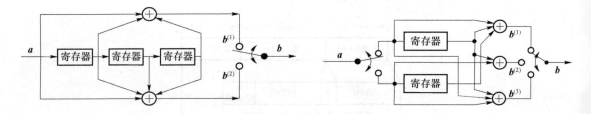

图 4.19 二进制 $(2,1,3)$ 卷积码编码器   图 4.20 二进制 $(3,2,2)$ 卷积码编码器

在蜂窝移动电话系统中,常采用 $k=1$ 的卷积码,即 $(n,1,m)$ 码,码率 $r=1/n$。下面要讨论的是这一类卷积码,并通过具体例子说明描述卷积码的方法和编码译码原理。

卷积码编码器的编码特性可以用其冲激响应集 $\{\boldsymbol{g}^{(i)}\}$ 来描述。其中 $\boldsymbol{g}^{(i)}$ 表示输入序列 $\boldsymbol{a}=(1,0,0,\cdots)$ 产生的第 i 个输出序列 $\boldsymbol{b}^{(i)}$。由于移位寄存器只有 m 级寄存器,所以冲激响应持续时间最大为 $K=m+1$。例如,对图 4.19 编码器只有一个输入序列 $\boldsymbol{a}$,它经过两条不同的路径到达输出端,对应两个长度 $K=4$ 的响应序列,即

$$
\left.\begin{aligned}
\boldsymbol{g}^{(1)} &= (1101)\\
\boldsymbol{g}^{(2)} &= (1111)
\end{aligned}\right\} \tag{4.43}
$$

不难证明,对任意的输入序列 $\boldsymbol{a}$,对应两个输出的序列分别是 $\boldsymbol{a}$ 与 $\boldsymbol{g}^{(1)}$、$\boldsymbol{g}^{(2)}$ 的离散卷积:

$$
\left.\begin{aligned}
\boldsymbol{b}^{(1)} &= \boldsymbol{a} * \boldsymbol{g}^{(1)}\\
\boldsymbol{b}^{(2)} &= \boldsymbol{a} * \boldsymbol{g}^{(2)}
\end{aligned}\right\} \tag{4.44}
$$

所以这种编码被称为卷积码,冲激响应又称为生成序列。

另外,卷积码编码器的编码特性还可以用生成多项式来进行表述,它定义为冲激响应的单位时延变换。设生成序列 $(g_0^{(i)}, g_1^{(i)}, g_2^{(i)}, \cdots, g_K^{(i)})$ 表示第 i 条路径的冲激响应,其中系数 $g_0^{(i)}$,$g_1^{(i)}, g_2^{(i)}, \cdots, g_K^{(i)}$ 等于 0 或 1。对应第 i 条路径的生成多项式定义为

$$
g^{(i)}(D) = g_0^{(i)} + g_1^{(i)} D + g_2^{(i)} D^2 + \cdots + g_K^{(i)} D^K \tag{4.45}
$$

其中，D 表示单位时延变量，D^n 表示相对于时间起点 n 个单位时间的时延。完整的卷积码编码器可以用一组生成多项式 $\{g^{(1)}(D), g^{(1)}(D), \cdots, g^{(n)}(D)\}$ 来表述。例如，对图 4.19 编码器有

$$\left.\begin{array}{l} g^{(1)}(D) = 1 + D + D^3 \\ g^{(2)}(D) = 1 + D + D^2 + D^3 \end{array}\right\} \tag{4.46}$$

类似地，对信息序列 $\boldsymbol{a} = (a_0, a_1, a_1, \cdots, a_{N-1})$ 也可以表示为信息多项式：

$$a(D) = a_0 + a_1 D + a_2 D^2 + \cdots + a_{N-1} D^{N-1} \tag{4.47}$$

相应的第 i 条路径输出序列多项式则等于

$$b^{(i)}(D) = g^{(i)}(D) a(D) \tag{4.48}$$

注意，式(4.46)也描述了图 4.19 编码器的结构，即寄存器和模二加法器的连接方式。一般地，给出一组生成多项式，就给出编码器的结构。除了上述的解析方法，描述卷积码编解码过程还可以用状态图和网格图来描述。

2. 状态图 (State Diagram)

对于码率为 $1/n$ 的卷积码编码器，可以用存于编码器内移位寄存器的 $m = K-1$ 个信息比特来定义它的状态。设在 j 时刻相邻的 K 个比特为 $a_{j-K+1}, \cdots, a_{j-1}, a_j$，其中 a_j 是当前（输入）比特，则在 j 时刻编码器的 $K-1$ 个状态比特就是 $a_{j-1}, \cdots, a_{j-K+2}, a_{j-K+1}$。显然，编码器的输出是由当前的输入和当前编码器状态所决定的。每当输入一个信息比特，编码器的状态就发生一次变化，编码器输出 n 位的编码分支码字。编码过程可以用状态图来表示，它描述了编码器每输入一个信息元时，编码器各可能状态以及伴随状态的转移所产生的分支码字。下面以具体例子来说明编码的过程。

图 4.21(a)是一个 $(2,1,2)$ 卷积码编码器。设编码器在 t_0 时刻，编码器为全零状态，即 $(a_{-1}, a_{-2}) = (0,0)$；当前信息比特为 $a_0 = 1$，则输出分支码字 $\boldsymbol{c}_0 = (1,1)$；若在下一时刻 t_1 输入信息比特 $a_1 = 0$，随着 a_0 的移入，编码器状态变为 $(a_0, a_{-1}) = (1,0)$，同时输出分支码字为 $\boldsymbol{c}_1 = (1,0)$，等等。由于编码器只有两个寄存器，所以在某一时刻编码器状态共有 4 种可能：$S_0 = 00$，$S_1 = 10$，$S_2 = 01$，$S_3 = 11$。对每个输入二进制信息比特，编码器状态变化有两种可能，输出的分支码字也只有两种可能。用图来表示上述输入信息比特所引起状态的变化以及输出的分支码字，这就是编码器的状态图，如图 4.21(b)所示。图中小圆内的数字表示状态，连接小圆的箭头表示状态转移的方向，用连线的格式表示状态转移的条件（输入的信息比特）：若输入信息比特为 1，连线为虚线；若为 0 则实线。连线旁的两位数字表示相应输出分支码字。

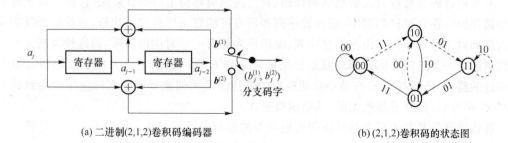

(a) 二进制(2,1,2)卷积码编码器　　　　　(b) (2,1,2)卷积码的状态图

图 4.21　(2,1,2)卷积码

状态图简明地表示了在某一时刻编码器的输入比特和输出分支码字的关系，但不能描述随着信息比特的输入，编码器状态及编码输出分支码字随时间的变化的情况。用网格图可以

比较方便表示这种变化关系。

3. 网格图(Trellis Diagam)

网格图实际就是在时间轴上展开编码器在各时刻的状态图。下面仍以图4.19编码器为例说明用网格图描述编码的过程。编码器有 $m=2$ 个寄存器,编码器的状态共有4种可能。随着时间随节拍 $t_0,t_1,t_2,\cdots$ 的推移和信息比特的输入,编码器从一种状态转移到另一种状态,状态每变化一次就输出一个分支码字。编码器在各时刻的可能状态在图中用一小圆点(节点)表示。两点的连线则表示一个确定的状态转移方向,若输入信息比特为1,连线用虚线表示;若为0,用实线表示。连线旁的数字就表示相应输出的分支码字。图4.21(a)编码器的网格图如图4.22所示。

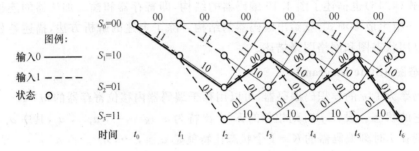

图4.22 图4.21(a)编码器的网格图

编码器是从 t_0 时刻的初始状态($S_0=00$)开始,根据输入的信息比特向两个可能的状态转移。直到到 t_2,编码器才可能有4种状态。前 $m=2$ 个节拍的过程是编码器脱离初始状态的过程,在这过程中,并不是4种可能的状态都能达到的。

网格图中的首尾相连的连线构成了一条路径,对应着某个输入序列的编码输出序列。例如有输入序列101011,根据上述表示规则,很容易找到相应的路径(如图4.22中的粗线)以及编码输出序列为11 10 00 10 00 01。同样对编码序列11 01 10 01 00 10,可以很方便地从网格图指出相应的输入序列为111010。所以输入信息序列、编码输出序列和网格图中一条路径是唯一对应的。对含有 k 个移位寄存器的编码器,当输入的信息序列长度为 L 时,就有 2^{Lk} 种的可能,所以对应可能的路径也有 2^{Lk} 条。当 Lk 比较大时,2^{Lk} 是一个很大的数。

4. 维特比(A.J. Viterbit)译码的基本原理

译码器的功能就是要根据某种法则(方法)以尽可能低的错误概率对编码输入信息做出估计。卷积码译码通常按最大似然法则译码,对二进制对称信道(BSC)来说,它就等效于最小汉明距离译码。在这种译码器中,把接收序列和所有可能发送序列进行比较,选择一个汉明距最小的序列判作发送序列。由于信息序列、编码序列有着一一对应的关系,而这种关系又唯一对应网格图的一条路径。因此译码就是根据接收序列 R 在网格图上全力搜索编码器在编码时所经过的路径,即寻找与 R 有最小汉明距离的路径。最大似然译码在实际应用中遇到的问题是当 2^{Lk} 很大时,计算量是很大的,这是困难所在。

维特比译码是基于最大似然法则的最重要的卷积码译码方法。但它不是一次计算和比较 2^{Lk} 条路径,而是采用逐步比较的方法来逼近发送序列的路径。所谓逐步比较就是把接收序列的第 j 个分支码字和网格图上相应的两个时刻 t_j 和 t_{j+1} 之间的各支路作比较,即和编码器在此期间可能输出的分支码字作比较,计算和记录它们的汉明距,同时把它们分别累加到 t_j 时刻之前的各支路累加的汉明距上。比较累加结果并进行选择,保留汉明距离最小的一条路径

（称为幸存路径），其余的被删除。所以 t_{j+1} 时刻进入每个节点的路径只有一条，且均为幸存支路。这一过程直到接收序列的分支码字全部处理完毕，具有最小汉明距的路径即判决为发送序列。

对应图 4.21(a)所示的(2,1,2)编码器，下面用图 4.23 来说明维特比译码算法的基本操作。

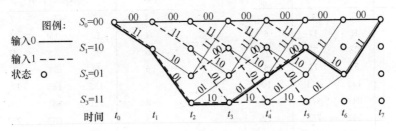

图例：$S_0=00$　　输入 0 ——　　输入 1 - - - -　　状态 ○　　$S_1=10$　　$S_2=01$　　$S_3=11$　　时间 t_0　t_1　t_2　t_3　t_4　t_5　t_6　t_7

图 4.23　(2,1,2)编码器的网格图

通常设编码器的初始状态 $S_0=(00)$。为了使编码器对信息序列编码后回到初始的状态，在输入的信息比特序列后加 $m=2$ 个 0 比特（拖尾比特），这样正确接收序列所对应的路径应终止于 S_0 的节点。设信息输入序列长 L，加 m 个拖尾比特后编码器的输入序列长度变为 $L+m$。$L=5$ 时的网格图如图 4.23 所示，由图可以看出，编码器结束编码时，各状态回归到 S_0 的路径有 4 种可能：$S_0 \rightarrow S_0 \rightarrow S_0$；$S_1 \rightarrow S_2 \rightarrow S_0$；$S_2 \rightarrow S_0 \rightarrow S_0$；$S_3 \rightarrow S_2 \rightarrow S_0$，对应时刻 $t_5 \rightarrow t_6 \rightarrow t_7$。

设输入信息序列为 $a=(11101)$，加尾比特后就为(1110100)，由网格图可以得到对应发送的编码序列为

$$C=(c_0,c_1,c_2,c_3,c_4,c_5,c_6)=(11,01,10,01,00,10,11)$$

它对应图 4.23 的一条用粗线表示的路径。设接收序列为

$$R=(r_0,r_1,r_2,r_3,r_4,r_5,r_6)=(11,01,10,01,0\underline{1},10,1\underline{0})$$

其中有下划线的表示误码。

上述的译码结果确定了一条最大似然路径，具体过程可参见其他书籍。其对应的符号序列可以作为译码输出送到用户。但当接收序列很长时，维特比算法对存储器要求就很高。但我们发现，当译码进行到一定的时刻（如第 P 个符号周期时），幸存路径一般合并为一，即正确符号出现的概率趋于 1，这样就可以对第一个支路做出判决，把相应的比特送给用户。但这样的译码判决已不是真正意义上的最大似然估计。实验和分析证明，只要 $P>(5\sim 6)m$，就可以获得令人满意的结果。

5. 卷积码的自由距离

根据分组码理论，码字最多可以纠正错误的个数 t 由最小距离 $d_{\min}$ 确定：

$$t=\left\lfloor \frac{d_{\min}-1}{2} \right\rfloor \tag{4.49}$$

式中，$\lfloor x \rfloor$ 表示不大于 x 的最大整数。在卷积码中，式(4.49)中的 $d_{\min}$ 用自由最小距离 d_f 取代。根据前面的编码方法（在信息序列后加拖尾比特），卷积码编码器任意输出码字（编码输出序列）都对应于网格图上从全零状态出发并回到全零状态的一条路径。这样的路径有许多条，其中有一条重量是最轻的，该最小重量就是码的自由距离 d_f。当且仅当 $d_f \geqslant 2t$ 时，卷积码才能纠 t 个误码。

对给定 n,k,m，编码器可以有不同的结构（连接方式），但卷积码应被设计成具有最大的

自由距离的"好"的卷积码。这种意义下的最优卷积码可以通过计算机的搜索得到,这样的列表可以从许多参考书里找到,表4.1和表4.2仅列出一部分。

表4.1　编码效率 $r=1/2$ 的编码表

约束长度 K	生成多项式 (八进制表示)		d_f
3	5	7	5
4	15	17	6
5	23	35	7
6	53	75	8
7	133	171	10
8	247	371	10
9	561	753	12
10	1 167	1 545	12

表4.2　编码效率 $r=1/3$ 的编码表

约束长度 K	生成多项式 (八进制表示)			d_f
3	5	7	7	8
4	13	15	17	10
5	25	33	37	12
6	47	53	75	13
7	133	145	175	15
8	225	331	367	16
9	557	663	711	18
10	1 117	1 365	1 633	20

为了简单起见,表中把多项式系数矢量(称连接矢量)用八进制表示。例如 $r=1/2$, $K=9$,连接矢量为 $(101110001)\rightarrow(561)$, $(111101011)\rightarrow(753)$。

6. 卷积码在蜂窝移动通信系统的应用

在 GSM 系统中卷积码得到广泛的应用。例如,在全速率业务信道和控制信道中就采用了 $(2,1,4)$ 卷积编码。其连接矢量为 $\boldsymbol{G}_1=(10011)\rightarrow(23)$, $\boldsymbol{G}_2=(11011)\rightarrow(33)$。编码器原理图如图4.24所示。

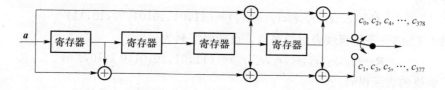

图4.24　GSM 系统话音卷积码编码器

如前所述,在 GSM 系统中,话音编码采用规则脉冲激励-长期预测编码(RPE-LTP)。它以 20 ms 为一帧,共 260 bit,分为 3 类,其中 I_a 类的 50 bit 对误码最为敏感,信道编码首先对它进行 CRC 编码,得到 53 bit 的码字。这 53 bit 和 I_b 的 132 bit 一起共 185 bit,它们再经过按规定的次序重新排列后,在其后面加上 4 个尾比特 0000,形成卷积码编码器的输入序列,所以卷积编码器输出有 $2\times(185+4)=378$ bit。卷积编码是按帧进行的,尾比特的作用就是在每帧编码后使编码器回到零状态,准备下一帧的编码。卷积编码器的输出和 II 类的比特串接在一起(参考图4.18),形成每帧 $378+78=456$ bit 话音编码块,速率为 456 bit/20 ms $=22.8$ kbit/s。

半速率数据信道则采用了 $r=1/3$, $K=5$ 的 $(3,1,4)$ 卷积编码,其连接矢量为 $\boldsymbol{G}_1=(11011)\rightarrow(33)$; $\boldsymbol{G}_2=(10101)\rightarrow(25)$; $\boldsymbol{G}_3=(11111)\rightarrow(37)$。

卷积码在 CDMA/IS-95 系统也得到广泛应用。在前向和反向信道,系统都使用了约束长度 $K=9$ 的编码器。其中前向信道编码率 $r=1/2$,连接矢量为 $\boldsymbol{G}_1=(111101011)\rightarrow(753)$; $\boldsymbol{G}_2=(101110001)\rightarrow(561)$,自由距离为 $d_f=12$。反向信道编码率为 $r=1/3$,编码器的连接矢量为 $\boldsymbol{G}_1=(101101111)\rightarrow(557)$; $\boldsymbol{G}_2=(110110011)\rightarrow(663)$; $\boldsymbol{G}_3=(111001001)\rightarrow(711)$。自由距离 $d_f=18$。由于反向信道编码的自由距离大于正向信道的自由距离,因此反向信道有更强的抗噪声干扰能力。事实上,由于前向信道是一点对多点的传输,基站可以向移动台发射导频

信号,移动台利用导频信号进行相干解调,而反向信道是多点对一点的传输,采用导频是不现实的,基站只能采用非相干解调。因此,很难保证基站接收各移动台发来的信号都是正交的。所以在反向信道采取许多措施提高抗干扰能力,加大编码码距就是其中之一。对反向全速率业务信道,系统首先对数据帧(172 bit/20 ms)进行 CRC 编码,得到 184 bit/20 ms 编码块,接着在其后加上 $K-1=8$ 位拖尾比特,再进行卷积编码。信道编码的结果输出速率为 $3\times(184+8)$ bit/20 ms=28.8 kbit/s 的编码符号。

4.3.4 Turbo 码

传统的编码(分组、卷积码)在实际的应用中都存在一个困难,即为了尽量接近香农信道容量的理论极限,对分组码需要增加码字的长度 n,这导致译码设备复杂度的增加,且复杂度随 n 的增长呈指数增加;对卷积码需要增加卷积码的自由距离,也就需要增加卷积码的约束长度,这实际上会使最大似然估计译码器的计算复杂度也以指数增加以至最终复杂到无法实现。为了克服这一困难,人们曾提出各种编码方法。基本思想都是将一些简单的编码合成为复杂的编码,译码过程也可以分为许多较为容易实现的步骤来完成。这就是复合编码的方法,例如,乘积码、级联码和 Turbo 码等。在这些方法中 Turbo 码是最成功的编码。

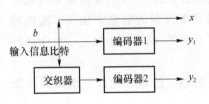

图 4.25 Turbo 码编码器原理框图

图 4.25 的框图是一个简化了的 Turbo 码编码器的例子。它是由两个编码器经过一个交织器并联而成,每个编码器称为成员(或分量)编码器。编码器通常采用卷积码编码。输入的数据比特流直接输入到编码器 1,同时也把这数据流经过交织器重新排列次序后输入到编码器 2。由这两组编码器产生的奇偶校验比特,连同输入的信息比特组成 Turbo 码编码器的输出,由于输入信息直接输出,编码为系统码形式,其编码率为 1/3。通常卷积码可以对连续的数据流编码,但这里可以认为数据是有限长的分组,对应于交织器的大小。由于交织器通常有上千个比特,所以 Turbo 码可以看成是一个很长的分组码。在输入端完成一帧数据的编码后,两个编码器被强迫回到零状态,此后循环往复。

Turbo 码编码器也可以采用串联结构,或串并联结合。成员编码器也可以有多个,由多个成员编码器和交织器构成多维 Turbo 码。分量码可以是卷积码或分组码,但为了有效迭代译码,应当采用卷积码。

一般编码器 1 和编码器 2 采用递归卷积码编码器,它们有相同的生成多项式,结构如图 4.26 所示。和前面介绍的卷积码编码器不同,由于反馈的存在,递归卷积码编码器其冲激响应是一个无限序列。它的传输函数可以表示为

$$\frac{Y(D)}{B(D)}=\frac{1+D+D^2+D^3}{1+D+D^3} \tag{4.50}$$

式中,D 表示时延;$B(D)$ 表示输入信息序列的多项式;$Y(D)$ 为编码器输出序列多项式。式(4.50)表示了信息序列和校验序列的约束关系:

$$(1+D+D^2+D^3)B(D)=(1+D+D^3)Y(D)$$

在时域,信息比特和校验比特的关系就是

$$b_i \oplus b_{i-1} \oplus b_{i-2} \oplus b_{i-3} \oplus y_i \oplus y_{i-1} \oplus y_{i-3}=0$$

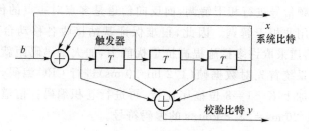

图 4.26　8 状态 RSC 编码器

这就是奇偶校验式,对所有的 i 成立。图 4.26 的编码器可以表示为生成多项式:

$$g(D) = \left(1, \frac{1+D+D^2+D^3}{1+D+D^3}\right) \tag{4.51}$$

由于递归性质,编码器称为递归系统卷积编码器(RSC,Recursive Systematic Convolutional)。由于 RSC 比一般的非递归卷积码有更大的自由距离,因此有更大的抗干扰能力,误比特率更低。

对 Turbo 码来说,交织器是至关重要的。Turbo 码的新颖之处就在于除了采用卷积码外,还在编码器 2 前加入一个交织器。和一般的按行写入按列读出不同,这是一个伪随机交织器。信息比特的重新排列使得编码码字拉开距离,改善码距的分布。用 Berrou 的话来说就是"这重新排列在编码中引入某些随机特性"。换言之,交织器在要发射的信息中加入了随机特性,作用类似于香农的随机码。它使得两个编码器的输入互不相关,编码近于独立。由于译码需要交织后的信息比特位置信息,所以交织是伪随机的。

从上述可以看出 Turbo 码实际上等效于一个很长的随机码。这是它比以往的编码更能接近香农极限的原因。

Turbo 码是由两个分量编码器构成的,有两个编码序列,在接收端有两个对应的译码器。Turbo 码译码器如图 4.27 所示。图中 b 为带噪声的系统比特,z_1、z_2 是两个带噪声的奇偶校验比特。可以通过对这两个分量码迭代译码来完成整个信号的译码。Turbo 码译采用后验概率译码(APP,A Posteriori Probabilities decoding),两个译码器均采用 BCJR 算法(该算法由 Bahl、Cocke、Jelinek 和 Raviv 发明)。

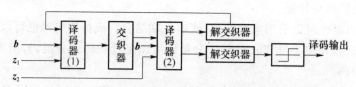

图 4.27　Turbo 码的译编码器

译码的功能就是要对接收到的每一比特做出是 0 还是 1 的判决。由于接收到的模拟信号幅度总是有起伏的,它给我们带来有关每一比特许多的信息。Turbo 码利用这些信息连同对奇偶校验码的检查,从而获得接收的数据正确与否的大致情况。这些分析结果对每个比特的猜测是非常有用的。Turbo 码就是利用这些可靠性信息对每个比特作判决的。这种可靠性用数字表示就是对数似然比(log-likelihood ratio)。根据 BCJR 算法,第一个译码器根据接收到的均受噪声干扰的系统比特组 b 和奇偶校验比特组 z_1 以及由编码器 2 提供的有关信息,对系统比特 x_i 产生软估计,用对数似然比表示为

$$l_1(x_i) = \lg \frac{P(x_i=1\mid \boldsymbol{b}, \boldsymbol{z}_1, \tilde{l}_2(\boldsymbol{x}))}{P(x_i=0\mid \boldsymbol{b}, \boldsymbol{z}_1, \tilde{l}_2(\boldsymbol{x}))}, \qquad i=1,2,\cdots,K \tag{4.52}$$

式中,$\tilde{l}_2(\boldsymbol{x})$是译码器 2 为编码器 1 提供的参考信息(称外部信息)。设 K 个信息比特是统计独立的,则译码器 1 输出的总的对数似然比就为

$$l_1(\boldsymbol{x}) = \sum_{i=1}^{K} l_1(x_i) \tag{4.53}$$

因此,生成的系统比特对应的外部信息是

$$\tilde{l}_1(\boldsymbol{x}) = l_1(\boldsymbol{x}) - \tilde{l}_2(\boldsymbol{x}) \tag{4.54}$$

注意,$\tilde{l}_1(\boldsymbol{x})$在送到译码器 2 之前,应对其重新排序,以补偿在编码器 2 引入的随机交织。另外译码器 2 的输入还有被噪声干扰的奇偶校验比特 $\boldsymbol{z}_2$。这样,根据 BCJR 算法,译码器 2 就可以对信息比特 $\boldsymbol{x}$ 做出更精确的软估计。将此估计值重新交织,得到总的对数似然比。因此反馈到译码器 1 的外部信息是

$$\tilde{l}_2(\boldsymbol{x}) = l_2(\boldsymbol{x}) - \tilde{l}_1(\boldsymbol{x}) \tag{4.55}$$

式中,$l_2(\boldsymbol{x})$是译码器 2 计算得到的对数似然比。对第 i 个比特有

$$l_2(x_i) = \lg \frac{P(x_i=1\mid \boldsymbol{b}, \boldsymbol{z}_2, \tilde{l}_1(\boldsymbol{x}))}{P(x_i=0\mid \boldsymbol{b}, \boldsymbol{z}_2, \tilde{l}_1(\boldsymbol{x}))}, \qquad i=1,2,\cdots,K \tag{4.56}$$

这样,译码器 1 计算出每一个比特的对数似然比,并输入到译码器 2,译码器 2 计算似然比后对结果进行修正,又返回到译码器 1,再进行迭代。这样,两个译码器就可以用迭代的方式交换可靠性信息来改进各自的译码结果。经过多次迭代两个译码器的结果就会互相接近(收敛)。这一过程直到正确的译码概率很高时,停止迭代,从译码器 2 输出,经过解交织后进行判决:

$$\hat{\boldsymbol{x}} = \mathrm{sgn}[l_2(\boldsymbol{x})] \tag{4.57}$$

式中的符号函数判决是对每个比特 x_i 进行的。

Turbo 码通过迭代就绕过了长码计算复杂的问题。但这样做也付出了代价,因为由于迭代译码必然会产生时延。所以对实时性要求很高的场合,Turbo 码的应用受到限制。

Berrou 注意到他们发明的编译码是利用译码器的输出来改进译码的过程,和涡轮增压器(Turbocharger)用排出的气体把空气压入引擎以提高内燃机的效率原理很相似,于是为这一编码方案起名为 Turbo 码。

由于 Turbo 码有着优异的性能,因而被广泛用在第三代的移动通信系统中。由于它存在时延,它主要用在各种非实时业务的高速数据纠错编码中。例如 cdma2000 系统,在提供不同的高速数据传输时,就采用了 Turbo 编码,其编码器如图 4.28 所示。编码前编码器初始状态为零,编码首先从 RSC1 开始。在第 1 至第 N 个时钟周期内(N 等于交织器的长度),开关置 A_1 位置,输入的信息比特逐个分别同时输入到 RSC1 和交织器。在输入第 N 个比特后,开关置 B_1 位置,并持续 3 个周期产生尾比特使编码器回到零状态。RSC2 是在交织器写满后才开始工作,输入信息就来自交织器。最后,这两个编码器的输出,包括尾比特对应的输出经过删除复用后输出。这里删除的作用是为了调整码率。通过删除一些奇偶校验比特可以得到 $1/2,1/3,1/4$ 的编码速率。这样会造成编码增益的一些损失。

除了 cdma2000 系统,其他的第三代系统也都把 Turbo 码作为高速数据传输使用的信道编码。

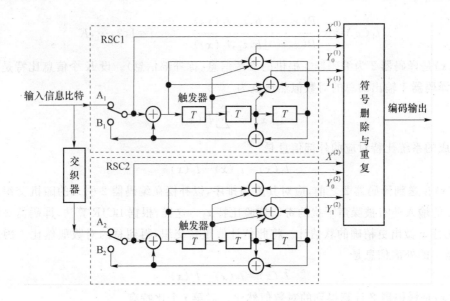

图 4.28　cdma2000 的 Turbo 码的编码器

4.3.5　交织技术

在移动通信这种变参信道上,持续较长的深衰落会影响到相继一串的比特,使比特差错常常成串发生。然而,信道编码仅能检测和校正单个差错和不太长的差错串。为了解决成串的比特差错问题,则需要联合使用交织技术。交织技术可分为块交织、卷积交织和随机交织。

交织技术就是把一条消息中的相继比特分散开的方法,即一条信息中的相继比特以非相继方式发送,这样即使在传输过程中发生了成串差错,恢复成一条相继比特串的消息时,差错也就变成单个(或者长度很短)的错误比特,这时再用信道编码(FEC)纠正随机差错。

块交织技术即是在发端做如下处理:按行写入按列输出,在接收端做相反操作,交织的深度与存储器的大小有关。

例如,在移动通信中,信道的干扰、衰落等产生较长的突发误码,采用交织就可以使误码离散化,接收端用纠正随机差错的编码技术消除随机差错,能够改善整个数据序列的传输质量。这部分内容可参见 6.4.2 小节 GSM 系统中的抗衰落技术一节中交织技术的例子。

限于篇幅和难度,这里对卷积交织和随机交织不作介绍。有兴趣的读者可参看其他书籍。

4.4　均衡技术

4.4.1　基本原理

1. 码间干扰和横向滤波器

在数字传输系统中,一个无码间干扰的理想传输系统,在没有噪声干扰的情况下其冲激响应 $h(t)$ 应当具有如图 4.29 所示的波形。它除了在指定的时刻对接收码元的采样不为零外,在其余的采样时刻采样值应当为零。由于实际信道(这里指包括一些收发设备在内的广义信道)的传输特性并非理想,冲激响应的波形失真是不可避免的,如图 4.30 的 $h_d(t)$,信号的采样在多个采样时刻不为零。这就造成样值信号之间的干扰,即码间干扰(ISI)。严重的码间干扰会对信息比特判决造成错误。为了提高信息传输的可靠性,必须采取适当的措施来克服这种不良的影响,方法就是采用信道均衡技术。由于是从时间响应来考虑这种设计,这种技术就称为时域均衡。

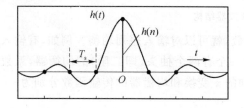

图 4.29　无码间干扰的样值序列

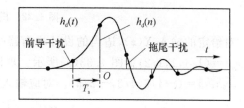

图 4.30　有码间干扰的样值序列

在数字通信中,我们感兴趣的是离散时间的发送数据序列 $\{a_n\}$ 和接收机最终输出序列 $\{\hat{a}_n\}$ 的关系。均衡器的作用就是希望最终能够使 $\{\hat{a}_n\}=\{a_n\}$,如图 4.31 所示。为了突出均衡器的作用,这里暂时不考虑信道噪声的影响。

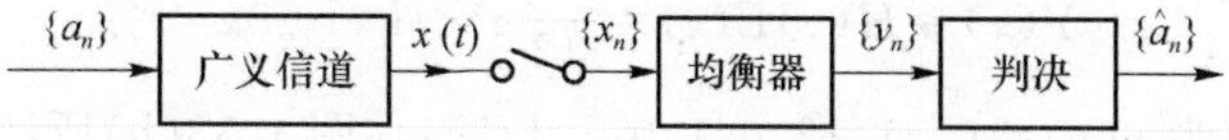

图 4.31　信道均衡的原理

均衡器的作用就是把有码间干扰的接收序列 $\{x_n\}$ 变换为无码间干扰的序列 $\{y_n\}$。当信道输入一个单位冲激

$$a_n = \delta(n) = \begin{cases} 1 & n=0 \\ 0 & n \neq 0 \end{cases} \tag{4.58}$$

有码间干扰的信道输出一个类似图 4.30 中 $h_d(n)$ 的接收序列 $\{x_n\}$,它就是信道的冲激响应

$$x(n) = \sum_k h_k \delta(n-k) \tag{4.59}$$

式中,h_k 就是信道引入的失真。考虑到实际的失真响应 $h_d(t)$ 随时间的衰减,系数 h_k 的数目为有限。而理想均衡器输出的序列应当具有如图 4.29 的形式,即 $y(n)=\delta(n)$。现考虑用一个线性滤波器来实现均衡器。分析一个线性离散系统采用 z 变换是方便的。设均衡器输入序列的 z 变换为 $X(z)$,它是一个有限长的 z^{-1} 的多项式,且等于信道冲激响应的 z 变换,即 $H(z)=X(z)$。而理想均衡器输出序列的 z 变换则为 $Y(z)=1$。设均衡器的传输函数为 $E(z)$,则有

$$Y(z) = X(z)E(z) = H(z)E(z) \tag{4.60}$$

因此在信道特性给定的情况下,对均衡器传输函数的要求是

$$E(z) = \frac{1}{H(z)} \tag{4.61}$$

由此可见,均衡器是信道的逆滤波。根据 $E(z)$ 就可以设计所需要的均衡器。

最基本的均衡器结构就是横向滤波器。它的结构如图 4.32 所示。它是由 $2N$ 个延迟单元(z^{-1})、$2N+1$ 个加权支路和一个加法器组成。c_k 为各支路的加权系数,即均衡器的系数。由于输入的离散信号从串行的延迟单元之间抽出,经过横向路径集中叠加后输出,故称横向均衡器。这是一个有限冲激响应(FIR)滤波器。

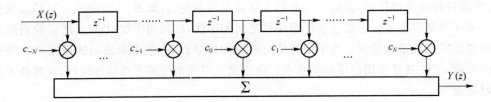

图 4.32　横向滤波器结构

对给定的输入 $X(z)$，适当的设计均衡器的系数，就可以对输入序列均衡。例如，有输入序列 $\{x_n\}=(1/4,1,1/2)$ 如图 4.33(a)所示。现设计一个有两个抽头（即二阶）的均衡器，系数为 $(c_{-1},c_0,c_1)=(-1/3,4/3,-2/3)$。对应输入序列的 z 变换和均衡器的传输函数分别为

$$X(z)=\frac{1}{4}z+1+\frac{1}{2}z^{-1}$$

和

$$E(z)=\frac{-1}{3}z+\frac{4}{3}+\frac{-2}{3}z^{-1}$$

于是均衡器输出为

$$Y(z)=H(z)E(z)=\frac{-1}{12}z^2+1+\frac{-1}{3}z^{-2}$$

对应的抽样序列为 $y(n)=(-1/12,0,1,0,-1/3)$，如图 4.33(b)所示。由图 4.33 可以看出，输出序列的码间干扰情况有了改善，但还不能完全消除码间干扰，如 y_{-2},y_2 均不为零，这是残留的码间干扰。可以预期若增加均衡器的抽头数，均衡的效果会更好。事实上，当 $H(z)=X(z)$ 为一个有限长的多项式时，用长除法展开式(4.61)，$E(z)$ 将是一个无穷多项式，对应横向滤波器的无数个抽头。不同的设计结果所得到的残留的码间干扰是不同的。我们总是希望残留的码间干扰越小越好。

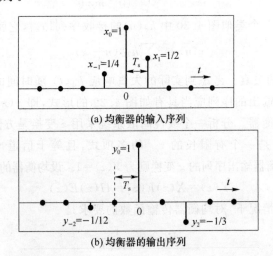

(a) 均衡器的输入序列

(b) 均衡器的输出序列

图 4.33　二阶均衡器的输入输出序列

2. 评价均衡器的性能的准则

评价一个均衡器的性能通常有两个准则：最小峰值准则和最小均方误差准则。设均衡前后的采样值序列分别为 $\{x_n\}$ 和 $\{y_n\}$。

（1）峰值畸变准则

峰值畸变定义为

$$D = \frac{1}{|y_0|} \sum_{\substack{n=-\infty \\ n\neq 0}}^{\infty} |y_n| \tag{4.62}$$

对支路数为有限值 $2N+1$ 的横向均衡器，式中 y_n 为

$$y_n = \sum_{k=-N}^{N} c_k x_{n-k} \quad , \quad y_0 = \sum_{k=-N}^{N} c_k x_{-k} \tag{4.63}$$

所谓峰值畸变准则就是在已知 $\{x_n\}$ 的情况下，调整均衡器系数 c_k 使 D 有最小值，同时使 $y_0=1$。

（2）均方畸变准则

均方畸变定义为

$$e^2 = \frac{1}{y_0^2} \sum_{\substack{n=-\infty \\ n\neq 0}}^{\infty} y_n^2 \tag{4.64}$$

对支路数为有限值 $2N+1$ 的横向均衡器，式中 y_n 为

$$y_n = \sum_{k=-N}^{N} c_k x_{n-k} \quad , \quad y_0 = \sum_{k=-N}^{N} c_k x_{-k} \tag{4.65}$$

所谓均方畸变准则的一种表述就是在已知 $\{x_n\}$ 的情况下，调整均衡器系数 c_k 使 e^2 有最小值，同时使 $y_0=1$。这个准则也可以表述为对下面的函数 L 求最小值：

$$L = \sum_{\substack{n=-\infty \\ n\neq 0}}^{\infty} y_n^2 + (y_0-1)^2 \tag{4.66}$$

3. 均衡器系数的计算

式（4.62）的 D 和式（4.66）的 L 都是均衡器系数 c_k 的多元函数，求它们的最小值就是多元函数求极值的问题。

（1）使 D 最小的均衡器系数 c_k 的求解

勒基（Lucky）对这类函数作了充分的研究，指出 $D(c_k)$ 是一个凸函数，它的最小值就是全局最小值。采用数值方法可以求得此最小值，例如，最优算法中的最速下降法，通过迭代就可以求得一组 $2N+1$ 个系数，使 D 有最小值。他同时指出有一种特殊但很重要的情况：若在均衡前系统峰值畸变（称初始畸变）D_0 满足

$$D_0 = \frac{1}{|x_0|} \sum_{\substack{n=-\infty \\ n\neq 0}}^{\infty} |x_n| < 1 \tag{4.67}$$

则 $D(c_k)$ 的最小值必定发生在使 y_0 前后的 $y_n=0(|n|\leqslant N, n\neq 0)$ 的情况。所以可以根据已知的 $\{x_n\}$，令

$$y_n = \begin{cases} 1, n=0 \\ 0, n=\pm1, \pm2, \cdots, \pm N \end{cases} \tag{4.68}$$

利用式（4.63）建立一个 $2N+1$ 个方程求解这 $2N+1$ 个系数。这种算法便称为迫零算法。根据勒基的证明，这是最优的解。

（2）使 L 最小的均衡器系数 c_k 的求解

L 的最小值必定发生在偏导数为零处，即

$$\frac{\partial L}{\partial c_k} = \sum_{\substack{n=-\infty \\ n \neq 0}}^{\infty} 2y_n x_{n-k} + 2(y_0 - 1)x_{-k} = 0 \qquad (k = 0, \pm 1, \pm 2, \cdots, \pm N)$$

或

$$\sum_{\substack{n=-\infty \\ n \neq 0}}^{\infty} y_n x_{n-k} + (y_0 - 1)x_{-k} = 0 \qquad (k = 0, \pm 1, \pm 2, \cdots, \pm N) \qquad (4.69)$$

根据式(4.65),有

$$y_n = \sum_{i=-N}^{N} c_i x_{n-i}$$

代入式(4.69)整理后得

$$\sum_{i=-N}^{N} c_i r_{k-i} = x_{-k} \qquad (k = 0, \pm 1, \pm 2, \cdots, \pm N) \qquad (4.70)$$

式中

$$r_{k-i} = \sum_{n=-\infty}^{\infty} x_{n-i} x_{n-k} \qquad (4.71)$$

为均衡器输入序列$\{x_n\}$相隔$k-i$个样值序列间的相关系数。这样,对给定的输入序列$\{x_n\}$,求解式(4.70)的$2N+1$个联立方程便可以求得均衡器的各系数。

实际由于信道参数经常是随时间变化的,均衡器的系数也必须随时调整。系数的确定不是采用一般解线性方程组即式(4.63)或式(4.70)的方法,而是采用迭代的方法。它比直接解方程的方法使均衡器收敛到最佳状态的速度更快。由此根据对均衡器实际要求不同而产生许多不同的迭代算法。由于篇幅关系这里不再讨论。

4.4.2　非线性均衡器

线性均衡器除了横向均衡器外,还有线性反馈均衡器,它是一种无限冲激响应(IIR)滤波器。在要求相同的残留码间干扰的情况下,线性反馈均衡器所需元件较少。但由于有反馈回路,因此存在稳定性问题,实际使用的线性均衡器多是横向均衡器。当信道的频率特性在信号带内存在较大的衰减时,均衡器在这些频率上以较高的增益来补偿,这又加大了均衡器输出的噪声。因此线性均衡器一般用在信道失真不大的场合。要使均衡器在失真严重的信道上有比较好的抗噪声性能,可以采用非线性均衡器,例如,判决反馈均衡器、最大似然估计均衡器。

1. 判决反馈均衡器

判决反馈均衡器(DFE,Decision Feedback Equalization)的结构如图4.34所示。它由两个横向滤波器和一个判决器构成。两个横向滤波器是前馈滤波器(FFF,Feedforward Filter)和反馈滤波器(FBF,Feedback Filter)。

判决反馈均衡器的输入序列也是前馈滤波器的输入序列$\{x_n\}$。反馈滤波器的输入则是均衡器已检测到并经过判决输出的序列$\{y_n\}$。这些经过判决输出的数据,若是正确的,它们经反馈滤波器的不同延时和适当的系数相乘,就可以正确计算对其后面待判决的码元的干扰(拖尾干扰)。从前馈滤波器的输出(当前码元的估值)减去这拖尾干扰,就是判决器的输入,即

$$z_m = \sum_{n=-N}^{0} c_n x_{m-n} - \sum_{i=1}^{M} b_i y_{m-i} \qquad (4.72)$$

式中,c_n是前馈滤波器的$N+1$个支路的加权系数;b_i是后向滤波器的M个支路的加权系数。

z_m 就是当前判决器的输入，y_m 是输出。y_{m-1}，y_{m-2}，$\cdots$，y_{m-M} 则是均衡器前 M 个判决输出。第一项是前馈滤波器的输出，是对当前码元的估值；第二项则表示 y_{m-1}，y_{m-2}，$\cdots$，y_{m-M} 对该估值的拖尾干扰。

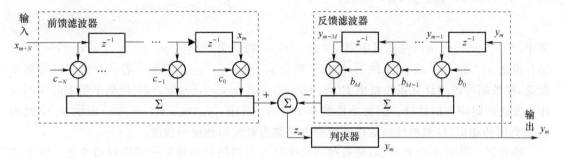

图 4.34　判决反馈均衡器

应当指出，由于均衡器的反馈环路包含了判决器，因此均衡器的输入输出再也不是简单的线性关系，而是非线性的关系。判决反馈均衡器是一种非线性均衡器，对它的分析要比线性均衡器复杂得多，这里不再进一步讨论。

和横向均衡器比较，判决反馈均衡器的优点是在相同的抽头数情况下，残留的码间干扰比较小，误码也比较低。特别是在信道特性失真十分严重的信道，其优点更为突出。所以，这种均衡器在高速数据传输系统中得到了广泛的应用。

2. 最大似然估计均衡器

首先把最大似然估计均衡器(MLSE，Maximum Likelihood Sequence Estimation Equalizer)用于均衡器是 Forney(1973)。它的基本思想就是把多径信道等效为一个 FIR 滤波器，利用维特比算法在信号路径网格图上搜索最可能发送的序列，而不是对接收到的符号逐个判决。MLSE 可以看成是对一个离散有限状态机状态的估计。实际 ISI 的响应只发生在有限的几个码元。因此在接收滤波器输出端观察到的 ISI 可以看成是数据序列 $\{a_n\}$ 通过系数为 $\{f_n\}$ 的 FIR 滤波器的结果，如图 4.35 所示。

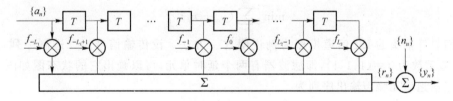

图 4.35　信道模型

图 4.35 中的 T 表示等于一个码元的长度的时延，时延的单元可以看成是一个寄存器，共有 L 个。由于它的输入 $\{a_n\}$ 是一个离散信息序列(二进制或 M 进制)，滤波器的输出可以表示为叠加上高斯噪声的有限状态机的输出 $\{y_n\}$。在没有噪声的情况下，滤波器的输出 $\{r_n\}$ 可以由有 $M^L(L=L_1+L_2)$ 个状态的网格图来描述。滤波器各系数应当是已知的，或者通过某种算法预先测量得到。

设发送端连续输出 N 个码 a_n，这就有 M^N 种可能的序列。接收端收到 N 个 y_n 后，要以最小的错误的概率判断发送的是哪一个序列。这就要计算每一种序列可能发送的条件概率 $P(a_1, a_2, \cdots, a_N \mid y_1, y_2, \cdots, y_N)$，即后验概率，共有 M^N 个。然后进行比较，看哪一个概率

最大。相应概率最大的序列就被判为发送端输出的码序列。这样做,错误估计的可能性最小。根据概率论定理:

$$P(a_1,a_2,\cdots,a_N\,|\,y_1,y_2,\cdots,y_N) = \frac{P(a_1,a_2,\cdots,a_N)P(y_1,y_2,\cdots,y_N\,|\,a_1,a_2,\cdots,a_N)}{P(y_1,y_2,\cdots,y_N)}$$

(4.73)

其中,$P(a_1,a_2,\cdots,a_N)$ 是发送序列 a_1,a_2,$\cdots$,a_N 的概率;$P(y_1,y_2,\cdots,y_N\,|\,a_1,a_2,\cdots,a_N)$ 是在发送 a_1,a_2,$\cdots$,a_N 的条件下,接收序列为 y_1,y_2,$\cdots$,y_N 的概率。若各种序列以等概率发送,接收端可改为计算条件概率 $P(y_1,y_2,\cdots,y_N\,|\,a_1,a_2,\cdots,a_N)$,对应概率最大的序列就作为发送的码序列的估计。因为条件概率 $P(y_1,y_2,\cdots,y_N\,|\,a_1,a_2,\cdots,a_N)$ 表示 y_n 序列和 a_n 序列间的相似性(似然性),这样的检测方法称为最大似然序列检测。

滤波器一共有 L 个寄存器,随着时间的推移寄存器的状态随发送的序列而变化。整个滤波器的状态共有 M^L 种。状态随时间变化的序列可以表示为 u_1,u_2,$\cdots$,u_n,u_{n+1},$\cdots$,其中 u_n 是表示在 nT 时刻的状态。当 a_n 独立地以等概率取 M 种值时,滤波器 M^L 种状态也以等概率出现。当状态 u_n,u_{n+1} 给定,根据输入的码元 a_n,便可以确定一个输出 r_n。

接收机事先并不知道发送端状态序列变化的情况,因此要根据接收到的 y_n 序列,从可能路径中搜索出最佳路径,使其 $P(y_1,y_2,\cdots,y_N\,|\,u_1,u_2,\cdots,u_N,u_{N+1})$ 最大。因为 r_n 只与 u_n,u_{n+1} 有关,在白噪声情况下,y_n 也只与 u_n,u_{n+1} 有关,而与以前情况无关,所以

$$P(y_1,y_2,\cdots,y_N\,|\,u_1,u_2,\cdots,u_{N+1}) = \prod_{n=1}^{N} P(y_n\,|\,u_n,u_{n+1})$$

(4.74)

两边取自然对数:

$$\ln P(y_1,y_2,\cdots,y_N\,|\,u_1,u_2,\cdots,u_{N+1}) = \sum_{n=1}^{N} \ln P(y_n\,|\,u_n,u_{n+1})$$

(4.75)

在白色高斯噪声下,y_n 服从高斯分布,所以

$$\ln P(y_n\,|\,u_n,u_{n+1}) = A - B(y_n - r_n)^2$$

(4.76)

其中,A,B 是常数;r_n 是与 $u_n \to u_{n+1}$ 对应的值。这样,求式(4.75)的最大概率值便归结为在网格图中,搜索最小平方欧氏距离的路径,即

$$\min\left\{ \sum_{n=1}^{N} (y_n - r_n)^2 \right\}$$

(4.77)

下面以 3 抽头的 ISI 信道模型为例说明这一方法。设传输信号为二进制序列,即 $a_n = \pm 1$。信道系数为 $f = (1,1,1)$,即滤波器有两个延时单元,可以画出它的状态图如图 4.36 所示。经过信道后无噪声输出序列为

$$r_n = a_0 f_0 + a_{-1} f_1 + a_{-2} f_2$$

设信道模型初始状态为 $(a_{-1},a_{-2}) = (-1,-1)$,当信道输入信息序列为

$$\{a_n\} = (-1,+1,+1,-1,+1,+1,-1,-1,\cdots)$$

则无噪声接收序列为

$$\{r_n\} = (-3,-1,+1,+1,+1,+1,+1,-1,\cdots)$$

假设有噪声的接收序列为

$$\{y_n\} = (-3.2,-1.1,+0.9,+0.1,+1.2,+1.5,+0.7,-1.3,\cdots)$$

据图 4.36 可以画出相应的网格图。根据 y_n,在网格图中计算每一支路的平方欧氏距离 $(y_n - r_n)^2$,并在每一状态上累加,然后根据累加的结果的最小值确定幸存路径。最终得到的路径如

图 4.37 所示。图中还给出了每一状态累加的平方欧氏距离。这一路径在网格图上对应的序列即为 $\{r_n\}$。

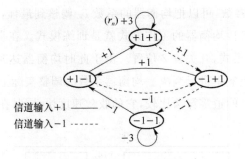

图 4.36 3 抽头 ISI 信道的二进制信号状态图

在上述的计算中,当 N 比较大时计算工作量是很大的。但在蜂窝移动电话系统中,一般 $M=2\sim4$ 和 $L\leqslant5$。采用维特比算法一般可以提高计算效率。MLSE 算法的关键是要知道信道的模型的参数,即滤波器的系数。这就是信道的估计问题,这里不再介绍。

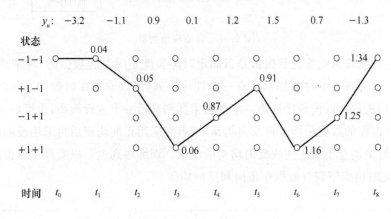

图 4.37 维特比算法的最后幸存路径

4.4.3 自适应均衡器

从原理上,在信道特性为已知的情况下,均衡器的设计就是要确定它的一组系数,使基带信号在采样的时刻消除码间干扰。若信道的传输特性不随时间变化,这种设计通过解一组线性方程或用最优化求极值方法求得均衡器的系数就可以了。实际信道的特性往往是不确定的或随时间变化的。例如每次电话呼叫所建立的信道,在整个呼叫期间,传输特性一般可以认为不变,但每次呼叫建立的信道其传输特性不会完全一样。而对移动电话,特别是在移动状态下进行的通信,所使用的信道其传输特性每时每刻都在发生变化,而且传输特性十分不理想。因此实际的传输系统要求均衡器能够基于对信道特性的测量随时调整自己的系数,以适应信道特性的变化,自适应均衡器就具有这样的能力。

为了获得信道参数的信息,接收端需要对信道特性进行测量。为此,自适应均衡器工作在两种模式:训练模式和跟踪模式,如图 4.38 所示。在发送数据之前,发送端发送一个已知的序列(称为训练序列),接收端的均衡器开关置 1 位置,也产生同样的训练序列。由于传输过程的失真,接收到的训练序列和本地产生的训练序列必然存在误差 $e(n)=a(n)-y(n)$。利用 $e(n)$ 和 $x(n)$ 作为某种算法的参数,可以把均衡器的系数 c_k 调整到最佳,使均衡器满足峰值畸变准则或均方畸变准则。此阶段均衡器的工作方式就是训练模式。在训练模式结束后,发送端发送数据,均衡器转入跟踪模式,开关置 2 位置。由于此时均衡器达到一个最佳状态(均衡器收敛),判决器以很小的误差概率进行判决。均衡器系数的调整实际上多是按均方畸变最小来调节的。与按峰值畸变最小的迫零算法比较,它的收敛速度快,同时在初始畸变比较大的情况下仍然能够收敛。

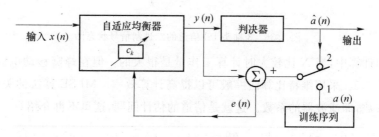

图 4.38　自适应均衡器

时分多址的无线系统发送数据常是以固定时隙长度定时发送数据的,特别适合使用自适应均衡技术。它的每一个时隙都包含有一个训练序列,可以安排在时隙的开始处,如图 4.39 所示。此时,均衡器可以按顺序从第一个数据采样到最后一个进行均衡;也可以利用下一时隙的训练序列对当前的数据采样进行反向均衡;或者在采用正向均衡后再采用反向均衡,比较误差信号大小,输出误差小的正向或反向均衡的结果。训练序列也可以安排在数据的中间,如图 4.40 所示。此时训练序列对数据作正向和反向均衡。

图 4.39　训练序列置于时隙的开始位置

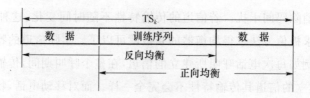

图 4.40　训练序列置于时隙的中间

GSM 移动通信系统设计了不同的训练序列分别用于不同的逻辑信道的时隙。其中用于业务信道、专用控制信道时隙的训练序列长度为 26 bit,共有 8 个,如表 4.3 所示。这些序列都被安排在时隙中间,使得接收机能正确确定接收时隙内数据的位置。

表 4.3　GSM 系统的训练序列

序号	二 进 制							十 六 进 制
1	00	1001	0111	0000	1000	1001	0111	0970897
2	00	1011	0111	0111	1000	1011	0111	0B778B7
3	01	0000	1110	1110	1001	0000	1110	10EE90E
4	01	0001	1110	1101	0001	0001	1110	11ED11E
5	00	0110	1011	1001	0000	0110	1011	06B906B
6	01	0011	1010	1100	0001	0011	1010	13AC13A
7	10	1001	1111	0110	0010	1001	1111	29F629F
8	11	1011	1100	0100	1011	1011	1100	3BC4BBC

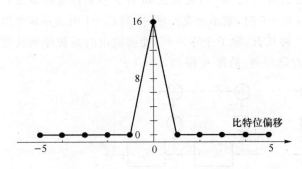

图 4.41　GSM 训练序列的自相关特性

应当指出,若取一个训练序列中间的 16 bit 和它整个 26 bit 序列进行自相关运算,所有这 8 个序列都有相同的良好的自相关特性,相关峰值的两边是连续的 5 个零相关值(如图 4.41 所示)。另外,8 个训练序列有较低的自相关系数,这样在相距比较近的小区中可能产生互相干扰的同频信道上使用不同的训练序列,便可以比较容易把同频信道区分开来。

GSM 系统用于同步信道的训练序列长度为 64 bit:1011 1001 0110 0010 0000 0100 0000 1111 0010 1101 0100 0101 0111 0110 0001 1011。由于同步信道是移动台第一个需要解调的信道,所以它的长度大于其他的训练序列并有良好的自相关特性。它是 GSM 系统唯一的同步信道的训练序列,也置于时隙的中间。

此外,GSM 系统的接入信道也有一个唯一的、长度为 41 bit 的训练序列:0100 1011 0111 1111 1001 1001 1010 1010 0011 1100 0,置于时隙的开始位置,它也有良好的自相关特性。

4.5　扩频通信

本节介绍一种称之为扩频调制的调制技术,它和前面介绍的调制技术有根本的差别。扩频通信最突出的优点是它的抗干扰能力和通信的隐蔽性,它最初用于军事通信,后来由于它高的频谱效率带来高的经济效益而被应用到民用通信上来。移动通信的码分多址方式(CDMA)就是建立在扩频通信的基础上。

扩展信号频谱的方式有多种,如直接序列(DS)扩频、跳频(FH)、跳时(TH)、线性调频和它们的混合方式。在通信中最常用的是直接序列扩频和跳频以及它们的混合方式(DS/FH)扩频。本节主要介绍直接序列扩频和跳频扩频通信的基本原理,其抗干扰抗衰落的能力和它们实际的应用。

4.5.1 伪噪声序列

1. 序列的产生

在直接序列扩频和跳频扩频技术中,都要用到一类称之为伪噪声序列(PN, Pseudo-noise Sequence)的扩频码序列。这类序列具有类似随机噪声的一些统计特性,但和真正的随机信号不同,它可以重复产生和处理,故称为伪随机噪声序列。PN 序列有多种,如 m 序列、Gold 码,其中最基本最常用的一种是最长线性反馈移位寄存器序列,也称为 m 序列。通常由反馈移位寄存器产生,下面将详细介绍 m 序列及其特性,其他码字将在介绍 5.4.2 小节地址码技术中予以介绍。

由 m 级寄存器构成的线性移位寄存器如图 4.42 所示,通常把 m 称为该移位寄存器的长度。每个寄存器的反馈支路都乘以 C_i。当 $C_i=0$ 时,表示该支路断开;当 $C_i=1$ 时表示该支路接通。显然,长度为 m 的移位寄存器有 2^m 种状态,除了全零序列,能够输出的最长序列长度为 $N=2^m-1$。此序列便称为最长移位寄存器序列,简称 m 序列。

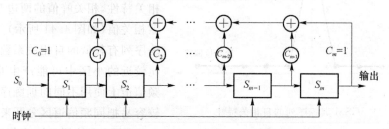

图 4.42 序列发生器的结构

为了获得一个 m 序列,反馈抽头不能是任意的。对给定的 m,寻找能够产生 m 序列的抽头位置或者说是系数 C_i,是一个复杂的数学问题,这里不作讨论,仅给出一些结果,如表 4.4 所示。

表 4.4 m 序列特征多项式

m	抽头位置
3	[1,3]
4	[1,4]
5	[2,5] [2,3,4,5] [1,2,4,5]
6	[1,6] [1,2,5,6] [2,3,5,6]
7	[3,7] [1,2,3,7] [1,2,4,5,6,7] [2,3,4,7] [1,2,3,4,5,7] [2,4,6,7] [1,7] [1,3,6,7] [2,5,6,7]
8	[2,3,4,8] [3,5,6,8] [1,2,5,6,7,8] [1,3,5,8] [2,5,6,8] [1,5,6,8] [1,2,3,4,6,8] [1,6,7,8]

在研究长度为 m 的序列生成及其性质时,常用一个 m 阶多项式 $f(x)$ 描述它的反馈结构:

$$f(x)=C_0+C_1x+C_2x^2+\cdots+C_mx^m \tag{4.78}$$

式中 $C_0\equiv1, C_m\equiv1$。例如对 $m=4$,抽头[1,4]可以表示为

$$f(x)=C_0+C_1x+C_4x^4=1+x+x^4 \tag{4.79}$$

这些多项式称为移位寄存器的特征多项式。

2. m 序列的随机性质

m 序列有随机二进制序列的许多性质,其中下面的 3 个性质描述了它的随机特性(证明略)。

(1) 平衡特性

在 m 序列的一个完整周期 $N=2^m-1$ 内,0 的个数和 1 的个数总是相差 1。

(2) 游程特性

在每个周期内,符号 1 或 0 连续相同的一段子序列称为一个游程。连续相同符号的个数称为游程的长度。m 序列游程总数为 $(N+1)/2$。其中长度为 1 的游程数等于游程总数的 $1/2$;长度为 2 的游程数等于游程总数的 $1/4$;长度为 3 的游程数等于游程总数的 $1/8$,等等。最长的游程是 m 个连 1(只有一个),最长连 0 的游程长度为 $m-1$(也只有一个)。

(3) 相关特性

两个序列 a,b 的对应位模二加,设 A 为所得结果序列 0 比特的数目,D 为 1 比特的数目,序列 a,b 的互相关系数就等于

$$R_{a,b}=\frac{A-D}{A+D} \tag{4.80}$$

当序列循环移动 n 位时,随着 n 的取值的不同,互相关系数也在变化,这时式(4.80)就是 n 的函数,称为序列 a,b 的互相关函数。若两个序列相等 $a=b$,$R_{a,b}(n)=R_{a,a}(n)$ 称为自相关函数。

m 序列的自相关函数是周期的二值函数。可以证明,对长度为 N 的 m 序列都有结果

$$R_{a,a}(n)=\begin{cases} 1 & n=l\cdot N \quad l=0,\pm1,\pm2,\cdots \\ \dfrac{-1}{N} & \text{其余 } n \end{cases} \tag{4.81}$$

n 和 $R_{a,a}(n)$ 都是取离散值,用直线段把这些点连接起来,可以得到关于 n 的自相关函数曲线。$N=7$ 的自相关函数曲线如图 4.43 所示。显然它是以 $N=7$ 为周期的周期函数。若把这序列表示为一个双极性 NRZ 信号,用 -1 脉冲表示逻辑"1",用 $+1$ 脉冲表示"0",得到一个周期性脉冲信号。每个周期有 N 个脉冲,每个脉冲称为码片(chip),码片的长度为 T_c,周期为 $T=NT_c$。此时,m 序列就是连续时间 t 的函数 $m(t)$,这是移位寄存器实际输出的波形,如图 4.4 所示。它的自相关函数就定义为

$$R_{a,a}(\tau)=\frac{1}{T}\int_{-T/2}^{T/2} m(t)m(t+\tau)\mathrm{d}t \tag{4.82}$$

式中,τ 是连续时间的偏移量;$R_{a,a}(\tau)$ 是 τ 的周期函数,在一个周期内 $[-T/2,T/2]$,它可以表示为

$$R_{a,a}(\tau)=\begin{cases} 1-\dfrac{N+1}{NT_c}|\tau| & |\tau|\leqslant T_c \\ \dfrac{-1}{N} & \text{其他 } \tau \end{cases} \tag{4.83}$$

其波形如图 4.43 所示。它在 nT_c 时刻的抽样就是 $R_{a,a}(n)$,只有两种数值。由式(4.83)可知,当序列的周期很大时,m 序列的自相关函数波形变得十分尖锐而接近冲激函数 $\delta(t)$,而这正是高斯白噪声的自相关函数。

以上 3 个性质体现了 m 序列的随机性。显然随着 N 的增加,m 序列越是呈现随机信号的性质。

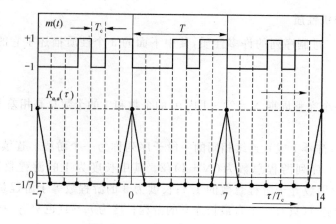

图 4.43　m 序列的自相关特性

3. m 序列的功率谱

从移位寄存器出来的 m 序列的信号是一个周期信号,所以其功率谱是一个离散谱,理论分析(过程略)给出 m 序列的功率谱为

$$P(f) = \frac{1}{N^2}\delta(f) + \frac{1+N}{N^2}\sum_{\substack{n=-\infty\\n\neq 0}}^{\infty}\text{sinc}^2\left(\frac{n}{N}\right)\delta\left(f-\frac{n}{NT_c}\right) \tag{4.84}$$

图 4.44(a)给出了 $N=7$ 的 $m(t)$ 的功率谱特性。图 4.44(b)给出了一些功率谱包络随 N 变化的情况。可以看出在序列周期 T 保持不变的情况下,随着 N 的增加,$m(t)$ 的码片 $T_c = T/N$ 变短,脉冲变窄,频谱变宽,谱线变短。上述情况表明,随着 N 的增加,$m(t)$ 的频谱变宽变平且功率谱密度也在下降,而接近高斯白噪声的频谱。这从频域说明了 $m(t)$ 具有随机信号的特征。

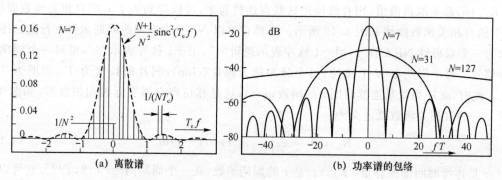

图 4.44　m(t) 的功率谱特性

4.5.2　扩频通信原理

直接序列扩频通信系统中,扩展数据信号带宽的一个方法是用一个 PN 序列和它相乘。所得到的宽带信号可以在基带传输系统传输,也可以进行各种载波数字调制,例如 2PSK,QPSK 等。下面以 2PSK 为例,说明直接序列扩频通信系统的原理和系统的抗干扰能力。

1. 扩频和解扩

采用 2PSK 调制的直接扩频通信系统如图 4.45 所示。为了突出扩频系统的原理,在讨论过程认为信道是理想的,也不考虑高斯白噪声的影响。

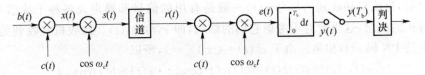

图 4.45　直接序列扩频通信系统

图中 $b(t)$ 为二进制数字基带信号,$c(t)$ 为 m 序列发生器输出的 PN 码序列信号。它们的波形都是取值 ±1 的双极性 NRZ 码,这里逻辑"0"表示为 +1,逻辑"1"表示为 −1。通常,$b(t)$ 一个比特的长度 T_b 等于 PN 序列 $c(t)$ 的一个周期,即 $T_b = NT_c$。由于均为双极性 NRZ 码,可设 $b(t)$ 信号带宽为 $B_b = R_b = 1/T_b$,$c(t)$ 的带宽为 $B_c = R_c = 1/T_c$。

发射机对发送信息信号 $b(t)$ 处理的第一步是扩频,具体的操作是用 $c(t)$ 和 $b(t)$ 相乘。得到信号 $x(t)$ 为

$$x(t) = b(t)c(t) \tag{4.85}$$

其波形如图 4.46 所示。由于 $x(t) = b(t)c(t)$,所以 $x(t)$ 的频谱等于 $b(t)$ 的频谱与 $c(t)$ 的频谱的卷积。为了表示方便,这里简单地用一个矩形的谱来表示 $b(t)$ 和 $c(t)$ 的频谱,如图 4.47 所示。$b(t)$ 和 $c(t)$ 相乘的结果使携带信息的基带信号的带宽被扩展到近似为 $c(t)$ 的带宽 B_c。扩展的倍数就等于 PN 序列一周期的码片数:

$$N = \frac{B_c}{B_b} = \frac{T_b}{T_c} \tag{4.86}$$

而信号的功率谱密度下降到原来的 $1/N$。

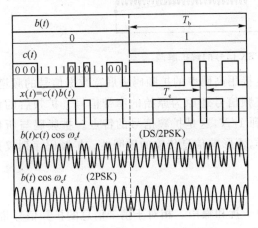

图 4.46　直接序列扩频系统的波形

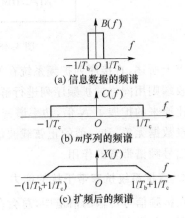

图 4.47　直接序列扩频信号

信号这样的处理过程就是扩频。$c(t)$ 在这里起着扩频的作用,称为扩频码。这种扩频方式就是直接序列扩频(DSSS,Direct Sequence Spread Spectrum)。扩频后的基带信号进行 2PSK 调制,得到信号 $s(t)$:

$$s(t) = x(t)\cos\omega_c t = b(t)c(t)\cos\omega_c t \tag{4.87}$$

为了和一般的 2PSK 信号区别,下面把 $s(t)$ 称为 DS/2PSK。它的波形如图 4.47 所示。为了便于比较,图中还画出 $b(t)$ 的窄带 2PSK 信号波形。调制后的信号 $s(t)$ 的带宽为 $2B_c$。由于扩频和 2PSK 调制这两步操作都是信号的相乘,从原理上,也可以把上述信号处理次序调换,此时基

带信号首先调制成为窄带的 2PSK 信号,信号带宽为 $2R_b$,然后与 $c(t)$ 相乘被扩频到 $2B_c$。

在接收端,接收机接收到的信号 $r(t)$ 一般是有用的信号和噪声及各种干扰信号的混合。为了突出解扩的概念,这里暂时不考虑它们的影响,即 $r(t)=s(t)$。接收机将收到的信号首先和本地产生的 PN 码 $c(t)$ 相乘。由于 $c^2(t)=(\pm1)^2=1$,所以

$$r(t)c(t)=s(t)c(t)=b(t)c(t)\cos\omega_c t \cdot c(t)=b(t)\cos\omega_c t \qquad (4.88)$$

相乘所得信号显然是一个窄带的 2PSK 信号,它的带宽等于 $2R_b=2/T_b$。这样信号恢复为一个窄带信号,这一操作过程就是解扩。解扩后所得到的窄带 2PSK 信号可以采用一般 2PSK 解调的方法解调。本例采用相关解调的方法。2PSK 信号和相干载波相乘后进行积分,在 T_b 时刻采样并清零。对采样值 $y(T_b)$ 进行判决:若 $y(T_b)>0$ 判为"0",若 $y(T_b)<0$,判为"1"。解扩和相关解调的波形如图 4.48 所示。最后要注意的是,为了实现信号的解扩,要求本地的 PN 码序列和发射机的 PN 码序列严格同步,否则所接收到的就是一片噪声。

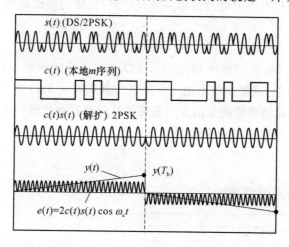

图 4.48 DS/BPSK 信号的解扩解调

综上所述,直接序列扩频系统在发送端直接用高码率的扩频码去展宽数据信号的频谱,而在接收端则用同样的扩频序列进行解扩,把扩频信号还原为原始的窄带信号。扩频后的信号带宽比原来的扩展了 N 倍,功率谱密度下降到 $1/N$,这是扩频信号的特点。扩频码与所传输的信息数据无关,和一般的正弦载波信号一样,不影响信息传输的透明性。扩频码序列仅是起扩展信号频谱带宽的作用。

2. 直扩系统抗窄带干扰的能力

在扩频信号传输的信道中,总会存在各种干扰和噪声。相对于携带信息的扩频信号带宽,干扰可以分为窄带干扰和宽带干扰。干扰信号对扩频信号传输的影响是比较复杂的问题,这里不作详细的讨论。与一般的窄带传输系统比较,扩频信号的一个重要特点就是抗窄带干扰的能力。下面作一简单的介绍。

分析抗窄带干扰的模型如图 4.49 所示。

图中设 $i(t)$ 为一窄带干扰信号,其频率接近信号的载波频率。接收机输入的信号为

$$r(t)=s(t)+i(t) \qquad (4.89)$$

它和本地 PN 序列相乘后,乘法器的输出除了所希望的信号外,还存在干扰 $i(t)c(t)$:

$$r(t)c(t)=s(t)c(t)+i(t)c(t)=c^2(t)b(t)\cos\omega_c t+i(t)c(t)$$
$$=b(t)\cos\omega_c t+i(t)c(t)$$

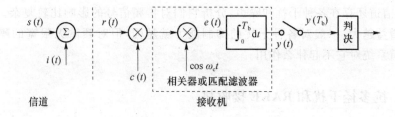

图 4.49 扩频信号的接收

窄带干扰信号 $i(t)$ 和 $c(t)$ 相乘后，其带宽被扩展到 $W=2B_c=2/T_c$。设输入干扰信号的功率为 P_i，则 $i(t)c(t)$ 就是一个带宽为 W，功率谱密度为 $P_i/W=T_cP_i/2$ 的干扰信号。于是落入信号带宽的干扰功率等于

$$P_o=2/T_b\,\frac{P_i}{2/T_c}=\frac{P_i}{T_b/T_c}=\frac{P_i}{N}$$

最终扩频系统的输出干扰功率是输入干扰功率的 $1/N$，即

$$G_p=\frac{P_i}{P_o}=\frac{T_b}{T_c}=N \tag{4.90}$$

式中，G_p 称为扩频系统的处理增益，它等于扩频系统带宽的扩展因子 N。这是描述扩频系统特性的重要参数。信号的解扩和解调以及对窄带干扰的扩频说明如图 4.50 所示。

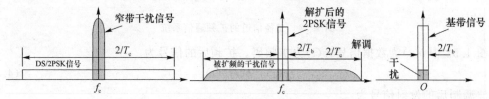

图 4.50 解调前后信号和干扰频谱的变化

扩频信号对窄带干扰的抑制作用在于接收机对信号的解扩的同时，对干扰信号的扩频，这降低了干扰信号的功率谱密度。扩频后的干扰和载波相乘、积分（相当于低通滤波）大大地削弱了它对信号的干扰，因此采样器的输出信号受干扰的影响就大为减小，输出的采样值比较稳定。这些过程的例子如图 4.51 所示。为了比较，图中还给出了 2PSK 解调的情况。在信号功率和干扰相同的情况下，扩频信号可以正常解调，而 2PSK 信号出现了误码。

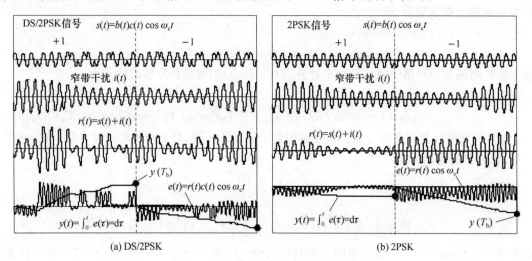

(a) DS/2PSK   (b) 2PSK

图 4.51 窄带干扰对信号解调的影响

实际上,信道还存在各种干扰和噪声,分析它们对扩频信号的影响比较复杂。分析表明,系统的处理增益越大,一般对各种干扰的抑制能力就越强,但对频谱无限宽的噪声(如热噪声),扩频通信系统对它不起什么作用。

4.5.3 抗多径干扰和 RAKE 接收机

1. 抗多径干扰

在扩频通信系统中,利用 PN 序列的尖锐的自相关特性和很高的码片速率(T_c 很小)可以克服多径传播造成的干扰。由于多径传播所引起的干扰只和它们到达接收机的相对时间有关,和它们传播的时间无关。因此,可以在问题的讨论中,略去信道的传播时间,以第一个到达接收机的信号时间为参考,其后信号到达时间就为 $T_d(i)(i=1,2,\cdots)$。为了讨论简单,设电波的传播只有二径。具有二径传输信道的扩频通信系统如图 4.52 所示。

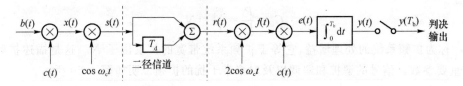

图 4.52 二径信道的扩频通信系统

图 4.52 中 $b(t)$ 为数据信号,$c(t)$ 为扩频码。扩频后的信号为

$$x(t)=b(t)c(t) \tag{4.91}$$

经载波调制后的发射信号为

$$s(t)=x(t)\cos\omega_c t \tag{4.92}$$

发射信号经过二径信道的传播,到达接收机的信号为

$$r(t)=a_0 s(t)+a_1 s(t-T_d) \tag{4.93}$$

式中,T_d 为第二径信号相对于第一径信号的时延;a_0、a_1 分别为第一第二路径的衰减,为讨论方便起见,设它们为一常数,且 $a_0=1,a_1<1$,于是

$$r(t)=x(t)\cos\omega_c t+a_1 x(t-T_d)\cos\omega_c(t-T_d) \tag{4.94}$$

它和本地相干载波相乘,得

$$f(t)=r(t)2\cos\omega_c t$$
$$=x(t)(1+\cos2\omega_c t)+a_1 x(t-T_d)[\cos\omega_c T_d+\cos(2\omega_c t-\omega_c T_d)]$$

设本地扩频码 $c(t)$ 和第一径信号同步对齐,$f(t)$ 与 $c(t)$ 相乘得积分器的输入为

$$e(t)=f(t)c(t)$$
$$=x(t)(1+\cos2\omega_c t)c(t)+a_1 x(t-T_d)[\cos\omega_c T_d+\cos(2\omega_c t+\omega_c T_d)]c(t)$$

$e(t)$ 包含了低频分量和高频分量。积分器相当于低通滤波器,对 $e(t)$ 滤除高频分量。在 $t=T_b$ 时刻,积分器的输出为

$$y(T_b)=\frac{1}{T_b}\int_0^{T_b}x(t)c(t)\mathrm{d}t+k_d\frac{1}{T_b}\int_0^{T_b}x(t-T_d)c(t)\mathrm{d}t$$
$$=\frac{1}{T_b}\int_0^{T_b}b(t)c^2(t)\mathrm{d}t+k_d\frac{1}{T_b}\int_0^{T_b}b(t-T_d)c(t-T_d)c(t)\mathrm{d}t$$

式中,$k_d=a_1\cos\omega_c T_d<1$。设发送的二进制码元为 $\cdots b_{-1}b_0\ b_1\ b_2\cdots$。$x(t)$,$x(t-T_d)$ 和 $c(t)$ 的

时序如图 4.53 所示。要了解多径干扰对信号检测的影响,只需分析其中一个比特的检测就可以了。现在来考察 b_1 的检测。

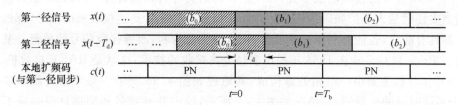

图 4.53　二径信号的接收

在 $t=T_b$ 时刻,采样输出等于:

$$y(T_b) = \frac{1}{T_b}\int_0^{T_b} b_1 c^2(t)\,\mathrm{d}t + k_d \frac{1}{T_b}\int_0^{T_b} b(t-T_d)c(t-T_d)c(t)\,\mathrm{d}t$$

$$= b_1 + k_d b_0 \frac{1}{T_b}\int_0^{T_d} c(t-T_d)c(t)\,\mathrm{d}t + k_d b_1 \frac{1}{T_b}\int_{T_d}^{T_b} c(t-T_d)c(t)\,\mathrm{d}t$$

$$= b_1 + k_d b_0 R_c(-T_d) + k_d b_1 R_c(T_b - T_d) \tag{4.95}$$

式中,$R_c(\tau)$ 为 $c(t)$ 的局部自相关函数:

$$R_c(\tau) = \frac{1}{T_b}\int_0^\tau c(t)c(t+\tau)\,\mathrm{d}t \tag{4.96}$$

式(4.95)的后两项就是第二径信号对第一径信号的干扰。当这干扰比较大时,就会引起判决的错误。但对一个 m 序列来说,当 $|\tau| > T_c$ 时其局部自相关系数的幅度都比较小,例如 $N=7$、63 和 255 的局部自相关特性如图 4.54 所示。正是 PN 序列这种自相关特性,有效地抑制了与它不同步的其他多径信号分量。各点波形如图 4.55 所示。

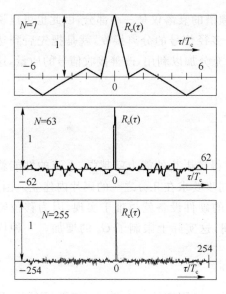

图 4.54　PN 序列的局部自相关

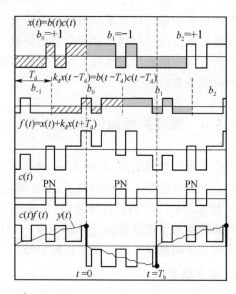

图 4.55　多径信号接收各点波形

以上仅分析了两径信号的传输情况,不难推广到多径情况。总之,只有与本地相关器扩频码同步的这一多径信号分量可以被解调,而抑制了其他的不同步的多径分量的干扰。也就是在混叠的多径信号中,单独分离出与本地扩频码同步的多径分量。

2. 多径分离接收机(RAKE receiver)

多径传输给信号的接收造成干扰,利用扩频码的良好自相关特性,可以很好地抑制这种干扰,特别是多径时延大于扩频码的码片的时候。但是这些先后到达接收机的信号,都携带相同的信息,都具有能量,若能够利用这些能量,则可以变害为利,改善接收信号的质量。基于这种指导思想,Price 和 Green 在 1958 年提出多径分离接收的技术,这就是 RAKE 接收机。

RAKE 接收机主要由一组相关器构成,其原理如图 4.56 所示。每个相关器和多径信号中的一个不同时延的分量同步,情况如图 4.57 所示,输出就是携带相同信息但时延不同的信号。把这些输出信号适当的延时对齐,然后按某种方法合并,就可以增加信号的能量,改善信噪比。所以 RAKE 接收机具有搜集多径信号能量的能力,用 Price 和 Green 的话来说,它的作用就有点像花园里用的耙子(rake),故取名 RAKE 接收机。在 CDMA/IS-95 移动通信系统中,基站接收机有 4 个相关器,移动台有 3 个相关器。这都保证了对多径信号的分离和接收,提高了接收信号的质量。

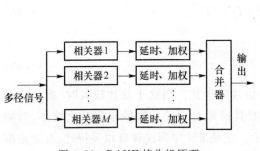

图 4.56　RAKE 接收机原理

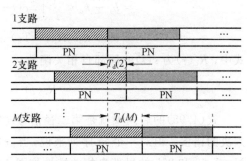

图 4.57　多径信号的分离

扩频信号的带宽远大于信道的相关带宽,信号频谱的衰落仅是一小部分,因此也可以说信号的频谱扩展使信号获得了频率分集的好处。另外多径信号的分离接收,就是把先后到达接收机的携带同一信息的衰落独立的多个信号的能量充分加以利用,改善接收信号的质量,这也是一种时间分集。

4.5.4　跳频扩频通信系统

直扩系统的处理增益 G_p 越大,扩频系统从中获得抗干扰的能力就越强,系统的性能就越好。但是直扩系统要求严格的同步,系统的定时和同步要求在几分之一的码片内建立。因此,$G_p = N$ 越大,码片 T_c 的长度就越短,实现这一要求的硬件设备就越难于实现,因为移位寄存器状态的转移和反馈逻辑的计算都需要一定的时间,这实际上限制了 G_p 的增加。一种代替的方法就是采用跳频技术来产生扩频信号。

1. 基本概念

一般的数字调制信号在整个通信的过程中,其载波是固定的。所谓跳频扩频(FHSS,Frequency Hopping Spread Spectrum)就是使窄带数字已调信号的载波频率在一个很宽的频率范围内随时间跳变,跳变的规律称为跳频图案,如图 4.59 所示。图中横轴为时间,纵轴为频率,这个时间与频率的平面称为时间-频率域。它说明载波频率随时间跳变的规律。只要接收机也按照这规律同步跳变调谐,收发双方就可以建立起通信连接。出于对通信保密(防窃听)

或抗干扰抗衰落的需要,跳频规律应当有很大的随机性,但为了保证双方的正常通信,跳频的规律实际上是可以重复的伪随机序列。例如,在图 4.58 中,有 3 个跳频序列,如其中一个序列为 $f_5 \to f_4 \to f_7 \to f_0 \to f_6 \to f_3 \to f_1$。

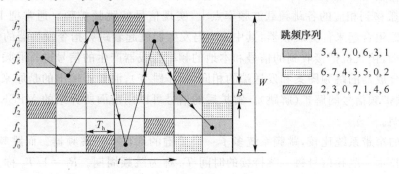

图 4.58 慢跳频图案

跳频信号在每一个瞬间,都是窄带的已调信号,信号的带宽为 B,称为瞬时带宽。由于快速的频率跳变形成了宏观的宽带信号。跳频信号所覆盖的整个频谱范围就称为跳频信号的总带宽(或称跳频带宽),表为 W。在跳频系统中,系统的跳频处理增益定义为

$$G_H = \frac{W}{B} \tag{4.97}$$

实际上 $W/B = N$ 就是跳频点数。跳频信号在每一瞬间系统只占用可用频谱资源的极小的一部分,因此可以在其余的频谱安排另外的跳频系统,只要这些系统的跳频序列不发生重叠,即在每频点上不发生碰撞,就可以共享同一跳频带宽进行通信而互不干扰。图 4.58 就是具有 3 个跳频序列的跳频图案,它们没有频点的重叠,因此不会引起系统间的干扰。通常把没有频点碰撞的两个跳频序列称为正交的。利用多个正交的跳频序列可以组成正交跳频网。该网中的每个用户利用被分配得到的跳频码序列,建立自己的信道,这是另一种形式的码分多址连接方式。所以跳频系统具有码分多址和频带共享的组网能力。

跳频信号的数字调制方式,一般采用 FSK 方式。这是因为在一个很宽的频率范围内,载波信号的产生和在信道的传输过程,要保持各离散频率载波相位相干是比较困难的。所以,在跳频系统中,一般不用 PSK,而采用 FSK 调制和非相干解调。这种跳频信号表示为 FH/MFSK。

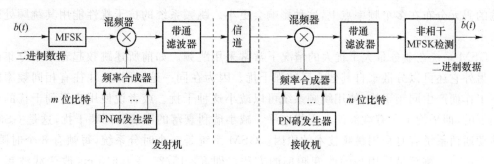

图 4.59 FH/MFSK 跳频通信系统原理图

跳频系统的例子如图 4.59 所示。要发送的二进制数据首先经过 MFSK 调制,然后经过混频产生在信道传输的发射信号。混频器的振荡信号由一个频率合成器提供,其振荡频率受

PN 码发生器输出的 m 位比特控制,一般可以在 $N=2^m$ 个离散频率中选择。混频器的带通滤波器选择乘法器输出的和频信号(上变频),作为发射信号送入信道。PN 码发生器按指定的节拍不断更新输出 m 位比特,形成一个 2^m 进制的跳频指令序列。混频器按照这一指令,把MFSK 信号搬移到相应的各跳频载波频率点上,实现信号的跳频扩频。通常把 PN 码发生器和频率合成器组合起来称为跳频器,其中 PN 码发生器就起着跳频指令发生器的作用。

在接收端,接收机把接收到的信号和本地的频率合成器产生的信号进行混频(下变频),由于本地频率合成器的跳频图案和发送端的相同(同步跳变),混频器输出的是原来的 MFSK 信号,完成跳频扩频信号的解扩(解跳)。解扩后的信号可以用前面所介绍的 MFSK 非相干解调方法进行解调。

和一般的窄带系统比较,跳频系统多了一个关键的部件——跳频器。而跳频同步是跳频系统的核心技术。跳频信号每一跳持续的时间 T_h 称为跳频周期。$R_h=1/T_h$ 称为跳频速率。根据调制符号速率 R_s 和 R_h 的关系,有两种基本的调频技术:慢跳频和快跳频。当 $R_s=KR_h$ (K 为正整数) 称为慢跳频(SFH,Slow Frequency Hopping),此时在每个载波频率点上发送多个符号;当 $R_h=KR_s$ 时,称为快跳频(FFH,Fast Frequency Hopping),即在发送一个符号的时间内,载波频率发生多次跳变。对 FH/MFSK 信号,码片速率 R_c 定义为

$$R_c=\max(R_h,R_s) \tag{4.98}$$

即一个码片的长度 $T_c=\min(T_h,T_s)$,也就是信号频率保持不变的最短持续时间。

在扩频信号带宽比较宽的情况下,跳频扩频比直接序列扩频更容易实现。在直扩系统中,要求码片的建立和同步必须在码片长度 $T_c=T_b/G_p$ 几分之一内完成。而在跳频系统,T_c 则是跳频点频率持续不变的最短时间,例如 $T_h=T_s$ 的 SFH/2FSK 信号就是 $T_c=T_b$。后者的码片比前者的长得多,所以 FH 系统在系统的定时要求比直扩系统宽松得多。而所需的扩频带宽可以通过调整跳频增益来获得。

2. 跳频系统的抗干扰性能和在 GSM 系统的应用

跳频系统对抗单频或窄带干扰是很有特色的。和直扩系统不同,跳频系统没有分散窄带干扰信号功率谱密度的能力,而是利用跳频序列的随机性和为数众多的频率点,使得它和干扰信号的频率发生冲突的概率大为减小,即跳频是靠躲避干扰来获得抗干扰能力的。因此跳频系统的抗窄带干扰的能力实际上就是指它碰到干扰的概率。在通信的过程中,众多的跳频点偶尔有个别的频点受到干扰并不会给整个通信造成多大的影响。特别是在快跳频系统中,所传输的码元分布在多个频率点上,这种影响会更小。跳频系统的抗干扰性能用其跳频处理增益表示。

GSM 系统在业务量大干扰大的情况下常常采用跳频。如前所述跳频起着频率分集的作用。另外它还可以分散来自其他小区的强干扰。因为在同一地区附近,往往有相同频率的系统在工作而产生同频干扰,使用跳频系统可以减小这种干扰。或者说使用户受到干扰的机会是相等的,即平均了所有载波的总干扰电平。减小瑞利衰落的影响和同频干扰,这是 GSM 蜂窝移动通信系统有时采用跳频技术的原因。GSM 系统是一个时分系统,每帧有 8 个时隙,提供 8 个信道。跳频是采用每帧改变频率的方法。即 $8\times15/26=4.615$ ms 改变载波频率一次,这属于慢跳频。GSM 系统允许使用 64 种不同的跳频序列。采用跳频要增加设备,是否采用跳频由运营商来决定。

4.6 多天线和空时编码

本节将会介绍多天线技术和空时编码技术。MIMO 利用在发送端和接收端同时使用多天线来抑制信道衰落,从而大幅度地提高信道容量、抗衰落性能和频谱利用率。在多天线的情况下,如何才能更好地匹配信道条件以及更充分地利用空间资源呢? 于是就引发了学者对于空时编码的研究。

4.6.1 多天线技术

传统的无线通信中一般采用的是一根发送天线和一根接收天线的配置,这样使得信道容量受到了很大的限制。而后出现了分集技术,它在接收端配置了多根天线,从而增强了抗衰落的性能。那么既然在接收端可以采用多根天线,如果在发送端采用多根天线后情况又会怎样呢? 由此使得学者对多天线(MIMO)技术展开了广泛研究。Telatar 和 Foschini 对于 MIMO 系统信道容量的分析奠定了它的理论基础,如今它已经作为未来移动通信的研究热点而备受瞩目。首先介绍 MIMO 的系统模型,如图 4.60 所示。

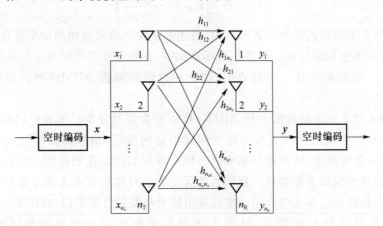

图 4.60 MIMO 的系统模型

图 4.60 描述了一个包含 n_T 根发送天线、n_R 根接收天线并且采用空时编码的 MIMO 系统模型。为了便于分析,假定信道带宽足够窄,每个子信道上经历了平坦性衰落。$h_{ij}(i=1,2,\cdots,n_R;j=1,2,\cdots,n_T)$ 表示从第 j 根发送天线到第 i 根接收天线的信道冲激响应。总的信道响应矩阵为

$$\boldsymbol{H}=\begin{pmatrix} h_{11} & h_{12} & \cdots & h_{1n_T} \\ h_{21} & h_{22} & \cdots & h_{2n_T} \\ \vdots & \vdots & & \vdots \\ h_{n_{R1}} & h_{n_{R2}} & \cdots & h_{n_R n_T} \end{pmatrix}_{n_R \times n_T} \qquad (4.99)$$

假设总的发射功率为 P,每根发送天线上的发射功率相同,为 P/n_T。忽略其他增益和损耗,认为每根接收天线的接收功率等于所有发射天线的发射功率之和,由此对信道响应矩阵进行归一化,即

$$\sum_{j=1}^{n_T} |h_{ij}|^2 = n_T \tag{4.100}$$

在发端进行空时编码后的数据为 $x = (x_1, x_2, \cdots, x_{n_T})$，并且 x 是独立同分布的高斯随机变量，它的协方差矩阵为 $R_{xx} = E\{xx^H\}$。经过无线信道 H 后，接收端的接收数据可以表示为 $y = (y_1, y_2, \cdots, y_{n_R})$，那么 MIMO 系统的数学模型可以表示为

$$y = Hx + n \tag{4.101}$$

其中，$n = (n_1, n_2, \cdots, n_{n_R})$ 表示每根接收天线上功率为 σ^2 的白高斯噪声。HH^H 非零特征值的数目等于 H 的秩 r，$r \leqslant \min(n_T, n_R)$。把信道矩阵进行奇异值分解可以得到：

$$y = U\Sigma V^H x + n \tag{4.102}$$

式(4.102)中矩阵 U 和 V 分别是酉矩阵，Σ 是秩为 r 的对角矩阵，对角线上元素为 $\sqrt{\lambda_i}$（$i = 1, 2, \cdots, r$）。通过引入矩阵变换，$y' = U^H y$，$x' = V^H x$，$n' = U^H n$，可以把式(4.101)化为式(4.103)，即

$$y' = \Sigma x' + n' \tag{4.103}$$

从式(4.103)可以看出，由于 Σ 是对角阵，那么 MIMO 信道被变换为 r 个相互独立的子信道的叠加，那么它的信道容量也可以由独立子信道的信道容量叠加得到，即

$$C = B \sum_{i=1}^{r} \log_2 \left(1 + \frac{\lambda_i P}{n_T \sigma^2}\right) \tag{4.104}$$

其中，B 表示每个子信道的带宽。式(4.104)描述了在发送端发送相同功率并且各根天线间相互独立情况下的理想信道容量。但是在实际系统中，各根天线间的距离并不是足够大，造成了天线间还存在一定的相关性。研究表明，随着相关性的增强，MIMO 的信道容量是逐渐降低的。

根据各根天线上发送信息的差别，MIMO 可以分为发射分集技术和空间复用技术。发射分集技术指的是在不同的天线上发射包含同样信息的信号（信号的具体形式不一定完全相同），达到空间分集的效果，从而跟分集接收一样能够起到抗衰落的作用。例如采用 STBC 编码形式，就可以得到空间分集增益。我们通常所说的空时编码技术大部分都是针对空间分集来说的，具体内容将在 4.6.2 中介绍。空间复用技术与发射分集不同，它在不同的天线上发射不同的信息，获得空间复用增益，从而大大提高系统的容量和频谱利用率。例如采用 VBLAST 编码形式就可以增加系统容量。下面就介绍这种基于空间复用的分层空时码。

分层空时码(LSTC, Layered Space-Time Code)最早是由贝尔实验室的 Foschini 等人提出的。LSTC 描述了空时多维信号的发送结构，并且还可以和不同的编码方式级联。其中最著名的是垂直结构的空时码(VBLAST)，其主要原理是将信源数据先分为多个子数据流，然后对这些子数据流进行独立的信道编码和调制，并在不同的天线上发送。如果与编码器级联，还有水平分层空时码、对角化分层空时码以及螺旋分层空时码等。下面介绍最简单也是应用得最广泛的 VBLAST，它在不同天线上的数据并没有正交性。VBLAST 的结构如图 4.61 所示。

第 i（$i = 1, 2, \cdots, n_T$）个子信道的调制器输出的符号为 $c_i = (c_{1,i}, c_{2,i}, \cdots, c_{n_T,i}, c_{1+n_T,i} \cdots)$。空时编码器接收从并行信道调制器的输出，按照垂直方向进行空间编码，可以得到第 i 根天线上待发送的数据 $x_i = (c_{i,1}, c_{i,2}, \cdots, c_{i,n_T}, c_{i+n_T,1}, c_{i+n_T,2}, \cdots, c_{i+n_T,n_T}, \cdots)$，$c_i$ 和 x_i 的映射方式可以如图 4.62 所示。

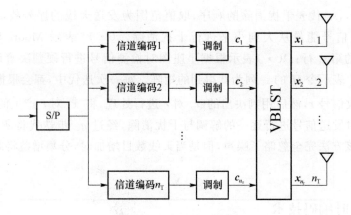

图 4.61　VBLAST 的结构

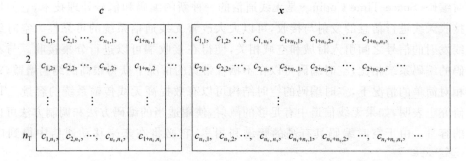

图 4.62　VBLAST 的映射方式

按照垂直的方式，c 中框里的第 1 列、第 $(1+n_T)$ 列……数据映射到第一根发送天线，第 2 列、第 $(2+n_T)$ 列……数据映射到第二根发送天线，以此类推完成所有编码器输出的映射。在接收端可以用多种方式实现 VBLAST 的译码，例如最大似然（ML）译码、迫零（ZF）算法、最小均方误差（MMSE）算法以及连续干扰消除等。下面以 VBLAST 接收中的 ZF 算法为例对接收机算法作简要介绍。

ZF 接收机的基本思想是利用迫零算法进行天线间的干扰抵消。设某一时刻的接收信号为 $r=Hx+n$，其中 $r=(r_1,r_2\cdots,r_{n_R})$ 是 n_R 根天线上的接收向量，$x=(x_1,x_2,\cdots,x_{n_T})$ 是 n_T 根天线上的发送向量，H 是 $n_R\times n_T$ 信道响应矩阵，n 是复白高斯噪声向量。ZF 算法需要进行如下操作：

初始化：

$$i=1,G_1=H^+,r_1=r$$

迭代过程：

$$s_i=\arg(\min_{j\notin\{s_1,s_2,\cdots,s_{i-1}\}}\parallel(G_i)_j\parallel^2)$$

$$W_{s_i}=(G_i)_{s_i}$$

$$\bar{x}_{s_i}=W_{s_i}r_i$$

$$\hat{x}_{s_i}=D(\bar{x}_{s_i})$$

$$r_{i+1}=r_i-\hat{x}_{s_i}(H^T)^T_{s_i}$$

$$G_{i+1}=H^+_{-s_i}$$

$$i=i+1$$

上述迭代中,$\{s_i\}$ 代表干扰消除的顺序,取值范围为发送天线的序号数,上面使用的优化准则是按照接收信号能量从大到小来进行干扰消除。$(\cdot)^+$ 表示 Moore-Penrose 广义逆;$(\cdot)_{s_i}$ 代表矩阵的第 s_i 行;$D(\cdot)$ 表示根据星座图对检测信号进行硬判决解调;$(\cdot)^{\mathrm{T}}$ 代表矩阵转置操作;$\boldsymbol{H}_{-s_i}$ 表示令 $\boldsymbol{H}$ 的 s_i 列为 0 得到的矩阵。每一次迭代中,都会根据优先级 $\{s_i\}$ 使用 ZF 准则检测接收信号 $\boldsymbol{r}$,然后用判决出的 $\hat{x}_{s_i}$ 对 $\boldsymbol{r}$ 进行处理,将 $\hat{x}_{s_i}$ 对 $\boldsymbol{r}$ 产生的结果直接抵消。

ZF 接收机对发送信号进行逐一的解调与干扰消除,经过 n_T 步迭代将所有发送信号解调出来。很显然,该方法完全忽略了噪声,但是当天线数目增加时,分集增益将越来越大,系统性得到极大改善。

4.6.2 空时编码技术

空时编码(Space-Time Coding)是无线通信的一种新的编码和信号处理技术,它使用多个发射和接收天线进行信息的发射与接收,可以大大改善无线通信系统的可靠性。空时编码在不同天线发射的信号之间引入时域和空域相关,使得在接收端可以进行分集接收。与不使用空时编码的编码系统相比,空时编码可以在不牺牲带宽的情况下获得很高的编码增益,在接收机结构相对简单的情况下,空时编码的空时结构可以有效提高无线传输系统的容量。Tarokh 等人的研究也表明,如果无线信道中有足够的散射,使用适当的编码方法和调制方法可以获得相当大的容量。由于空时编码具有高的频谱利用率,它必将在未来移动通信中得到广泛的应用。

1. 空时分组码(STBC)

空时分组码是由 AT&T 的 Tarokh 等人在 Alamouti 的研究基础上提出的。Alamouti 提出了采用两个发射天线和一个接收天线的系统可以得到采用一个发射天线两个接收天线系统同样的分集增益。STBC 和 LSTC 一个重要的区别就是 STBC 可以获得发送分集增益,而 LSTC 只有接收分集增益。

空时分组码是将每 k 个输入字符映射为一个 $n_\mathrm{T} \times p$ 矩阵,矩阵的每行对应在 p 个不同的时间间隔里不同天线上所发送的符号。这种码的速率可以定义为 $r = k/p$。下面是 $n_\mathrm{T} = 2, k = 2, p = 2$ 的一个简单的空时分组码的例子,它的编码矩阵为

$$c_2 = \begin{bmatrix} x_1 & -x_2^* \\ x_2 & x_1^* \end{bmatrix} \tag{4.105}$$

式(4.105)为编码码字,其中 x_1, x_2 是输入比特映射的两个符号。在某时刻符号 x_1, x_2 分别在天线 1,2 上发送,在下个时刻两个天线上发送的符号分别为 $-x_2^*, x_1^*$。假设接收机采用单根接收天线的情况,并假设信道在相邻两个发射符号间隔内保持不变,而且不同天线到接收天线的信道增益是独立的瑞利随机变量。用 r_1, r_2 表示第 1,2 个发射符号间隔接收天线的接收信号:

$$r_1 = h_1 x_1 + h_2 x_2 + n_1 \tag{4.106}$$

$$r_2 = -h_1 x_2^* + h_2 x_1^* + n_2 \tag{4.107}$$

其中,h_i 表示从发射天线 i 到接收天线的信道冲击响应($i = 1, 2$)。令 $\boldsymbol{r} = (r_1 \quad r_2^*)^{\mathrm{T}}$,$x = (x_1, x_2)^{\mathrm{T}}$,$n = (n_1 \quad n_2^*)^{\mathrm{T}}$,则上述公式可以表示为:

$$\boldsymbol{r} = \boldsymbol{H}x + n \tag{4.108}$$

其中，信道矩阵 $\boldsymbol{H}$ 为：

$$\boldsymbol{H} = \begin{bmatrix} h_1 & h_2 \\ h_2^* & -h_1^* \end{bmatrix} \tag{4.109}$$

$\boldsymbol{n}$ 是均值为 0，协方差矩阵为 $N_0\boldsymbol{I}$ 的复高斯随机噪声向量。由此最优极大似然译码可表示为：

$$\boldsymbol{x} = \arg(\min_{\hat{x} \in c} \| \boldsymbol{r} - \boldsymbol{H}\hat{\boldsymbol{x}} \|^2) \tag{4.110}$$

其中，$\boldsymbol{C}$ 表示所有可能的调制符号对 (x_1, x_2) 的集合。由于空时分组码的编码正交性，式(4.110)的联合最大似然译码可以分解为对两个符号 x_1 和 x_2 分别最大似然译码，从而大大降低了接收端译码复杂度。

对于 STBC，为了要满足各根天线上发送数据的正交，它的编码矩阵需要满足如下条件：

$$\boldsymbol{c}_{n_{\mathrm{T}}} \cdot \boldsymbol{c}_{n_{\mathrm{T}}}^{\mathrm{H}} = (|x_1|^2 + |x_2|^2 + \cdots + |x_k|^2)\boldsymbol{I}_{n_{\mathrm{T}}} \tag{4.111}$$

从上面的例子可以看出，STBC 其实就是将一组符号进行块状编码，然后将其在天线上利用时空交错的分集进行发送。上面的例子中，x_1, x_2 两个符号在间隔为 2 的时间段内，共发送了两次。这样每个符号实际上获得了双倍的发送分集增益。满足式(4.111)的编码矩阵在高阶情况下没有唯一解，实际编码方式也就是矩阵的形式与参数 k 和 p 有直接联系。

虽然分组码提供了发射分集增益，但是它并没有提供相关的编码增益。一般情况下空时分组码提供分集增益，而使用外信道编码提供编码增益。现在对空时分组码的研究集中在码字的设计上，即如何设计一种性能更佳的构造码字以及分析其带来的分集增益和信道容量的增加。另外现在还有一个很活跃的研究领域，即空时分组码与正交频分复用（OFDM）技术的结合使用，目前国内外的许多学者正致力于这方面的研究。最初的空时分组码是针对平坦衰落信道提出的，后来有学者将其扩展到频率选择性信道中的分组数据传输，大大提高了空时分组码的应用范围。

2. 空时格码(STTC)

空时格码是一种考虑了信道编码、调制及收发分集联合优化的空时编码方法。它可以获得完全的分集增益以及非常大的编码增益，同时还能提高系统的频谱效率。

（1）编码器

空时格码的编码过程将调制、编码以及收发分集联合优化，采用格形图编码，其某个时刻天线上所发射的符号是由当前输入符号和编码器的状态决定的。空时格码比空时分组码有更好的性能，当然其编译码的复杂度也要高一些。对于空时分组码来说，空时格码本身不但提供了分集增益，而且还提供了编码增益。在某一个时刻 t，采用 $MPSK$ $(M = 2^m)$ 符号映射的 STTC 编码器结构如图 4.63 所示。

图 4.63 中的 D 表示延迟一个比特，假设发射天线数为 n_{T}，t 时刻输入的比特流为 c_t，连续输入的比特流为 c，即

$$\boldsymbol{c}_t = (c_t^1, c_t^2, \cdots, c_t^m)$$
$$\boldsymbol{c} = (\boldsymbol{c}_1, \boldsymbol{c}_2, \cdots, \boldsymbol{c}_t, \cdots) \tag{4.112}$$

经过编码调制后，t 时刻输出的 MPSK 空时符号为 $\boldsymbol{x}_t$，调制符号序列为 $\boldsymbol{x}$，即

$$\boldsymbol{x}_t = (x_t^1, x_t^2, \cdots, x_t^{n_{\mathrm{T}}})$$
$$\boldsymbol{x} = (\boldsymbol{x}_1, \boldsymbol{x}_2, \cdots, \boldsymbol{x}_t, \cdots) \tag{4.113}$$

调制符号 $\boldsymbol{x}_t$ 通过 n_{T} 根天线发送出去。移位寄存器单元和模 M 加法器之间的关系可由以下 m 个乘法器系数表示：

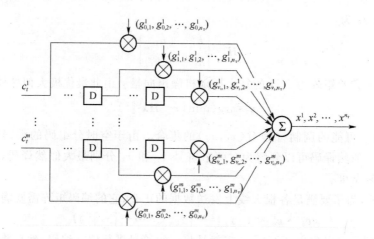

图 4.63　STTC 编码器结构

$$\begin{cases} \boldsymbol{g}^1 = \left[(g_{0,1}^1, g_{0,2}^1, \cdots, g_{0,n_\mathrm{T}}^1), (g_{1,1}^1, g_{1,2}^1 \cdots, g_{1,n_\mathrm{T}}^1), \cdots, (g_{v_1,1}^1, g_{v_1,2}^1, \cdots, g_{v_1,n_\mathrm{T}}^1) \right] \\ \boldsymbol{g}^2 = \left[(g_{0,1}^2, g_{0,2}^2, \cdots, g_{0,n_\mathrm{T}}^2), (g_{1,1}^2, g_{1,2}^2 \cdots, g_{1,n_\mathrm{T}}^2), \cdots, (g_{v_2,1}^2, g_{v_2,2}^2, \cdots, g_{v_2,n_\mathrm{T}}^2) \right] \\ \qquad\qquad\qquad\qquad\qquad\qquad \vdots \\ \boldsymbol{g}^m = \left[(g_{0,1}^m, g_{0,2}^m, \cdots, g_{0,n_\mathrm{T}}^m), (g_{1,1}^m, g_{1,2}^m, \cdots, g_{1,n_\mathrm{T}}^m), \cdots, (g_{v_m,1}^m, g_{v_m,2}^m, \cdots, g_{v_m,n_\mathrm{T}}^m) \right] \end{cases}$$

$$(4.114)$$

其中,$g_{j,i}^k \in \{0, 1, \cdots, M-1\}$($k=1, 2, \cdots, m; j=1, 2, \cdots, v_k; i=1, 2, \cdots, n_\mathrm{T}$),代表用来生成第 i 根天线符号流的第 m 个输入比特对应的编码器的第 j 个移寄存器的抽头系数,v_k 是第 k 个移位寄存器序列的总记忆长度,v 为编码器全部记忆长度,即

$$v_k = \left| \frac{v+k-1}{\log_2 M} \right| \tag{4.115}$$

那么在 t 时刻第 i 根发射天线的输出 x_t^i 为

$$x_t^i = \sum_{k=1}^m \sum_{j=0}^{v_k} g_{j,i}^k c_{t-j}^k \mod M \quad (i = 1, 2, \cdots, n_\mathrm{T}) \tag{4.116}$$

(2) 网格图

STTC 的编码还可以用网格图的形式表示,每输入的 m 个比特的数据流被映射为一个 MPSK 符号,然后再根据网格图对符号进行 STTC 编码。当发射天线数为 2 时,采用 QPSK 调制的网格图如图 4.64 所示。

网格图右边每一行中的每个元素由两个符号组成,每根发射天线相应地发射一个符号。斜线表示由于输入的符号,编码器的状态相应地由斜线的始端转换到末端。对于 QPSK 调制包含了 4 个可能的符号,那么当编码器处于某一个状态时,它的状态就可以根据输入的符号转换为斜线所对应的 4 个可能状态中的一个。这里的编码器状态总数是由移位寄存器总数 v 决定的,即编码器状态数目为 2^v。由此可以知道图 4.64(a) 中有两个移位寄存器,而 4.64(b) 中有三个移位寄存器。以图 4.64(b) 为例,当每个时刻输入 2 个比特时,实际上移位寄存器中还保留着之前时刻的 3 个数据比特,如状态 3(011) 可以转移到状态 4(100)、5(101)、6(110)、7(111),目标状态的后两位就是当前输入,第一位就是寄存器中仍然存留的比特位。根据式 (4.116),编码器的结构与乘法器的参数,共同决定了两根天线的输出,也就是网格图右方表格中的两个输出符号。例如,在图 4.64 (a) 中,原始状态为"2",输入符号为"1",就可以依据表

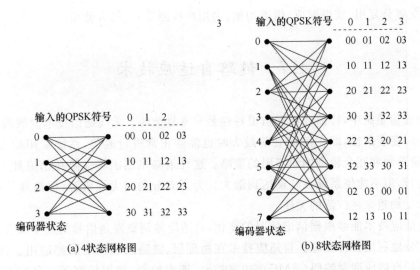

图 4.64 STTC 网格图

格中状态"2"、输入 QPSK 符号"1"的位置处找到两根天线上对应的输出符号为"21";并且,编码器状态应根据"2"状态下第 2 根线转换到状态"1"。在图 4.64(b)中,与图 4.64(a)完全类似,我们可以通过编码器状态与当前输入的 QPSK 符号得到两根天线上发送的符号。下面给出图 4.64 (b)中的 STTC 编码器结构(如图 4.65 所示),有兴趣的读者可以验证一下乘法器的抽头系数。

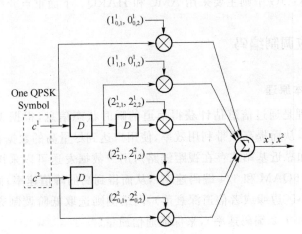

图 4.65 三移位寄存器编码器结构图

在获取了编码器设计方案后,用网格图来进行分析显得更加清晰,同时也可以看出 STTC 的最佳译码算法是 Viterbi 算法。

由于空时格码的最优化设计还没有理论方法,目前最优码的获得还是依靠计算机搜索。另外,对于空时格码,译码器采用维特比算法来实现最大似然译码,研究简单的译码算法一直是国内外学者的目标。再有空时码与其他技术的结合如智能天线技术、阵列处理技术、多用户检测、多重格码调制也是学者研究的热点。

空时编码是最近几年来移动通信领域中一个研究的热点,它可以大大增强链路抗衰落的性能,所以必将会得到广泛的应用。但是到目前为止,还有许多没有解决的难题,比如:在不同实际信号传播条件下各种空时码的性能,如何设计出更简单的编译码方案,以及空时码与其他技术(如正交频分复用、波束形成、信道均衡、多用户检测等)的结合使用。

4.7 链路自适应技术

在移动通信系统中,传播环境和信道特性是非常复杂的。无线通信技术发展的早期,为了对抗信道的时变衰落性,即在信道衰落最大时也能够正常进行通信,系统采用加大发射机功率、使用低阶调制和冗余较多的纠错码的策略。这种策略虽然能够保障在信道处于深衰落时通信正常进行,但不能使系统吞吐量达到最大。为了充分利用无线资源,提高通信效率,链路自适应技术受到越来越广泛的关注。

链路自适应技术能够根据信道情况的变化,自适应地调整发送信号的速率或者功率等,进而可以更充分地利用各种资源。自适应技术在物理层、链路层和网络层都适用。物理层的自适应技术包括自适应调制编码(AMC)、功率控制、速率控制、错误控制等。HARQ 是链路层的自适应技术。网络层的自适应技术包括跨层协作等。

自适应系统通过在接收端进行信道估计,并把信道的情况反馈到发送端,发送端就可以根据信道的情况灵活地调整发送参数,以实现吞吐量的优化。基本思想是信道条件好时多发送,信道条件差时少发送。自适应技术的两个必要条件是:首先必须保证从接收端到发送端的反馈信道;其次是要尽量保证信道估计的精确度。在 3G 系统中广泛采用的链路自适应技术是功率控制技术,在 B3G、4G 中则主要采用 AMC 和 HARQ。下面重点介绍 AMC 和 HARQ。

4.7.1 自适应调制编码

1. AMC 技术基本原理

AMC 的基本原理是通过信道估计获得信道的瞬时状态信息,根据无线信道变化选择合适的调制和编码方式,从而提高频带利用效率,使用户达到尽量高的数据吞吐率。当用户处于有利的通信地点时(如靠近基站或存在视距链路),用户数据发送可以采用高阶调制和高速率的信道编码方式(如 16QAM 和 3/4 编码速率),从而得到高的峰值速率;而当用户处于不利的通信地点时(如位于小区边缘或者信道深衰落),网络侧则选取低阶调制方式和低速率的信道编码方案(如 QPSK 和 1/2 编码速率),来保证通信质量。

采用 AMC 技术的系统结构如图 4.66 所示,当发送的信息经过信道到达接收端时,首先进行信道估计,根据信道估计的结果对接收信号进行解调和解码,同时把信道估计得到的信道状态信息(如重传次数、误帧率、SNR 等)通过反馈信道发送给发送端。发送端根据反馈信息对信道的质量进行判断,从而选择适当的发送参数来匹配信道。

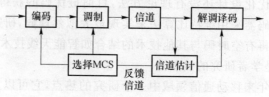

图 4.66 AMC 系统框图

2．AMC 技术特点

AMC 技术可以同时克服平均路径损耗、慢衰落和快衰落变化的影响。自适应调制编码技术具有以下的特点。

（1）适应调制编码技术随信道状态的变化而改变数据传输的速率，不能保证数据固定的速率和延时，因此不适用于需要固定数据率和延时的电路交换业务，比如语音电话、可视电话业务，仅适用于对数据率和延时没有要求的分组交换业务，例如 WWW 网页浏览、数据下载等业务。

（2）自适应调制编码技术发射功率保持恒定，信道条件好的用户使用较高的数据率，信道条件差的用户使用较低的数据率，从而避免了功率控制技术中存在的"远近效应"，提高了系统平均吞吐量。

（3）自适应调制编码技术发射功率保持恒定，仅随快衰落变化改变调制编码方案，从而避免了快速功率控制技术存在的"噪声提升"效应，克服了一个用户对其他用户的干扰的变化问题，可以降低网络中的干扰量，从而提高了系统的吞吐量。

（4）自适应调制编码技术和数据包调度算法结合使用时，选择小区内当前载干比最大的用户传输数据，从而利用了不同链路间快衰落的不相关性，可以减小用户在快衰落处于"波谷"时传输数据的概率，增加在快衰落的"波峰"传输数据的概率，不仅不受快衰落的影响，还可以得到一定的快衰落波峰增益。

3．AMC 技术分类与实现

根据信道状态信息不同，自适应调制编码技术可分为两大类。第一类是以误帧率亦可等效为数据帧的重传次数为参考度量，由于重传次数基本上能够充分反映误帧率的大小，这类方法不需要进行信道信噪比估计，而是通过统计每帧数据的重传次数来调整调制编码方案，这类方法常常被称为探索类（heuristic）自适应调制编码技术。第二类是以信道信噪比估计值作为参考度量，即接收端根据本帧数据信号幅值的变化以及历史数据信息的变化趋势估计出下一帧数据传输时的信道信噪比并将其反馈。第一类实现较为简单，但对信道的变换不能做出迅速的反映。第二类依赖于信道估计的准确性，可对信道信噪比的变化做出迅速的反映，从而提高系统吞吐量。实际系统中第二类 AMC 的应用更广泛，例如 HSPA、LTE 等 B3G 系统采用的都是基于信道信噪比估计的 AMC。下面重点介绍一下第二类 AMC。

第二类 AMC 得到估计的信噪比之后，根据设定的 MCS 门限选择传输模式。门限值的确定可以采用固定门限算法。该算法将信道质量 γ（信噪比）的变化范围划分成若干个区间，每个区间对应一种可用的调制编码方式。假定系统包含 M 个 MCS_n，$n \in \{1,2,\cdots,M\}$，R_n 为 MCS_n 对应的符号速率（每个调制符号能够承载的信息比特数），$R_n = M_n \times r_n$，M_n 为调制阶数，r_n 为编码码率。γ 的 M 个区间为 $[\gamma_1,\gamma_2)$，$[\gamma_2,\gamma_3)$，$\cdots$，$[\gamma_M,\gamma_{M+1})$，其中 $\gamma_{M+1} = +\infty$。当 γ 落在区间 $n([\gamma_n,\gamma_{n+1}),1 \leqslant n \leqslant M)$ 时，就选择 MCS_n。显然各区间的切换门限 $\{\gamma_1,\gamma_2,\cdots,\gamma_M\}$ 的优化选择对 AMC 系统的性能意义重大。传统的门限选择方法有两种：吞吐率最大准则与保证误块率准则。

吞吐量最大准则是以获得最大的吞吐率为唯一原则，而不考虑误块率 BLER。

$$\text{MCS}(\gamma) = \arg\max\{S_n(\gamma) = R_n(1-\text{BLER}_n(\gamma))\} \quad n \in M \tag{4.117}$$

假定 M 中传输方式的频谱利用率分别记为 $\{S_1,S_2,\cdots,S_M\}$，当 γ 落在区间 $[\gamma_n,\gamma_{n+1})$，$1 \leqslant n \leqslant M$ 上时，就选择在该区间内吞吐率最大的传输方式 M_n，如图 4.67 所示。

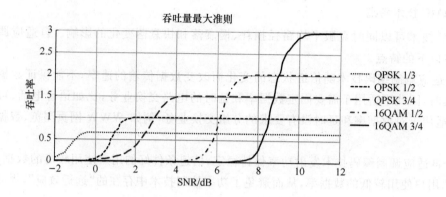

图 4.67　吞吐率最大准则示意图

保证误块率 BLER 准则在保证系统 BLER 要求(如 0.1 或 0.01)的前提下使吞吐率最大。

$$\text{MCS}(\gamma)=\arg\max\{R_n(1-\text{BLER}_n(\gamma))\,|\,\text{BLER}_n(\gamma)<x\%\}\quad n\in M\qquad(4.118)$$

$\text{BLER}_n(\gamma)$ 为 MCS_n 在信噪比 γ 时对应的 BLER 值。给定目标误块率 BLER_{target},在 AWGN 信道下,确定 MCS 要到该误块率所需的信噪比,分别为 $\{\gamma_1,\gamma_2,\cdots,\gamma_M\}$,当 γ 落在区间 $[\gamma_n,\gamma_{n+1}),1\leqslant n\leqslant M$ 时,就选择 MCS_n,如图 4.68 所示。

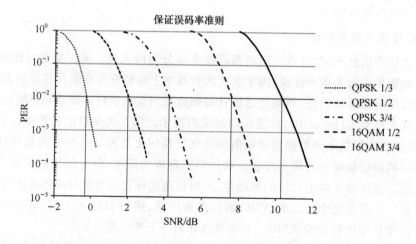

图 4.68　保证误码率准则示意图

4. AMC 技术关键问题

(1)信道预测的准确性。信道预测过程中必然存在一定的误差,该误差值对系统平均吞吐量性能有较大的影响。

(2)反馈过程中的误差和延时。接收端将信道预测值反馈给发送端,在反馈过程中必然存在误差和延时,这些都是影响系统吞吐量性能的重要因素,在实际应用中必须要解决。

(3)MCS 切换门限值的确定。MCS 切换门限值是自适应调制编码技术中最关键的问题。切换门限值取得偏大,则系统不能充分利用频谱资源,系统吞吐量不能达到最大;切换门限值取得偏小,则导致误帧率提高,重传次数变大,从而系统吞吐量也不能达到最大。

4.7.2　混合自动请求重传

差错控制技术是为了实现高速数据传输下的低误码率性能。发端根据反馈信道上的链路性能,自适应地发送相应的数据。差错控制技术一般分为 3 类:重传反馈方式(ARQ),前向纠错方式(FEC),混合自动重传请求方式(HARQ)。ARQ 方式是在发送端发送能够检错的码,在接收端根据译码结果是否出错,然后通过反馈信道给发送端发送一个应答信号正确(ACK)或者错误(NACK)。发送端根据这个应答信号来决定是否重发数据帧,直到收到 ACK 或者发送次数超过预先设定的最大发送次数后再发下一个数据帧。FEC 方式是发端采用冗余较大的纠错编码,接收端译码后能纠正一定程度上的误码。这种方式不需要反馈信道,直接根据编码的冗余就能纠正部分错误,也不需要发送端和接收端的配合处理,传输时延小效,率高,控制电路也比较简单。但纠错码比检错码的编码冗余度大、编码效率低、译码复杂度大,并且如果误码在纠错码的纠错能力以外就只能把错误的码组传给用户。HARQ 是把两种方式结合起来的一种差错控制技术,它能够使两者优势互补,提高链路性能。

1. HARQ 的系统结构

采用 HARQ 技术的系统结构如图 4.69 所示。

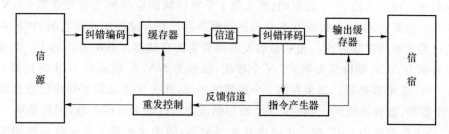

图 4.69　HARQ 的系统结构

HARQ 的基本思想就是发送端发送具有纠错能力的码组,发送之后并不马上删除而是存放在缓冲存储器中,接收端接收到数据帧后通过纠错译码纠正一定程度的误码,然后再判断信息是否出错。如果译码正确就通过反馈信道发送一个 ACK 应答信号,反之就发送一个NACK。当发送端接收到 ACK 时就发送下一个数据帧,并把缓存器里的数据帧删除;当发送端接收到 NACK 时,就把缓存器里的数据帧重新发送一次,直到收到 ACK 或者发送次数超过预先设定的最大发送次数为止,然后再发送下一个数据帧。

HARQ 的种类可以按照重传机制和重传数据帧的构成来划分。

2. HARQ 的重传机制

(1) 停止等待型(SAW)

SAW 方式就是发送端在发送一个数据帧后就处于等待状态,直到收到 ACK 才发送下一个数据帧或者收到 NACK 之后发送上一帧数据。原理如图 4.70 所示。

图中,$3'$、$3''$表示经过译码发现错误的数据帧。采用这种方式信道就会经常处于空闲状态,传输效率以及信道利用率很低,不过实现简单。在信道条件比较恶劣的时候可能出现以下几种情况:

① 接收端无法判别是否收到数据帧,也就不会发送响应帧,发送端就会长时间处于等待状态。

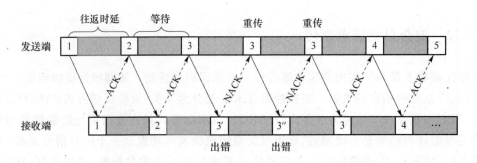

图 4.70 SAW 重传机制

② 发送的响应帧丢失,发送端又会发送原来的数据帧,接收端就会收到同样的数据帧。

这样就需要对数据帧进行编号来解决重复帧问题。在实际中,为了提高 SAW 方式的效率,可以使用 N 个并行子信道重传的方式。在某个子信道等待时,别的子信道可以传输数据。这样就可以克服简单的 SW 方式在等待过程中造成的信道资源浪费。

(2) 回退 N 步型(GBN)

由于 SAW 方式需要耗费大量的时间处于空闲状态,造成效率低下。GBN 方式就克服了这种缺点而采用连续发送的方式,发送端的数据帧连续发送,接收端的应答帧也连续发送。假设在往返时延内可以传输 N 个数据帧,那么第 i 个数据帧的应答帧会在发送第 $i+N$ 个数据帧之前到达。已发送的 N 个数据并不立即删除而是存放在存储器中直到它的 ACK 应答帧到达或者超过最大重传次数为止。很明显收发两端需要的存储器比 SW 方式的大。当第 i 个数据帧的应答帧为 ACK 则继续发第 $i+N$ 个数据,如果为 NACK 则退回 N 步发送第 i, $i+1$, $i+2$, $\cdots$, $i+N-1$ 个数据帧。如果在第 i 个数据帧出错,那么接收端期望接收的数据就一直保持为第 i 个数据,直到接收到正确的第 i 个数据帧或者超过最大重传次数,即使是第 $i+k$($k=1,\cdots,N-1$)个数据帧的 CRC 校验正确也发送 NACK,因为这些都不是接收端所期望接收的数据。也就是说对出错帧后的 $N-1$ 帧数据做丢弃处理。假设 $N=5$,GBN 原理如图 4.71 所示。

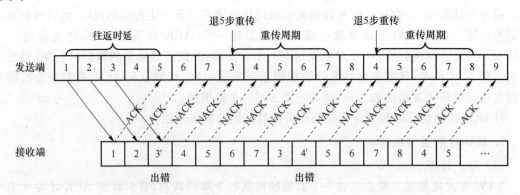

图 4.71 GBN 重传机制

图中,$3'$、$4'$ 表示出错的数据帧。首先对数据帧编号,当接收端发现第 3 帧出错后,即使以后收到的数据帧通过 CRC 校验为正确,同样发送 NACK 应答帧。直到接收端收到 CRC 校验为正确的第 3 帧时才发送 ACK 应答帧。由于发送端和接收端都采用连续发送的方式,信道利用率比较高,但是一旦有传错的帧则会导致退回 N 步重发,即使误帧后的 $N-1$ 帧中有的帧 CRC 校验正确。这必然会导致资源的浪费,降低传输效率。回退数 N 主要由收发双方的往返时间以及设备的处理时延决定,即从发送出数据帧到接收到该数据帧的应答帧之间的时间。

（3）选择重传型（SR）

由以上的分析可知 GBN 方式虽然实现了连续发送、信道利用率较高,但是会造成很多不必要的浪费,特别是在 N 比较大的时候。SR 方式做进一步的改进,并不是重传 N 个数据帧,而是选择性地重传,仅重传出错的数据帧。那么就需要对数据帧进行正确的编号,以便在收发端对成功接收或重传的数据帧进行排序。为了保证发生连续错误时存储器仍然不会溢出,这就要求存储器的容量相当大,理论上应该趋于无穷。

3. HARQ 重传数据帧的构成

在发送端需要重传时,传输的数据既可以是同样的数据,也可以是不同的数据。这是因为在编码时会出现信息位和校验位之分,而信息位对于译码来说是最重要的。为了匹配某个确定的编码速率,就需要对校验位打孔,就是说放弃传送某些校验比特。那么重传的数据相同,就是说每次发送的是相同的信息位和校验位,而重传的数据不同,是说可以通过改变打孔的位置来重传不同的校验位。

（1）重传相同数据的 HARQ

Type-Ⅰ HARQ 就是采用的这种方式,它是单纯地把 ARQ 和 FEC 相结合,在发送端发送纠错码,在接收端译码并纠正错误,如果错误在纠错码的纠错范围内并成功译码则发送一个 ACK 应答帧,反之则发送一个 NACK 应答帧,同时丢弃出错的帧。在重发时仍然发送相同的数据帧,携带相同的冗余信息。

（2）重传不同数据的 HARQ

Type-Ⅱ HARQ 和 Type-Ⅲ HARQ 都属于这种方式。这时重传的数据又有全冗余和部分冗余之分。冗余指的是编码带来的校验比特,那么全冗余的意思就是重传的数据帧是与上一帧位置不完全相同的校验比特,并且不再发送信息位,而部分冗余就是说重发的数据帧既包括信息位又包括与上一帧位置不完全相同的校验比特。

Type-Ⅱ HARQ 属于全冗余方式的 HARQ,由于重传的数据帧都是校验位,那么它的数据帧是非自解码的。对于不能正确译码的数据帧,并不是简单地做丢弃处理而是保留下来,等到重发的数据帧到达时,再把他们合并译码,这样就可以很好地利用这些有效的信息。这种方式相当于获得了时间分集的增益,可以提高接收数据的信噪比。冗余的形式因打孔方式的不同而不同,每次重发的都一种形式的冗余版本,在接收端先进行合并再译码。当然在收发端都需要事先知道第几次重传时发送什么形式的冗余版本,并且每次传送的比特数是相同的。如果所有形式的冗余版本都发完后仍然不能成功译码,则再次发送第一次传的包含系统位的数据,在合并译码时用这次传的数据帧代替之前那次传送的包含系统位的数据帧。

Type-Ⅲ HARQ 属于半冗余的 HARQ,就是说重发的数据既包含信息位又包含校验位,因而重传数据帧是自解码的。因为如果传送过程中的噪声和干扰很大,第一次传送的数据被严重破坏,并且信息位对译码又很重要,即使后来增加了正确的冗余信息还是不能正常译码。并且所有版本的冗余形式是互补的,就是说当所有的冗余形式都发送完后,能够保证每个校验比特都被至少发送了一遍。

在 3G 和 4G 系统中,都普遍采用了 AMC 和 HARQ 技术,它们能够在增加一定复杂度的基础上极大地提高链路性能,保证了高速数据速率和高频谱利用率下的低误码传输。

习题与思考题

4.1 分集接收技术的指导思想是什么？

4.2 什么是宏观分集和微观分集？在移动通信中常用哪些微观分集？

4.3 合并方式有哪几种？哪一种可以获得最大的输出信噪比？为什么？

4.4 要求 DPSK 信号的误比特率为 10^{-3} 时,若采用 $M=2$ 的选择合并,要求信号平均信噪比是多少 dB？没有分集时又是多少？采用最大合并时重复上述工作。

4.5 什么是码字的汉明距离？码字 1101001 和 0111011 的汉明距离等于多少？一个分组码的汉明码距为 32 时能纠正多少个错误？

4.6 已知一个卷积码编码器由两个串联的寄存器(约束长度 3)、3 个模 2 加法器和一个转换开关构成。编码器生成序列为 $g^{(1)}=(1,0,1)$, $g^{(2)}=(1,1,0)$, $g^{(3)}=(1,1,1)$。画出它的结构方框图。

4.7 题图 4.1 是一个 (2,1,1) 卷积码编码器。

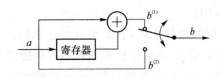

题图 4.1

① 画出状态图；

② 设输入信息序列为 10111,画出编码网格图；

③ 求编码输出并在图中找出一条与编码输出的路径；

④ 设接收编码序列为 11,01,11,11,01,用维特比算法译码搜索最可能发送的信息序列。

4.8 Turbo 码与一般的分组码和卷积码相比,有哪些特点使得它有更好的抗噪声性能？它有什么缺点使得它在实际应用中受到什么限制？

4.9 Turbo 码码率为 1/2,其生成矩阵为 $g(D)$

$$g(D) = \left(1, \frac{1+D+D^2}{1+D^2}\right)$$

① 画出编码器的原理框图；

② 设信息序列是 $\{m_k\}$,奇偶校验序列是 $\{b_k\}$,写出它的奇偶校验等式。

4.10 信道均衡器的作用是什么？为什么支路数为有限的线性横向均衡器不能完全消除码间干扰？

4.11 线性均衡器与非线性均衡器相比主要缺点是什么？在移动通信中一般使用它们中的哪一类？

4.12 试说明判决反馈均衡器的反馈滤波器在其中是如何消除信号的拖尾干扰的。

4.13 PN 序列有哪些特征使得它具有类似噪声的性质？

4.14 计算序列的相关性：

① 计算序列 $a=1110010$ 的周期自相关特性并绘图(取 10 个码元长度)；

② 计算序列 $b=01101001$ 和 $c=00110011$ 的互相关系数,并计算各自的周期自相关特性

并绘图(取 10 个码元长度);

③ 比较上述序列,哪一个最适合用作扩频码?

4.15 简要说明直接序列扩频和解扩的原理。

4.16 为什么扩频信号能够有效地抑制窄带干扰?

4.17 RAKE 接收机的工作原理是什么?

4.18 MIMO 和空时编码技术抗衰落的原理是什么?

4.19 对于采用 QPSK 调制 STTC 编码,2 根发送天线的 MIMO 系统,要发送的信息符号是(2,1,3,0,2),那么在每根天线上发送的符号是什么?

4.20 对于采用 Turbo 编码的 HARQ 系统,它有两组校验比特。

(1) 如果采用 Type-II HARQ,第一次发送的数据和重传数据的删除格式如 p_1 和 p_2 所示

$$p_1 = \begin{pmatrix} 1 & 1 & 1 & 1 & 1 & 1 \\ 1 & 0 & 0 & 0 & 0 & 0 \\ 0 & 0 & 0 & 1 & 0 & 0 \end{pmatrix}; p_2 = \begin{pmatrix} 0 & 0 & 0 & 0 & 0 & 0 \\ 0 & 1 & 0 & 1 & 0 & 1 \\ 1 & 1 & 1 & 0 & 1 & 1 \end{pmatrix}$$

矩阵中的第一行表示信息位,后两行都是校验位,矩阵中的元素是"1"表示这个比特需要发送,如果是"0"表示这个比特在打孔时被打掉了。请计算接收端根据合并这两帧数据后译码时的码率。

(2) 如果采用 Type-III HARQ,第一次发送的数据和重传数据的删除格式如 p_3 和 p_4 所示

$$p_3 = \begin{pmatrix} 1 & 1 & 1 & 1 & 1 & 1 \\ 0 & 1 & 0 & 0 & 0 & 0 \\ 0 & 0 & 0 & 0 & 0 & 1 \end{pmatrix}; p_4 = \begin{pmatrix} 1 & 1 & 1 & 1 & 1 & 1 \\ 0 & 0 & 0 & 0 & 0 & 1 \\ 0 & 0 & 1 & 0 & 0 & 0 \end{pmatrix}$$

请计算接收端根据合并这两帧数据后译码时的码率。

本章参考文献

[1] Theodore S R. Wireless communications principles & practice. 北京:电子工业出版社,1998.

[2] John G P. Digital communications. 影印版. 北京:电子工业出版社 1998.

[3] Vijav K G. 第三代移动通信系统原理与工程设计 IS-95 CDMA 和 cdma2000. 于鹏,等,译. 北京:电子工业出版社 2001.

[4] Gordon L S. 移动通信原理. 2 版. 裴昌幸,等,译. 北京:电子工业出版社,2004.

[5] Jhong Sam Lee Leonard E M. CDMA 系统工程手册. 许希斌,等,译. 北京:人民邮电出版社,2001.

[6] Michel MOULY, Marie-Bernadette PAUTET. GSM 数字移动通信系统. 骆健霞,等,译. 北京:电子工业出版社,1996.

[7] 西蒙·赫金,通信系统. 4 版. 宋铁成,等,译. 北京:电子工业出版社,2003.

[8] Foschini G J, Gans M J. On limits of wireless communication in a fading environment when using multiple antennas. Wireless Personal Communications,1998.

[9] Tarokh V. Space-time codes for high data rate wireless communications: perform-

ance criterion and code construction. IEEE Trans. Inform. Theory, vol. 44. pp. 744-765, Mar, 1998.

[10] Alamouti S M. A simple Transmit diversity technique for wireless communications. IEEE Journal on Selected Areas in Communications. pp. 1451-1458, Oct, 1998.

[11] Lindskog E, Paulraj A. A transmit diversity scheme for channels with intersymbol interference. IEEE ICC. vol. 1, pp. 307-311, June, 2000.

[12] Stuber G L. Broadband MIMO-OFDM wireless communications. Proceedings of the IEEE. Volume 92, Issue 2, pp. 271-294, Feb, 2004.

[13] 黄韬,袁超伟,等. MIMO 相关技术与应用. 北京:机械工业出版社,2006.

[14] 常永宇,等. TD-HSPA 移动通信技术. 北京:人民邮电出版社,2008.

[15] Nanda S. Balachandran K, Kumar S. Adaptation techniques in wireless packet data services. IEEE Commun. Mag. , pp. 54-64, Jan, 2000.

[16] Kamath K M, Goeckel D L. Adaptive-modulation schemes for minimum outage probability in wireless systems. IEEE Trans. Commun. vol. 52, pp. 1632-1635, Oct, 2004.

[17] 杨大成,等. 现代移动通信中的先进技术. 北京:机械工业出版社,2005.

[18] 吴伟陵,牛凯. 移动通信原理. 北京:电子工业出版社,2005.

[19] Atsushi OHTA. PRIME ARQ : A Novel ARQ Scheme for High-speed Wireless ATM. IEEE. 1998.

[20] Andrea Goldsmith. 无线通信. 杨鸿文,等,译. 北京:人民邮电出版社,2007.

第5章 蜂窝组网技术

学习重点和要求

本章重点介绍了移动通信蜂窝组网的原理和移动通信网络结构。包括：频率复用和蜂窝小区、多址接入技术、无线资源管理和控制以及网络结构等。

要求：

- 掌握移动通信网的概念和特点；
- 掌握蜂窝小区的原理以及相关技术；
- 掌握多址接入和系统容量的概念和原理；
- 理解无线资源管理和控制的基本概念和原理；
- 理解移动网络的组成。

5.1 移动通信网的基本概念

移动通信在追求最大容量的同时，还要追求最大的覆盖，也就是无论移动用户移动到什么地方移动通信系统都应覆盖到。当然在现今的移动通信系统中还无法做到上述所提到的最大覆盖，但是系统应能够在其覆盖的区域内提供良好的语音和数据通信。要实现系统在其覆盖区内良好的通信，就必须有一个通信网支撑，这个通信网就是移动通信网。

一般来说，移动通信网络由两部分组成：一部分为空中网络；另一部分为地面网络部分。

空中网络是移动通信网的主要部分，主要包括：

（1）多址接入：在给定的频率资源下，如何提高系统的容量是蜂窝移动通信系统的重要问题。由于采用何种多址接入方式直接影响到系统的容量，所以一直是人们研究的热点。

（2）频率复用和蜂窝小区：蜂窝小区和频率复用是一种新的概念和想法。它主要是解决频率资源限制的问题，并大大增加系统的容量。蜂窝小区和频率复用实际上是一种蜂窝组网的概念，是由美国贝尔实验室最早提出的。

蜂窝式组网理论的内容如下。

- 无线蜂窝式小区覆盖和小功率发射：蜂窝式组网放弃了点对点传输和广播覆盖模式，将一个移动通信服务区划分成许多以正六边形为基本几何图形的覆盖区域，称为蜂窝小区。一个较低功率的发射机服务一个蜂窝小区，在较小的区域内设置相当数量的用户。
- 频率复用：蜂窝系统的基站工作频率，由于传播损耗提供足够的隔离度，在相隔一定距离的另一个基站可以重复使用同一组工作频率，称为频率复用。例如，用户超过一百万的大城市，若每个用户都有自己的频道频率，则需要极大的频谱资源，且在话务繁忙时也许还可能饱和。采用频率复用大大地缓解了频率资源紧缺的矛盾,增加了用户数目或系统容量。频率复用能够从有限的原始频率分配中产生几乎无限的可用频率,这是使系统容量趋于无限的极好方法。频率复用所带来的问题是同频干扰,同频干扰的影响并不是与蜂窝之间的绝对距离有关,而是与蜂窝间距离与小区半径比值有关。

- 多信道共用和越区切换:由若干无线信道组成的移动通信系统,为大量的用户共同使用并且仍能满足服务质量的信道利用技术,称为多信道共用技术。多信道共用技术利用信道占用的间断性,使许多用户能够任意地、合理地选择信道,以提高信道的使用效率,这与市话用户共同享有中继线相类似。事实上,不是所有的呼叫都能在一个蜂窝小区内完成全部接续业务的,为了保证通话的连续性,当正在通话的移动台进入相邻无线小区时,移动通信系统必须具备业务信道自动切换到相邻小区基站的越区切换功能,即切换到新的信道上,从而不中断通信过程。

(3) 切换和位置更新:采用蜂窝式组网后,切换技术就是一个重要的问题。不同的多址接入切换技术也有所不同。位置更新是移动通信所特有的,由于移动用户要在移动网络中任意移动,网络需要在任何时刻联系到用户,以有效的管理移动用户。完成这种功能的技术称为移动性管理。

地面网络部分主要包括:
- 服务区内各个基站的相互连接;
- 基站与固定网络(PTSN,ISDN,数据网等)的相互连接。

5.2 频率复用和蜂窝小区

频率复用和蜂窝小区的设计是与移动网的区域覆盖和容量需求紧密相连的。早期的移动通信系统采用的是大区覆盖,但随着移动通信的发展这种网络设计已远远不能满足需求了。因而以蜂窝小区、频率复用为代表的新型移动网的设计应运而生,它是解决频率资源有限和用户容量问题的一个重大突破。

一般来说,移动通信网的区域覆盖方式可分为两类:一类是小容量的大区制;另一类是大容量的小区制。

1. 小容量的大区制

大区制是指一个基站覆盖整个服务区。为了增大单基站的服务区域,天线架设要高,发射功率要大。但是这只能保证移动台可以接收到基站的信号。反过来,当移动台发射时,由于受到移动台发射功率的限制,就无法保障通信了。为解决这个问题,可以在服务区内设若干分集接收点与基站相连,利用分集接收来保证上行链路的通信质量。也可以在基站采用全向辐射天线和定向接收天线,从而改善上行链路的通信条件。大区制只能适用于小容量的通信网,如用户数在1 000以下。这种制式的控制方式简单,设备成本低,适用于中小城市、工矿区以及专业部门,是发展专用移动通信网可选用的制式。

2. 大容量的小区制

小区制移动通信系统的频率复用和覆盖有两种:带状服务覆盖区和面状服务覆盖区。
- 带状服务覆盖区

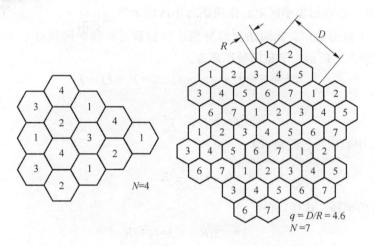

双频组频率配置：

三频组频率配置：

- **面状服务覆盖区**

图 5.1　蜂窝系统的频率复用和小区面状覆盖图示

图 5.1 中标有相同数字的小区使用相同的信道组，如 $N=4$ 的示意图中画出了两个完整的含有相同数字 1～4 的小区，一般称为簇或区群。在一个小区簇内，要使用不同的频率，而在不同的小区簇间使用对应的相同频率。小区的频率复用的设计指明了在哪使用了不同的频率信道。另外，图 5.1 所示的六边形小区是概念上的，是每个基站的简化覆盖模型。用六边形作覆盖模型，则可用最小的小区数就能覆盖整个地理区域，而且，六边形最接近于全向的基站天线和自由空间传播的全向辐射模式。无线移动通信系统广泛使用六边形研究系统覆盖和业务需求。

实际上，由于无线系统覆盖区的地形地貌不同，无线电波传播环境不同，产生的电波的长期衰落和短期衰落不同，一个小区的实际无线覆盖是一个不规则的形状。

当用六边形来模拟覆盖范围时，基站发射机或者安置在小区的中心（中心激励小区），或者安置在 3 个相交的六边形中心顶点上（顶点激励小区）。

考虑一个共有 S 个可用的双向信道的蜂窝系统，如果每个小区都分配 K 个信道（$K<S$），并且 S 个信道在 N 个小区中分为各不相同的、各自独立的信道组，而且每个信道组有相同的信道数目，那么可用无线信道的总数为

$$S=K \cdot N \tag{5.1}$$

共同使用全部可用频率的 N 个小区称为一簇。如果簇在系统中共同复制了 M 次，则信道的总数 C 可以作为容量的一个度量：

$$C=MKN=MS \tag{5.2}$$

其中，N 称为簇的大小，典型值为 4、7 或 12。如果簇 N 减小而小区的数目保持不变，则需要更多的簇来覆盖给定的范围从而获得更大的容量。N 的值表现了移动台或基站可以承受的干扰，同时保持令人满意的通信质量。移动台或基站可以承受的干扰主要体现在由于频率复用所带来的同频干扰。考虑同频干扰首先自然想到的是同频距离，因为电磁波的传输损耗是随着距离的增加而增大的，所以干扰也必然减少。

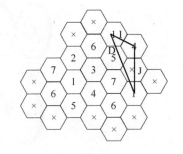

图 5.2　$N=7$ 频率复用设计示例

频率复用距离 D 是指最近的两个频点小区中心之间的距离，如图 5.2 所示。

在一个小区中心或相邻小区中心作两条与小区的边界垂直的直线，其夹角为 $120°$。此两条直线分别连接到最近的两个同频点小区中心，其长度分别为 I 和 J，如图 5.2 所示。于是同频距离为：

$$D^2 = I^2 + J^2 - 2IJ\cos120° = I^2 + IJ + J^2 \tag{5.3}$$

令

$$I = 2iH, \quad J = 2jH \tag{5.4}$$

式中，H 为小区中心到边的距离，即

$$H = \frac{\sqrt{3}}{2}R \tag{5.5}$$

其中，R 是小区的半径。这样，有

$$I = \sqrt{3}iR, \quad J = \sqrt{3}jR \tag{5.6}$$

将式(5.6)代入式(5.3)得

$$D = \sqrt{3N}R \tag{5.7}$$

其中

$$N = i^2 + ij + j^2 \tag{5.8}$$

N 称为频率复用因子，也等于小区簇中包含小区的个数。因此 N 值大时，频率复用距离 D 就大，但频率利用率就降低，因为它需要 N 个不同的频点组。反之，N 小，则 D 小，频率利用率高，但可能会造成较大的同频干扰。所以这是一对矛盾。

下面来看同频干扰的问题。

假定小区的大小相同，移动台的接收功率门限按小区的大小调节。若设 L 为同频干扰小区数，则移动台的接收载波干扰比可表示为

$$\frac{C}{I} = \frac{C}{\sum_{l=1}^{L} I_l} \tag{5.9}$$

式中，C 为最小载波强度；I_l 为第 l 个同频干扰小区所在基站引起的干扰功率。

移动无线信道的传播特性表明，小区中移动台接收到的最小载波强度 C 与小区半径的 R^{-n} 成正比。再设 D_l 是第 l 个干扰源与移动台间的距离，则移动台接收到的来自第 l 个干扰小区的载波功率与 $(D_l)^{-n}$ 成正比。n 为衰落指数，一般取 4。

如果每个基站的发射功率相等，整个覆盖区域内的路径衰落指数也相同，则移动台的载干比可近似表示为

$$\frac{C}{I} = \frac{R^{-n}}{\sum_{l=1}^{L} (D_l)^{-n}} \tag{5.10}$$

通常在被干扰小区的周围,干扰小区是多层,一般第一层主要作用。现仅仅考虑第一层干扰小区,且假定所有干扰基站与预设被干扰基站间的距离相等,即 $D = D_l$,则载干比简化为

$$\frac{C}{I} = \frac{(D/R)^n}{L} = \frac{(\sqrt{3N})^n}{L} \tag{5.11}$$

式(5.11)表明了载干比和小区簇的关系。式中 $D/R = \sqrt{3N}$ 称为同频复用比例,有时也称其为同频干扰因子,一般用 Q 表示,即:

$$Q = \frac{D}{R} = \sqrt{3N} \tag{5.12}$$

一般模拟移动系统要求 $C/I > 18$ dB,假设 n 取值为 4,根据式(5.11)可得出,簇 N 最小为 6.49,故一般取簇 N 的最小值为 7。在数字移动通信系统中,$C/I = 7 \sim 10$ dB,所以可以采用较小的 N 值。

为了找到某一特定小区的相距的同频相邻小区,必须按以下步骤进行:(1)沿着任何一条六边形链移动 i 个小区;(2)逆时针旋转 $60°$ 再移动 j 个小区。图 5.3 中 $i = 3$、$j = 2$($N = 19$)。

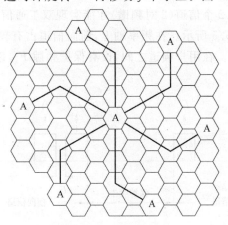

图 5.3　在蜂窝小区中定位同频小区的方法

5.3　多址接入技术

1. 多址接入方式

当以传输信号的载波频率不同来区分信道建立多址接入时,称为频分多址方式(FDMA);当以传输信号存在的时间不同来区分信道建立多址接入时,称为时分多址方式(TDMA);当以传输信号的码型不同来区分信道建立多址接入时,称为码分多址方式(CDMA)。

图 5.4 分别给出了 N 个信道的 FDMA、TDMA 和 CDMA 的示意图。

目前在移动通信中应用的多址方式有:频分多址(FDMA)、时分多址(TDMA)、码分多址(CDMA)以及它们的混合应用方式等。

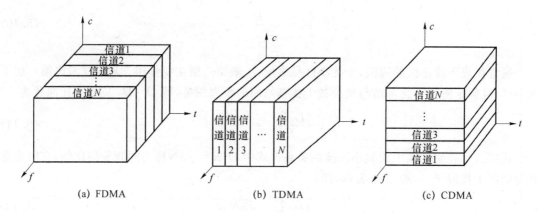

图 5.4　FDMA、TDMA、CDMA 的示意图

2. FDMA 方式

在 FDD 系统中,分配给用户一个信道,即一对频谱。一个频谱用作前向信道即基站向移动台方向的信道,另一个则用作反向信道即移动台向基站方向的信道。这种通信系统的基站必须同时发射和接收多个不同频率的信号。任意两个移动用户之间进行通信都必须经过基站的中转,因而必须同时占用 2 个信道(2 对频谱)才能实现双工通信。

它们的频谱分割如图 5.5 所示。在频率轴上,前向信道占有较高的频带,反向信道占有较低的频带,中间为保护频带。在用户频道之间,设有保护频隙 F_g,以免因系统的频率漂移造成频道间的重叠。

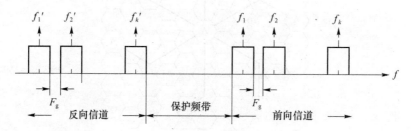

图 5.5　FDMA 系统频谱分割示意图

前向与反向信道的频带分割是实现频分双工通信的要求;频道间隔(例如为 25 kHz)是保证频道之间不重叠的条件。

在 FDMA 系统中的主要干扰有:互调干扰、邻道干扰和同频道干扰。

互调干扰是指系统内由于非线性器件产生的各种组合频率成分落入本频道接收机通带内造成对有用信号的干扰。当干扰的强度(功率)足够大时,将对有用信号造成伤害。克服互调干扰的办法,除减少产生互调干扰的条件,即尽可能提高系统的线性程度,减少发射机互调和接收机互调外,主要是选用无互调的频率集。

邻道干扰是指相邻波道信号中存在的寄生辐射落入本频道接收机带内造成对有用信号的干扰。当邻道干扰功率足够大时,将对有用信号造成损害。克服邻道干扰的方法,除严格规定收发信机的技术指标,即规定发射机寄生辐射和接收机中频选择性外,主要是采用加大频道间的隔离度。

同频道干扰是指相邻区群中同信道小区的信号造成的干扰。它与蜂窝结构和频率规划密切相关。为了减少同频道干扰,需要合理地选定蜂窝结构与频率规划,表现为系统设计中对同

频道干扰因子 Q 的选择。

FDMA 的特点如下：

- 每信道占用一个载频，相邻载频之间的间隔应满足传输信号带宽的要求。为了在有限的频谱中增加信道数量，系统均希望间隔越窄越好。FDMA 信道的相对带宽较窄（25 kHz 或 30 kHz），每个信道的每一载波仅支持一个电路连接，也就是说 FDMA 通常在窄带系统中实现。
- 符号时间与平均延迟扩展相比较是很大的。这说明符号间干扰的数量低，因此在窄带 FDMA 系统中无须自适应均衡。
- 基站复杂庞大，重复设置收发信设备。基站有多少信道，就需要多少部收发信机，同时需用天线共用器，功率损耗大、易产生信道间的互调干扰。
- FDMA 系统每载波单个信道的设计，使得在接收设备中必须使用带通滤波器允许指定信道里的信号通过，滤除其他频率的信号，从而限制邻近信道间的相互干扰。
- 越区切换较为复杂和困难。因在 FDMA 系统中，分配好语音信道后，基站和移动台都是连续传输的，所以在越区切换时，必须瞬时中断传输数十至数百毫秒，以把通信从一频率切换到另一频率去。对于话音，瞬时中断问题不大，对于数据传输则将带来数据的丢失。

3. TDMA 方式

时分多址是在一个宽带的无线载波上，把时间分成周期性的帧，每一帧再分割成若干时隙（无论帧或时隙都是互不重叠的），每个时隙就是一个通信信道，分配给一个用户。如图 5.6 所示，系统根据一定的时隙分配原则，使各个移动台在每帧内只能按指定的时隙向基站发射信号（突发信号），在满足定时和同步的条件下，基站可以在各时隙中接收到各移动台的信号而互不干扰。同时，基站发向各个移动台的信号都按顺序安排在预定的时隙中传输，各移动台只要在指定的时隙内接收，就能在合路的信号（TDM 信号）中把发给它的信号区分出来。

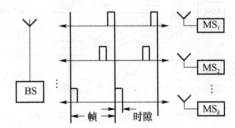

图 5.6　TDMA 系统工作示意图

TDMA 的帧结构如图 5.7 所示。

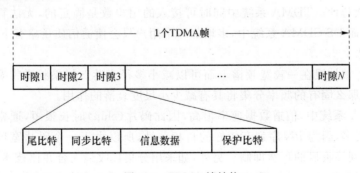

图 5.7　TDMA 帧结构

TDMA 的特点如下：

- 突发传输的速率高，远大于语音编码速率，每路编码速率设为 R，共 N 个时隙，则在这个载波上传输的速率将大于 NR。这是因为 TDMA 系统中需要较高的同步开销。同步技术是 TDMA 系统正常工作的重要保证。

- 发射信号速率随 N 的增大而提高,如果达到 100 kbit/s 以上,码间串扰就将加大,必须采用自适应均衡,用以补偿传输失真。
- TDMA 用不同的时隙来发射和接收,因此不需双工器。即使使用 FDD 技术,在用户单元内部的切换器就能满足 TDMA 在接收机和发射机间的切换,而不使用双工器。
- 基站复杂性减小。N 个时分信道共用一个载波,占据相同带宽,只需一部收发信机,互调干扰小。
- 抗干扰能力强,频率利用率高,系统容量大。
- 越区切换简单。由于在 TDMA 中移动台是不连续地突发式传输,所以切换处理对一个用户单元来说是很简单的,因为它可以利用空闲时隙监测其他基站,这样越区切换可在无信息传输时进行。因而没有必要中断信息的传输,即使传输数据也不会因越区切换而丢失。

4. CDMA 方式

码分多址系统为每个用户分配了各自特定的地址码,利用公共信道来传输信息。CDMA

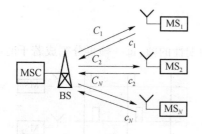

图 5.8 CDMA 系统工作示意图

系统的地址码相互具有准正交性,以区别地址,而在频率、时间和空间上都可能重叠。系统的接收端必须有完全一致的本地地址码,用来对接收的信号进行相关检测。其他使用不同码型的信号因为和接收机本地产生的码型不同而不能被解调。它们的存在类似于在信道中引入了噪声或干扰,通常称为多址干扰。图 5.8 为 CDMA 系统工作示意图。

CDMA 系统的特点如下:

- CDMA 系统的许多用户共享同一频率。不管使用的是 TDD 还是 FDD 技术。
- 通信容量大。理论上讲,信道容量完全由信道特性决定,但实际的系统很难达到理想的情况,因而不同的多址方式可能有不同的通信容量。CDMA 是干扰限制性系统,任何干扰的减少都直接转化为系统容量的提高。因此一些能降低干扰功率的技术,如话音激活(Voice Activity)技术等,可以自然地用于提高系统容量。
- 容量的软特性。TDMA 系统中同时可接入的用户数是固定的,无法再多接入任何一个用户,而 DS-CDMA 系统中,多增加一个用户只会使通信质量略有下降,不会出现硬阻塞现象。
- 由于信号被扩展在一较宽频谱上而可以减小多径衰落。如果频谱带宽比信道的相关带宽大,那么固有的频率分集将具有减少小尺度衰落的作用。
- 在 CDMA 系统中,信道数据速率很高,因此码片(chip)时长很短,通常比信道的时延扩展小得多,因为 PN 序列有较好的自相关性,所以大于一个码片宽度的时延扩展部分,可受到接收机的自然抑制。另外,如采用分集接收最大合并比技术,可获得最佳的抗多径衰落效果。而在 TDMA 系统中,为克服多径造成的码间干扰,需要用复杂的自适应均衡,均衡器的使用增加了接收机的复杂度,同时影响到越区切换的平滑性。
- 平滑的软切换和有效的宏分集。DS-CDMA 系统中所有小区使用相同的频率,这不仅简化了频率规划,也使越区切换得以完成。每当移动台处于小区边缘时,同时有两个或两个以上的基站向该移动台发送相同的信号,移动台的分集接收机能同时接收合并这些信号,此时处于宏分集状态。当某一基站的信号强于当前基站信号且稳定后,移动台才切换到该基站的控制上去,这种切换可以在通信的过程中平滑完成,称为软切换。

- 低信号功率谱密度。在 DS-CDMA 系统中,信号功率被扩展到比自身频带宽度宽百倍以上的频带范围内,因而其功率谱密度大大降低。由此可得到两方面的好处:其一,具有较强的抗窄带干扰能力;其二,对窄带系统的干扰很小,有可能与其他系统共用频段,使有限的频谱资源得到更充分的使用。

CDMA 系统存在着两个重要的问题。一是来自非同步 CDMA 网中不同用户的扩频序列不完全是正交的,这一点与 FDMA 和 TDMA 是不同的,FDMA 和 TDMA 具有合理的频率保护带或保护时间,接收信号近似保持正交性,而 CDMA 对这种正交性是不能保证的。这种扩频码集的非零互相关系数会引起各用户间的相互干扰,即多址干扰,在异步传输信道以及多径传播环境中多址干扰将更为严重。

另一问题是"远-近"效应。许多移动用户共享同一信道就会发生"远-近"效应问题。由于移动用户所在的位置处于动态的变化中,基站接收到的各用户信号功率可能相差很大,即使各用户到基站距离相等,深衰落的存在也会使到达基站信号各不相同,强信号对弱信号有着明显的抑制作用,会使弱信号的接收性能很差甚至无法通信。这种现象被称为"远-近"效应。为了解决"远-近"效应问题,在大多数 CDMA 实际系统中使用功率控制。蜂窝系统中由基站来提供功率控制,以保证在基站覆盖区内的每一个用户给基站提供相同功率的信号。这就解决了由于一个邻近用户的信号过大而覆盖了远处用户信号的问题。基站的功率控制是通过快速抽样每一个移动终端的无线信号强度指示(Radio Signal Strength Indication,RSSI)来实现的。尽管在每一个小区内使用功率控制,但小区外的移动终端还会产生不在接收基站控制内的干扰。

5. SDMA 方式

SDMA 方式就是通过空间的分割来区别不同的用户。在移动通信中,能实现空间分割的基本技术就是采用自适应阵列天线,在不同用户方向上形成不同的波束。如图 5-9 所示,SDMA 使用定向波束天线来服务于不同的用户。相同的频率(在 TDMA 或 CDMA 系统中)或不同的频率(在 FDMA 系统中)用来服务于被天线波束覆盖的这些不同区域。扇形天线可被看成是 SDMA 的一个基本方式。在极限情况下,自适应阵列天线具有极小的波束和无限快的跟踪速度,它可以实现最佳的 SDMA。将来有可能使用自适应天线迅速地引导能量沿用户方向发送,这种天线看来是最适合于 TDMA 和 CDMA 的。

在蜂窝系统中,由于一些原因使反向链路困难较多。第一,基站完全控制了在前向链路上所有发射信号的功率。但是,由于每一用户和基站间无线传播路径的不同,从每一用户单元出来的发射功率必须动态控制,以防止任何用户功率太高而影响其他用户。第二,发射受到用户单元电池能量的限制,因此也限制了反向链路上对功率的控制程度。如果为了从每个用户接收到更多能量,

图 5.9　SDMA 系统工作示意图

通过空间过滤用户信号的方法,即通过空分多址方式反向可以控制用户的空间辐射能量,那么每一用户的反向链路将得到改善,并且需要更少的功率。

用在基站的自适应天线可以解决反向链路的一些问题。不考虑无穷小波束宽度和无穷大快速搜索能力的限制,自适应式天线提供了最理想的 SDMA,提供了在本小区内不受其他用户干扰的唯一信道。在 SDMA 系统中的所有用户,将能够用同一信道在同一时间双向通信。而且一个完善的自适应式天线系统应能够为每一用户搜索其多个多径分量,并且以最理想方式组合它们,来收集从每一用户发来的所有有效信号能量,有效地克服了多径干扰和同信道干扰。尽管上述理想情况是不可实现的,它需要无限多个阵元,但采用适当数目的阵元,也可以获得较大的系统增益。

6. 随机接入

一般而言,前面讲述的多址接入技术主要应用在语音、视频这类需要连续发送的业务中,面向这样的业务,分配其专用信道可以得到良好的性能。但对于大多数分组数据业务,分组数据随时间随机出现,显然给这样的业务分配一个专用信道效率是极低的,比较理想的就是采用随机接入策略将信道分配给需要传送数据的用户。

采用随机接入就会出现所谓的"碰撞"现象,即当多个用户都企图接入到同一个信道时碰撞就会发生。解决的办法可以是在接收端(即在基站端)检测接收到的数据,根据信号质量向用户广播发送 ACK 或 NACK 信号,用户则根据接收到的 ACK 或 NACK 来决定其下一个分组的发送。这种方式简单可行,但问题是:需要使用全反馈,并且可能导致数据业务传输较大的延时。对此人们对这一问题进行了广泛的研究,通常的技术包括纯 ALOHA、时隙 ALOHA、载波监听多址(CSMA)和调度等。

在分组数据业务中,用户的数据由 N 比特组成的数据分组构成,其中可能包括检错、纠错和控制比特。假设信道的传输速率为 R,则一个分组的传输时间为 $\tau = N/R$。当不同用户所发送的分组在时间上重叠时,就发生所谓的"碰撞",此时两个分组都可能在接收时出现错误,人们将分组出错的概率称为分组错误率(Packet Error Rate,PER)。通常假设分组的产生是符合泊松分布的。单位时间内产生的分组数是 λ,即 λ 是任意时间段 $[0,t]$ 内的平均分组数除以 t。由于分组的产生假设服从泊松分布,因此在 $[0,t]$ 内到达的分组数 $X(t)=k$(k 为整数)的概率为

$$P(X(t)=k)=\frac{(\lambda t)^k}{k!}e^{-\lambda t} \tag{5.13}$$

定义 $L=\lambda\tau$ 为信道业务的负载,其中 λ 为泊松到达速率,τ 为分组传输时间。这里 L 为在给定的时间内分组到达的情况。当 $L>1$ 时,表明在给定的时间内平均到达的分组数多于在同样的时间内能够发出去的分组数,这样就会引起碰撞,可能导致传输出错,所以此时系统是不稳定的。如果出错时接收端可以通知发送端对错误分组重传,则分组到达率 λ 以及相应的负载计算应该包括新到达的分组和需要重传的分组,这时的 L 称为总提交负载。

通常用吞吐量反映随机接入的性能,吞吐量 T 定义为在给定时间内平均成功发送的分组速率除以信道的分组传输速率 R_ρ,也等于总提交负载乘以成功接收分组的概率。注意到,成功接收到分组的概率与所用的随机接入协议以及信道特性有关,某些情况下即使不发生碰撞,由于信道特性也会使分组出错。因此系统要求 $T\leqslant L$,即稳定系统要满足 $T\leqslant L\leqslant 1$。还要注意的是,有时分组在时间上重叠不一定表示发生碰撞,比如短暂重叠,由于到达接收端的分组有不同的信道增益以及使用纠错编码技术等,导致此时的一个或多个分组在接收端有可能被

正确地接收,这种情况称为捕获效应。

接下来简单介绍几种随机接入技术。

- 纯 ALOHA

在纯 ALOHA 中,用户产生分组后立即发送。不考虑捕获效应,假设没有发生碰撞的分组一定能够正确接收,则吞吐量为

$$T = LP(无碰撞) = \lambda \tau P(无碰撞) \tag{5.14}$$

假设一个用户在时间 $[0, \tau]$ 内发送一个持续时间为 τ 的分组,而当其他用户在 $[-\tau, \tau]$ 内也发送一个持续时间为 τ 的分组时,就会发生碰撞。不发生碰撞的概率就是在 $[-\tau, \tau]$ 内没有分组到达的概率,即式(5.13)中 $t = 2\tau$ 的概率为

$$P(X(t) = 0) = e^{-2\lambda\tau} = e^{-2L} \tag{5.15}$$

相应的吞吐量为

$$T = Le^{-2L} \tag{5.16}$$

- 时隙 ALOHA

时隙 ALOHA 把时间划分成连续时间为 τ 的时隙,用户准备发送的分组必须等到下一个时隙的起点才能开始发送分组,因此发送的数据分组不会发生局部重叠,而纯 ALOHA 允许用户在任意时刻发送分组,因此增大了发生局部重叠的概率。若一个分组在时间 $[0, \tau]$ 内发送,在这个时间段内没有其他分组发送,就能够正确接收,则无碰撞发生的概率为

$$P(X(t) = 0) = e^{-\lambda\tau} = e^{-L} \tag{5.17}$$

注意到式(5.17)是将 $t = \tau$ 代入式(5.13)得到的。

此时的吞吐量为

$$T = Le^{-L} \tag{5.18}$$

因此可以看到吞吐量比纯 ALOHA 提高了两倍。

- 载波监听多址(CSMA)

减小碰撞发生的另一种方法是采用载波监听多址技术,这种技术是在 ALOHA 技术的基础上发展而来的,不同点是载波监听技术需要用户在发送数据之前监听信道,查看是否有其他用户在此信道上发送数据,如果有则暂不发送数据,推迟发送。采用载波监听多址协议需要用户能检测出其他用户是否正在发送数据,同时要求检测出载波所需要的时间和传输延时都必须很小,否则会影响效率。通常当用户发现信道忙时,要等待一段随机时间再发送数据。这种随机退避避免了信道变为空闲后,多个用户同时抢占信道的问题。在无线通信中由于无线信道的特性,用户有可能检测不到其他用户正在发送的情况,这个问题被称为隐藏终端问题,解决的方法可以采用四方握手或发送忙音的方法,具体见本章参考文献[20]。

- 调度

调度技术是对系统中各用户的信道使用做出安排,即把可用的资源按照时间、频率或码子分成信道,每个节点按照时间表进行发送,其原则是避免相邻结点发生冲突,同时充分地利用信道资源。调度也需要某种形式的 ALOHA,例如分组预约多址就是结合了突发数据的随机接入和连续数据的调度接入。具体细节见本章参考文献[20]。

5.4　码分多址关键技术

在移动通信中,IS-95 系统以及 3G 移动通信系统的三个标准中都采用的是码分多址,因

此码分多址技术已成为移动通信系统中最主要的多址方式之一。由于码分多址一般是通过扩频通信来实现的,所以这里首先介绍扩频技术的基本概念,然后重点介绍码分多址的一些关键技术。

5.4.1 扩频通信基础

1. 概述

扩展频谱通信的定义为:扩频通信技术是一种信息传输方式,用来传输信息的信号带宽远远大于信息本身的带宽;频带的扩展由独立于信息的扩频码来实现,并与所传输的信息数据无关;在接收端则用相同的扩频码进行相关解调,实现解扩和恢复所传的信息数据。该项技术称为扩频调制,而传输扩频信号的系统为扩频系统。扩频通信技术的理论基础是香农定理。

长期以来,所有的调制和解调技术都争取在静态加性高斯白噪声信道中达到更好的功率效率和(或)带宽效率。因此目前所有调制方案的一个主要设计思想就是最小化传输带宽,其目的是为了提高频带利用率。然而,由于带宽是一个有限的资源,随着窄带化调制接近极限,最后只有压缩信息本身的带宽了。于是调制技术又向着相反的方向发展——采用宽带调制技术,即以信道带宽来换取信噪比的改善。那么,以香农公式为理论基础,寻找展宽信号带宽的方法是否可以大大提高系统的抗干扰性能呢? 回答是肯定的。

2. 理论基础

香农信息论中的香农定理描述了信道容量、信号带宽、持续时间、与信噪比之间的关系:

$$C=WT\log_2\left(1+\frac{S}{N}\right) \tag{5.19}$$

其中:C 为信道容量;W 为信道带宽;T 为信号持续时间;$\frac{S}{N}$ 为信噪比。

香农公式表明了一个信道无误差地传输信息的能力与信道中的信噪比以及用于传输信息的信道带宽之间的关系。决定信道容量的 C 的参数有三个:信号带宽 W,持续时间 T 以及信噪比 $\frac{S}{N}$。这三个参数组成一个很形象的具有可塑性的三维立方体,如图 5.10 所示。

由信号带宽 W、持续时间 T 与信噪比 $\frac{S}{N}$ 组成的立方体的体积就是信道容量 C。这个信道容量所决定的三维信号体积最大的特点就是具有可塑性。即在总体积不变的条件下,三轴上的自变量间可以互换,可以互相取长补短。

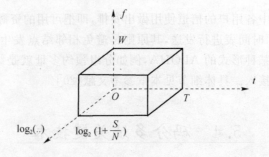

图 5.10 信道容量与信号带宽、持续时间以及信噪比之间的关系

用频带换取信噪比,就是现代扩频通信的基本原理,其目的是为了提高通信系统的可靠性。如果通信中信噪比为主要矛盾(如无线通信),而信号带宽有富裕,往往就可以采用这种用带宽换取信噪比的方法提高通信可靠性。即使带宽没有富裕,但是为了保证可靠性也要采用牺牲带宽,确保信噪比。

那么,是否可以一味地牺牲带宽来换取信噪比性能的提高呢?

根据香农公式 $C=WT\log_2(1+\frac{S}{N})$,将其转换为以 e 为底的对数,那么单位时间内($T=1$)信道容量为

$$C=1.44\times W\ln\left(1+\frac{S}{N}\right) \tag{5.20}$$

对于干扰环境的典型情况,$\frac{S}{N}\ll1$,那么式(5.20)可以简化为

$$C\approx1.44\times W\frac{S}{N} \tag{5.21}$$

一般而言,信号功率总是受限的,这里假定 S 不变,同时有

$$N=N_0W \tag{5.22}$$

其中,N 为噪声功率,N_0 为噪声功率谱,W 为信道带宽。则可得

$$C=1.44\times W\frac{S}{N_0W}=1.44\frac{S}{N_0} \tag{5.23}$$

这就是由香农公式得出的,用频带换取信噪比的极限容量。

3. 扩频方法

扩展频谱的方法有:直接序列扩频(Direct Sequence Spread Spectrum),简称直接扩频或直扩(DS);跳变频率扩频(Frequency Hopping),简称跳频(FH);跳变时间扩频(Time Hopping),简称跳时(TH);宽带线性调频(Chirp Modulation),简称 Chirp。

目前,最基本的展宽频谱的方法有三种。

(Ⅰ)直接序列扩频

这种方法就是直接用具有高码率的扩频码序列在发送端去扩展信号的频谱。而在接收端,用相同的扩频码序列去进行解扩,把展宽的扩频信号还原成原始的信息。

(Ⅱ)跳变频率扩频

这种方法则是用较低速率编码序列的指令去控制载波的中心频率,使其离散地在一个给定频带内跳变,形成一个宽带的离散频率谱。

(Ⅲ)跳变时间扩频

与跳频相似,跳时是使发射信号在时间轴上跳变。首先把时间轴分成许多时片。在一帧内哪个时片发射信号由扩频码序列去进行控制。可以把跳时理解为:用一定码序列进行选择的多时片的时移键控。由于简单的跳时抗干扰性不强,很少单独使用。

上述基本调制方法可以进行组合,形成各种混合系统,如跳频/直扩系统,跳时/直扩系统等。

目前,扩展频谱的带宽常在 1～100 MHz 的范围,因此,系统的抗干扰性能非常好。扩频调制技术日益受到广泛的重视,应用领域不断扩大。在移动通信中采用扩频系统已日益增多,国外已有短波和超短波跳频电台商品出售。扩频技术所具有的抗衰落能力和频道共享能力对移动通信具有很大的吸引力。

扩频系统有以下一些特点：

- 能实现码分多址复用(CDMA)；
- 信号的功率谱密度低,因此信号具有隐蔽性且功率污染小；
- 有利于数字加密、防止窃听；
- 抗干扰性强,可在较低的信噪比条件下,保证系统传输质量；
- 抗衰落能力强。

上述特点的性能指标将取决于具体的扩展频谱方法、编码形式及扩展带宽。下面简要介绍一下直扩系统和跳频系统的工作原理和性能。

4. 直扩系统

直接序列调制系统亦称直接扩频系统,或称伪噪音系统,记为 DS 系统。

图 5.11 给出了直接扩频系统的原理框图。基带信号的信码是欲传输的信号,它通过速率很高的编码程序(通常用伪随机序列)进行调制将其频谱展宽,这个过程称为扩频。频谱展宽后的序列被进行射频调制(通常多采用 PSK 调制),其输出则是扩展频谱的射频信号,经天线辐射出去。

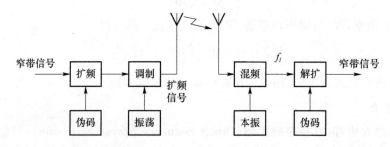

图 5.11　直接扩频系统原理框图

在接收端,射频信号经混频后变为中频信号,它与本地的和发送端相同的编码序列反扩展,将宽带信号恢复成窄带信号,这个过程称为解扩。解扩后的中频窄带信号经普通信息解调器进行解调,恢复成原始的信号。

如果将扩频和解扩这两部分去掉,该系统就变成普通的数字调制系统。因此,扩频和解扩是扩展频谱调制的关键过程。

从以上的介绍中可以清楚地看到,扩频的作用仅仅是扩展了信号的带宽,虽然也常常被称为扩频调制,但它本身并不具有实现信号频谱搬移的功能。

扩展频谱的特性取决于所采用的编码序列的码型和速率。为了获得具有近似噪声的频谱,均采用伪噪声序列作为扩频系统的编码序列。在接收端,将同样的编码序列与所接收的信号进行相关接收,完成解扩过程。因此,对伪噪声序列的相关性还有特殊的要求,这些将在7.2 节中讲述。

下面具体分析一下扩频和解扩的过程。为简化分析,假定同步单径 BPSK 信道中有 K 个用户,并假定所有的载波相位为 0,则接收的信号等效基带表示为：

$$s(t) = \sum_{k=1}^{K} \sqrt{P_k} a_k(t) c_k(t) + n(t) \tag{5.24}$$

其中：$a_k \in \{-1, 1\}$ 为第 k 个用户信息比特值；P_k 为发送功率；$s_k(t)$ 为第 k 个用户归一化扩频信号,$\int_0^{T_b} s_k^2(t) \mathrm{d}t = 1$；$T_b$ 为信息比特的时间宽度；$n(t)$ 表示加性高斯白噪声,其双边功率谱密

度为 $\dfrac{N_0}{2}$，单位为 W/Hz。

相关系数的定义为：

$$\rho_{i,k} = \frac{1}{T_b}\int_0^{T_b} c_i(t)c_k(t)\,dt \tag{5.25}$$

这里，如果 $i=k$，$\rho_{k,k}=1$ 为自相关系数值，如果 $i\neq k$，$0\leqslant\rho_{i,k}<1$ 为互相关系数值，对于某一特定比特，相关器（解扩）的输出为：

$$\begin{aligned}
y_k &= \frac{1}{T_b}\int_0^{T_b} s(t)c_k(t)\,dt \\
&= \sqrt{P_k}\,b_k + \sum_{\substack{i=1\\i\neq k}}^{K}\rho_{i,k}\sqrt{P_i}\,b_i + \frac{1}{T_b}\int_0^{T_b}n(t)c_k(t)\,dt \\
&= \sqrt{P_k}\,b_k + \mathrm{MAI}_k + z_k
\end{aligned} \tag{5.26}$$

式(5.26)表明：与第 k 个用户本身的自相关给出了希望接收的数据项，与其他用户的互相关产生出多址干扰项 MAI(Multiple Access Interference)，与热噪声的相关产生了噪声 z_k 项。由此可知互相关系数值 $\rho_{i,k}$ 越小越好，若 $\rho_{i,k}=0$，则 MAI$=0$，即本小区其他用户对被检测用户不产生干扰。由此可以看出扩频码相关性的重要，为此在 7.2 节将详细讨论伪随机码的特性。

由频谱扩展对抗干扰性带来的好处，称为扩频增益 G_P，可表示为：

$$G_P = \frac{B_W}{B_S} \tag{5.27}$$

式中，B_W 为发射扩频信号的带宽；B_S 为信码的速率。其中 B_W 与所采用的伪码(伪随机序列或伪噪声序列的简称)速率有关。为获得高的扩频增益，通常希望增加射频带宽 B_W，即提高伪码的速率。例如，当信码速率 $B_S=10\,\mathrm{kHz}$、射频带宽为 $B_W=2\,\mathrm{MHz}$ 则 $G_P=200$ 时，近似获得 23 dB 扩频增益，这是很可观的。

扩频系统利用扩频-解扩处理过程为什么能获得信噪比的好处呢？我们借助图 5.12 来加以说明。在发送端，有用信号经扩频处理后，频谱被展宽如图 5.12(a)所示；在接收端，利用伪码的相关性做解扩处理后，有用信号频谱被恢复成窄带谱，如图 5.12(b)所示。宽带无用信号与本地伪码不相关，因此不能解扩，仍为宽带谱；窄带无用信号则被本地伪码扩展为宽带谱。由于无用的干扰信号为宽带谱而有用信号为窄带谱，我们可以用一个窄带滤波器排除带外的干扰电平，这样，窄带内的信噪比就大大提高了。为了提高抗干扰性，希望扩展带宽对信息带宽的比越大越好。

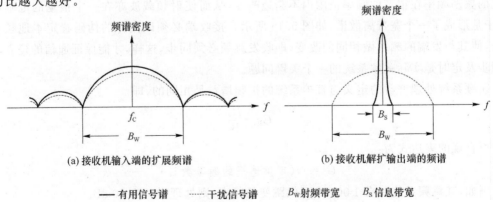

(a) 接收机输入端的扩展频谱　　　　　(b) 接收机解扩输出端的频谱

——有用信号谱　　······干扰信号谱　　B_W 射频带宽　　B_S 信息带宽

图 5.12　扩频、解扩处理过程

直扩系统的优点在于它可以在很低的甚至负信噪比环境中使系统正常工作。例如,数据带宽为 $9.6\,\text{kHz}$,扩展带宽为 $1.228\,8\,\text{MHz}$,则扩频增益 $G_P = 21.07\,\text{dB}$。若信息解调器要求输入信噪比为 $6\,\text{dB}$ 时,则有 $21.07 - 6 \approx 15\,\text{dB}$,即允许系统接收机输入端的信噪比为 $-15\,\text{dB}$。图 5.13 是基于 IS-95 标准的码分多址通信系统的结构示意图。

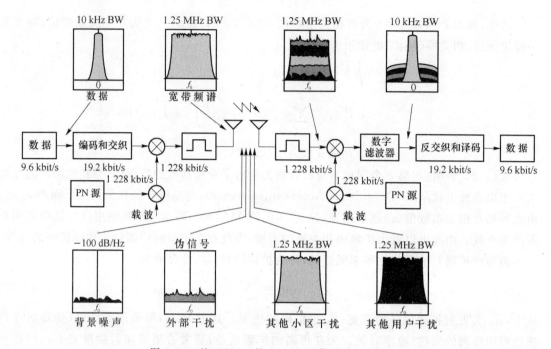

图 5.13　基于 IS-95 的 CDMA 通信系统示意图

但是,考虑到网内用户移动的情况对直扩系统将产生“远-近”效应,即近距离、大功率无用信号将抑制远端小功率有用信号的现象。因此,移动通信采用直扩系统时,需要解决“远-近”效应带来的影响,方法之一是采用功率控制。另外采用多用户检测技术克服“远-近”效应的影响也是目前移动通信领域的研究热点。

5. 跳频系统

图 5.14 给出了跳频系统的原理方框图。如果图中的频率合成器被置定在某一固定的频率上,就是普通的数字调制系统,其射频为一窄带谱。当利用伪码随机置定频率合成器时,发射机的振荡频率在很宽的频率范围内不断地改变,从而使射频载波亦在一个很宽的范围内变化,于是形成了一个宽带离散谱,如图 5.15 所示。接收端必须以同样的伪码置定本地频率合成器,使其与发端的频率做相同的改变,即收发跳频必须同步,这样,才能保证通信的建立。解决同步及定时是实际跳频系统的一个关键问题。

跳频系统处理增益的定义与直扩系统的扩频增益是相同的,即

$$G_P = \frac{B_W}{B_S} \tag{5.28}$$

更直观的表达式为:

$$G_P = N(可供选用的频率数目) \tag{5.29}$$

例如,某跳频系统具有 $1\,000$ 个可供跳变的频率,则处理增益为 $30\,\text{dB}$。

跳频系统的抗干扰原理与直扩系统的不同:直扩是靠频谱的扩展和解扩处理来提高信噪

比的,跳频是靠躲避干扰来达到提高信噪比的。对跳频系统来说,另一个重要的指标是跳变的速率,可以分为快、慢两类。慢跳变比较容易实现,但抗干扰性能也较差,跳变的速率远比信号速率低,可能为数至数十秒才跳变一次。快跳的速率接近信号的最低频率,可达每秒几十跳、上百跳或上千跳(毫秒级)。快跳的抗干扰和隐蔽性能较好,但实现能快速跳变而又有高稳定度的频率合成器比较困难。这一点是实现快速跳频系统的关键问题。

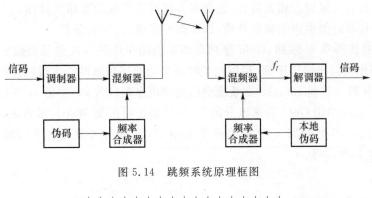

图 5.14　跳频系统原理框图

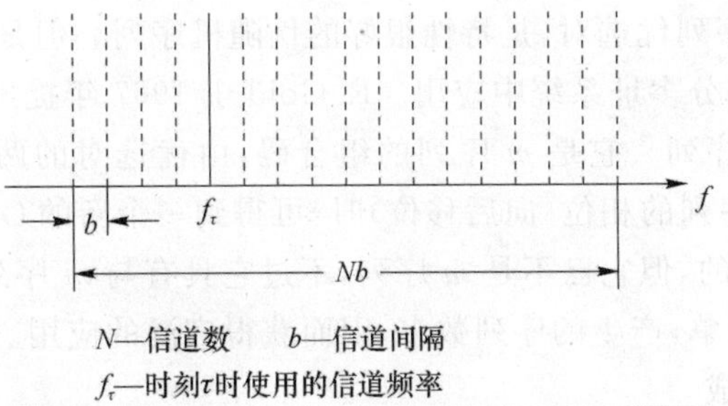

N—信道数　　b—信道间隔
f_τ—时刻τ时使用的信道频率

图 5.15　跳频信号频谱

由于跳频系统对载波的调制方式并无限制,且能与现有的模拟调制兼容,故在军用短波和超短波电台中得到了广泛的应用。

移动通信中采用跳频调制系统虽然不能完全避免“远-近”效应带来的干扰,但是能大大减少它的影响,这是因为跳频系统的载波频率是随机改变的。例如,跳频带宽为 10 MHz,若每个信道占 30 kHz 带宽,则有 333 个信道。当采用跳频调制系统时,333 个信道同时可供 333 个用户使用。若用户的跳变规律相互正交,则可减少网内用户载波频率重叠在一起的概率,从而减弱“远-近”效应的干扰影响。

当给定跳频带宽及信道带宽时,该跳频系统的用户同时工作的数量就被唯一确定了。网内同时工作的用户数与业务覆盖区的大小无关。当按蜂窝式构成频段重复使用时,除本区外,应考虑邻区的移动用户的“远-近”效应引起的干扰。

5.4.2　地址码技术

在扩频通信系统中,伪随机序列和正交编码是十分重要的技术。伪随机序列常以 PN(Pseudo-Noise)表示,称为伪码。伪码的码型将影响码序列的相关性,序列的码元(称为码片,chip)长度将决定扩展频谱的宽度。所以,伪码的设计直接影响扩频系统的性能,同样,正交编码 Walsh 码的性能也将直接影响扩频系统的性能。对于 cdma2000 系统下行链路,短的伪随机码用以区分基站,Walsh 码用以区分用户,它们统一构成地址码。地址码的选择直接影响 CDMA 系统的容量、抗干扰能力、接入和切换速度等,所选地址码应能提供足够数量的相关函数特性尖锐的码系列,在经过解扩后具有较高的信噪比。因此在直接扩频任意选址的通信系统中,对地址码有如下 3 个要求:

- 伪码的比特率应能满足扩展带宽的需要;
- 伪码应具有尖锐的自相关特性,正交编码应具有尖锐的互相关特性;
- 伪码应具有近似噪声的频谱性质,即近似连续谱,且均匀分布。

通常采用的伪码有 m 序列、Gold 序列等多种伪随机序列。在移动通信的数字信令格式中,伪码常被用作帧同步编码序列,利用相关峰来启动帧同步脉冲以实现帧同步。而正交编码通常采用 Walsh 码。目前 cdma2000 系统中用伪随机序列(PN 码)中的 m 序列(长码)来区分用户,WCDMA 系统中用 Gold 码来区分用户,并且都采用正交 Walsh 函数来区分信道等。m 序列及其特性已在本书的第 4 章相关章节介绍了,这里不再重复。下面将介绍 Gold 码、Walsh 码的产生和性质等。

1. Gold 码

m 序列,尤其是 m 序列优选对,是特性很好的伪随机序列。但是,它们能彼此构成优选对的数目很少,不便于在码分多址系统中应用。R. Gold 于 1967 年提出了一种基于 m 序列优选对的码序列,称为 Gold 序列。它是 m 序列的组合码,由优选对的两个 m 序列逐位模 2 加得到,当改变其中一个 m 序列的相位(向后移位)时,可得到一个新的 Gold 序列。Gold 序列虽然是由 m 序列模 2 加得到的,但它已不是 m 序列,不过它具有与 m 序列优选对类似的自相关和互相关特性,而且构造简单,产生的序列数多,因而获得广泛的应用。

(1) Gold 序列的生成

一对周期 $P=2^n-1$ 的 m 序列优选对 $\{a_n\}$ 和 $\{b_n\}$,$\{a_n\}$ 与其后移 τ 位的 $\{b_{n+\tau}\}$($\tau=0,1,\cdots,P-1$)逐位模 2 加所得的序列 $\{a_n+b_{n+\tau}\}$ 都是不同的 Gold 序列。

Gold 序列产生电路一般模式如图 5.16 所示。图中 m 序列发生器 1 和 m 序列发生器 2 产生的 m 序列是一个 m 序列优选对,m 序列发生器 1 的初始状态固定不变,调整 m 序列发生器 2 的初始状态,在同一时钟脉冲控制下,产生两个 m 序列经过模 2 加后可得到 Gold 序列,通过设置 m 序列发生器 2 的不同初始状态,可以得到不同的 Gold 序列。

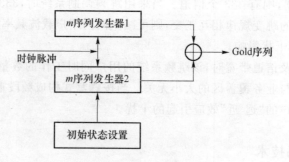

图 5.16 Gold 序列产生电路

(2) Gold 序列的特性

在实际工程中,我们关心的 Gold 序列的特性主要有如下三点。

① 相关特性

对于周期 $P=2^n-1$ 的 m 序列优选对生成的 Gold 序列,具有与 m 序列优选对相类同的自相关和互相关特性。Gold 序列的自相关函数 $R_a(\tau)$ 在 $\tau=0$ 时与 m 序列相同,具有尖锐的自相关峰;当 $1\leqslant\tau\leqslant P-1$ 时,与 m 序列有所差别,相关函数值不再是 $-1/P$,而是取最大旁瓣值 $t(n)/P$。

② Gold 序列的数量

周期 $P=2^n-1$ 的 m 序列优选对生成的 Gold 序列,由于其中一个 m 序列不同的移位都产生新的 Gold 序列,共有 $P=2^n-1$ 个不同的相对移位,加上原来两个 m 序列本身,总共有 2^n+1 个 Gold 序列。随着 n 的增加,Gold 序列数以 2 的 n 次幂增长,因此 Gold 序列数比 m 序列数多得多,并且它们具有优良的自相关和互相关特性,完全可以满足实际工程的需要。

③ 平衡的 Gold 序列

平衡的 Gold 序列是指在一个周期内"1"码元数比"0"码元数仅多一个。平衡的 Gold 序列在实际工程中做平衡调制时有较高的载波抑制度。对于周期 $P=2^n-1$ 的 m 序列优选对生成的 Gold 序列,当 n 是奇数时,2^n+1 个 Gold 序列中有 $2^{n-1}+1$ 个 Gold 序列是平衡的,约占 50%;其余的或者是"1"码元数太多,或者是"0"码元数太多,这些都不是平衡的 Gold 序列。当 n 是偶数(不是 4 的倍数)时,有 $2^{n-1}+2^{n-2}+1$ 个 Gold 序列是平衡的,约占 75%,其余的都是不平衡的 Gold 序列。

因此,只有约 50%(n 是奇数)或 75%(n 不为 4 的倍数的偶数)的 Gold 序列可以用到码分多址通信系统中去。

在 WCDMA 系统中,下行链路采用 Gold 码区分小区和用户,上行链路采用 Gold 码区分用户。

2. Walsh 码

Walsh 码(又称为 Walsh 函数)有着良好的互相关和较好的自相关特性。

(1) Walsh 函数波形

连续 Walsh 函数的波形如图 5.17 所示,利用 Walsh 函数的正交性,可作为码分多址的地址码。若对图中的 Walsh 函数波形在 8 个等间隔上取样,可得到离散 Walsh 函数,可用 8×8 的 Walsh 函数矩阵表示。

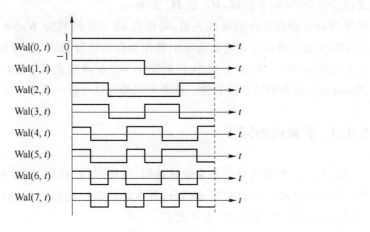

图 5.17　Walsh 函数波形

图 5.17 所示的 Walsh 函数对应的矩阵可写为:

$$\begin{pmatrix} 00 & 00 & 00 & 00 \\ 00 & 00 & 11 & 11 \\ 00 & 11 & 11 & 00 \\ 00 & 11 & 00 & 11 \\ 01 & 10 & 01 & 10 \\ 01 & 10 & 10 & 01 \\ 01 & 01 & 10 & 10 \\ 01 & 01 & 01 & 01 \end{pmatrix}$$

（2）Walsh 函数矩阵的递推关系

$$\boldsymbol{H}_0 = (0) \qquad \boldsymbol{H}_2 = \begin{pmatrix} 0 & 0 \\ 0 & 1 \end{pmatrix}$$

$$\boldsymbol{H}_4 = \boldsymbol{H}_{2\times2} = \begin{pmatrix} \boldsymbol{H}_2 & \boldsymbol{H}_2 \\ \boldsymbol{H}_2 & \overline{\boldsymbol{H}_2} \end{pmatrix} = \begin{pmatrix} 00 & 00 \\ 01 & 01 \\ 00 & 11 \\ 01 & 10 \end{pmatrix}$$

$$\boldsymbol{H}_8 = \boldsymbol{H}_{4\times4} = \begin{pmatrix} \boldsymbol{H}_4 & \boldsymbol{H}_4 \\ \boldsymbol{H}_4 & \overline{\boldsymbol{H}_4} \end{pmatrix} = \begin{pmatrix} 00 & 00 & 00 & 00 \\ 01 & 01 & 01 & 01 \\ 00 & 11 & 00 & 11 \\ 01 & 10 & 01 & 10 \\ 00 & 00 & 11 & 11 \\ 01 & 01 & 10 & 10 \\ 00 & 11 & 11 & 00 \\ 01 & 10 & 10 & 01 \end{pmatrix}$$

$$\boldsymbol{H}_{2N} = \begin{pmatrix} \boldsymbol{H}_N & \boldsymbol{H}_N \\ \boldsymbol{H}_N & \overline{\boldsymbol{H}_N} \end{pmatrix} \tag{5.30}$$

式(5.30)中，N 取 2 的幂，$\overline{\boldsymbol{H}}_N$ 是 $\boldsymbol{H}_N$ 的补。

利用 Walsh 函数矩阵的递推关系，可得到 64×64 阵列的 Walsh 序列。这些序列在 Qual-comm-CDMA 数字蜂窝移动通信系统中被作为前向码分信道，因为是正交码，可供码分的信道数等于正交码长，即 64 个；并采用 64 位的正交 Walsh 函数来用作反向信道的编码调制。这是利用了 Walsh 序列良好的互相关特性。读者有兴趣可以分析一下 Walsh 序列的自相关特性。

5.4.3 扩频码的同步

在码分系统中相关接收要求本地地址码(伪码)与收到的(发送来的)地址码同步。地址码的同步是码分多址系统的重要组成部分，其性能好坏直接影响系统的性能。所谓两个扩频码同步，就是保持其时差(相位差)为 0 状态。

令 $a_1(t-\tau_1)$、$a_2(t-\tau_2)$ 为两个长度相等的伪码，保持其同步就是使 $\tau_1 = \tau_2$，也就是 $\Delta\tau = \tau_2 - \tau_1 = 0$。

通常在码分多址系统中，所采用的地址码都是周期性重复的序列，即为：

$$c_i(t) = \sum_{n=-\infty}^{\infty} a_i(t-nT) \quad (-\infty < t < \infty) \tag{5.31}$$

其中，T 是 $a_i(t)$ 长度。显然，$c_i(t)$ 是 $a_i(t)$ 的周期性重复（延拓），其周期为 T。扩频码的同步主要是指 $c_i(t)$ 的同步。

令 $c_i(t-\tau)$ 为接收到的伪码，$c_i(t-\hat{\tau})$ 为本地伪码，分别如图 5.18 和图 5.19 所示。其周期为 $T=NT_c$，为码位数（码长），T_c 为码片宽度。

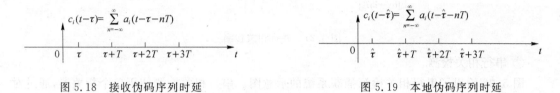

图 5.18　接收伪码序列时延　　　　　　　图 5.19　本地伪码序列时延

同步过程就是使 $\hat{\tau}=\tau$。扩频码的同步可以分为粗同步与细同步。粗同步又称为捕获，细同步又称为跟踪。粗同步使两个信号彼此粗略地对准，即 $|\hat{\tau}-\tau| = |\Delta\tau| < T_c$（$\hat{\tau}-\tau=\Delta\tau$）；一旦接收的扩频信号被捕获，则接着进行细同步，使两个信号的波形尽可能精确地持续保持对准，即 $|\hat{\tau}-\tau| = |\Delta\tau| \to 0$。

下面将简要介绍扩频码基带信号的捕获与跟踪方法，对于扩频码频带信号的捕获与跟踪，这里不作介绍。

1. 粗同步

粗同步的方法包括并行相关检测、串行相关检测以及匹配滤波捕获法。所有的同步检测方法都是先求 $c_i(t-\tau)$ 与 $c_i(t-\hat{\tau})$ 的相关函数，即

$$R_i(\Delta\tau) = R_i(\hat{\tau}-\tau) = \int_0^T c_i(t-\tau)c_i(t-\hat{\tau})\mathrm{d}t \tag{5.32}$$

然后将相关的结果与门限值 u_0 比较，如果 $R_i(\Delta\tau) > u_0$，则粗同步完成，进入跟踪过程；反之则仍然进行捕获过程，改变本地扩频序列的相位或者频率，再与接收信号做相关。粗同步的过程如图 5.20 所示。

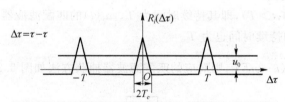

图 5.20　粗同步过程示意图

① 并行相关检测

图 5.21 给出了并行相关检测捕获系统的示意图。如图中所示，本地码序列 $c_i(t)$ 依次延迟一个码片（T_c），T 为搜索的周期。经过相关运算后，通过比较相关器的输出 $y_1, y_2, \cdots, y_N$，选择最大者对应的 $\hat{\tau}$ 作为时延的估计值，即认为最大者对应的本地扩频序列与接收信号实现了粗同步（误差 $|\Delta\tau| < T_c$）。随着 T 的增大，同步差错的概率将降低，但是捕获所需的时间将增大。

在无干扰以及相关特性理想的条件下，并行相关检测法理论上只需要一个周期 T 即可完成捕获。但是需要 N 个相关器，当 $N \gg 1$ 时，将导致设备庞大。

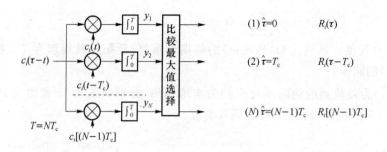

图 5.21　并行相关检测

② 串行相关检测

图 5.22 给出了串行相关检测捕获系统的示意图。串行相关检测使用单个相关器,通过对每个可能的序列移位进行重复相关过程来进行搜索。由于只需要一个相关器,因此其电路比较简单。

在串行搜索过程中,将本地的扩频码 $c_i(t-\hat{\tau})$ 与接收信号 $c_i(t-\tau)$ 进行相关处理,并将输出信号 $R_i(\hat{\tau}-\tau)$ 与门限值 u_0 比较。如果超出门限值,则此时对应的 $\hat{\tau}$ 即为时延估计值,捕获完成,有 $|\Delta\tau|<T_c$。如果输出信号低于门限值,则将本地信号的相位增加一个增量,通常为 T_c 或者 $T_c/2$(即每隔 T,增加 $\hat{\tau}$ 的值),再进行相关、比较,直至捕获完成,转入跟踪过程。

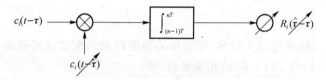

图 5.22　串行相关检测

串行相关检测虽然比较简单,但是其代价是捕获时间比较长。最长的捕获时间是 $(N-1)T$,当 $N\gg1$ 时,将导致搜索时间很长。

③ 匹配滤波器捕获法

令 $a_i(t)\equiv0,(t<0,t>T)$,即其持续时间为 T。$a_i(t)$ 的匹配滤波器的冲击响应为:$h(t)=a_i(T-t)$,显然,$h(t)$ 的持续时间也为 T。

令 $c_i(t)=\sum\limits_{n=-\infty}^{\infty}a_i(t-nT)$,则对应的匹配滤波器捕获方法如图 5.23 所示。

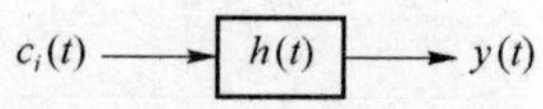

$$c_i(t) \longrightarrow \boxed{h(t)} \longrightarrow y(t)$$

图 5.23　匹配滤波器捕获法

输入为 $c_i(t)$ 时,输出 $y(t)$ 为

$$
\begin{aligned}
y(t) &= c_i(t) * h(t) \\
&= \int_0^T c_i(t-\tau)h(\tau)\mathrm{d}\tau \\
&= \int_0^T c_i(t-\tau)a_i(T-\tau)\mathrm{d}\tau \\
&= R_i(t-\tau-T+\tau) \\
&= R_i(t-T)
\end{aligned}
\tag{5.33}
$$

即输出 $y(t)$ 为 $a_i(t)$ 的周期性自相关函数。

如果为双极性的 m 序列,则输出如图 5.24 所示。可以看出

$$y(kT)=R_i(0)\to |R_i(t)|_{\max},k=0,\pm1,\pm2,\cdots \tag{5.34}$$

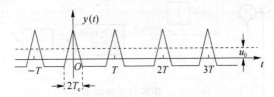

图 5.24 m 序列周期性自相关函数

匹配滤波法的优点在于实时性。其输出最大的时刻也就是输入伪码一个周期的结束时刻,也就是下一个周期的起始时刻,因此它的最短捕获时间也是 T。这种方法的主要限制是,对于长码($N\gg1$)的匹配滤波器,硬件实现比较困难。

2. 细同步

细同步又称为跟踪,它需要连续地检测同步误差,根据检测结果不断调整本地伪码的时延(相位),使 $\hat{\tau}-\tau=\Delta\tau\to0$,并保持此状态。

同步跟踪电路一般由以下几部分组成:同步误差检测电路、本地伪码发生器和本地伪码时延调整电路,如图 5.25 所示。

其中误差检测一般用相关检测;本地伪码时延(相位)调整可用压控振荡器(VCO)或用时钟倍频加减脉冲法。

图 5.26 和图 5.27 分别给出了细同步的检测电路以及检测误差特性。

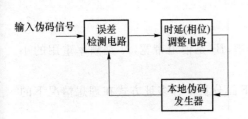

图 5.25 同步跟踪电路

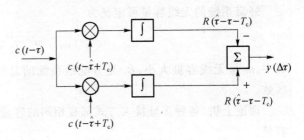

图 5.26 细同步误差检测电路

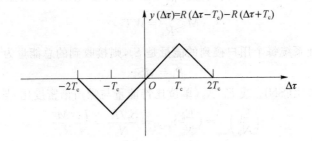

图 5.27 检测误差特性

图 5.28 给出了伪码时延锁定电路,可以用于伪码的细同步跟踪。图中,$f_2=f_1+y(\Delta\tau)$。

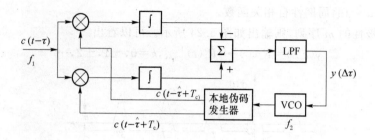

图 5.28　伪码时延锁定电路

从图中可以看出,在区间$(-T_c,T_c)$内,有

$$y(\Delta\tau)=K\Delta\tau \tag{5.35}$$

其中,K 为大于 0 的常数。

因此有

$$f_2=f_1+K\Delta\tau \tag{5.36}$$

若 $\Delta\tau\in(0,T_c)$,则 $K\Delta\tau>0$,$f_2>f_1$,此时本地伪码超前滑动;若 $\Delta\tau\in(-T_c,0)$,则 $K\Delta\tau<0$,$f_2<f_1$,此时本地伪码滞后滑动。最终锁定在 $\Delta\tau=0$,跟踪范围为 $(-T_c,T_c)$,即两个码片长度。

一般来讲,检测电路中两路本地伪码时延差可以是码片的若干分之一。时延差越小,跟踪范围越小,但跟踪精度越高。

5.5　蜂窝移动通信系统的容量分析

蜂窝系统的无线容量可定义为

$$m=\frac{B_t}{B_c N} \tag{5.37}$$

其中,m 是无线容量大小,B_t 是分配给系统的总的频谱,B_c 是信道带宽,N 是频率重用的小区数。

理论上讲,各种多址接入方式都有相同的容量。下面分析 3 种多址方式在理想情况下的容量。

假设 3 种多址系统均有 W 的带宽;每个用户未编码比特率都为 $R_b=1/T_b$,T_b 代表一个比特的时间周期;每种多址系统均使用正交信号波形,则最大用户数(容量)为

$$M\leqslant\frac{W}{R_b}=WT_b \tag{5.38}$$

再假定任何多址系统每个用户接到的能量是 S_r,则接收到的总能量为

$$P_r=MS_r \tag{5.39}$$

假设所需的信噪比(SNR)或 E_b/N_0(单位比特能量与噪声谱密度比)与实际值相等,即

$$\left(\frac{E_b}{N_0}\right)_{req}=\left(\frac{E_b}{N_0}\right)_{actual}=\frac{S_r/R_b}{N_0}=\frac{P_r/M}{N_0 R_b} \tag{5.40}$$

由此得出

$$M=\frac{(P_r/N_0)}{R_b(E_b/N_0)_{req}} \tag{5.41}$$

所以从理论上说,各种多址技术具有相同的容量:

$$M_{\text{FDMA}} = M_{\text{TDMA}} = M_{\text{CDMA}} = \frac{(P_r/N_0)}{R_b(E_b/N_0)_{\text{req}}} \tag{5.42}$$

然而,在实际情况下移动通信的 3 种多址系统并不具有相同的容量。

1. FDMA 和 TDMA 蜂窝系统的容量

对于模拟 FDMA 系统来说,如果采用频率重用的小区数为 N,根据对同频干扰和系统容量的讨论可知,对于小区制蜂窝网,有

$$N = \sqrt{\frac{2}{3}\left(\frac{C}{I}\right)} \tag{5.43}$$

即频率重用的小区数 N 由所需的载干比 (C/I) 来决定,则可求得 FDMA 的无线容量如下:

$$m = \frac{B_t}{B_c\sqrt{\frac{2}{3}\left(\frac{C}{I}\right)}} \tag{5.44}$$

对于数字 TDMA 系统来说,由于数字信道所要求的载干比可以比模拟制的小 4~5 dB (因数字系统有纠错措施),因而频率复用距离可以近一些。所以可以采用比 7 小的方案,例如 $N=3$ 的方案。则可求得 TDMA 的无线容量如下:

$$m = \frac{B_t}{B_c'\sqrt{\frac{2}{3}\left(\frac{C}{I}\right)}} \tag{5.45}$$

B_c' 为等效 TDMA 的等效带宽,等效带宽与 TDMA 系统的每个载频时分的时隙数有关,即

$$B_c' = \frac{B}{m} \tag{5.46}$$

其中,B 为 TDMA 的频道带宽;m 是每个频道包含的时隙数。

2. CDMA 蜂窝系统的容量

决定 CDMA 数字蜂窝系统容量的主要参数是:处理增益、E_b/N_0、话音负载周期、频率再用效率,以及基站天线扇区数。

若不考虑蜂窝系统的特点,只考虑一般扩频通信系统,接收信号的载干比可以写成:

$$\frac{C}{I} = \frac{R_b E_b}{N_0 W} = \frac{\left(\frac{E_b}{N_0}\right)}{\left(\frac{W}{R_b}\right)} \tag{5.47}$$

式中,E_b 是信息的比特能量;R_b 是信息的比特速率;N_0 是干扰的功率谱密度;W 是总频段宽度(即 CDMA 信号所占的频谱宽度);E_b/N_0 类似于通常所谓的归一化信噪比,其取值决定于系统对误比特率或话音质量的要求,并与系统的调制方式和编码方案有关;W/R_b 是系统的处理增益。

若 m 个用户共用一个无线频道,显然每一用户的信号都受到其他 $m-1$ 个用户信号的干扰。假设到达一个接收机的信号强度和各干扰强度都相等,则载干比为

$$\frac{C}{I} = \frac{1}{m-1} \tag{5.48}$$

或

$$m-1=\frac{\left(\dfrac{W}{R_b}\right)}{\left(\dfrac{E_b}{N_0}\right)} \tag{5.49}$$

即

$$m=1+\frac{\left(\dfrac{W}{R_b}\right)}{\left(\dfrac{E_b}{N_0}\right)} \tag{5.50}$$

如果把背景热噪声 η 考虑进去,则能够接入此系统的用户数可表示为

$$m=1+\frac{\left(\dfrac{W}{R_b}\right)}{\left(\dfrac{E_b}{N_0}\right)}-\frac{\eta}{C} \tag{5.51}$$

结果表明,在误比特率一定的条件下,降低热噪声功率,减小归一化信噪比,增大系统的处理增益都将有利于提高系统的容量。

应该注意这里的假定条件,所谓到达接收机的信号强度和各个干扰强度都一样,对单一小区(没有邻近小区的干扰)而言,在前向传输时,不加功率控制即可满足;但在反向传输时,各个移动台向基站发送的信号必须进行理想的功率控制才能满足。另外,应根据 CDMA 蜂窝通信系统的特点对这里得到的公式进行修正。

(1) 采用话音激活技术提高系统容量

在典型的全双工通话中,每次通话中话音存在时间小于 35%,亦即话音的激活期(占空比)d 通常小于 35%。如果在话音停顿时停止信号发射,对 CDMA 系统而言,直接减少了对其他用户的干扰,即其他用户受到的干扰会相应地平均减少 65%,从而使系统容量提高到原来的 $1/d=2.86$ 倍。因此,CDMA 系统的容量公式被修正为

$$m=1+\left[\frac{\left(\dfrac{W}{R_b}\right)}{\left(\dfrac{E_b}{N_0}\right)}-\frac{\eta}{C}\right]\cdot\frac{1}{d} \tag{5.52}$$

当用户数目庞大并且系统是干扰受限而不是噪声受限时,用户数可表示为

$$m=1+\left[\frac{\left(\dfrac{W}{R_b}\right)}{\left(\dfrac{E_b}{N_0}\right)}\right]\cdot\frac{1}{d} \tag{5.53}$$

(2) 利用扇区划分提高系统容量

CDMA 小区扇区化有很好的容量扩充作用。利用 120° 扇形覆盖的定向天线把一个蜂窝小区划分成 3 个扇区时,处于每个扇区中的移动用户是该蜂窝的三分之一,相应的各用户之间的多址干扰分量也就减少为原来的三分之一,从而系统的容量将增加约 3 倍(实际上,由于相邻天线覆盖区之间有重叠,一般能提高到 $G=2.55$ 倍左右)。因此 CDMA 系统的容量公式又被修正为

$$m=\left\{1+\left[\frac{\left(\dfrac{W}{R_b}\right)}{\left(\dfrac{E_b}{N_0}\right)}\right]\cdot\frac{1}{d}\right\}\cdot G \tag{5.54}$$

其中,G 为扇区分区系数。

（3）频率再用

在 CDMA 系统中,所有用户共享一个无线频率,即若干个小区内的基站和移动台都工作在相同的频率上。因此任一小区的移动台都会受到相邻小区基站的干扰,任一小区的基站也会受到相邻小区移动台的干扰。这些干扰的存在必然会影响系统的容量。其中任一小区的移动台对相邻小区基站（反向信道）的总干扰量和任一小区的基站对相邻小区移动台（前向信道）的总干扰量是不同的,对系统容量的影响也有差别。对于反向信道,因为相邻小区基站中的移动台功率受控而不断调整,对被干扰小区基站的干扰不易计算,只能从概率上计算出平均值的下限。然而理论分析表明,假设各小区的用户数为 M,M 个用户同时发射信号,前向信道和反向信道的干扰总量对容量的影响大致相等,因而在考虑邻近蜂窝小区的干扰对系统容量的影响时,一般按前向信道计算。

对于前向信道,在一个蜂窝小区内,基站不断地向移动台发送信号,移动台在接收它自己所需的信号时,也接收到基站发给其他移动台的信号,而这些信号对它所需的信号将形成干扰。当系统采用前向功率控制技术时,由于路径传播损耗的原因,靠近基站的移动台,受到本小区基站发射的信号干扰比距离远的移动台要大,但受到相邻小区基站的干扰较小;位于小区边缘的移动台,受到本小区基站发射的信号干扰比距离近的移动台要小,但受到相邻小区基站的干扰较大。移动台最不利的位置是处于 3 个小区交界的地方,如图 5.29 中的 MS 所在点。

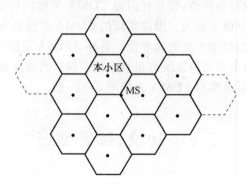

图 5.29　CDMA 系统移动台受干扰示意图

假设各小区中同时通信的用户数是 M,即各小区的基站同时向 M 个用户发送信号,理论分析表明,在采用功率控制时,每小区同时通信的用户数将下降到原来的 60%,即信道复用效率 $F=0.6$,也就是系统容量下降到没有考虑邻区干扰时的 60%。此时,CDMA 系统的容量公式再次被修正为

$$m=\left\{1+\left[\left(\frac{W}{R_b}\right)\Big/\left(\frac{E_b}{N_0}\right)\right]\cdot\frac{1}{d}\right\}\cdot G\cdot F \tag{5.55}$$

3. 3 种系统容量的比较

在给定的一个窄带码分系统的频谱带宽内（1.25 MHz）内,将 CDMA 系统容量与 FDMA、TDMA 系统容量进行比较,结果如下:

（1）模拟 TACS 系统,采用 FDMA 方式

设:分配给系统的总频宽 $B_t=1.25$ MHz,信道带宽 $B_c=25$ kHz,频率重用的小区数 $N=7$,则系统容量

$$m = \frac{1.25 \times 10^3}{25 \times 7} = \frac{50}{7} \approx 7.1$$

（2）数字 GSM 系统，采用 TDMA 方式

设：分配给系统的总频宽 $B_t = 1.25\,\text{MHz}$，载频间隔 $B_c = 200\,\text{kHz}$，每载频时隙数为 8，频率重用的小区数 $N = 4$，则系统容量

$$m = \frac{1.25 \times 10^3 \times 8}{200 \times 4} = \frac{10 \times 10^3}{800} \approx 12.5$$

（3）数字 CDMA 系统

设：分配给系统的总频宽 $B_t = 1.25\,\text{MHz}$，话音编码速率 $R_b = 9.6\,\text{kbit/s}$，话音占空比 $d = 0.35$，扇形分区系数 $G = 2.55$，信道复用效率 $F = 0.6$，归一化信噪比 $E_b/N_0 = 7\,\text{dB}$，则系统容量

$$m = \left\{ 1 + \left[\frac{\left(\dfrac{1.25 \times 10^3}{9.6} \right)}{(10^{0.7})} \right] \cdot \frac{1}{0.35} \right\} \cdot 2.55 \times 0.6 = 115$$

3 种方式的系统容量的比较结果为

$$m_{\text{CDMA}} \approx 16 m_{\text{TACS}} \approx 9 m_{\text{GSM}}$$

由此可以看出，在总频带宽度为 1.25 MHz 时，CDMA 数字蜂窝移动通信系统的容量是模拟 FDMA 系统容量的约 16 倍，是数字时分 GSM 系统容量的约 9 倍。需要说明的是，以上的比较中 CDMA 系统容量是理论值，即是在假设 CDMA 系统的功率控制是理想的条件下得出的。这在实际当中显然是做不到的。因此实际的 CDMA 系统的容量比理论值有所下降，其下降多少将随着其功率控制精度的高低而变化。另外，CDMA 系统容量的计算与某些参数的选取有关，对于不同的参数值得出的系统容量也有所不同。当前比较普遍的看法是 CDMA 数字蜂窝移动通信系统的容量是模拟 FDMA 系统的 8～10 倍。

5.6　切换、位置更新

5.6.1　切换技术

1. 信道切换原理

当移动用户处于通话状态时，如果出现用户从一个小区移动到另一个小区的情况，为了保证通话的连续，系统要将对该 MS 的连接控制也从一个小区转移到另一个小区。这种将正在处于通话状态的 MS 转移到新的业务信道上（新的小区）的过程称为"切换"（Handover）。因此，从本质上说，切换的目的是实现蜂窝移动通信的"无缝隙"覆盖，即当移动台从一个小区进入另一个小区时，保证通信的连续性。切换的操作不仅包括识别新的小区，而且需要分配给移动台在新小区的话音信道和控制信道。通常，由以下两个原因引起一个切换。

- 信号的强度或质量下降到由系统规定的一定参数以下，此时移动台被切换到信号强度较强的相邻小区。
- 由于某小区业务信道容量全被占用或几乎全被占用，这时移动台被切换到业务信道容量较空闲的相邻小区。

由第一种原因引起的切换一般由移动台发起,由第二种原因引起的切换一般由上级实体发起。

切换必须顺利完成,并且尽可能少地出现,同时要使用户觉察不到。为了适应这些要求,系统设计者必须指定一个启动切换的最恰当的信号强度。一旦将某个特定的信号强度指定为基站接收机中可接受的话音质量的最小可用信号(一般在 $-100 \sim -90 \, dB_m$ 之间),那么比此信号强度稍微强一点的信号强度就可作为启动切换的门限。其差值表示为 $\Delta = P_r$ 切换 $- P_r$ 最小可用,其值不能太小也不能太大。如果 Δ 太大,就有可能会有不需要的切换来增加系统的负担;如果 Δ 太小,就有可能会因信号太弱而掉话,而在此之前又没有足够的时间来完成切换。

在决定何时切换的时候,要保证所检测到的信号电平的下降不是因为瞬间的衰减,而是由于移动台正在离开当前服务的基站。为了保证这一点,基站在准备切换之前先对信号监视一段时间。

呼叫在一个小区内没有经过切换的通话时间,叫做驻留时间。某一特定用户的驻留时间受到一系列参数的影响,包括传播、干扰、用户与基站之间的距离,以及其他的随时间而变的因素。

在第一代模拟蜂窝系统中,信号能量的检测是由基站来完成,由 MSC 来管理的;在使用数字 TDMA 技术的第二代系统中,是否切换的决定是由移动台来辅助完成的,在移动台辅助切换(MAHO)中,每个移动台检测从周围基站中接收的信号能量,并且将这些检测数据连续地回送给当前为它服务的基站。MAHO 的方法使得基站间的切换比第一代模拟系统要快得多,因为切换的检测是由每个移动台来完成的,这样 MSC 就不再需要连续不断地监视信号能量。MAHO 的切换频率在蜂窝环境中特别适用。

不同的系统用不同的策略和方法来处理切换请求。一些系统处理切换请求的方式与处理初始呼叫是一样的。在这样的系统中,切换请求在新基站中失败的概率和来话的阻塞是一样的。然而,从用户的角度来看,正在进行的通话中断比偶尔的新呼叫阻塞更令人讨厌。为了提高用户所觉察到的服务质量,人们已经想出了各种各样的办法来实现在分配话音信道的时候,切换请求优先于初始呼叫请求。

使切换具有优先权的一种方法叫做信道监视方法,即保留小区中所有可用信道的一小部分,专门为那些可能要切换到该小区的通话所发出的切换请求服务。监视信道在使用动态分配策略时能使频谱得到充分利用,因为动态分配策略可通过有效的、根据需求的分配方案使所需的监视信道减小到最小值。

对切换请求进行排队,是减小由于缺少可用信道而强迫中断的发生概率的另一种方法。由于接收到的信号强度下降到切换门限以下和因信号太弱而通话中断之间的时间间隔是有限的,因此可以对切换请求进行排队。

2. 切换分类

根据切换发生时,移动台与原基站以及目标基站连接方式的不同,可以将切换分为硬切换与软切换两大类。

(1) 硬切换(HHO,Hard Handoff)

硬切换是指在新的通信链路建立之前,先中断旧的通信链路的切换方式,即先断后通。在整个切换过程中移动台只能使用一个无线信道。在从旧的服务链路过渡到新的服务链路时,硬切换存在通话中断,但是时间非常短,用户一般感觉不到。在这种切换过程中,可能存在原有的链路已经断开,但是新的链路没有成功建立的情况,这样移动台就会失去与网络的连接,即产生掉话。

采用不同频率的小区之间只能采用硬切换,所以模拟系统和 TDMA 系统(如 GSM 系统)都是采用硬切换的方式。

硬切换方式的失败率比较高,如果目标基站没有空闲的信道或者切换信令的传输出现错误,都会导致切换失败。此外,当移动台处于两个小区的交界处,需要进行切换时,由于两个基站在该处的信号都较弱并且会起伏变化,这就容易导致移动台在两个基站之间反复要求切换,即出现"乒乓效应",使系统控制器的负载加重,并增加通信中断的可能性。根据以往对模拟系统、TDMA 系统的测试统计,无线信道上 90% 的掉话是在切换过程中发生的。

(2)软切换(SHO,Soft Handoff)

软切换是指需要切换时,移动台先与目标基站建立通信链路,再切断与原基站之间的通信链路的切换方式,即先通后断。

软切换只有在使用相同频率的小区之间才能进行,因此模拟系统、TDMA 系统不具有这种功能。它是 CDMA 蜂窝移动通信系统所独有的切换方式。

在 CDMA 移动通信系统中,采用软切换可以带来以下好处。

① 提高切换成功率

在软切换过程中,移动台同时与多个基站进行通信。只有当移动台与新的基站建立起稳定的通信之后,原有的基站才会中断其通信控制。因此,与硬切换相比,软切换的失败率相对比较小,有效地提高了切换的可靠性,大大降低切换造成的掉话。

② 增加系统容量

当移动台与多个基站进行通信时,有的基站命令移动台增加发射功率,有的基站命令移动台降低发射功率,这时移动台优先考虑降低发射功率的命令。这样,从统计的角度上来看,降低了移动台整体的发射功率,从而降低了对其他用户的干扰。CDMA 系统是自干扰系统,降低了发射功率,实际上就降低了背景噪声,从而增加了系统容量。

③ 提高通信质量

软切换过程中,在前向链路,多个基站向移动台发送相同的信号,移动台解调这些信号,就可以进行分集合并,从而提高前向链路的抗衰落能力。在反向链路,多个基站接收到一个移动台的信号,通常这些基站进行解调后送至 BSC,在 BSC 用选择器选择质量最好的一路作为输出,从而实现反向链路的分集接收。因此,采用软切换可以提高接收信号的质量。

软切换也有一些缺点,如导致硬件设备的增加,占用更多的资源,当切换的触发机制设定不合理导致过于频繁的控制消息交互时,也会影响用户正在进行的呼叫质量,等等,但对 CDMA 系统来说,系统容量的瓶颈主要不在于硬件设备资源,而是系统自身的干扰。

软切换中还包括更软切换(Softer Handoff)。所谓更软切换是指在同一个小区的不同扇区之间进行的软切换。与此对应,软切换通常指不同小区之间进行的软切换。

在软切换过程中,会同时占用两个基站的信道单元和 Walsh 码资源,通常在基站控制器(BSC)完成前向链路帧的复制和反向链路帧的选择。更软切换则不用占用新的信道单元,只需要在新扇区分配 Walsh 码,从基站送到 BSC 的只是一路话音信号。

软切换是 CDMA 系统特有的关键技术之一,也是网络优化的重点,软切换算法和相关参数的设置对系统容量和服务质量有重要影响。

CDMA 系统中独特的 RAKE 接收机可以同时接收两个或两个以上基站发来得信号,从而保证了 CDMA 系统能够实现软切换,图 5.30 所示。

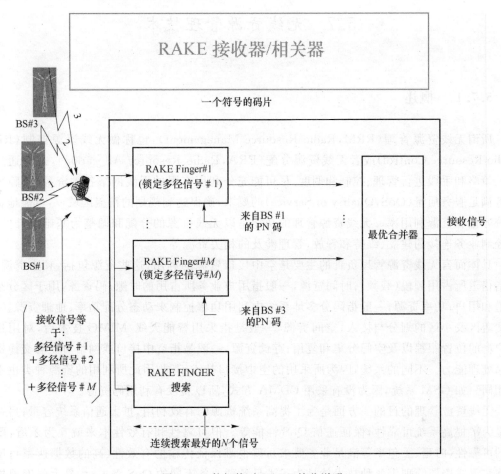

图 5.30　软切换时 RAKE 接收说明

5.6.2　位置更新

在移动通信系统中,用户可以在系统覆盖范围内任意移动,为了能把一个呼叫传送到随机移动的用户,就必须有一个高效的位置管理系统来跟踪用户的位置变化。

位置管理包括两个主要任务:位置登记和呼叫传递。位置登记的步骤是在移动台的实时位置信息已知的情况下,更新位置数据库和认证移动台。呼叫传递的步骤是在有呼叫给移动台的情况下,根据归属寄存器(HLR,Home Location Register)和访问寄存器(VLR,Visitor Location Register)中可用的位置信息来定位移动台。

与上述两个问题紧密相关的两个问题是:位置更新(Location Update)和寻呼(Paging)。位置更新解决问题是移动台如何发现位置变化以及何时报告它的当前位置。寻呼解决的问题是如何有效地确定移动台当前处于哪一个小区。

具体位置管理过程,结合具体系统作介绍。

5.7 无线资源管理技术

5.7.1 概述

所谓无线资源管理(RRM,Radio Resource Management),也称做无线资源控制(RRC,Radio Resource Control)或者无线资源分配(RRA,Radio Resource Allocation),是指通过一定的策略和手段进行管理、控制和调度,尽可能充分利用有限的无线网络各种资源,保障各类业务满足服务质量(QoS,Quality of Service)的要求,确保达到规划的覆盖区域,尽可能地提高系统容量和资源利用率。无线资源管理的功能是以无线资源的分配和调整为基础展开的,包括控制业务连接的建立、维持和释放,管理涉及的相关资源等。

具体而言无线资源管理负责的主要是空中接口资源的利用,这些资源包括:频率资源,一般指信道所占用频段(载频);时间资源,一般指用户业务所占用的时隙;码资源,用于区分小区信道和用户;功率资源,一般指码分多址系统中利用功率控制来动态分配功率;地理资源,一般指覆盖区及小区的划分与接入;空间资源,一般是指采用智能天线/MIMO技术后,对用户及用户群的位置跟踪以及空间分集和复用;存储资源,一般是指空中接口或网络节点与交换机的存储处理能力。不同的系统,因为所采用的空中接口技术不同,因此所利用的资源种类也不完全相同。如GSM系统,因为没有采用CDMA方式,所以就没有利用码资源。

无线资源管理的目的一方面是为了提高系统资源的有效利用,扩大通信系统容量;另一方面是为了提高系统可靠性,保证通信QoS性能等。但可靠性和有效性本来就互为矛盾:要有高的可靠性(时延、丢包率等满足业务要求),就很难保证传输的有效性(高的数据速率);反之亦然。无线资源管理等各种技术就是为了满足各种业务不同的QoS需求时,最大限度地提高无线频谱利用率,实现可靠性和有效性矛盾中的统一。

一般来说无线资源管理包括以下内容:接纳控制(Admission Control)、负载控制(Load Control)、功率控制(Power Control)、切换控制(Handoff Control)、速率控制(Rate Control)以及信道分配(Channel Allocation)、分组调度(Packet Scheduling)等。

图5.31给出了移动通信中无线资源管理原理性框图[12]

对于第二代移动通信系统来说,由于其业务主要是以语音和低速数据业务为主,因此第二代移动通信的无线资源管理主要集中在信道分配、接纳控制、负载控制、功率控制、切换控制等。对于第三代以及后3G的移动通信系统来说,除了能够提供传统的例如语音、短消息和低速数据业务外,一个关键特性是能够支持宽带移动多媒体数据业务。多媒体数据业务可以分为不同的QoS(Quality of Service)等级,如果不对空中接口资源进行有效的无线资源管理,多媒体数据业务所要达到的QoS就无法得到保证。由于第三代移动通信技术正面临用户数量急剧增加、移动业务逐步走向多元化、用户对QoS的要求不断提高等问题,因此对无线资源管理技术提出了新的挑战。如何在保证足够的小区容量的同时又要满足不同业务的时延和速率要求,而且尽可能充分地结合和利用新的无线传输技术的特性,这些都是在新的业务、传播环境下无线资源管理技术需要考虑的问题。第三代移动的无线资源管理除了信道分配、接纳控制、负载控制、功率控制、切换控制等外还应考虑分组业务的调度、自适应链路调度和速率控制等。由此可知 3G 以及 4G 等移动通信系统的无线资源管理是非常复杂的,还将面临诸多的挑战。

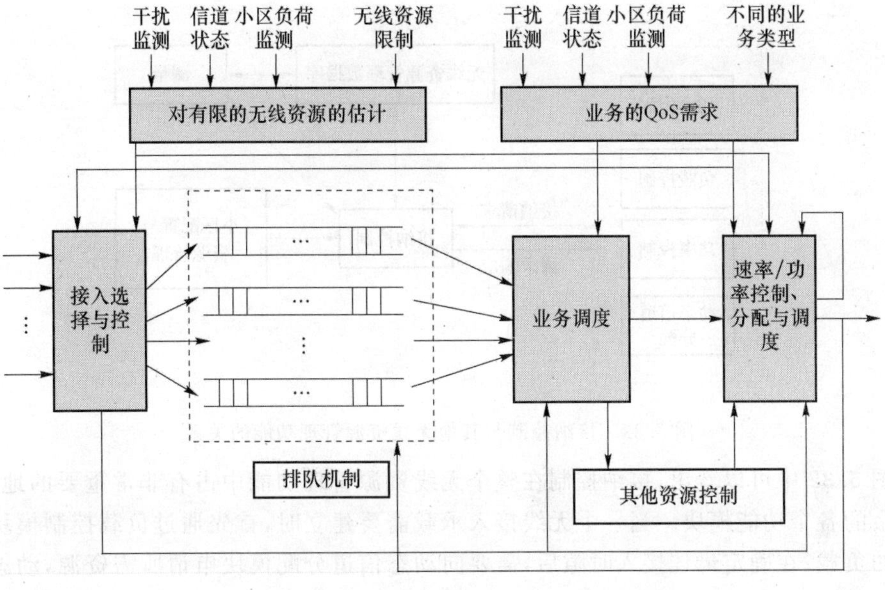

图 5.31　移动通信中无线资源管理原理性框图

由于 4G(如 LTE 等移动通信系统)采用了 OFDMA、MIMO 等关键技术,使得系统的无线资源管理更为复杂,也更为关键。特别是无线资源的分配和调度问题较之 3G 网络更为复杂,资源分配和调度要考虑时频资源。

由于篇幅有限下面我们只给出无线资源管理的一些基本概念,有关细节请参考相关文献。

5.7.2　接纳控制

接纳控制是无线资源管理的重要组成部分,其目的是维持网络的稳定性,保证已建立链路的 QoS。当发生下面 3 种情况时就需要进行接纳控制:

(1) UE 的初始建立、无线承载建立;

(2) UE 发生越区切换;

(3) 处于连接模式的 UE 需要增加业务。

接纳控制通过建立一个无线接入承载来接受或拒绝一个呼叫请求,当无线承载建立或发生变化时接纳控制模块就需要执行接纳控制算法。接纳控制模块位于无线网络控制器实体中,利用接纳控制算法,通过评估无线网络中建立某个承载将会引起负载的增加来判断是否接入某个用户。接入控制对上下行链路同时进行负载增加评估,只有上下行都允许接入的情况下才允许用户接入系统,否则该用户会因为给网络带来过量干扰而被阻塞。

对不同制式的移动通信系统,存在不同制式的接纳控制,下面对它们进行比较,如表 5.1所示。

表 5.1　不同制式的接纳控制比较

TDMA	FDMA	CDMA	TD-SCDMA
基于时隙资源硬判决	基于频点资源硬判决	基于负荷资源软判决	基于频点资源硬判决 基于负荷资源软判决

接纳控制与其他无线资源管理功能的关系如图 5.32 所示。

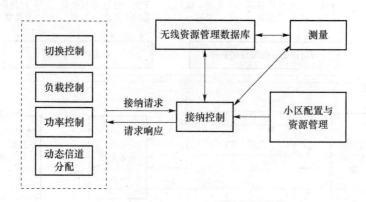

图 5.32 接纳控制与其他无线资源管理功能的关系

从图 5.32 中可以看出，接纳控制在整个无线资源管理功能中占有非常重要的地位，它联系着其余的各个功能模块。当一个无线接入承载需要建立时，首先通过负载控制模块查询当前链路的负载；在确定最佳接入时隙后，需要向动态信道分配模块申请所需资源，动态信道分配模块根据算法决定是否给用户分配资源；当用户获得信道资源后，接纳控制模块需要和功率控制模块进行通信，以确定初始发射功率；无线承载建立后，切换控制模块会更新切换集信息，这时接纳控制模块在接入用户的过程中，会根据业务承载情况向切换控制模块发送切换请求。

接纳控制算法有如下几种。

- 基于预留信道的 CAC 算法。信道预留的 CAC 机制的关键在于确定最优的预留信道供切换使用。信道预留少了，强制中止概率增大，切换的性能降低；信道预留多了，新呼叫请求的阻塞概率增大，带宽的利用率降低。当网络业务量负荷变化时，如何根据当前系统的负荷对预留信道进行动态、自适应地调节接纳控制算法的研究已成为当前的一个研究热点。

- 基于信干比的 CAC 算法。基于干扰的呼叫接纳算法的思想是，根据小区内用户当前的信干比和信干比门限值来估计系统的剩余容量。对于新呼叫或切换呼叫，只有在系统剩余容量大于零的前提下才允许接入。

- 基于码道的 CAC 算法。例如，在 TD-SCDMA 系统中，TD-SCDMA 的一个子帧包含 7 个时隙，7 个时隙可以用做上行(UL) 和下行(DL) 业务的传送，上下行时隙的分配由上下行切换点决定，Slot0 和 Slot1 固定地分配给下行 DL 和上行 UL ，其他时隙可以通过切换点灵活地调整。在一个时隙中，根据协议，最高可以同时支持 16 个用户码道，这样，一个载频/时隙/码道即构成了一个资源单元(RU)。基于码道的 CAC 算法的原理是：当一个新呼叫到达时，该呼叫的归属基站判断本小区的空闲 RU 是否能够满足呼叫用户的需求，能够满足则接入新呼叫，否则阻塞该新呼叫。

- 基于码道和功率的 CAC 算法。在进行接纳判别时，除了要进行码道资源的判断外，还要进行功率资源的判断。

5.7.3 动态信道分配

对于无线通信系统来说，无线信道数量有限，是极为珍贵的资源，要提高系统的容量，就要对信道资源进行合理的分配,由此产生了信道分配技术。如何确保业务 QoS,如何充分有效地利用有限的信道资源,以提供尽可能多的用户接入是动态信道分配技术要解决的问题。

按照信道分割的不同方式,信道分配技术可分为固定信道分配(FCA)、动态信道分配(DCA)和混合信道分配(HCA)。FCA 指根据预先估计的覆盖区域内的业务负荷,将信道资源分给若干个小区,相同的信道集合在间隔一定距离的小区内可以再次得到利用。FCA 的主要优点是实现简单,缺点是频带利用率低,不能很好地根据网络中负载的变化及时改变网络中的信道规划。在以语音业务为主的 2G 系统中,信道分配大多采用固定分配的方式。

为了克服 FCA 的缺点,人们提出了 DCA 技术。在 DCA 技术中,信道资源不固定属于某一个小区,所有的信道被集中起来一起分配。DCA 将根据小区的业务负荷、候选信道的通信质量和使用率以及信道的再用距离等诸多因素选择最佳的信道,动态的分配给接入的业务。只要能提供足够的链路质量,任何小区都可以将该信道分给呼叫。DCA 具有频带利用率高、无须信道预规划、可以自动适应网络中负载和干扰的变化等优点。其缺点在于,DCA 算法相对于 FCA 来说较为复杂,系统开销也比较大。HCA 是固定信道分配和动态信道分配的结合,在 HCA 中全部信道被分为固定和动态两个集合。

动态信道分配包括两个方面的内容:干扰信息收集和通过智能地进行资源分配以极大提高系统的容量。所谓的智能就是根据小区负载大小来动态调节资源。DCA 必须收集有关小区的信息,如小区的负载情况、干扰信息等。同时,为了减小用户的功率损耗及测量的复杂性,在 DCA 中必须减少不必要的下行链路监测。总的来说 DCA 分为两步:收集小区的干扰信息(即监测小区的无线环境)及根据收集到的信息来分配资源。

基于 CDMA 技术的移动通信系统内一般存在两种系统干扰:其一是小区内干扰,也称为多用户接入干扰(MAI),它是由一个小区内的多用户接入产生的;其二是小区间干扰,是在小区复用的过程中由周围小区和本小区间的相互作用所产生的。这种干扰使得系统的数据吞吐量减小,从而导致低频谱效率和低经济效益。因此,尽可能地最小化它们相互间所产生的影响是非常有必要的,而这正是动态信道分配技术要解决的问题。

动态信道分配技术一般分为慢速动态信道分配(SDCA)和快速动态信道分配(FDCA)。慢速动态信道分配将无线信道分配至小区,用于上下行业务比例不对称时,调整各小区上下行时隙的比例。而快速动态信道分配将信道分至业务,为申请接入的用户分配满足要求的无线资源,并根据系统状态对已分配的资源进行调整。RNC 管理小区的可用资源,并将其动态分配给用户,具体的分配方式就取决于系统的负荷、业务 QoS 要求等参数。

5.7.4　负载控制

无线资源管理功能的一个重要任务是确保系统不发生过载。一旦系统过载必然会使干扰增加、QoS 下降,系统的不稳定会使某些特殊用户的服务得不到保证,所以负载控制同样非常重要。如果遇到过载,则无线网络规划定义的负载控制功能体将系统迅速并且可控地回到无线网络规划所定义的目标负载值。

CDMA 蜂窝系统容量是自干扰和干扰受限的,接纳控制算法从保证系统中业已存在连接的 QoS 要求出发,要求能够尽可能多地接纳用户,以提高无线资源的利用率。但是如果接纳控制算法不够理想,就会造成过多的用户接入系统,导致系统发生过载;同时,如果大量的非实时业务占用了过多的系统资源,同样可能导致系统发生过载。负载控制就是通过一定的方法或准则,对系统承载能力进行监控和处理,确保系统在具有高性能高容量的目标下能稳定可靠地工作的一种无线资源管理方法。负载控制的一般流程如图5.33所示。

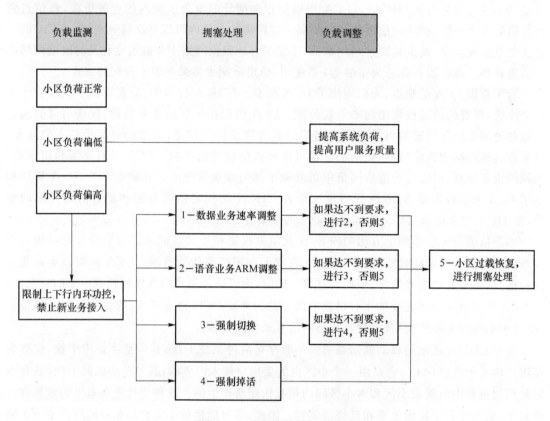

图 5.33 负载控制的一般流程

从图 5.33 中可以看出,负载控制的功能主要有 3 个。

(1) 负荷监测和评估:进行公共测量处理。

(2) 拥塞处理:决定使用何种方式来处理当前的拥塞情况。当系统受到的干扰急剧增加导致系统过载,此时负载控制的功能是较快地降低系统负载,使网络返回到稳定的工作状态。

(3) 负荷调整:根据用户 QoS 调整用户所占用的资源。

在 CDMA 蜂窝系统中,上行链路容量主要是受限于基站处的总干扰,下行链路容量受限于基站的发射功率。因此,负载控制要达到的目标是将上行干扰与下行发射功率限制在一个合理的水平。负荷估计可以是基于功率的,也可以是基于吞吐量的。负荷估计一旦发现上行干扰或下行发射功率超出合理水平,系统就被认定为过载。为降低负荷,消除过载,可能采用的负荷控制措施如下:

(1) 下行链路快速负载控制,拒绝执行来自移动台的下行链路功率增加命令;

(2) 上行链路快速负载控制,降低上行链路快速功率控制目标 SIR_{target} 的值;

(3) 切换到另一个载波;

(4) 切换到如 2G 等其他通信系统;

(5) 减少实时业务(如语音、视频会议)的发送速率;

（6）减小分组数据业务吞吐量；

（7）通过减小基站的发射功率，缩小小区覆盖范围，使部分用户切换到其他小区；

（8）强制部分用户掉话。

5.7.5　分组调度

按照 QoS 需求的不同，3GPP 规定了 3G 中的 4 种主要业务。

- 对话类业务（conversational service）
- 流类业务（streaming service）
- 交互类业务（interactive service）
- 背景类业务（background service）

这 4 类业务最大的区别在于对时延的敏感程度不同，从上到下依次降低。对话类业务和流类业务对时延的要求比较严格，被称为实时业务；而交互类业务和背景类业务作为非实时业务，对时延不敏感，但具有更低的 BER 要求。和实时业务相比，非实时业务有如下特点。

（1）突发性

非实时业务的数据传输速率可以由零迅速变为每秒数千比特，反之亦然。而实时业务一旦开始传输，将保持该传输速率直至业务结束，除非发生掉话，否则不会发生速率突变的情况。

（2）对时延不敏感

非实时业务对时延的容忍度可以达到秒甚至分钟级，而实时业务对时延十分敏感，容忍度基本在毫秒级。

（3）允许重传

RLC 层支持分组重传，因此与实时业务不同，即使无线链路质量很差也仍然可以基本保证服务质量，但误帧率也会相应增加。

（4）要求数据完整性

分组业务对数据完整性要求很高，因此一般采用确认模式传输；而实时业务对时延要求高，但对数据错误率要求相对较低，通常采用透明模式传输。

根据上述特点，非实时数据业务可以通过分组调度的方式来传输。分组调度（Packet Scheduling）是无线资源管理的重要组成部分，从协议上看它位于 L2 和 L3 层，即 RLC/MAC 层和 RRM 层。分组调度的任务是根据系统资源和业务 QoS 要求，对数据业务实施高效可靠的传输和调度控制的过程，其主要功能如下：

① 在非实时业务的用户间分配可用空中接口资源，确保用户申请业务的 QoS 要求，如传输时延、时延抖动、分组丢失率、系统吞吐量以及用户间公平性等；

② 为每个用户的分组数据传输分配传输信道；

③ 监视分组分配以及网络负载，通过对数据速率的调解来对网络负载进行匹配。

通常分组调度器位于 RNC 中，这样不仅可以进行多个小区的有效调度，同时还可以考虑到小区切换的进行。移动台或基站给调度器提供了空中接口负载的测量值，如果负载超过目标门限值，调度器可通过减小分组用户的比特速率来降低空中接口负载；如果负载低于目标门限值，可以增加比特速率来更为有效地利用无线资源。这样，由于分组调度器可以增加或减少网络负载，所以它又被认为是网络流量控制的一部分。

分组用户的调度方法可分为码分调度法和时分调度法。码分调度法对于不同的分组用户,根据各自的 QoS 要求(包括数据包的大小、优先级、时延等),分配不同的位传输速率,从而占用不同数量的码资源。所有的分组用户能同时按所分配的位传输速率进行传输(传输速率为 0,则表示暂时不为该用户传递数据)。时分调度法对于不同的分组用户,分别在不同时段进行传输。当用户在其调度的时间段内时,采用最大传输速率进行传输;当用户不在其调度时间内时,则不进行传输(即速率为 0)。对于单个用户,时分调度法具有非常高的位传输速率,但只能占用很短的时间;当用户数量很大时,使用时分调度法将使用户等待的时间变长。

分组调度的一般流程如图 5.34 所示。当调度周期来到时,首先统计分组业务可以使用的总的码道和功率资源,同时对新来到的分组呼叫按照优先级从高到低的顺序进行排队;然后按照可用资源情况选择优先级最高的一个或几个用户进行调度,如果可用资源够用则按照用户申请的最大速率配置资源,否则要求用户降低业务速率;最后按照协商后的速率对用户进行资源分配后,再进行资源判断,直到能够满足要求为止。

传统的分组调度算法有:正比公平算法(Proportional Fair),在正比公平调度算法中,每个用户都有一个相应的优先级,在任意时刻,小区中优先级最大的用户接受服务。轮询算法(Round Robin)的基本思想是用户以一定的时间间隔循环地占用等时间的无线资源。假设有 K 个用户,则每个用户被调度的概率都是 $1/K$。也就是说每个用户以相同的概率占用可分配的时隙、功率等无线资源;最大载干比调度算法(MAX C/I)的基本思想是对所有移动台按照其接收信号的 C/I 预测值从大到小的顺序进行服务。

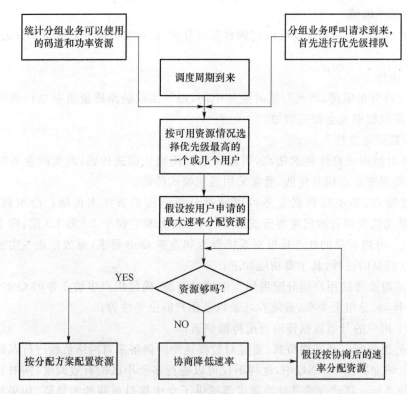

图 5.34　分组调度的一般流程

当然随着研究的不断深入,目前许多新的调度算法层出不穷,这里不再介绍。

有关功率控制和切换控制等资源管理策略,将在讲解具体移动通信系统时介绍。

5.7.6 LTE 系统的分组调度

LTE 系统分为 FDD 和 TDD 两类,这里以 TD-LTE 为例来介绍 LTE 系统调度的原理和技术。

相对于 3G 系统来说,TD-LTE 系统发生了很多变化:多址方式由 3G 的 CDMA 变成了下行的多载波 OFDMA 和上行的单载波 SC-FDMA,引入了频率维;定义了物理资源块(PRB,Physical Resource Block)作为空中接口物理资源分配的单位,而为了方便物理信道向空中接口时频域物理资源的映射,还定义了虚拟资源块(VRB,Virtual Resource Block),以 1 个 VRB 对作为物理资源分配信令的指示单位;为了提供最优化的数据通信能力,对于物理下行共享信道(PDSCH,Physical Downlink Shared Channel)数据信息的传输,物理层提供了 7 种可供选择的传输模式,需要调度算法根据信道条件和用户需求进行选择;TD-LTE 系统中有 7 种上下行时隙比例配置,分别对应于不同 HARQ 时序关系。有关 TD-LTE 系统具体技术细节见本书第 8 章的相关内容。正因如此,在 TD-LTE 系统中考虑资源调度与分配方案就与以往的相关技术有所不同,其复杂度大大提高了,同时调度算法也有相应的改变。

归纳起来影响无线分组调度的主要因素有以下几个。

(1)无线链路易变性

无线网络和有线网络之间的最大不同是传输链路的易变性。由于有线网络高质量的传输媒质,其分组传输具有极低的错误率。然而,无线链路却极易发生错误并且还受到干扰、衰落和阴影的影响,这使得无线链路的容量具有极高的时变性。在发生严重的突发错误期间,无线链路性能可能太差以致没有任何数据分组能够被成功传输。

(2)公平性要求

无线网络的公平性比较复杂。例如,依据特定服务规则或独立于链路状态的公平性规则,一个数据分组被调度到无线链路上进行传输,而该链路在此时处于错误状态,此时如果分组被传输,将被损坏并浪费传输资源。在这种情况下,合理的选择是推迟这个分组的传输直到链路从错误状态恢复。因此,受影响的业务流暂时丢失了对其用于传输的带宽份额。为确保公平性,链路恢复后应对这个业务流的损失进行补偿,但是决定如何进行补偿并不是一个简单的工作。公平性的力度是另一个影响调度策略的因素。无线调度公平性的含义取决于服务类型、业务类型和信道特性等。

(3)QoS 保证

宽带无线网络将对各种不同 QoS 需求的业务类型提供服务,因此必须支持 QoS 区分和保证。为达到这个目标,应将相应的 QoS 支持机制集成到调度算法中。无线调度的 QoS 支持由业务模型决定。对于差分业务类型的业务,至少优先级调度服务应当在调度算法中得到实现。

(4)数据吞吐量和信道利用率

无线网络最珍贵的资源是带宽。一种高效的无线调度算法应致力于使错误链路上的无效传输最小化,同时使有效服务传输和无线信道利用率最大化。

(5)功率限制和约束

蜂窝结构的无线网络中的调度算法一般在基站中进行,而基站的电力供给十分充足,因此计算分组服务顺序所需的电能不需要考虑。然而,移动台的电源是受限的。一个好的调度算法应使得与调度相关的控制信令数目最少,这些信息可能包含移动台队列状态、分组到达时间和信道状态。

此外,调度算法也不应该太复杂,以使对具有严格定时要求的多媒体业务能够进行实时的调度。

按照上面的分析可以得到分组调度器简化模型,如图5.35所示。

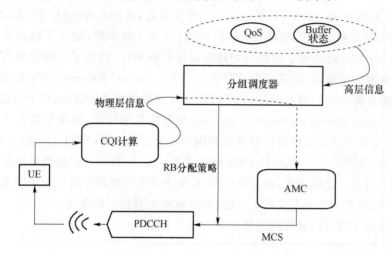

图5.35 分组调度器简化模型

这里给出了LTE下行主要分组调度模块和处理过程,整个处理过程大致分为如下几个步骤:

1) 每个UE根据接收到的参考信号(CRS, Cell-specific Reference Signal)计算CQI并上报给eNodeB;

2) eNodeB根据CQI信息、业务的QoS需求以及缓冲区(Buffer)状态等信息进行资源分配与调度;

3) 在AMC模块选择最好的MCS(调制编码方式);

4) 在物理下行控制信道(PDCCH),eNodeB向所有的UE发送资源调度器所给出的信息,包括为每个UE分配的时频资源(RB数,即资源块数)以及MCS;

5) 每个UE根据接收到的信息,调整自己的接收数据的方案,然后在物理下行共享信道上接收数据。

要注意的是,在LTE中上述过程需要在一个传输时间间隔内完成。传输时间间隔(TTI, Transmission Time Interval)是LTE系统中进行资源分配以及传输的最小时间单位,1个TTI的长度为1个LTE物理层无线帧的子帧,为1 ms。

在上述过程中调度决策是核心,然而由于调度决策要考虑许多因素,而且由于要根据实际情况构造灵活的算法才能给出决策结果,因此在具体的协议规范中不会给出具体的调度算法,这也为广大的研究者提供了研究的空间。通常的调度算法流程包括如下3个阶段:调度检查、时域分组调度和频域分组调度。也称这个流程为三步式分组调度结构,如图5.36所示。

其中,调度检查根据用于某个UE的HARQ实体是否有HARQ重传数据或是有空闲进程且数据缓冲区(RLC/PDCP)是否有数据,确定可调度的UE,并将这些UE存入时域分组调度链表。

时域分组调度(TDPS)模块确定用户时域分组调度优先级,选取优先级最高的Nmux个用户,如果可调度用户数目小于 Nmux,则全部选取,并将这些 UE 存入频域分组调度链表。

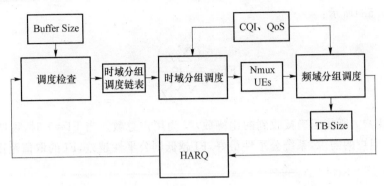

图 5.36　三步式分组调度结构

频域分组调度(FDPS)模块对频域分组调度链表中的 UE 进行频域分组调度与资源分配,确定各个 UE 使用的 MCS、传输块(TB,Transport Block)的个数和每个传输块的数据大小(TBS,Transport Block Size)。

在考虑调度算法时通常采用以下评估指标。

- 吞吐量

吞吐量包括对单用户所定义的短期吞吐量以及针对整个系统(或小区)定义的长期吞吐量,该参数可以理解为单位时间内成功地传送数据的数量,单位可以是比特、字节或者分组。

一个用户的数据吞吐量被定义为,用户接收到的正确信息比特数除以总的仿真时间。单用户的吞吐量可以用单用户的数据速率来标识,单位为 bit/s,第 i 个用户的吞吐量可以表示为

$$R_{u_i} = \frac{\sum_{j=1}^{N_{\text{PCall}}} \sum_{k=1}^{N_{\text{Pac}}} \chi_{i,j,k}}{T_{\text{sim}}} \tag{5.56}$$

其中,N_{PCall} 表示用户 i 的 packet call (分组呼叫)数量,N_{Pac} 表示第 j 次 packet call 中的数据包数量,$\chi_{i,j,k}$ 表示用户 i 在第 j 个 packet call 中的第 k 个数据包内所能正确接收到的比特数,T_{sim} 为窗口时间。

一个小区的数据吞吐量一般用小区总的数据速率来标识,也就是小区中所有用户的单用户吞吐量之和,其单位为 bit/(s·cell)。假设扇区中有 N_{user} 个用户,第 i 个用户的吞吐量为 R_{u_i},小区的数据吞吐量的计算公式如式(5.57):

$$R_{\text{sec}} = \sum_{i=1}^{N_{\text{user}}} R_{u_i} \tag{5.57}$$

- 用户间公平性

用户 CDF 曲线主要反映了系统给各用户接入无线资源的机会,因此通常用所有用户吞吐量的 CDF 累积函数与特定曲线的比较到来做用户间公平性度量。公平性曲线如图 5.37 所示。

按照此准则,所有满足公平性要求的调度算法,其 CDF 曲线一定在这三点连成的直线的右侧,这说明此调度算法避免了因为要给拥有良好信道条件的用户提供高吞吐量而使小区边缘的用户处于不利地位,否则就是违反了公平性准则。

另外,本章参考文献[16]定义了一种公平性指数(FI,Fairness Index)来衡量公平性,其计算公式如式(5.58)所示:

$$FI = \frac{\left(\sum\limits_{i=1}^{N} \chi_i\right)^2}{N\sum\limits_{i=1}^{N} \chi_i^2} \tag{5.58}$$

其中,χ_i 表示用户 i 所能正确接收到的比特数,N 为用户总数。当 FI=1 时,说明系统分配的资源满足每个用户的需求,系统公平性最好,FI 越低则公平性越差,FI 的取值范围为[0, 1]。

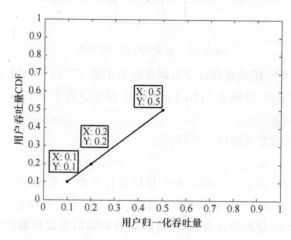

图 5.37 调度算法公平性准则示意图

还可以用小区边缘用户吞吐量来评价系统的公平性,尤其是对小区边缘用户的公平性。小区边缘用户吞吐量,也称小区覆盖,是用户平均数据吞吐量 CDF 曲线中 5% 点所对应的用户平均数据吞吐量。

- 峰值频谱效率

峰值频谱效率是指理论上用户在能够获得相应链路上的资源能够达到的最大归一化数据速率,它也是系统需求的一部分,此指标可以刻画系统的需求能不能达到。

- 时延边界

时延是一个重要的 QoS 指标,尤其是对于时延敏感的业务。

现有的一些调度算法大多是在原有的正比公平、轮询和最大载干比(MAX C/I)等算法的改进和发展。例如,子载波分配、功率/速率自适应、比例公平业务特性等优化算法模型,本章参考文献[17]提出的请求激活检测(RAD,Reqired Activity Detection)以及本章参考文献[18]给出的基于效应函数的调度算法(UBS,Utility Based Scheduling)等。

具体调度算法读者可参考相关文献。但值得注意的是,随着移动通信网和技术的发展,这些算法还将继续更新和发展。

5.8 移动通信网络结构

移动网络从 2G 仅仅支持语音业务和低速数据的网络构架已经发展到了 3G 支持高速数

据业务、多媒体业务等的网络构架,同时正在向全 IP 的系统网络。系统网络的演进主要是依据高速数据业务、多媒体业务的发展而发展的。与 2G 移动网络相比较,3G、4G 网络除了在无线网络部分有了本质的变化,例如当今 3G 系统无一例外地采用了 CDMA 接入技术,采用了各种高性能的调制技术和链路控制技术等,在地面电路部分,主要是核心网络等也有了巨大的变化。这些改变的主要原因是为了适应高速数据业务的要求。这里主要介绍移动通信网络结构的一些基本概念和演进。

1. 2G 移动网络的基本组成

2G 移动通信网的基本组成如图 5.38 所示。

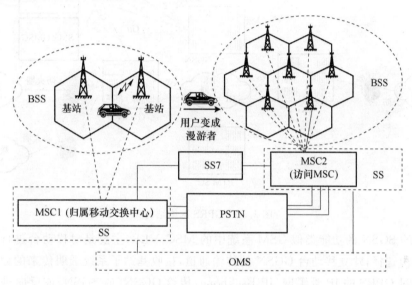

图 5.38　移动通信网的基本组成

图 5.38 示出了典型的蜂窝移动通信系统。移动通信无线服务区由许多正六边形小区覆盖而成,呈蜂窝状,通过接口与公众通信网(PSTN、PSDN)互联。移动通信系统包括移动交换子系统(SS)、操作维护管理子系统(OMS)和基站子系统(BSS)(通常包括移动台),是一个完整的信息传输实体。

移动通信中建立一个呼叫是由基站子系统和移动交换子系统共同完成的;BSS 提供并管理移动台和 SS 之间的无线传输通道,SS 负责呼叫控制功能,所有的呼叫都是经由 SS 建立连接的;操作维护管理子系统负责管理控制整个移动网。

移动台也是一个子系统。通常移动台实际上是由移动终端设备和用户数据两部分组成的,移动终端设备称为移动设备,用户数据存放在一个与移动设备可分离的数据模块中,此数据模块称为用户识别卡(SIM)。

这里所说的 2G 网络构架包括了 GSM 系统和 IS-95 系统。

2. 2.5G 移动网络的基本组成

2.5G 网络系统是指由 GSM 网络发展而来的 GPRS 网络以及由 IS-95 发展而来的 cdma2000 1x 网络。正如前面所介绍的那样,2.5G 的演进是为了适应高速数据业务的需求。

GPRS 与 GSM 在网络结构上的最大不同是在核心网增加了传输分组业务的分组域,即在保持原有 GSM 的电路交换域的 MSC 域外,从 BSC 通过 Gb 接口连接了为传输分组业务的

SGSN-GPRS 业务支持节点和 GGSN-GPRS 网关支持节点。通过 GGSN 网络单元 GPRS 网络与 IP 网络或 X.25 分组网络连接传输数据。图 5.39 给出了 GPRS 网络的结构。

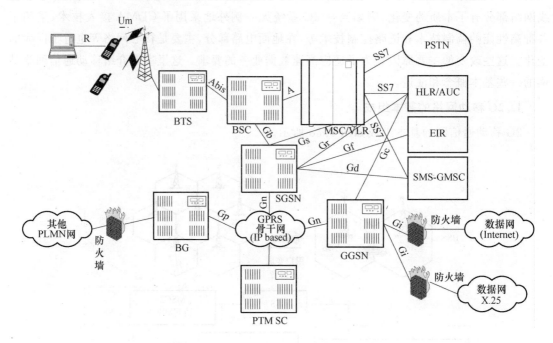

图 5.39 GPRS 网络结构

GPRS 的 SGSN 的功能类似 GSM 系统中的 MSC/VLR,主要是对移动台进行鉴权、移动性管理和路由选择,建立移动台 GGSN 的传输通道,接收基站子系统透明传来的数据,进行协议转换后经过 GPRS 的 IP 骨干网(IP Backbone)传给 GGSN(或 SGSN)或反向进行,另外还进行计费和业务统计。GGSN 实际上是 GPRS 网对外部数据网络的网关或路由器,它提供 GPRS 和外部分组数据网的互联。GGSN 接收移动台发送的数据,选择到相应的外部网络,或接收外部网络的数据,根据其地址选择 GPRS 网内的传输通道,传输给相应的 SGSN。此外,GGSN 还有地址分配和计费等功能。

有关 GPRS 网络其他网元和各个网元之间的接口将在第 6 章具体介绍。

cdma2000 1x 的网络结构与 GPRS 一样,也是将电路域和分组域分开。如图 5.40 所示。

可以明显看到这个结构与 GPRS 网络结构总体上是一样的,只不过由于采用的协议不同所以网络单元和接口定义是不相同的。另外,cdma2000 1x 电路域核心网继承了 IS-95 网络的核心网,而增加的分组域核心网包括以下功能单元,以提供分组数据业务所必需的路由选择、用户数据管理、移动性管理等功能。

(1) 分组数据服务节点(PDSN)

PDSN 为移动用户提供分组数据业务的管理与控制功能,它至少要连接到一个基站系统,同时连接到外部公共数据网络。PDSN 主要有以下功能:

- 建立、维护与终止与移动台的 PPP 连接;
- 为简单 IP 用户指定 IP 地址;
- 为移动 IP 业务提供外地代理(FA)的功能;
- 与鉴权、授权、计费(AAA)服务器通信,为移动用户提供不同等级的服务,并将服务信

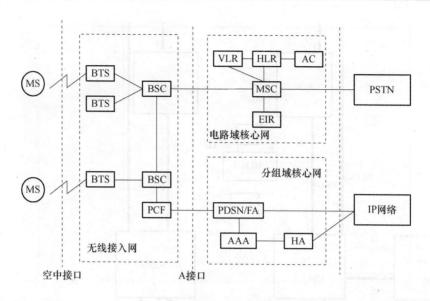

图 5.40　cdma2000 1x 网络结构

息通知 AAA 服务器；

- 与靠近基站侧的分组控制功能(PCF)共同建立、维护及终止第二层的连接。

（2）归属代理（HA）

归属代理主要用于为移动用户提供分组数据业务的移动性管理和安全认证，包括：

- 对移动台发出的移动 IP 的注册信息进行认证；
- 在外部公共数据网与外地代理(FA)之间转发分组数据包；
- 建立、维护和终止与 PDSN 的通信并提供加密服务；
- 从 AAA 服务器获取用户身份信息；
- 为移动用户指定动态的归属 IP 地址。

（3）AAA 服务器

　　AAA 服务器是鉴权、授权与计费服务器的简称，它负责管理用户，包括用户的权限、开通的业务等信息，并提供用户身份与服务资格的认证和授权，以及计费等服务。目前，AAA 采用的主要协议为 RADIUS，所以在某些文件中，AAA 也可以直接叫做 RADIUS 服务器。根据在网络中所处位置的不同，它的功能有：

- 业务提供网络的 AAA 服务器负责在 PDSN 和归属网络之间传递认证和计费信息；
- 归属网络的 AAA 服务器对移动用户进行鉴权、授权与计费；
- 中介网络(Broke Network)的 AAA 服务器在归属网络与业务提供网络之间进行消息的传递与转发。

3. 3G 移动网络的基本组成

　　为了与 2G/2.5G 网络兼容，在网络构架上 3G 网络是向下兼容的，特别是早期的 3G 协议版本核心网部分在结构上没有大的变化。例如，协议版本 R99 的 WCDMA 和 TD-SCDMA 它们的核心网都是以 GSM MAP 核心网为基础的。图 5.41 是 R99 的 3G 网络结构。

　　由这个结构图可以看出，3G 网络结构总体上是继承了 2G/2.5G 的网络构架，只是在无线接入和核心网控制上进行了较大的改变和演进。

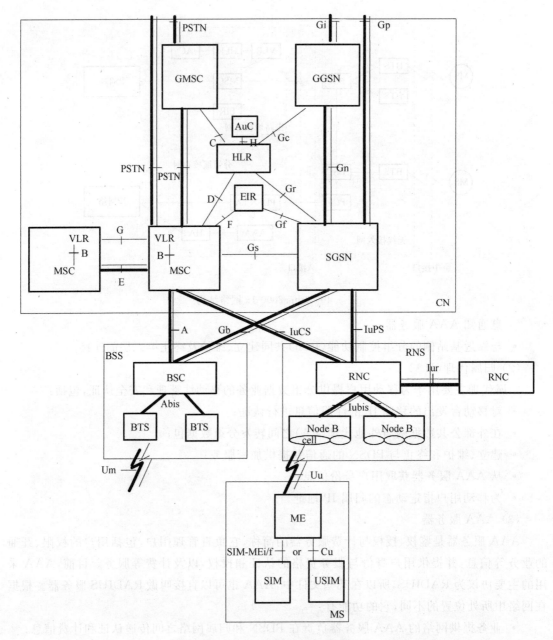

图 5.41   R99 3G 网络结构图

4. 移动软交换技术

移动通信系统核心网的演进目标是全 IP 网,例如,3GPP 的 Release 5 是全 IP 核心网的第一个版本,核心网部分的结构有较大的变化,引入了 IP 多媒体子系统(IMS),以更好地对多媒体业务进行控制。而尽管 3GPP 的 Release 4 还不是全 IP 的核心网,但是其核心网已经做了重大的改变。Release 4 在核心网电路域中实现了软交换,即将传统的 MSC 分离为媒体网关和 MSC 服务器两个部分,向全 IP 的核心网迈出了第一步。与此同时,移动运营商在传统 2G 核心网中引入软交换也势在必行,这不仅有利于今后核心网络向 3G 网络的平稳过渡,而且由于软交换设备容量大、集成度高,可以大大节省机房和配套资源,减少维护人员,降低网络建设及运营的成本。

移动软交换技术就是将软交换应用于移动核心网,具体而言就是将传统 MSC 分割为 MSC 呼叫服务器(MSC-Call Server)和 MSC 网关(MSC-GW)两个部分,MSC-GW 完成媒体网关的功能,MSC-Call Server 完成软交换机的功能,包括呼叫控制、业务提供功能、资源分配、协议处理、路由、鉴权、计费、操作维护等,可以为用户提供移动语音业务、数据业务及多样化的第三方业务。

移动软交换实现了控制面与用户面的分离。所有的控制功能集中在 MSC-Call Server 中,所有的交换功能在媒体网关(MGW)中完成。MSC-Call Server 通过标准的 H.248 接口完成对话务等交换过程的控制。同时 MSC-Call Server 通过传统的 MAP 信令与 HLR 交互,通过传统的 BSSAP 信令完成对接入网络的控制。而在 MSC-Call Server 之间可以通过 ISUP 协议或者 BICC 协议(当使用 IP 承载时)完成呼叫的建立。图 5.42 是移动软交换的网络结构图。

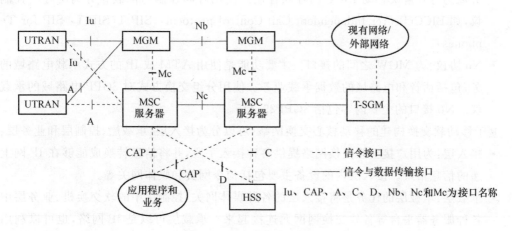

图 5.42　移动软交换网络结构图

图 5.42 中,UTRAN(UMTS Terrestrial Radio Access Network,陆地无线接入网)为 3G 无线接入网,GERAN(GSM/EDGE Radio Access Network,GSM/EDGE 无线接入网)为 2G/2.5G 无线接入网,HSS(Home Subscriber Server)为归属用户服务器。

相对于传统的 MSC 软交换将所有的控制功能集中在 MSC-Call Server 中,所有的交换功能在媒体网关(MGW)中完成。具体如下:

① MSC 服务器(MSC Server)

除了具有传统 MSC 的呼叫控制功能以外,增加了移动系统特有的移动管理功能,负责移动发起和移动终结的电路域呼叫控制,它终止用户-网络信令并把它转化成网络-网络信令。MSC 服务器也包含 VLR 功能,容纳移动用户的各种签约数据。MSC 服务器管理媒体网关中与连接、控制相关的呼叫状态。

② GMSC 服务器(GMSC Server)

GMSC 服务器是电路交换子系统中负责与外部 PSTN/ISDN 网络互通的软交换机,主要包含了传统 GMSC 的呼叫控制和移动管理功能。

③ 媒体网关(MGW)

媒体网关是将一种网络中的媒体转换成另一种网络所要求的媒体格式。它能够在电路交换网的承载通道和分组网的媒体流之间进行转换,可以处理音频、视频,能够进行全双工的媒体翻译,可以演示视频/音频消息,实现其他 IVR 功能,也可以进行多媒体会议等。

④ 传输信令网关(T-SGW)

传输信令网关主要用于呼叫控制信令的承载转换,它的主要功能是执行 7 号信令承载和 IP 承载的转换,以实现 7 号信令交换机和软交换机的信令承载互通;还可以提供 PSTN/PLMN 和 IP 的传输层地址映射。

GMSC Server 和 MSC Server 通过 Mc 接口控制 MGW。GMSC Server 和 MSC Server 之间通过 Nc 接口连接。MGW 之间通过 Nb 接口连接。其中:

- Mc 接口:为 MSC Server 与 MGW 之间的接口,主要功能是媒体控制。使用基于 H. 248 的呼叫承载控制协议。协议内容包括 3GPP29.232,H.248,MeGaCo 和 Q.1950。
- Nc 接口:为 MSC Server 与(G)MSC Server 之间的接口,主要解决的是用控制和承载分离的方式解决移动 ISUP 的呼叫控制。使用呼叫控制与承载相分离的呼叫控制协议,如 BICC(Bearer Independent Call Control protocol),SIP-T(SIP-T:SIP for Telephones)。
- Nb 协议:为 MGW 之间的接口。主要功能是使用 ATM 或 IP 的方式承载电路域的业务,包括话音和电路域的数据承载业务。使用分组交换方式对 3GPP 电路域的承载协议。Nb 接口的主要内容包括 3GPP29.415。

基于移动软交换构建的移动核心交换网络,可以分为接入层、承载层、控制层和业务层:

- 接入层:为用户接至软交换网络提供各种接入手段,并将信息转换成能够在 IP 网上传递的信息格式。接入层内的设备主要包括信令网关和媒体网关等。
- 承载层:承载层的任务是将接入层的各种媒体网关、控制层中的软交换机、业务层中的各种服务器平台等各软交换网网元连接起来。承载层可以是 IP 网络,也可以利用现有 TDM(Time Division Multiplexing,时分复用)网络。
- 控制层:其功能是完成各种呼叫控制,并负责相应业务处理信息的传送。
- 业务层:提供软交换网络各类业务所需的业务逻辑、数据资源以及媒体资源,包括应用服务器、媒体服务器等设备。

移动软交换的特点如下:

- 分布式交换

传统电路交换网利用集中的 MSC 在 RAN 和 PSTN 之间完成话音交换。由于运行成本和运维人员成本高,运营商都建大型集中的 MSC,其代价是要建来自各城市 RAN 的回程话音电路。由于多数呼叫是本地的,这就造成电路加倍,从本地 RAN 到 MSC,又从 MSC 到本地 PSTN。而基于软交换的体系结构,它由集中的 MSC 服务器/软交换机与分布的媒体网关组成,呼叫控制与话音处理/交换是分开的,媒体网关可以布设在提供最大价值的地方,复杂的呼叫控制被集中在一起。通过部署分布式交换,运营商可以明显降低回程费用。利用基于软交换的分布式体系结构的另一主要好处是话音业务和 GPRS 数据可以共用核心网。运营商只需一个网即可,而不是像 2.5G 那样需要两个网。

- 开放智能业务不需对所有 MSC 升级

移动运营商利用移动智能网(IN)开放基于标准的业务。用于移动 IN 的 GSM 标准是移动增强逻辑定制应用（CAMEL）。CDMA 和 TDMA 也在对无线智能网（WIN）进行标准化。虽然当前许多业务（如预付费业务等）是利用 IN 协议的专有扩充来提供的，但是想把这些业务延伸至漫游者就需要实施基于标准的 CAMEL & WIN 业务。CAMEL 和 WIN 两者都使用集中的智能网节点，叫业务控制点（SCP）。经过升级的 MSC 在某些点上要把呼叫控制移交给 SCP，由 SCP 执行业务逻辑。当部署新业务时，运营商必须对所有的 MSC 进行升级，安装触发器。这样会带来一系列问题：业务提供成本高，因为要对每一 MSC 进行升级，费钱费时；MSC 实时处理代价高；软件成本高，因为 MSC 软件升级也需相关费用；业务投放市场时间长，因为在传统电路交换 MSC 上开发软件需要时间长。

- 通过软交换利用基于 IP 的服务平台来开放业务

国际软交换论坛应用工作组制定了一种应用框架，在此框架中，软交换机可以使用 SIP（session initiation protocol）或 LDAP 来接入基于 IP 的应用服务器，获得服务。这些 IP 使能的服务平台其工作方式与 SCP 相同，但它们的成本低很多，而且更加灵活。一旦数据库被移到更现代的平台，软交换机可以利用 SIP 或 LDAP（Lightweight Directory Access Protocol）来对它们进行询问。

这样软交换可带来的好处有：降低投资和维护成本；高效灵活；开放性；有利于固定与移动核心网的融合。

总之，移动软交换提供分层的网络架构，使不同的功能层的发展更加灵活，并可实现无缝的多网络访问。除此之外，移动软交换作为国际标准，确保了新技术的前后兼容性。随着时间的推移，软交换将逐渐发展成为通用的、高可用性的网络架构，集成对 VoIP 和传统语音服务的支持，并为移动网络向全 IP 演进做好了准备。

5. LTE 网络架构

图 5.43 为 LTE 网络的基本架构，包括演进的分组核心网（EPC，Evolved Packet Core）、无线接入网（RAN，Radio Access Network）和用户终端设备（UE）。

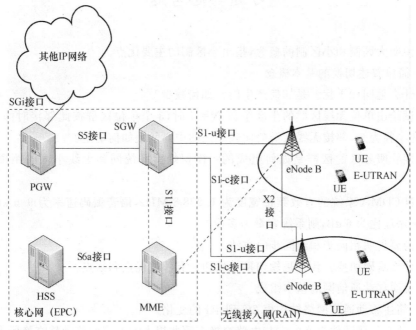

图 5.43　LTE 网络架构图

　　RAN 包括 UE 和 eNodeB 两个节点,主要负责网络中与无线相关的功能。eNodeB 主要功能包括:无线资源管理,即无线承载控制、无线接纳控制、连接和移动性管理;调度和发送控制信息;IP 包头压缩和用户数据流加密等。

　　EPC 包括:移动性管理实体(MME,Mobility Management Entity),服务网关(SGW,Serving Gateway),分组数据网关(PGW,Packet Data Network Gateway)和归属用户服务器节点(HSS,Home Subscriber Server)等。

　　MME 是 EPC 的控制平面节点,负责针对用户终端的承载连接/释放、空闲到激活状态的转移以及安全密钥的管理等。

　　SGW 是 EPC 连接 LTE-RAN 的用户平面的节点,它既是 eNodeB 间切换的本地锚点,也是 3GPP 网间切换的锚点,例如 GSM/GPRS 和 HSPA 等,还是非 3GPP 接入锚点,例如 cdma2000 的接入锚点;它还具有分组路由和分组转发功能,可以作为移动接入网关,支持移动IP。另外,针对计费所需的信息收集和统计也是由 SGW 处理的。

　　PGW 是 EPC 与其他分组网(IMS、Internet)的网关节点。主要负责为 UE 分配 IP 地址、执行上/下行业务的计费以及网关和速率限制等。

　　另外,EPC 还包括了其他类型的节点,如归属用户服务器(HSS)节点等。具体细节请参考其他文献。

　　值得注意的是,LTE 网络构架与 3G 的网络构架有了明显的不同,其主要区别在于:LTE 对 3G 网络构架进行了优化,采用了扁平化网络结构。无线接入网中不再包含有 BSC/RNC,只保留了 eNodeB,从而简化了接入网的结构。核心网中取消了 3G 网络中的 PDSN/SGSN 与 HA/GGSN 的等级,改为 SGW/PGW 网关,因此也使网络结构有所简化。总之,LTE 网络在整体上把 3G 网络构架大大简化,从而降低了网络运营成本,提高了系统性能。

习题与思考题

　　5.1　说明大区制和小区制的概念,指出小区制的主要优点。

　　5.2　简单叙述切换的基本概念。

　　5.3　什么是同频干扰?是如何产生的?如何减少?

　　5.4　试绘出单位无线区群的小区个数 $N=4$ 时,3 个单位区群彼此邻接时的结构图形?假定小区的半径为 r ,邻接无线区群的同频小区的中心间距如何确定?

　　5.5　面状服务区的区群是如何组成的?模拟蜂窝系统同频无线小区的距离是如何确定的?

　　5.6　N-CDMA 系统的有效频带宽度为 1.228 8 MHz,语音编码速率为 9.6 kbit/s,比特能量与噪声密度比为 6 dB,则系统容量为多少?

　　5.7　简要说明粗同步和细同步的方法。

　　5.8　什么是硬切换?什么是软切换?软切换有哪些优点和缺点?

　　5.9　说明移动通信网的基本组成。

　　5.10　简述移动通信网络结构由 2G 到 4G 的变化。

　　5.11　什么是移动软交换?它与电路交换有哪些根本的不同?移动软交换所带来的好处

是什么？

本章参考文献

[1] Theodore S R. Wireless communications principles and practice. 影印版. 北京：电子工业出版社，1998.

[2] 啜钢，王文博，常永宇，等. 移动通信原理与系统. 北京：北京邮电大学出版社，2005.

[3] 啜钢，王文博，常永宇，等. 移动通信原理与应用 北京：北京邮电大学出版社，2002.

[4] 胡健栋，等. 码分多址与个人通信. 北京：人民邮电出版社，1995.

[5] 李建东，杨家玮. 个人通信. 北京：人民邮电出版社，1998.

[6] William C Y L(李建业). 移动蜂窝通信——模拟和数字系统. 2 版. 伊浩，等，译. 北京：电子工业出版社，1996.

[7] TIA/EIA/IS-95 Interrim Standard，Mobile station-base Station Compatibility for Dual-mode Wideband Spread Spectrum Cellular System. Telecommunication Industry Association. July 1993.

[8] 郭梯云，等. 移动通信. 西安：西安电子科技大学出版社，2000.

[9] 雷震洲. 在移动核心网中引入软交换是必然的选择. 移动通信. 2005,6.

[10] 刁兆坤. 移动软交换构架、组网及应用. 移动通信. 2006,6.

[11] 刘韵洁，张云勇，张智江. 移动软交换核心技术的研究. 中兴通讯技术. 2005,11 (1).

[12] 吴伟陵，牛凯. 移动通信原理. 2 版. 北京：电子工业出版社，2012.

[13] 刘醒梅，TD-LTE 系统的无线分组调度研究. 研究生学位论文，北京邮电大学，2011.

[14] Capozzi F，Piro G，Grieco L A，Boggia G，Camarda P. Downlink Packet Scheduling in LTE Cellular Networks：Key Design Issues and a Survey. IEEE COMMUNICATIONS SURVEYS&TUTORIALS,Vol. 15，NO. 2，SECOND QUARTER,2013.

[15] Monghal G，Pedersen K I，Kovács I Z. QoS Oriented Time and Frequency Domain Packet Schedulers for The UTRAN Long Term Evolution. Vehicular Technology Conference，2008. VTC Spring 2008. IEEE Digital Object Identifier：10. 1109/VETECS. 2008. 557 Publication Year：2008 ，Page(s)：2532－2536.

[16] Galkin A M，Yanovsky G G. RESOURCE ALLOCATION IN MULTISERVICE NETWORKS USING FAIRNESS INDEX. Digital Object Identifier：10. 1109/ EURCON. 2009. 5167890 Publication Year：2009 ，Page(s)：1810-1814.

[17] Monghal Guillaume，Laselva D，Michaelsen Per-Henrik，Wigard J. Dynamic Packet Scheduling for Traffic Mixes of Best Effort and VoIP Users in E-UTRAN Downlink Vehicular Technology Conference (VTC 2010-Spring)，2010 IEEE 71st Digital Object Identifier：10. 1109/VETECS. 2010. 5493737 Publication Year：2010, Page(s)：1-5.

[18] 李子龙, LTE-A 中继系统中下行调度算法的研究. 硕士研究生学术论文, 北京邮电大学, 2013.

[19] Erik Dahlman, Stefan Parkvall, Johan Skold. 4G 移动通信技术权威指南 LTE 与 LTE-Advanced. 堵久辉, 缪庆育, 译. 北京: 人民邮电出版社, 2012.

[20] Andrea Goldsmith. 无线通信. 杨鸿文, 李卫东, 郭文彬, 译. 北京: 人民邮电出版社, 2007.

第6章 GSM 及其增强移动通信系统

学习重点和要求

第二代移动通信是以 GSM、N-CDMA 两大移动通信系统为代表的。GSM 移动通信系统是基于 TDMA 的数字蜂窝移动通信系统。GSM 是世界上第一个对数字调制、网络层结构和业务作了规定的蜂窝系统。如今 GSM 移动通信系统已经遍及全世界,即所谓"全球通"。

GPRS 即通用分组无线业务,是 GSM 网络向第三代移动通信系统(3G)WCDMA 和 TD-SCDMA 演进的重要一步,所以人们称其为 2.5G。目前 GPRS 发展十分迅速,我国在 2002 年已经全面开通了 GPRS 网,而且各种数据业务也相继开通。随着人们对高速数据业务的需求日益增大,在 3G 网络还没有正式推出之前,比 GPRS 速率更高的技术已经相继应用了,其中 EDGE 是基于 GSM/GPRS 网的升级技术,因此业界称 EDGE 为 2.75G。

本章首先介绍 GSM 系统所提供的业务及其业务特征,包括业务的分类,具体的电信业务、承载业务的特征以及附加业务;然后重点讲述了 GSM 系统的网络结构、功能和特性,包括 GSM 系统的结构、GSM 的信道(物理信道、逻辑信道以及它们的对应关系)、GSM 的信令协议、GSM 系统的无线传播环境以及抗干扰的方法和 GSM 的接续及移动性管理;最后介绍 GPRS 分组业务系统和 EDGE 技术。

要说明的是,随着移动通信的发展,2G 网络的一些原有技术发生了变化,不仅系统网元各个接口和技术都发生了巨大的变化(例如,3G 网络空中接口的无线接入技术采用的是 CDMA 技术,而 LTE 采用的是 OFDM-MIMO 技术等),而且在网络配置、移动号码编号方式等诸多方面都发生了变化。不过为了完整说明一个 2G 系统的网络和接续/移动性管理等,这里将 GSM 系统本身的接口、系统配置和各种资源配置情况作一介绍,其他诸如 3G、4G 的接口和网络情况读者可以参考本书后续各章节的介绍或者参考其他文献。

要求:

- 掌握 GSM 业务的分类和电信业务、承载业务和附加业务的概念;了解电信业务和附加业务的基本类别和应用;
- 掌握 GSM 网络的总体结构和各个子系统的基本功能;
- 熟悉 GSM 物理信道、逻辑信道和突发脉冲的概念,掌握逻辑信道的分类和 GSM 的逻辑信道到物理信道的映射关系,掌握 GSM 帧结构的 5 个层次,了解突发脉冲的结构;
- 熟悉 GSM 网的信令系统,掌握 GSM 的空中接口(LAPD$_m$)、Abis 接口(LAPD)以及 A 接口(No.7 信令)的概念和结构;
- 了解 GSM 系统的无线传播环境和各种抗干扰技术;
- 掌握 GSM 系统的接续过程、切换过程和移动性管理的过程;
- 掌握 GPRS 业务的基本概念;
- 掌握 GPRS 网络的基本结构和各种接口;

- 了解 GPRS 的移动性管理和会话管理的概念;
- 掌握 EDGE 技术的基本原理和关键技术。

6.1 GSM 系统的业务及其特征

广义上说,GSM 的业务是指用户使用 GSM 系统所提供的设施的活动。换句话说,一项 GSM 业务就是 GSM 系统为了满足一个特殊用户的通信要求而向用户提供的服务。

GSM 按照 ISDN 对业务的分类方法将其业务分为基本业务和补充业务。基本业务按功能又可分为电信业务(Teleservices,又称用户终端业务)和承载业务(Bearer Services),这两种业务是独立的通信业务。

如图 6.1 所示为 GSM 系统业务分类示意图。

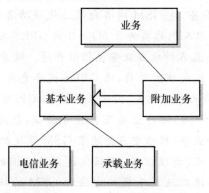

图 6.1　GSM 系统业务分类

电信业务是指为用户通信提供的包括终端设备功能在内的完整能力的通信业务。承载业务提供用户接入点(也称"用户/网络"接口)间信号传输的能力。GSM 支持的基本业务如图 6.2 所示。

图 6.2　GSM 支持的基本业务

1. 电信业务

GSM 系统主要提供的电信业务如表 6.1 所示。

表 6.1　GSM 主要提供的电信业务

用户信息类型	电信业务码	电信业务名称
话音传输	11	电话
短消息	21	MS 终端的点对点短消息业务
	22	MS 起始的点对点短消息业务
	23	小区广播短消息业务

续　表

用户信息类型	电信业务码	电信业务名称
传真	61	交替语音和三类传真
	62	自动三类传真
紧急呼叫	12	

（1）电话业务

在 GSM 系统所提供的业务中,最重要的业务是电话业务,它为数字移动通信系统的用户和其他所有与其联网的用户之间提供双向电话通信。

（2）紧急呼叫业务

按照 GSM 技术规范,紧急呼叫是由电话业务引申出来的一种特殊业务。此业务可使移动用户通过一种简单而统一的手续接到就近的紧急业务中心。使用紧急业务可以不收费,也不需要鉴别使用者的识别号码。根据我国的情况,暂不提供紧急呼叫业务。

（3）短消息业务

短消息业务分为三类,包括 MS 起始、MS 终端的点对点短消息业务以及小区广播短消息业务。

点对点的短消息业务由短消息业务中心完成存储和前转功能。短消息业务中心是与GSM 系统在功能上完全分离的实体。

图 6.3 和图 6.4 分别说明了 MS 起始、MS 终端的点对点短消息业务以及小区广播短消息业务传送过程。

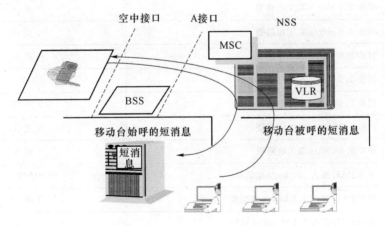

图 6.3　短消息服务(源端到终端)过程

（4）传真业务

传真业务有两类:交替语音和三类传真;自动三类传真。交替语音和三类传真是指语音与三类传真交替传送的业务;自动三类传真是指能使用户经 GSM 网以传真编码信息文件的形式自动交换各种函件的业务。

2. 承载业务

GSM 系统主要提供的承载业务如表 6.2 所示。

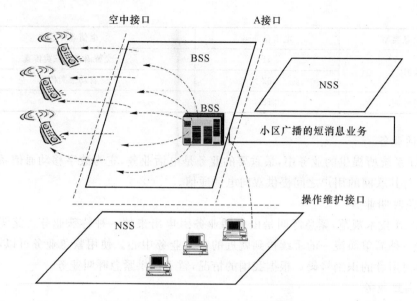

图 6.4　短消息服务(小区广播)过程

表 6.2　GSM 系统主要提供的承载业务

承载业务码	承载业务名称	透明属性
21	异步 300 bit/s 双工电路型	T 或 NT
22	异步 1.2 kbit/s 双工电路型	T 或 NT
24	异步 2.4 kbit/s 双工电路型	T 或 NT
25	异步 4.8 kbit/s 双工电路型	T 或 NT
26	异步 9.6 kbit/s 双工电路型	T 或 NT
31	同步 1.2 kbit/s 双工电路型	T
32	同步 2.4 kbit/s 双工电路型	T 或 NT
33	同步 4.8 kbit/s 双工电路型	T 或 NT
34	同步 9.6 kbit/s 双工电路型	T 或 NT
41	异步 PAD 接入 300 bit/s 电路型	NT
42	异步 PAD 接入 1.2 kbit/s 电路型	T 或 NT
44	异步 PAD 接入 2.4 kbit/s 电路型	T 或 NT
45	异步 PAD 接入 4.8 kbit/s 电路型	T 或 NT
46	异步 PAD 接入 9.6 kbit/s 电路型	T 或 NT
61	交替话音/数据	注1
81	话音后接数据	注1

注：1. 承载业务 61 和 81 中的数据为 3.1 kHz 信息传送能力的承载业务 21～34。

　　2. 表中"T"表示透明；"NT"表示不透明。

3. 附加业务

附加业务是基本电信业务的增强或补充。下面列出了大部分附加业务。

- 计费提示（AOC）；
- 交替线业务（ALS）；
- 来话限制（BAIC）；
- 当漫游在 HPLMN 之外时,限制所有来话；
- 在国外时限制来话；
- 呼出限制（BOC）；
- 限制所有打出去的国际电话（BOIC）；
- 限制所有打出去的国际电话,除了打到 HPLMN 国家的电话；
- 遇忙呼叫前转（CFB）；
- 无应答呼叫前转（CFNA）；
- 无条件呼叫前转（CFU）；
- 呼叫保持；
- 呼叫等待（CW）；
- 主叫线识别显示（CLIP）；
- 主叫线识别限制-永久或预呼（CLIR）；
- 中央交换业务；
- 闭合用户群（CUG）；
- 会议呼叫（CONF）；
- 显式呼叫转接；
- 运营者确定的呼叫限制（ODB）。

6.2　GSM 系统的结构

GSM 系统的总体结构如图 6.5 所示。

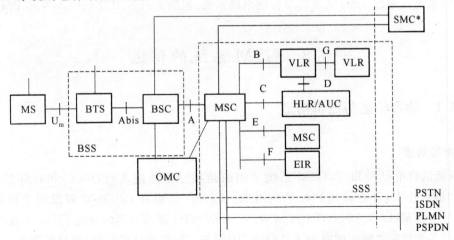

*短消息业务中心（SMC）功能实体可通与SSS的连接实现点对点短消息业务,可通过
与BSS的连接完成小区广播短消息业务。

图 6.5　GSM 系统的总体结构

GSM 系统总体结构由以下功能单元组成。

- MS（移动台）：MS 包括 ME（移动设备）和 SIM（用户识别模块）。根据业务的状况，移动设备可包括 MT（移动终端）、TAF（终端适配功能）和 TE（终端设备）等功能部件。
- BTS（基站）：BTS 为一个小区服务的无线收发信设备。
- BSC（基站控制器）：BSC 具有对一个或多个 BTS 进行控制以及相应呼叫控制的功能，BSC 以及相应的 BTS 组成了 BSS（基站子系统）。BSS 是在一定的无线覆盖区中，由 MSC（移动业务交换中心）控制，与 MS 进行通信的系统设备。
- MSC（移动业务交换中心）：对位于它管辖区域中的移动台进行控制、交换的功能实体。
- VLR（访问位置寄存器）：MSC 为所管辖区域中 MS 的呼叫接续所需检索信息的数据库。VLR 存储与呼叫处理有关的一些数据，如用户的号码、所处位置区的识别、向用户提供的服务等参数。
- HLR（归属位置寄存器）：HLR 是管理部门用于移动用户管理的数据库。每个移动用户都应在其归属位置寄存器注册登记。HLR 主要存储有关用户的参数和有关用户目前所处位置这两类信息。
- EIR（设备识别寄存器）：EIR 是存储有关移动台设备参数的数据库。主要完成对移动设备的识别、监视、闭锁等功能。
- AUC（鉴权中心）：AUC 为认证移动用户的身份和产生相应鉴权参数（随机数 RAND，符号响应 SRES，密钥 K_c）的功能实体。通常，HLR、AUC 合设于一个物理实体中，VLR、MSC 合设于一个物理实体中，MSC、VLR、HLR、AUC、EIR 也可合设于一个物理实体中。MSC、VLR、HLR、AUC、EIR 功能实体组成交换子系统（SSS）。
- OMC（操作维护中心）：操作维护系统中的各功能实体。依据厂家的实现方式 OMC 可分为 OMC-R（无线子系统的操作维护中心）和 OMC-S（交换子系统的操作维护中心）。

GSM 系统可通过 MSC 实现与多种网络的互通，包括 PSTN、ISDN、PLMN 和 PSPDN。

6.3 GSM 系统的信道

6.3.1 物理信道与逻辑信道

1. 物理信道

由前面的讨论已经知道，GSM 系统采用的是频分多址接入（FDMA）和时分多址接入（TDMA）混合技术，具有较高的频率利用率。FDMA 是说在 GSM900 频段的上行（MS 到 BTS）890～915 MHz 或下行（BTS 到 MS）935～960 MHz 频率范围内分配了 124 个载波频率，简称载频，各个载频之间的间隔为 200 kHz。上行与下行载频是成对的，即是所谓的双工通信方式。双工收发载频对的间隔为 45 MHz。TDMA 是说在 GSM900 的每个载频上按时间分为 8 个时间段，每一个时隙段称为一个时隙（slot），这样的时隙为信道，或为物理信道。一个载频上连续的 8 个时隙组成一个称为"TDMA Frame"的 TDMA 帧。也就说，GSM 的一个载频上可提供 8 个物理信道。图 6.6 给出了时分多址接入的原理示意图。

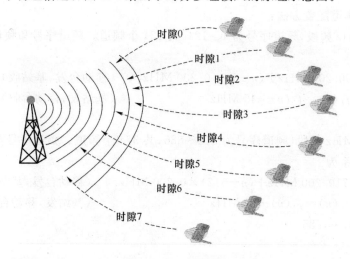

图 6.6　时分多址接入原理示意图

为了使大家更好地理解目前我国正在广泛使用的 GSM900 和 GSM1800 的频率配置情况,下面给出我国 GSM 技术体制对频率配置所做的规定。

(1) 工作频段

GSM 网络采用 900/1 800 MHz 频段,如表 6.3 所示。

表 6.3　GSM 网络的频段分配

		移动台发,基站收	基站发,移动台收
GSM900/1 800 频段	900 MHz 频段	890～915 MHz	935～960 MHz
	1 800 MHz 频段	1 710～1 785 MHz	1 805～1 880 MHz
国家无线电管理委员会分配给中国电信的频段	900 MHz 频段①	886～909 MHz	931～954 MHz
	1 800 MHz 频段	1 710～1 720 MHz	1 805～1 815 MHz

注:①原国家无线电管理委员会分配的 900 MHz 频段包括原来分配的 TACS 频段和新分配的 ETACS 频段。

GSM 网络总的可用频带为 100 MHz。中国电信应使用原国家无线电管理委员会分配的频率建设网络,随着业务的不断发展,在频谱资源不能满足用户容量需求时,可通过如下方式扩展频段:

① 充分利用 900 MHz 的频率资源,尽量挖掘 900 MHz 频段的潜力,根据不同地区的具体情况,可视需要向下扩展 900 MHz 频段,相应地向 ETACS 频段压缩模拟公用移动电话网的频段。

② 在 900 MHz 频率无法满足用户容量需求时,可启用 1 800 MHz 频段。

③ 考虑远期需要,向频率管理单位申请新的 1 800 MHz 频率。

(2) 频道间隔

相邻频道间隔为 200 kHz。每个频道采用时分多址接入(TDMA)方式分为 8 个时隙,即为 8 个信道。

(3) 双工收发间隔

在 900 MHz 频段,双工收发间隔为 45 MHz。在 1 800 MHz 频段,双工收发间隔为 95 MHz。

（4）频道配置

采用等间隔频道配置方法：

- 在 900 MHz 频段，频道序号为 1～124，共 124 个频道。频道序号和频道标称中心频率的关系为

$$f_1(n) = 890.200 \text{ MHz} + (n-1) \times 0.200 \text{ MHz} \qquad \text{（移动台发，基站收）}$$
$$f_h(n) = f_1(n) + 45 \text{ MHz} \qquad \text{（基站发，移动台收）}$$

其中，$n = 1～124$。

- 在 1 800 MHz 频段，频道序号为 512～885，共 374 个频道。频道序号与频道标称中心频率的关系为

$$f_1(n) = 1 710.200 \text{ MHz} + (n-512) \times 0.200 \text{ MHz} \qquad \text{（移动台发，基站收）}$$
$$f_h(n) = f_1(n) + 95 \text{ MHz} \qquad \text{（基站发，移动台收）}$$

其中，$n = 512, 513, \cdots, 885$。

（5）频率复用方式

一般建议在建网初期使用 4×3 的复用方式，即 $N=4$，采用定向天线，每基站用 3 个 120°或 60°方向性天线构成 3 个扇形小区，如图 6.7 所示。业务量较大的地区，根据设备的能力可采用其他的复用方式，如 3×3，2×6，1×3 等复用方式。邻省之间的协调应采用 4×3 复用方式。若采用全向天线建议采用 $N=7$ 的复用方式，为便于频率协调，其 7 组频率可从 4×3 复用方式所分的 12 组中任选 7 组，频道不够用的小区可以从剩余频率组中借用频道，但相邻频率组尽量不在相邻小区使用，如图 6.8 所示。

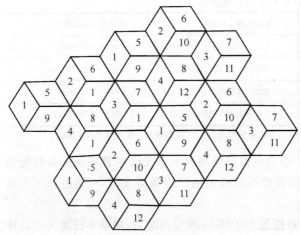

图 6.7　4×3 复用模式

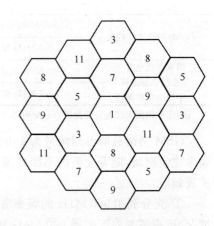

图 6.8　7 组复用模式

在话务密度高的地区，应根据需要适当采用新技术提高频谱利用率。可采用的技术主要有：同心圆小区覆盖技术、智能双层网技术和微蜂窝技术等。

考虑到微蜂窝的频率复用方式与正常的频率复用方式不同，在频率配置时，可根据需要保留出一些频率专门用于微蜂窝。

（6）干扰保护比

无论是采用无方向性天线，还是采用方向性天线，无论采用哪种复用方式，基本原则是考虑不同的传播条件、不同的复用方式及多个干扰等因素后还必须满足如表 6.4 所示的干扰保护比要求。

（7）保护频带

保护频带设置的原则是确保数字蜂窝移动通信系统能满足上面所述的干扰保护比要求。当一个地方 GSM900 系统与模拟蜂窝移动电话系统共存时，两系统之间（频道中心频率之间）应有约 400 kHz 的保护带宽。

当一个地方 GSM1800 系统与其他无线电系统的频率相邻时，应考虑系统间的相互干扰情况，留出足够的保护频带。

表 6.4　干扰保护比

干扰	参考载干比/dB
同道干扰 C/I_c	9
200 kHz 邻道干扰 C/I_{a1}	−9
400 kHz 邻道干扰 C/I_{a2}	−41
600 kHz 邻道干扰 C/I_{a3}	−49

2. 逻辑信道

如果把 TDMA 帧的每个时隙看成物理信道，那么在物理信道所传输的内容就是逻辑信道。逻辑信道是指依据移动网通信的需要，为所传送的各种控制信令和语音或数据业务在 TDMA 的 8 个时隙分配的控制逻辑信道或语音、数据逻辑信道。

GSM 数字系统在物理信道上传输的信息是大约由 100 多个调制比特组成的脉冲串，称为突发脉冲序列——"Burst"。以不同的"Burst"信息格式来携带不同的逻辑信道。

逻辑信道分为专用信道和公共信道两大类。专用信道主要是指用于传送用户语音或数据的业务信道，另外还包括一些用于控制的专用控制信道；公共信道主要是指用于传送基站向移动台广播消息的广播控制信道和用于传送 MSC 与 MS 间建立连接所需的双向信号的公共控制信道。

图 6.9 为 GSM 所定义的各种逻辑信道。

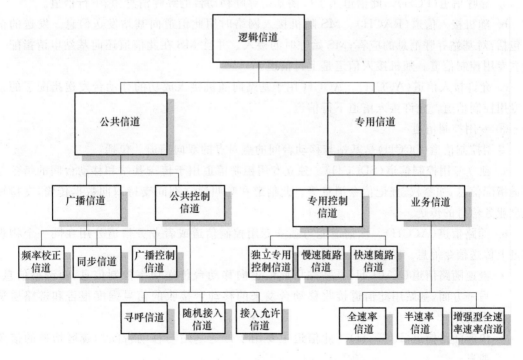

图 6.9　GSM 定义的各种逻辑信道示意图

（1）公共信道

① 广播信道

广播信道（BCH）是从基站到移动台的单向信道。包括：

a. 频率校正信道（FCCH）。此信道用于给用户传送校正 MS 频率的信息。移动台在该信道接收频率校正信息并用来校正移动台用户自己的时基频率。

b. 同步信道（SYCH）。同步信道用于传送帧同步（TDMA 帧号）信息和 BTS 识别码（BSIC）信息给 MS。

c. 广播控制信道（BCCH）。广播控制信道用于向每个 BTS 广播通用的信息。例如，在该信道上广播本小区和相邻小区的信息以及同步信息（频率和时间信息）。移动台则周期地监听 BCCH，以获取 BCCH 上的如下信息：

- 本地区识别（Local Area Identity）；
- 相邻小区列表（List of Neighbouring Cell）；
- 本小区使用的频率表；
- 小区识别（Cell Identity）；
- 功率控制指示（Power Control Indicator）；
- 间断传输允许（DTX Permitted）；
- 接入控制（Access Control），如紧急呼叫等。

说明 BCCH 载波是由基站以固定功率发射，其信号强度被所有移动台测量。

② 公共控制信道

公共控制信道（CCCH）是基站与移动台间的一点对多点的双向信道。包括：

a. 寻呼信道（PCH）。此信道用于广播基站寻呼移动台的寻呼消息，是下行信道。

b. 随机接入信道（RACH）。MS 随机接入网络时用此信道向基站发送信息。发送的信息包括：对基站寻呼消息的应答；MS 始呼时的接入。并且 MS 在此信道还向基站申请指配一独立专用控制信道。随机接入信道是上行信道。

c. 允许接入信道（AGCH）。AGCH 用于基站向随机接入成功的移动台发送指配了的独立专用控制信道。允许接入信道下行信道。

③ 专用控制信道

专用控制信道（DCCH）是基站与移动台间的点对点的双向信道。包括：

a. 独立专用控制信道（SDCCH）。独立专用控制信道用于传送基站和移动台间的指令与信道指配信息，如鉴权、登记信令消息等。此信道在呼叫建立期间支持双向数据传输，支持短消息业务信息的传送。

b. 随路信道（ACCH）。该信道能与独立专用控制信道或者业务信道公用在同一个物理信道上传送信令消息。随路信道分为两种：

- 慢速随路信道（SACCH）。基站用此信道向移动台传送功率控制信息、帧调整信息。另一方面，基站用此信道接收移动台发来的移动台接收的信号强度报告和链路质量报告。
- 快速随路信道（FACCH）。此信道主要用于传送基站与移动台间的越区切换的信令消息。

④ 业务信道

业务信道(TCH)是用于传送用户的话音和数据业务的信道。根据交换方式的不同业务信道可分为电路交换信道和数据交换信道;依据传输速率的不同信道可分为全速率信道和半速率信道。GSM 系统全速率信道的速率为 13 kbit/s;半速率信道的速率为 6.5 kbit/s。另外,增强全速率业务信道是指,它的速率与全速率信道的速率一样,是 13 kbit/s,只是其压缩编码方案比全速率信道的压缩编码方案优越,所以它有较好的话音质量。

6.3.2　物理信道与逻辑信道的配置

1. 逻辑信道与物理信道的映射

由前面的讨论可知 GSM 系统的逻辑信道数已经超过了 GSM 一个载频所提供的 8 个物理信道,因此要想给每一个逻辑信道都配置一个物理信道,一个载频所提供的 8 个物理信道是不够的,需要再增加载频。所以可以看出,这样的逻辑信道和物理信道的指配方法是无法进行高效率的通信的,我们知道尽管控制信道在通信中起着至关重要的作用,但通信的根本任务是利用业务信道传送语音或数据,而按照上面的信道配置方法,在一个载频上已经没有业务信道的时隙了。解决上述问题的基本方法是,将公共控制信道复用,即在一个或两个物理信道上复用公共控制信道。

GSM 系统是按下面的方法建立物理信道和逻辑信道间的映射对应关系的。

一个基站有 N 个载频,每个载频有 8 个时隙。将载波定义为 $f_0,f_1,f_2,\cdots\cdots$。对于下行链路,从 f_0 的第 0 时隙(TS0)起始。f_0 的第 0 时隙(TS0)只用于映射控制信道,f_0 也称为广播控制信道。图 6.10 为广播控制信道(BCCH)和公共控制信道(CCCH)在 TS0 上的复用关系。

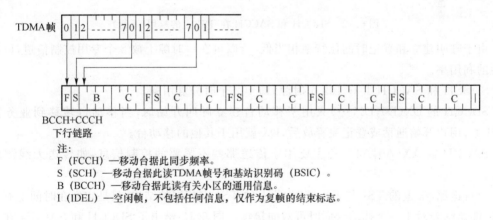

BCCH+CCCH
下行链路
注:
F (FCCH) —移动台据此同步频率。
S (SCH) —移动台据此读TDMA帧号和基站识别码 (BSIC)。
B (BCCH) —移动台据此读有关小区的通用信息。
I (IDEL) —空闲帧,不包括任何信息,仅作为复帧的结束标志。

图 6.10　BCCH 与 CCCH 在 TS0 上的复用

广播控制信道(BCCH)和公共控制信道(CCCH)共占用 51 个 TS0 时隙。尽管只占用了每一帧的 TS0 时隙,但从时间上讲长度为 51 个 TDMA 帧。作为一种复帧,以每出现一个空闲帧作为此复帧的结束,在空闲帧之后,复帧再从 F、S 开始进行新的复帧。以此方法进行重复,即时分复用构成 TDMA 的复帧结构。

在没有寻呼或呼叫接入时,基站也总在 f_0 上发射。这使移动台能够测试基站的信号强度以决定使用哪个小区更为合适。

对上行链路，f_0 上的 TS0 不包括上述信道。它只用于移动台的接入，即用于上行链路作为 RACH 信道。图 6.11 为 51 个连续的 TDMA 帧的 TS0。

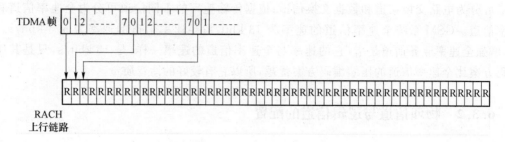

图 6.11　TS0 上 RACH 的复用

BCCH、FCCH、SCH、PCH、AGCH 和 RACH 均映射到 TS0。RACH 映射到上行链路，其余映射到下行链路。

下行链路 f_0 上的 TS1 时隙用来将专用控制信道映射到物理信道上，其映射关系如图 6.12 所示。

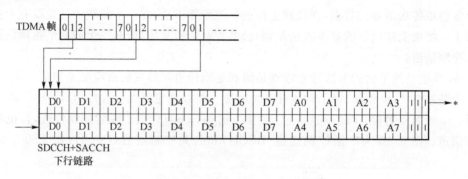

图 6.12　SDCCH 和 SACCH 在 TS1 上的复用(下行)

由于呼叫建立和登记时的比特率相当低，所以可在一时隙上放 8 个专用控制信道，以提高时隙的利用率。

SDCCH 和 SACCH 共有 102 个时隙，即 102 个时分复用帧。

SDCCH 的 DX(D0，D1，…)只用于移动台建立呼叫开始时，当移动台转移到业务信道 TCH 上，用户开始通话或登记完释放后，DX 就用于其他的移动台。

SACCH 的 AX(A0，A1，…)主要用于传送那些不紧要的控制信息，如传送无线测量数据等。

上行链路 f_0 上的 TS1 与下行链路 f_0 上的 TS1 有相同的结构，只是它们在时间上有一个偏移，即意味着对于一个移动台同时可双向接续。图 6.13 给出了 SDCCH 和 SACCH 在上行链路 f_0 的 TS1 上的复用。

载频 f_0 上的上行、下行的 TS0 和 TS1 供逻辑控制信道使用，而其于 6 个物理信道 TS2～TS7 由 TCH 使用。

TCH 到物理信道的映射如图 6.14 所示。

图 6.14 给出了 TS2 时隙的时分复用关系，其中 T 表示 TCH 业务信道，用于传送语音或数据；A 表示 SACCH 慢速随路信道，用于传送控制命令，如命令改变输出功率；I 为 IDEL 空闲，它不含任何信息，主要用于配合测量。时隙 TS2 是以 26 个时隙为周期进行时分复用的，

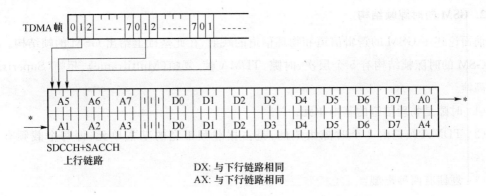

图 6.13　SDCCH 与 SACCH 在 TS1 上的复用（上行）

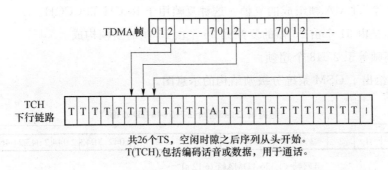

图 6.14　TCH 的复用

以空闲时隙 I 作为重复序列的开头或结尾。

　　上行链路的 TCH 与下行链路的 TCH 结构完全一样，只是有一个时间的偏移。时间偏移为 3 个 TS，也就是说上行的 TS2 与下行的 TS2 不同时出现，表明移动台的收发不必同时进行。图 6.15 给出了 TCH 上行与下行偏移的情况。

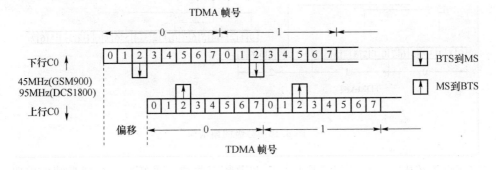

图 6.15　TCH 上下行偏移

通过以上论述可以得出在载频 f_0 上：

- TS0（逻辑控制信道），重复周期为 51 个 TS。
- TS1（逻辑控制信道），重复周期为 102 个 TS。
- TS2（逻辑业务信道），重复周期为 26 个 TS。
- TS3～TS7（逻辑业务信道），重复周期为 26 个 TS。

其他 f_1～f_N 个载频的 TS0～TS7 时隙全部是业务信道。

2. GSM 的时隙帧结构

前面论述了 GSM 的逻辑信道和物理信道的映射,在此基础上给出 GSM 的帧结构。

GSM 的时隙帧结构有 5 个层次:时隙、TDMA 帧、复帧(Multiframe)、超帧(Superframe)和超高帧。

(1)时隙是物理信道的基本单元。

(2)TDMA 帧是由 8 个时隙组成的,是占据载频带宽的基本单元,即每个载频有 8 个时隙。

(3)复帧有两种类型:

- 由 26 个 TDMA 帧组成的复帧。这种复帧用于 TCH、SACCH 和 FACCH。
- 由 51 个 TDMA 帧组成的复帧。这种复帧用于 BCCH 和 CCCH。

(4)超帧是由 51 个由 26 帧的复帧或 26 个由 51 帧的复帧构成。

(5)超高帧等于 2 048 个超帧。

图 6.16 给出了 GSM 系统分级帧结构的示意图。

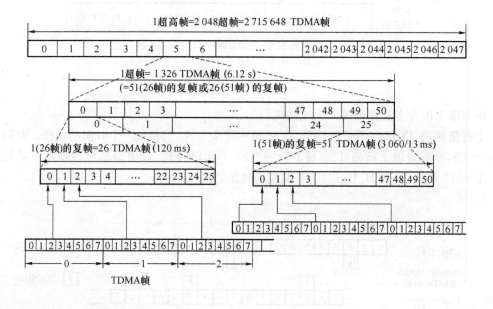

图 6.16 分级的帧结构

在 GSM 系统中超高帧的周期是与加密和跳频有关的。每经过一个超高帧的周期,循环长度为 2 715 648,相当于 3 时 28 分 53 秒 760 毫秒,系统将重新启动密码和跳频算法。

6.3.3 突发脉冲

突发脉冲是以不同的信息格式携带不同的逻辑信道,在一个时隙内传输的,由 100 多个调制比特组成的脉冲序列。因此可以将突发脉冲看成是逻辑信道在物理信道传输的载体。根据逻辑信道的不同,突发脉冲也不尽相同。通常突发脉冲有 5 种类型。

1. 普通突发脉冲

普通突发脉冲(NB,Normal Burst)用于构成 TCH,以及除 FCCH,SYCH,RACH 和空闲突发脉冲以外的所有控制信息信道,携带它们的业务信息和控制信息。普通突发脉冲的构成如图 6.17 所示。

图 6.17　普通突发脉冲序列

由图 6.17 可看出:普通突发脉冲(NB)是由加密信息(2×57 bit)、训练序列(26 bit)、尾位 TB (2×3 bit)、借用标志 F(Stealing Flag,2×1 bit)和保护时间 GP(Guard Period,8.25 bit)构成,总计 156.25 bit。因每个 bit 的持续时间为 3.692 3 μs,一个普通突发脉冲所占用的时间为 0.577 ms。

在普通突发脉冲中,加密比特是 57 bit 的加密语音、数据或控制信息,另外有 1 bit 的"借用标志",当业务信道被 FACCH 借用时,以此标志表明借用一半业务信道资源;训练序列是一串已知比特,是供信道均衡使用的;尾位 TB 总是 000,是突发脉冲开始与结尾的标志;保护时间 GP 是用来防止由于定时误差而造成突发脉冲间的重叠。

2. 频率校正突发脉冲

频率校正突发脉冲(FB,Frequency Correction Burst)用于构成频率校正信道(FCCH),携带频率校正信息。其结构由图 6.18 给出。

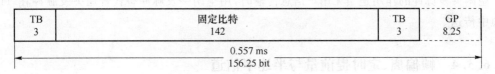

图 6.18　频率校正突发脉冲序列

频率校正突发脉冲除了含有尾位和保护时间外,主要传送固定的频率校正信息,即 142 个的全 0 bit。

3. 同步突发脉冲

同步突发脉冲(SB,Synchronization Burst)用于构成同步信道(SYCH),携带有系统的同步信息。其结构图如图 6.19 所示。

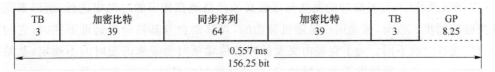

图 6.19　同步突发脉冲序列

同步突发脉冲(SB)由加密信息(2×39 bit)和一个易被检测的长同步序列(64 bit)构成。加密信息位携带有 TDMA 帧号(TN)以及基站识别码(BSIC)信息。

4. 接入突发脉冲

接入突发脉冲(AB,Access Burst)用于构成移动台的随机接入信道(RACH),携带随机接入信息。接入突发脉冲的结构如图 6.20 所示。

TB 3	同步序列 (41)	加密比特 36	TB 3	GP 8.25

图 6.20　接入突发脉冲序列

接入突发脉冲(AB)由同步序列(41 bit)、加密信息(36 bit)、尾位(8+3 bit)和保护时间构成。其中保护时间间隔较长,这是为了使移动台首次接入或切换到一个新的基站时不知道时间的提前量而设置的。当保护时间长达 252 μs 时,允许小区半径为 35 km,在此范围内可保证移动台随机接入移动网。

5. 空闲突发脉冲

空闲突发脉冲(DB,Dummy Burst)的结构与普通突发脉冲的结构相同,只是将普通突发脉冲中的加密信息比特换成固定比特。其结构如图 6.21 所示。

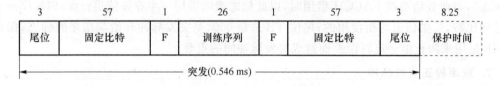

图 6.21　空闲突发脉冲

空闲突发脉冲的作用是当无用户信息传输时,用空闲突发脉冲替代普通突发脉冲在 TDMA 时隙中传送。

6.3.4　帧偏离、定时提前量与半速率信道

1. 帧偏离

帧偏离是指前向信道的 TDMA 帧定时与反向信道的 TDMA 帧定时的固定偏差。GSM 系统中规定帧偏差为 3 个时隙,如图 6.22 所示。这样做的目的是简化设计、避免移动台在同一时隙收发,从而保证收发的时隙号不变。

2. 定时提前量

在 GSM 系统中,突发脉冲的发送与接收必须严格地在相应的时隙中进行,所以系统必须保证严格的同步。然而,移动用户是随机移动的,当移动台与基站距离远近不同时,它的突发脉冲的传输延时就不同。为了克服由突发脉冲的传输延时所带来的定时的不确定,基站要指示移动台以一定的提前量发送突发脉冲,以补偿所增加的延时,如图 6.22 所示。

3. 半速率信道

全速率是指 GSM 中用于无线传输的 13 kbit/s 的语音信号,即 GSM 系统中的语音编码器将 64 kbit/s 的语音变换成 13 kbit/s 的语音信号。前面我们所介绍的业务信道都是以 13 kbit/s的速率传输语音数据的,通常称为全速率信道;半速率信道是指语音速率从原来的

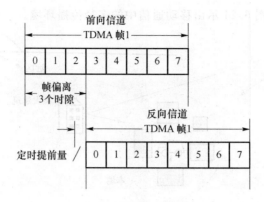

图 6.22　帧偏离与定时提前量示意图

13 kbit/s 下降到 6.5 kbit/s。这样两个移动台将可使用一个物理信道进行呼叫,系统容量可增加 1 倍。图 6.23 为全速率信道和半速率信道的示意图。

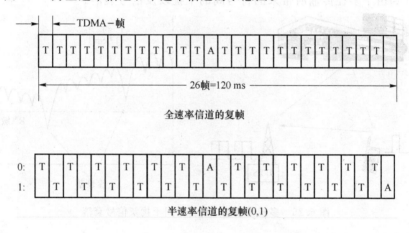

图 6.23　全速率信道和半速率信道

6.4　GSM 的无线数字传输

前面已经详细讨论了无线传播环境以及无线信道的问题和各种抗衰落技术。因此这里只是结合 GSM 系统讨论 GSM 系统的无线信道衰落特性和一些相应的抗衰落技术。

6.4.1　GSM 系统无线信道的衰落特性

1. 多径衰落

多径衰落信道的特性可由信号在自由空间的传输损耗、信号衰落深度和信号衰落次数等参数来表征。这些参数决定了电波传输的覆盖范围和场强分布。对数字信号的传输来说,仅这些参数还不够。在数字通信中,通信系统的好坏由输出的误码率来判断。有时尽管接收信号电平很高,但多径效应却会引起很高的误码率,使通信无法正常进行。事实上,多径传输带来了额外的路径损耗;多径衰落会导致数字信号传输的突发性错误;多径延时扩展将导致数字信号传输的码间干扰。图 6.24 示出移动通信中的多径传播环境。

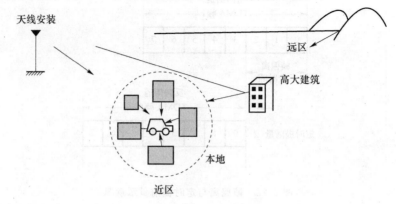

图 6.24　多径传播环境

图 6.25 为由于多径传输所带来的符号间的干扰以及信号衰落。

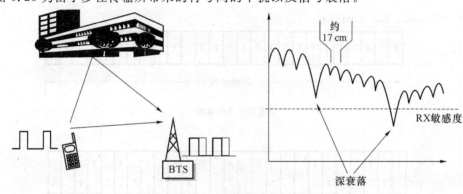

图 6.25　多径传播造成的符号间干扰及信号衰落

2. 阴影衰落

阴影衰落是由于传播环境中的地形起伏、建筑物及其他障碍物对电波遮蔽所引起的衰落。阴影衰落又称为慢衰落,它一般表示为电波传播距离的 m 次幂和表示阴影损耗的正态对数分量的乘积。

3. 时延扩展

研究无线电波的多径传播可以从不同的角度进行。一方面,可以从接收信号的包络变化反映的多径衰落特性,如瑞利衰落特性、电平通过率和平均衰落持续时间等考察多径传播;另一方面,在时间域,研究数字脉冲信号经过多径传播的时延特性,即在多径传播条件下接收信号会产生时延扩展或称时延散布。

时延扩展所带来的直接后果是接收信号中一个码元的波形会扩展到其他码元周期中,引起码间串扰。

6.4.2　GSM 系统中的抗衰落技术

1. 信道编码与交织

（1）信道编码

信道编码用于改善传输质量,克服各种干扰因素对信号产生的不良影响。但是信道编码是以增加数据长度,降低信息量为代价的。信道编码的基本方法是在原始数据的基础上附加一些冗余信息。增加的数据比特是通过某种约定从原始数据经计算产生的,发送端则将原始数据和增加的数据比特一起发送,这就是所谓的信道编码。接收端的解码过程是利用这个冗余信息检测误码并尽可能地纠正错误。如果收到的数据经过同样的计算得到的冗余比特与收到的不一致,就可以确定传输有误。根据传输模式不同,在无线传输中使用不同的码型。实际上,大多数情况下是把几种编码方式组合在一起应用,最终的冗余码是多种编码的混合结果。

GSM 系统中使用的编码方式如下:

- 块卷积码。主要用于纠错。当解码器采用最大似然估计方法时,可以产生十分有效的纠错结果。
- 纠错循环码。主要用于检测和纠正成组出现的误码。通常与块卷积码混合使用,用于捕捉和纠正遗漏的组误差。
- 奇偶码。这是一种普遍使用的,最简单的检测误码的方法。

（2）交织编码

交织编码的目的是把一个较长的突发误码离散成随机误码,再用纠正随机误码的编码技术,如卷积编码技术,消除随机误码。

在移动通信中多径衰落会导致数字信号传输的突发性错误。利用交织编码技术可以改善数字通信的传输能力。在 GSM 系统中采用了较为复杂的交织编码技术。

交织就是把码字顺序相关的比特流非相化。GSM 交织编码器的输入码流是 20 ms 的帧,每帧含 456 bit。每两帧(40 ms)共 912 bit,按每行 8 位写入,共写入 114 行,计 $8 \times 114 = 912$ bit。按列输出,每次读出 114 bit,恰好对应 GSM 的一个 TDMA 时隙。也就是说,将 912 bit 字符交织后分散到 8 个 TDMA 帧的时隙中来传输。按照这种方法就会使传输中受到突发性干扰的信息码流的突发错误,经交织译码后,变成了随机差错。图 6.26 给出了 GSM 系统采用的交织编码矩阵。

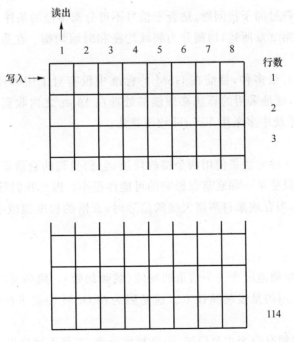

图 6.26　交织编码矩阵

GSM 系统的交织编码过程如图 6.27 所示。

将输入码流长为 20 ms 帧中的 456 bit 分成 8 段,每段含有 57 bit。交织是在 40 ms 共 912 bit 间进行的。当前帧的 456 bit 分别与第 $n-1$ 帧的后半帧的 228 bit 和第 $n+1$ 帧的前半帧 228 bit 交织,即当前帧的 1、2、3、4 段与 $n-1$ 帧的 5、6、7、8 段组成时隙 1、2、3、4;当前帧的 5、6、7、8 段与 $n+1$ 帧的 1、2、3、4 段组成时隙 5、6、7、8。这就实现了将 912 bit 码流交织,分散到 TDMA 帧的 8 个时隙传输的目的。

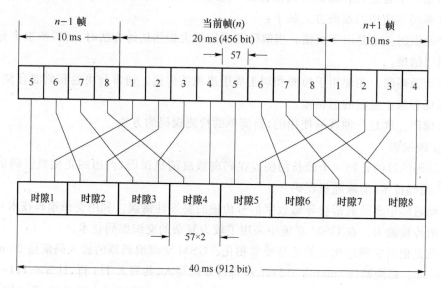

图 6.27　交织过程

2. Viterbi 均衡与天线分集

（1）Viterbi 均衡

均衡是用于解决符号间干扰问题,适合于信号不可分离多径的条件下,且时延扩展远大于符号宽度的情况。如第 2 章所述,均衡分为频域均衡和时域均衡。在数字通信中多采用时间均衡。

实现均衡的算法有很多种,目前在 GSM 的标准中没有对采用哪种均衡算法作出规定。但有一个重要的限制,就是采用的算法必须能够处理在 16 μs 之内收到的两个等功率的多径信号。因此在 GSM 系统中多采用 Viterbi 均衡算法。

（2）天线分集

实现天线分集的一种方法是使用两个接收信道,它们受到的衰落影响是不相关的。它们两者在某一时刻同时经受某一深衰落点影响的可能性很小。因此我们可以利用两副接收天线独立地接收同一信号,当合成来自两副天线的信号时,衰落的程度能减小。图 6.28 为天线分集接收的示意图。

3. 跳频技术

所谓跳频就是有规则地改变一个信道的频隙(载频频带)。跳频分为快跳频和慢跳频,在 GSM 的无线接口上采用的是慢跳频技术。这是因为在 GSM 中要求在整个突发脉冲期间传输的频隙保持不变。

GSM 系统引入跳频有两个主要原因:一是频率分集;二是干扰分集。

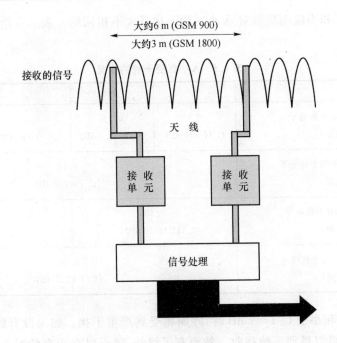

大约6 m (GSM 900)

大约3 m (GSM 1800)

接收的信号

天　线

接　收　单　元

接　收　单　元

信号处理

图 6.28　天线分集接收示意图

（1）频率分集是为了抗拒移动通信系统中瑞利衰落的影响而采用的抗干扰分集技术。研究表明,瑞利衰落将因频率的不同而产生不同的影响,换句话说,同一信号在不同频隙上有不同的瑞利衰落的影响。频率相差越大这种干扰的相关性越小,频率相差 1 MHz 时,几乎是完全不相关的。因此由频率分集分散到不同频隙上的突发脉冲不会受到同一瑞利衰落的影响。从而改善了传输质量。当 MS 高速移动时,同一信道接收的两个突发脉冲之间的位置变化也要承受其他衰落的影响,此时 GSM 中所采用的慢跳频技术就无能为力了。然而,就 MS 静止或慢速移动时,慢跳频技术可以使传输质量提高大约 6.5 dB。

（2）干扰分集源于码分多址（CDMA）的应用。在高业务量区域,系统所能提供的容量要受到频率复用条件的限制,也就是受到制约系统质量的载干比（C/I）的限制。我们知道一个呼叫所承受的干扰电平是由其他呼叫的同时存在引起的。在允许干扰总和下,可以存在的干扰源越多,系统的容量越大,这就是干扰分集的目的。在 GSM 系统中为了保证在相邻小区之间不发生干扰,每个小区应分配不同的频率组,即采用频分小区的方法。但有时为了提高频谱的利用率,不同的小区中可以包含相同的频率,如图 6.29 所示。

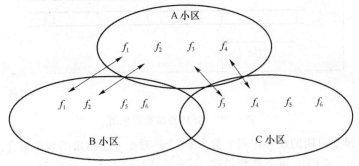

A 小区

f_1　f_2　f_3　f_4

f_1　f_2　f_5　f_6

f_3　f_4　f_5　f_6

B 小区

C 小区

图 6.29　GSM 蜂房结构与跳频组网

这时应用跳频和不应用跳频对 A 小区的干扰是大不相同的。表 6.5 给出了 A 小区受干扰的情况。

表 6.5　A 小区受干扰的情况

	f_1	f_2	f_3	f_4
移动台→基站干扰电平 （无跳频）	0.1 ($C/I=10$ dB)	0.14 ($C/I=8.5$ dB)	0.25 ($C/I=6$ dB)	0.28 ($C/I=5.5$ dB)
移动台→基站平均干扰电平 （有跳频）	0.19 ($C/I=7.2$ dB)			
移动台→移动台干扰电平 （无跳频）	0.10 ($C/I=10$ dB)		0.14 ($C/I=5.5$ dB)	
移动台→基站平均干扰电平 （有跳频）	0.19 ($C/I=7.2$ dB)			

通常当干扰总和小于 $C/I=7$ dB 时，呼叫将受到严重干扰。如果没有跳频，只有分配在 f_1 或 f_2 上的用户可以得到正确接收。然而有了跳频，就可以在所有情况下保证质量。这是因为虽然小区间具有相同的频率，但是由于采用了不相关的跳频序列，产生了干扰分集效果，也就得到表 6.5 中平均干扰电平的水平。

GSM 系统的跳频是在 TDMA 帧中的时隙上进行的。蜂窝结构的每个区群分配 n 组频率，每个区群又分成若干个小区，每个小区分配一组频率（跳频频率集），其中每一个频率为 GSM 的一个频道（频隙）。时隙和频隙构成了跳频信道，用时隙号（TN，Time Slot Number）表示。跳频是在时隙和频隙上进行的，换句话说，是在一定的时间间隔不断地在不同的频隙上跳频，如图 6.30 所示。

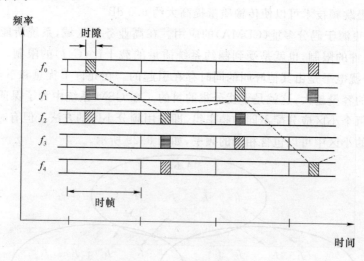

图 6.30　GSM 慢跳频示意图

GSM 中规定最多可用的跳频序列个数为 64 个。对于 n 个指定的频率集合，可以建立 $64 \times n$ 个不同的跳频序列。它们由两个参数描述，一个是跳频序列号（HSN，Hopping Sequence Number），有 64 种不同的值；另一个是移动指配偏置度（MAIO，Mobile Allocation Index Offset），可包

括全部 n 个频率。通常在一个小区内的所有信道采用相同的 HSN 和不同的 MAIO 进行跳频,这样可以避免小区内信道之间的干扰;而在邻近小区之间由于使用不相关的频率集合,可认为彼此之间没有干扰。

跳频系统的抗干扰性能与跳频的频率集的大小关系密切,通常要求跳频频率集很大。但在蜂窝移动通信系统中,考虑到频率资源和系统容量,每组频率的数目最少应大于 4 个,否则将起不到跳频抗干扰的目的。

使用跳频的一个限制是公共信道必须使用固定频率,所以把公共信道选在不参加跳频的频隙上(NT0),同时集中在一个频率上。也就是说,支持广播控制信道(BCCH)的物理时隙 NT0 是不跳频的。这是因为在任何小区中的 BCCH 必须在一个专用载波上传输,否则,移动台将不能找到 BCCH,解不出 BCCH 中的信息。

4. 话音激活与功率控制

在 GSM 系统中,采用话音激活与功率控制可以有效地减少同信道干扰。

(1) 话音激活控制就是采用非连续发射(DTX)。图 6.31 是其原理图。

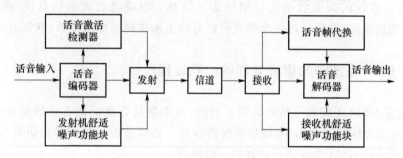

图 6.31　非连续发射框图

在发端有一个话音激活检测器(VAD),其功能是检测是否有话音或仅仅是噪声,图 6.32 为话音激活检测器的示意图。

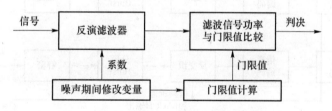

图 6.32　话音激活监测器框图

在图 6.31 中还有一个发射机舒适噪声发生器,用于产生与发射机背景噪声相似的信号参数,并发送给接收端。在接收端,同样有一个接收机舒适噪声发生器,可根据收到的背景噪声信号参数产生一个与发射机背景噪声相似的背景噪声信号。其目的在于使收听者觉察不到谈话过程中话音激活控制开关的动作。另外,在接收端还有一个话音帧代换器(SFS),其作用是当话音编码数据中的某些重要码位受到干扰而译码器又无法纠正时,将前面未受到干扰的话音帧取代受到干扰的话音帧,从而保证接收的话音质量。

(2) 功率自适应控制的目的是,在保证通信服务质量的条件下,使发射机的发射功率为最小。平均功率的减小就相应地降低了系统内的同信道干扰的平均电平。GSM 支持基站和移动台各自独立地进行发射功率控制。GSM 规定总的控制范围是 30 dB,每步调节范围是 20 dB,

20 mW~20 W 之间的 1 6 个功率电平,每步精度为±3 dB,最大功率电平的精度为±1.5 dB。

功率自适应控制的过程是:移动台测量信号强度和信号质量,并定期向基站报告,基站按预置的门限参数与之相比较,然后确定发射功率的增减量。同理,移动台按预置的门限参数与之相比较,然后确定发射功率的增减量。通常在实际应用中,对基站不采用发射功率控制,主要是对移动台的发射功率进行控制。其发射功率以满足覆盖区内移动用户能正常接收为准。

6.4.3 GSM 系统中的语音编码技术

目前 GSM 采用的语音方案是 13 kbit/s RPE-LTP 码(规则脉冲激励长期预测)。它的目的是在不增加误码的情况下,以较小的速率优化频谱占有,同时达到与固定电话网尽量接近的语音质量。

GSM 系统首先把语音分成 20 ms 为单位的段,每个段编成 260 bit 的数据块,然后对每个小段分别编码;块与块之间依靠外同步,块内部不含同步信息。这样在无线接口上 20 ms 一帧的数据流中不包含任何帮助收端定位帧标志的信息。收端将收到的信息块(激励信号)经 LPT 和 LPC 滤波重组,最后经过一个预先设计好的去加重网络加以复原,恢复语音信号。

6.4.4 GSM 系统中的语音处理的一般过程

前面讨论了 GSM 无线数字传输的诸多问题,其本质是在保证语音或数据传输质量的条件下,提高系统的无线资源利用率,增加系统的容量。总结前面讨论的各种语音处理技术,给出如图 6.33 所示的 GSM 系统语音处理的一般框图。

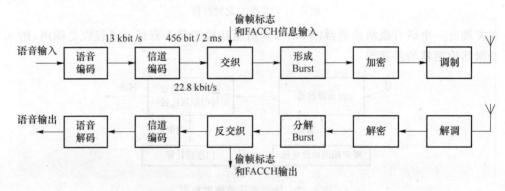

图 6.33 GSM 中语音处理的一般过程

6.5 GSM 的信令协议

GSM 系统的信令系统是以 No.7 信令的主体再加上 GSM 的专用协议构成的,如图 6.34 所示。

从图 6.34 中可知,在 GSM 网络单元间的信令主要有 MAP、BSSAP(BSS 应用部分)、数据通道链路接入协议 LAPD 以及 GSM 专用的 LAPDm 协议(专门用于空中接口的信令协议)。

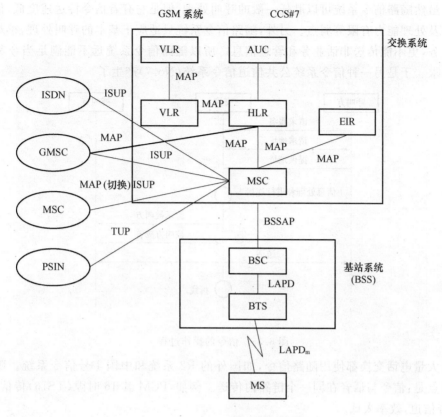

图 6.34　GSM 网络中各部分的信令

6.5.1　GSM 的信令系统的基本概念

这里首先介绍信令系统作用和任务,然后简单说明 GSM 系统的网间信令系统和用户到网络的信令构成。

1. 概述

(1) 信令的任务和作用

信令是与通信有关的一系列控制信号。在通信网中,信令在网络的每一个节点被分析处理,并导致一系列的控制操作。所以可以说信令是用户以及通信网中各个节点相互交换信息的共同语言,是整个通信网的神经系统。

在电信网中信令的基本功能是:

- 建立呼叫;
- 监控呼叫;
- 清除呼叫。

信令的操作过程如图 6.35 所示。

由此可看出信令是由一系列信令消息集组成的。一个信令消息包括“消息类型”单元,用以指示它在接收端触发何种事件,另外信令消息还包括一些强制或可选择的消息单元。

(2) 信令的发展

在模拟电话网或早期的数字电话网中信令和话音是在同一条电路上传送的,即所谓的随路信令。虽然随路信令系统可以胜任一般的呼叫处理,但是它有着信令传送速度低,信令信息容量小以及处理能力有限等弱点。另外,随路信令系统只适应于基本的呼叫处理,很难扩展于其他的业务,更不能传送非话业务和管理信息。所以随路信令系统远不能满足当今和未来通信网的要求。于是另一种信令系统公共信道信令系统(No.7)产生了。

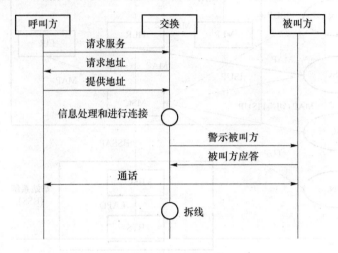

图 6.35　信令的操作过程

以前大量电话交换都使用随路信令,如国外的 R2 系统和中国 1 号信令系统。随路信令的最大特点是:信令与话音在同一个链路内传送。例如,PCM 其 16 时隙(TS16)传信令,它管30 个话音信道,效率太低。

公共信道信令(CCS)的特点是,信令与语音分离。逻辑上信令在一个网上传送;而话音在另一个网上传送。这样,一次群 2 Mbit/s 仍用 TS16 传信令时,根据理论计算可以传 5 000～10 000 个话路的信令。这极大地提高了链路的利用率。通常为了信令的可靠,一般链路的负荷要很小,即当正在正常工作的信令链路出现故障时,可以立即重选路由,继续传送,所以一般要在理论值上乘以 0.2,即为 1 000～2 000。又因为在移动通信中,完成一次接续需要传送的信令消息比电话网中多很多,因此再打一个折扣,一般认为在移动网中,一条 64 kbit/s 信令链路可以传送 500～1 000 个话音的信令。总之,要比随路的 30 个话音信令大多了,如图 6.36所示。

* 理论计算:

例如,在电话网中,完成一次接续双向需要传送 5.5 个消息(统计平均),每个消息长度为140 bit,则一个 64 kbit/s 的信令网络每小时能传的呼叫信令消息的个数为

$$k_1 = \frac{64 \times 10^3 \times 3\,600}{\frac{5.5}{2} \times 140} = 5.98 \times 10^5$$

设呼叫平均时长为 60 s(1 min),中继线平均话务量为 0.7erl,则一个中继话务每小时平均传送的呼叫次数为

$$k_2 = \frac{0.7 \times 3\,600}{60} = 42$$

所以,一个 64 kbit/s 的信令链路最多能传送 n 个中继话路的信令:

$$n = \frac{k_1}{k_2} = 14.25 \times 10^3 \qquad (5\,000 \sim 10\,000)$$

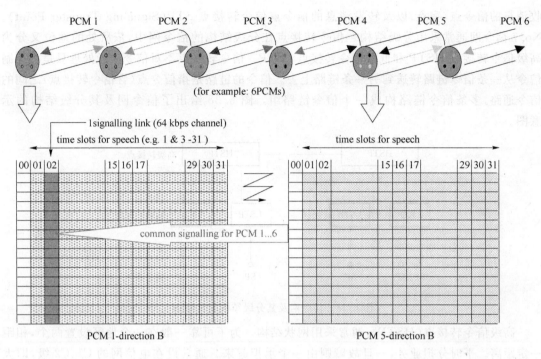

图 6.36　公共信道信令示意图

2. GSM 系统的信令系统

目前 GSM 系统的信令系统主要是以 ISDN 的信令协议为基础,加之与移动通信有关的高层协议标准构成的。按照 ISDN 的定义,在电话网中交换机之间的信令和交换机到用户之间的信令在特性上差异很大,两者自成系统,互不兼容。前面所说的公共信道信令系统(No.7)指的是交换机间的信令系统,而在 GSM 系统中用户到网络间所采用的信令系统是 ISDN 中的D 信道协议。图 6.37 为移动通信中的接口信令示意图。

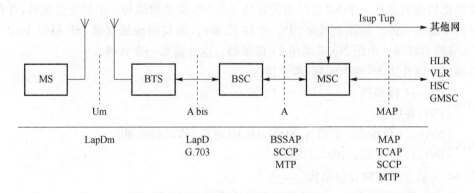

图 6.37　移动通信中的接口信令示意图

(1) No.7 公共信道信令系统

① No.7 信令网的概念

No.7 信令网是独立于通信网,专门用于传送信令的网络,由信令点 SP(Signaling Point)和供传输信令的数据链路(link)构成。信令点是信令网络中的节点,它提供公共信道信令。信令点可以是交换中心,也可以是操作维护中心。信令点又分为产生消息的信令点(源点)、接收消息的信令点(宿点)以及转发消息的信令点信令转接点 STP(Signaling Transfer Point)。No.7 信令网通常采用分级结构。信令转接点在分级结构的信令网中,依所处的地位又分为高级信令转接点 HSTP 和低级信令转接点 LSTP。信令转接点不对信令进行处理只是将控制信令从一条信令链路转送到另一条链路上去。信令的链路是指信令点(含信令转接点)之间的信令通路,多条信令链路构成一个信令链路组。图 6.38 给出了信令网及其分级结构的示意图。

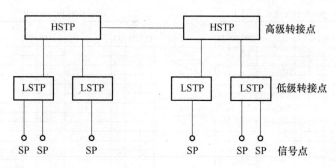

图 6.38　信令网及其分级结构的示意图

高级信令转接点(HSTP),通常采用网状结构。为了可靠一般在一个地区设置两个,相距一定距离。平时分担业务,一旦故障则由一个承担起来。通常设在电信网的 C1、C2 级,即大区,省一级。

LSTP 可以是星形,也可以是网状网连接。为了可靠,每个 LSTP 都要与两个 HSTP 相连,通常设置在电信网 C3 级,即地区、市级。

SP 是信令消息的发起点和目的点。每个网员中至少有一个信令点:MSC、HLR、BSC、SSP 等都有。为可靠,任意 SP 总是要与两个 LSTP 相连,通常采用星形连接。

总之,由 SP、LSTP 和 HSTP 构成在逻辑上独立的信令网。

② 信令网编码

要想把信令消息从一个 SP 准确地传到另一个 SP,就必须给每一个信令点编码,且在同一个信令网中是唯一的。国际上规定 SPC 为 14 位编码,而我国地域辽阔,SP 超过 10 万个,因此 14 位编码不够用。中国 No.7 采用 24 位编码。这就需要一个转换。

目前信令网有 4 个:两个国际;两个国内。

国际 { IN0:14 位编码
　　 { IN1:备用

国内 { NA0:24 位编码。PSTN、MSC、HLR(电信、移动和联通)
　　 { IN1:14 位编码。BSC、MSC

③ No.7 信令系统的分层结构

No.7 信令系统被划分为一个公共的消息传递部分(MTP,Message Transfer Part)和若干用户部分(User Part-UP),如图 6.39 所示。

④ 消息传送部分(MTP)

MTP 只负责消息的传递,不负责消息内容的分析,用户部分则是为各种不同电信业务应用设计的功能模块。它负责信令消息的生成、语法检查、语义分析和信令过程控制。

MTP 又分为 3 个功能层:MTP 层 1—物理链接层;MTP 层 2—信令数据链路控制层;MTP 层 3—网络层。MTP 如图 6.40 所示。

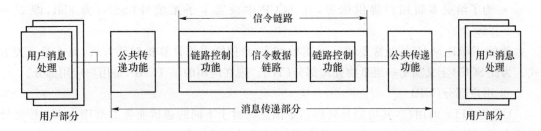

图 6.39 No.7 信令系统功能划分原理

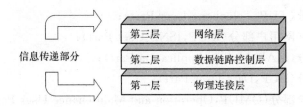

图 6.40 消息传送部分分层示意图

- MTP 层 1 是在一种传输速率下传送信令的双向数据通道,即双工链路。它定义了链路的物理和电气特性。
- MTP 层 2 的功能是规定了在一条信号链路上的消息传递以及与消息传递有关的功能和程序。
- MTP 层 3 网络层的功能是保证网络中网络单元间信令消息的正确传送。具体地说,就是当信令链路和信令转接点发生故障时仍能保证可靠传递消息。网络层的内部又分为信令消息处理和信令网管理两部分。信令消息处理的作用是当本节点为消息的目的地时,将消息送往指定的用户部分;当本节点为消息转接点时,将消息转送至预先确定的信令链路。信令网管理的功能是在信令网发生故障时,根据预定数据和信令网状态信息调整消息路由和信令网设备配置,以保证消息传递不中断。

⑤ 信令连接控制部分(SCCP)

随着通信网和通信新业务的不断发展,越来越多的新业务的不断发展,越来越多的网络业务需要和远端网络节点直接传送控制消息,这些消息和呼叫连接电路无关,甚至根本与呼叫无关。例如,移动通信中移动台和位置登记(HLR、VLR)之间的信令消息。另外,有些信令消息(如用户至用户信令)虽然和呼叫直接相关,但是消息传递路径不一定要和呼叫链路路径相同,也不要求有某种确定的关系。要传送这样的信令消息,MTP 是不能完成的,为此需在 MTP 层上建立一个新的结构层,即信令连接控制部分(SCCP,Signaling Connection Control Part)。

SCCP 的主要功能有:

- 既可传送与电路有关的信令,也可传送与电路无关的信令。使用 SCCP 的 GT(全局名)寻址。
- 不但支持无连接传送方式,也支持虚连接(面向连接)传送方式。因为在 MS 与 MSC 之间就有虚连接存在。
- 为了增加跨网寻址能力,SCCP 中设置了全局名(GT)。它是一种国际统一的拨号号码。在 GSM 中由 MSISDN 与 IMSI 混合的号码,即用 MSISDN 的前两部分国家代码及目的地码"跨网",用 IMSI 的最后一部分用户识别码(MSIN)找到 HLR 地址,翻译成 HLR 信令点编码,再由 MTP 选路到 HLR 信令点查询。

- 为了给更多新用户提供服务,在 SCCP 中设置了子系统号(SSN)为 8bit,即 $2^8 =$ 256 个。

此外,INAP、MAP 等经常要访问远端数据库,希望能采用计算机对话方式,而不是互控方式。为此 SCCP 上又加了一层事物处理部分(TC)。现在应用的是 TCAP,是用户应用部分。

⑥ 用户部分(UP)

UP 是 MTP 的用户,其功能是处理信令消息。对于不同的通信业务类型用户 UP 控制处理信令消息的功能是不同的。No.7 信令系统对不同的通信业务类型用户有详细的规定。

以下是主要的用户类型:

- 电话用户部分(TUP,Telephone User Part);
- 综合业务数字网用户部分(ISUP,ISND User Part);
- 移动应用部分(MAP,Mobile Application Part);
- 数据用户部分(DUP,Data User Part);
- 操作维护用户部分(OMUP,Operation and Maintenance User Part)。

(2) 用户-网络接口协议

为了定义 ISDN 用户-网络接口的配置并建立响应的接口标准 CCITT(现为 ITU_T),采用了功能群和参考点两个概念:

- 功能群。用户接入 ISDN 所需的一组功能,这些功能可以由一个或多个物理设备来完成。
- 参考点。不同功能群的分界点。在不同的实现方案中,一个参考点可以对应也可以不对应一个物理实体。图 6.41 给出了 ISDN 用户-网络接口参考配置。

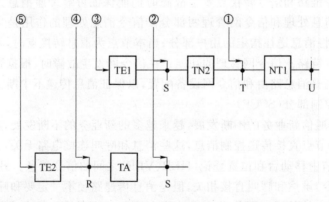

图 6.41 ISDN 用户-网络接口参考配置

图 6.41 中参考点 T 为 ISDN 的基本传输业务接入点;参考点 S 为 ISDN 的辅助接入点;参考点 R 是使不符合 ISDN 标准的终端设备能够经过适配器的转换后接到 ISDN 的承载业务的接入点。参考点 U 对应用户线。

下面讨论 ISDN 的信道结构与用户接口协议。

ISDN 的用户-网络接口有两种接口信道结构:一种是基本接口信道结构;另一种是一次群速率接口信道结构。基本接口信道结构(2B+D)包括两条 64 kbit/s 双工的 B 信道和一条 16 kbit/s 双工的 D 信道,总的速率是 144 kbit/s。B 信道是业务信道,用于传送用户数据,D 信道是信令信道,用于传送信令和低速率的分组业务。在移动通信系统中,为了有效地利用频率资源,多采用 D 信道。一次群速率接口信道结构主要为 23B+D 和 32B+D 两种速率的信道结构。

ISDN 的用户接口协议有三层:第一层为物理层;第二层为数据链路层;第三层为网络层。用户-网络接口协议结构如图 6.42 所示。

应用层	端到端用户信令				X.25分组级
表示层					
会话层					
运输层					
网络层	呼叫控制I.451	X.25分组级	待研究		X.25分组级
数据链路层	LAPD(I.441)				X.25LAPB
物理层	I.430,I.431				
	信令	分组	遥测	电路交换	租用电路	分组交换
	D信道			B信道		

图 6.42　用户-网络接口协议结构

第一层定义了用户终端设备到网终端设备间的物理接口;第二层是建立数据链路,从第二层开始 B 信道与 D 信道使用不同的协议。LAPB(Link Access Protocol Balanced)平衡型链路访问协议适用于点对点的链路;LAPD(Link Access Protocol-D channel)信道的链路接入协议,可实现点对多点的连接。第三层建立电路交换和分组交换的连接。

(3) GSM 网络的接口

GSM 网络的实体结构与接口如图 6.43 所示。

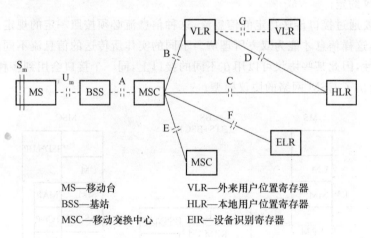

MS—移动台　　　　　VLR—外来用户位置寄存器
BSS—基站　　　　　　HLR—本地用户位置寄存器
MSC—移动交换中心　　EIR—设备识别寄存器

图 6.43　PLMN 实体结构与接口

图 6.43 中所涉及的各种接口说明如下:

• A 接口—MSC 与 BSS 间的接口。A 接口主要传输呼叫处理、移动性管理、基站管理和移动台管理的消息。

• B 接口—MSC 与 VLR 间的接口。当 MSC 需要其管辖区内的某个移动台的当前位置和管理数据时,则通过此接口向 VLR 查询。

• C 接口—MSC 与 HLR 间的接口。当呼叫建立时,MSC 通过此接口从 HLR 取得选择路由信息。呼叫结束后，MSC 向 HLR 送计费信息。C 接口用于管理和路由选择的信令交换。

- D 接口—HLR 与 VLR 间的接口。此接口用于两个位置登记寄存器间交换有关移动台的位置信息以及用户数据信息。
- E 接口—MSC 间的接口。主要用于移动用户在 MSC 之间进行越局切换时交换有关信道切换的信息。
- F 接口—MSC 与 EIR 间的接口。用于 MSC 和 EIR 之间的信令交换。EIR 是存储国内和国际移动设备识别号码的寄存器，MSC 通过 F 接口有关信息，以核对移动设备的识别码。
- G 接口—VLR 间的接口。当一个移动用户在一个新的 VLR 登记时，新辖区 VLR 需要与旧辖区 VLR 传递有关数据时要用到此接口。
- U_m 接口—基站子系统 BSS 与 MS 间的接口。此接口为空中接口，是移动通信网的主要接口。
- S_m 接口—用户与网络间的接口。此接口包括键盘、显示器和用户识别卡等。

6.5.2　GSM 系统的协议模型

所谓接口代表两个相邻实体之间的连接点，而协议是说明连接点上交换信息需要遵守的规则。按照电信网开放系统互连模式的概念，把协议按其功能分成不同的层次：最底层称为传输层，或称为物理层；第二层称为链路层，或称为网络层；第三层以上统称为应用层。每一层都各有自己的协议约定。

两个实体要通过接口传送特定的信息流，这种信息流必须按照一定的规定，也就是双方应遵守某种协议，这样信息才能为双方所理解。不同的实体所传送的信息流不同，但其中也可能有一些具有共性，因此某些协议可以用在不同的接口上，同一个接口会用到多种协议。

图 6.44 给出了 GSM 网络的协议模型。

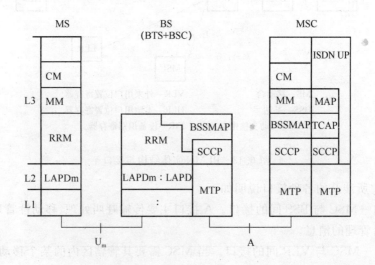

图 6.44　GSM 网络的协议模型

在 U_m 接口上的信令协议模型为三层结构，如图 6.45 所示。

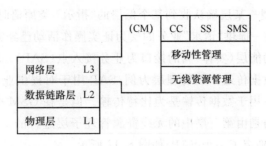

图 6.45　GSM 网络协议的三层结构

GSM 的无线信令接口协议是指 GSM 的 U_m 接口上信令及其传输所应遵守的规定。由于 GSM 的 U_m 接口是开放式接口,所以它的接口信令协议是公开的。只要生产移动台和基站的不同厂家遵守 U_m 接口的协议,它们的设备就可以成功地互通,而其设备本身可以采用不同技术和结构。

GSM 无线信令接口协议采用的是 OSI 模型建议的分层协议结构。按功能通信过程分为三个层次。第一层是物理层,为最低层,包括各类信道,为高层的信息传送提供基本的无线信道。第二层是数据链路层,为中间层(LAPD_m),包括各种数据传输结构,对数据传输进行控制。第三层为最高层,包括各类消息和程序,对业务进行控制,并有无线资源管理(RM)、移动性管理(MM)和呼叫管理三个子层。

在 OSI 分层的概念中,分层结构中的每层都存在实体单元。在不同系统中为了实现共同目标而必须交换信息的同一层实体称为对等层。相邻层次中的实体通过共同层面相互作用。低层向高层提供服务,也就是第 N+1 层被提供的服务是第 N 层以下所有各层所提供的服务和功能的组合。当层与层之间相互作用时,是采用原语来描述的。原语表示的是相邻层之间信息与控制的逻辑交换,并不规定这种交换是如何实现的。

一般地说,第 N+1 层与第 N 层之间交换的原语有 4 种,如图 6.46 所示。

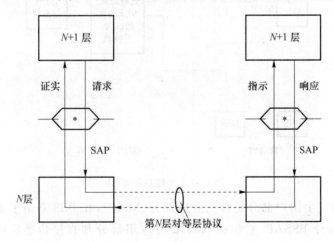

图 6.46　对等层通信的原语

图 6.46 中:

- "请求"原语类型——高层向相邻低层请求一种业务时使用的原语。
- "指示"原语类型——提供某种业务的层次通知其相邻高层与"请求"类原语有关的活动时使用的原语。

- "响应"原语类型—某层确认收到某个低层的"指示"类原语时使用的原语。
- "证实"原语类型—提供"请求"业务的层为证实操作活动已经完成时使用的原语。

另外,在各个相邻功能层(实体)间的接口为业务接入点(SAP)。SAP 既用于对提供业务的实体的控制,又用于数据传送。以物理层为例,SAP 用于对提供业务的实体的控制是有关信道的建立和释放命令;用于数据传输是为比特传输。但是在 GSM 中对物理层 SAP 的控制并不是由数据链路层,而是由第三层中的无线资源管理子层进行的。对每种控制逻辑信道都在物理层和数据层之间确定了一个 SAP,如图 6.47 所示。

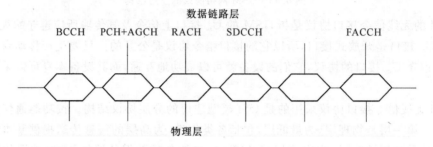

图 6.47　物理层 SAP

A 接口是 BSS 和 MSC 间的地面接口,对应的接口协议为 No.7 信令分层协议,如图 6.48 所示。

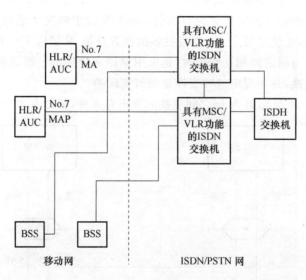

图 6.48　A 接口示意图

在这个分层协议中用户部分是移动应用部分(MAP),在 BSS 基站子系统侧,MAP 称为基站子系统应用部分 BSSAP,它包括 BSS 管理应用部分和直接传递应用部分(DTAP)。BSSMAP的作用是支持 MSC 和 BSC 间有关 MS 的规程,如建立业务(呼叫、登记)连接、信道指配、切换控制等。DTAP 的作用是用来传送来自或发往 MS 的呼叫控制和移动性管理(鉴权、SSD 参数)消息、补充业务消息(用以在 MS 和 MSC 之间建立 IS 53 定义的蜂窝业务)和短消息业务消息。

6.5.3 GSM 无线信令接口的三层协议

1. 物理层

物理层(L1)是为上层提供不同的逻辑信道,每个逻辑信道都有自己的业务接入点 SAP。由前面 GSM 信道的讨论我们知道,逻辑信道是复用在物理信道上的,即各种逻辑信道是复用在 TDMA 物理信道的 TS0 或 TS1 时隙上的。

另外,由于移动台采用的是时分多址方式,可以在其空闲时监测周围的无线环境,把监测结果通过慢速随路控制信道(SACCH)定时地传送给基站,以确定是否进行切换。

2. 数据链路层

数据链路层(L2)采用的是移动 D 信道链路接入协议 $LAPD_m$,它实际上是 ISDN"D"信道协议 LAPD 的变形。$LAPD_m$ 的作用是为移动台和基站之间提供可靠的无线链路。为此它的主要信令协议包括:

- 信令层两连接的建立和释放。
- 根据不同的业务接入点(SAP)说明连接的复用和去复用。
- 业务数据单元到协议数据单元的映射。完成如下操作:数据单元的拆装,重组;误码的检测和恢复;流量控制。

$LAPD_m$ 的用途是在 L3 实体之间通过 D_m 通路经空中接口 U_m 传递信息。$LAPD_m$ 支持:

- 多个第三层实体;
- 多个物理实体;
- BCCH 信令;
- PCH 信令;
- AGCH 信令;
- DCCH 信令(包括 SDCCH,FACCH 和 SACCH 信令)。

$LAPD_m$ 的信令帧与 LAPD 的信令帧是有区别的。图 6.49 为 $LAPD_m$ 与 LAPD 的帧结构。

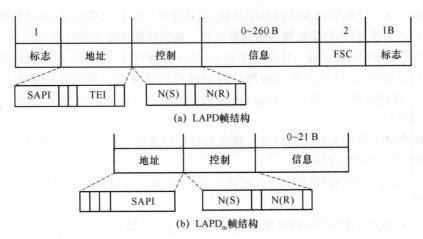

图 6.49 LAPD 和 $LAPD_m$ 的帧结构

LAPD$_m$ 帧中不含有帧校验(FSC)和标志,地址和控制段也比较短。LAPD$_m$ 与 LAPD 帧的类型和作用如表 6.6 所示。

表 6.6　LAPD 和 LAPD$_m$ 两种协议中的帧类型

帧　名	意　义	任　务
SABM	建立异步平衡模式	建立证实模式时的第一个帧
DISC	拆线	释放证实模式时的第一个帧
UA	无序号证实	对上述两种帧的证实
DM	非连接模式	指示非连接模式的信息帧
UI	无信号信息	非证实模式下的信息帧
I	信息	证实模式下的信息帧
RR	接收器准备好	流量控制,也可以用于证实
RNR	接收器未准备好	流量控制
REJ	拒绝	否定证实
FRMR	帧拒绝	错误返回报告

3. 第三层

第三层(L3)主要完成以下功能:

- 专用无限信道连接的建立、操作和释放(无线资源管理 RM);
- 位置更新、鉴权和 TMSI 的再分配(移动性管理 MM);
- 电路交换呼叫的建立、维持和结束(呼叫控制 CC);
- 补充业务支持(SS);
- 短消息业务支持(SMS)。

第三层的这些功能分别由构成三层的 3 个子层完成。下面分别讨论各个子层的功能和作用。

① 无线资源管理(RM)。无线资源管理子层的作用是:在呼叫期间移动台与 MSC 间连接的建立和释放,在越区或漫游期间的信道切换,实现动态地共享有限的无线资源(包括地面网的有线资源)。无线资源管理 RM 的具体功能,包括呼叫建立的信道配置,加密和非连续传输模式管理,信道切换操作,功率控制和定时提前等。这些功能主要由 MS 和 BSC 来完成。

② 移动性管理(MM)。移动性管理主要支持用户的移动性。例如,跟踪漫游移动台的位置,对位置信息的登记,以及处理移动用户通信过程中连接的切换等。其功能是在 MS 和 MSC 间建立、保持及释放一个 MM 连接;由移动台启动的位置更新(数据库更新),以及保密识别和用户鉴权。

③ 连接管理(CM)。CM 支持以交换信息为目的的通信。它由呼叫控制(CC)、补充业务(SS)和短消息业务(SMS)组成。

- 呼叫控制(CC)具有移动台主呼(或被呼)的呼叫建立(或拆除)电路交换连接所必需的功能。
- 补充业务(SS)支持呼叫的管理功能,如呼叫转移、计费等。
- 短消息业务(SMS)是 GSM 定义的一种业务,提供快速分组消息的传输。

6.6　接续和移动性管理

6.6.1　概述

在所有电话网络中建立两个用户始呼和被呼之间的连接是通信的最基本的任务。为了完成这一任务网络必须完成一系列的操作。例如,识别被呼用户、定位用户所在的位置,建立网络到用户的路由连接并维持所建立的连接直至两用户通话结束。最后当用户通话结束时,网络要拆除所建立的连接。

由于固定网的用户所在的位置是固定的,所以在固定网中建立和管理两用户间的呼叫连接是相对容易的。而移动网由于它的用户是移动的,所以建立一个呼叫连接是较为复杂的。通常在移动网中,为了建立一个呼叫连接需要解决三个问题:

- 用户所在的位置;
- 用户识别;
- 用户所需提供的业务。

下面将要论述的接续和移动性管理过程就是以解决上述三个问题为出发点的。

当一个移动用户在随机接入信道上发起呼叫另一个移动用户或固定用户时,或者每个固定用户呼叫移动用户时,移动网络就开始了一系列的操作。这些操作涉及网络的各个功能单元,包括基站、移动台、移动交换中心、各种数据库,以及网络的各个接口。这些操作将建立或释放控制信道和业务信道,进行设备和用户的识别、完成无线链路、地面链路的交换和连接,最终在主叫和被叫之间建立点到点的通信链路,提供通信服务。这个过程就是呼叫接续过程。

当移动用户从一个位置区漫游到另一个位置区时,同样会引起网络各个功能单元的一系列操作。这些操作将引起各种位置寄存器中移动台位置信息的登记、修改或删除,若移动台正在通话则将引起越区转接过程。这些就是支持蜂窝系统的移动性管理过程。

6.6.2　位置更新

GSM 系统的位置更新包括三个方面的内容:第一,移动台的位置登记;第二,当移动台从一个位置区域进入一个新的位置区域时,移动系统所进行的通常意义下的位置更新;第三,在一定的特定时间内,网络与移动台没有发生联系时,移动台自动地、周期地(以网络在广播信道发给移动台的特定时间为周期)与网络取得联系,核对数据。

移动系统中位置更新的目的是使移动台总与网络保持联系,以便移动台在网络覆盖的范围内的任何一个地方都能接入到网络内;或者说网络能随时知道 MS 所在的位置,以使网络可随时寻呼到移动台。在 GSM 系统中是用各类数据库类维系移动台与网络的联系的。

1. 移动用户的登记以及相关数据库

在用户侧一个最重要的数据库就是 SIM(Subscriber Identity Module)卡。SIM 卡中存有用于用户身份认证所需的信息,并能执行一些与安全保密有关的信息,以防止非法用户入网,另外,SIM 卡还存储与网络和用户有关的管理数据。SIM 卡是一个独立于用户移动设备的用户识别和数据存储设备,移动用户移动设备只有插入 SIM 卡后,才能进网使用。在网络侧,从网络运营商的角度看,SIM 卡就代表了用户,就好像移动用户的"身份证",每次通话网络对用户的鉴权实际上是对 SIM 卡的鉴权。

SIM 卡的内部是由 CPU、ROM、RAM 和 EEPROM 等部件组成的完整的单片计算机。生产 SIM 的厂商已经在每个卡内存入了生产厂商代码、生产串号、卡的资源配置数据等基本参数,并为卡的正常工作提供了适当的软、硬件环境。

网络运营部门向用户提供 SIM 卡时需要注入用户管理的有关信息,其中包括:用户的国际移动用户识别号(IMSI)、鉴权密钥(K_i)、用户接入等级控制以及用户注册的业务种类和相关的网络信息等内容。这些内容同时也存入网络端的有关数据库中,如 HLR 和 AUC 中。尽管在通常情况下 SIM 卡中以及网络端的相关必要的数据是预先注入好的,但是在业务经营部门没有与用户签署契约之前 SIM 卡是不能使用的。只有业务提供者把已注有用户数据的 SIM 卡发放给来注册的用户以后,通知网络运营部门对 HLR 中的那些用户给以初始化,这时用户拿到的 SIM 卡才开始生效。

当一个新的移动用户在网络服务区开机登记时,它的登记信息通过空中接口送到网络端的 VLR 寄存器中,并在此进行鉴权登记。通常情况下,VLR 是与移动交换中心(MSC)集成在一起的。另外,网络端的归属寄存器也要随时知道 MS 所在的位置,因此在网络内部 VLR 和 HLR 要随时交换信息,更新它们的数据。所以在 VLR 中存放的是用户的临时位置信息,而在 HLR 中要存放两类信息:一类是移动用户的基本信息,是用户的永久数据;另一类是从 VLR 得到的移动用户的当前位置信息,是临时数据。

当网络端允许一个新的用户接入网络时,网络要对新的移动用户的国际移动用户识别码(IMSI)的数据做"附着"标记,表明此用户是一个被激活的用户可以入网通信了。移动用户关机时,移动用户要向网络发送最后一次消息,其中包括分离处理请求,MSC/VLR 收到"分离"消息后,就在该用户对应的 IMSI 上作"分离"标记,去"附着"。

2. 移动用户位置更新

移动系统通常意义下的位置更新是说移动用户从一个网络服务区到达另外一个网络服务区时,系统所进行的位置更新操作。这种位置更新涉及了两个 VLR,图 6.50 给出了位置更新所涉及的网络单元。

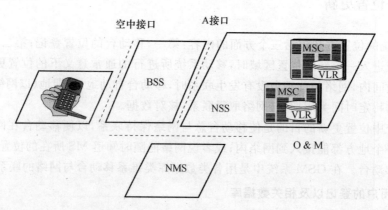

图 6.50 位置更新所涉及的网络单元

通常移动用户处于开机空闲状态时,它被锁定在所在小区的广播信道(BCCH)载频上,随时接收网络端发来的信息。在这个信息中包括了移动用户当前所在小区的位置识别信息。为了确定自己的所在位置,移动台要将这个位置识别信息(ID,Identification)存储到它的数据单元中。当移动台再次接收到网络端发来的位置识别信息 ID 时,它要将接收到 ID 与原来存储的 ID 进行比较。若两个 ID 相同,则表示移动台还在原来的位置区域内;若两个 ID 不同,则表示移动台发生了位置移动,此时移动台要向网络发出位置更新请求信息。网络端接收到请求信息后便将移动台注册到一个新的位置区域,新的 VLR 区域。同时用户的归属寄存器 HLR 要与新的 VLR 交换数据得到移动用户新的位置信息,并通知移动台所属的原先的 VLR 删除用户的有关信息。这一位置的更新过程如图 6.51 所示。

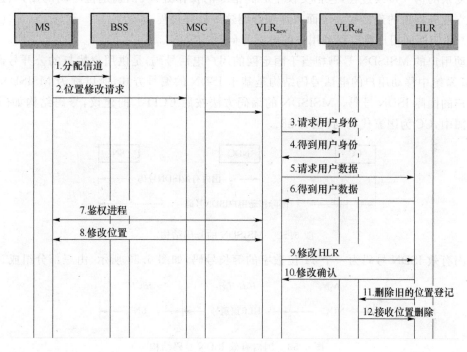

图 6.51　位置更新过程

　　上述位置更新过程只是移动位置管理的一部分,实际上移动用户的移动性管理内容是很复杂的。另外,当移动用户在通话状态时发生的位置变化,在移动通信系统中称这种位置更新为切换,此问题后面再讨论。

3. 移动用户的周期位置更新

　　周期位置更新发生在当网络在特定的时间内没有收到来自移动台任何信息。例如,在某些特定条件下由于无线链路质量很差,网络无法接收移动台的正确消息,而此时移动台还处于开机状态并接收网络发来的消息,在这种情况下网络无法知道移动台所处的状态。为了解决这一问题,系统采取了强制登记措施。例如,系统要求移动用户在一特定时间内(如 1 小时),登记 1 次。这种位置登记过程就叫做周期位置更新。

　　周期位置更新是由一个在移动台内的定时器控制的,其定时器的定时值由网络在 BCCH 上通知移动用户。当定时值到时,移动台便向网络发送位置更新请求消息启动周期位置更新过程。如果在这个特定时间内网络还接收不到某移动用户的周期位置更新消息,则网络认为移动台已不在服务区内或移动台电池耗尽,这时网络对该用户做去"附着"处理。周期位置更新过程只有证实消息,移动台只有接收到证实消息才会停止向网络发送周期位置更新请求消息。

6.6.3 呼叫建立过程

呼叫建立过程分为两个过程:移动台的被呼过程;移动台的主呼过程。

1. 移动台的被呼过程

这里以固定网 PSTN 呼叫移动用户为例,来说明移动台的被呼过程。呼叫处理过程实上是一个复杂的信令接续过程,包括交换中心间信令的操作处理、识别定位呼叫的用户、选择路由和建立业务信道的连接等。下面将详细介绍这一处理过程。

(1)固定网的用户拨打移动用户的电话号码 MSISDN

移动用户的 MSISDN 号码相当于固定网的用户电话号码,是供用户拨打的公开号码。由于 GSM 系统中移动用户的电话号码结构是基于 ISDN 的编号方式,所以称为 MSISDN,即为移动用户的国际 ISDN 号码。MSISDN 的编码方法按照 CCITT 的建议,号码结构如图 6.52 所示。图中,CC 为国家代码,我国为 86。

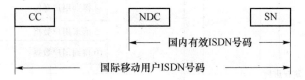

图 6.52 MSISDN 的号码结构

国内有效 ISDN 号码为一个 11 位数字的等长号码,如图 6.53 所示,由三部分组成。

图 6.53 国内有效 ISDN 号码结构

① 数字蜂窝移动业务接入号 NDC:$13S(S=9,8,7,6,5)$。例如,中国移动通信公司的接入网号是 139,138 等;中国联通公司的接入网号是 130,131 等。

② HLR 识别号:$H_0 H_1 H_2 H_3$,我国的 $H_0 H_1 H_2 H_3$ 分配分为 $H_0=0$ 和 $H_0 \neq 0$ 两种情况。

HLR 识别号的分配如下所述。

a. 当 H_0 等于 0 时,$H_1 H_2$ 由全国统一分配,H_3 由各省自行分配,一个 HLR 可以包含一个或多个 H_3 数值。

例如,网号为 139 时,$H_1 H_2$ 的分配情况如表 6.7 所示。

表 6.7 网号为 139 时,$H_1 H_2$ 的分配情况

H_1 ＼ H_2	0	1	2	3	4	5	6	7	8	9
0										
1	北京	北京	北京	北京	江苏	江苏	上海	上海	上海	上海
2	天津	天津	广东	广东	广东	广东	广东	广东	广东	广东
3	广东	河北	河北	河北	山西	山西	黑龙江	河南	河南	河南

续　表

H_1 \ H_2	0	1	2	3	4	5	6	7	8	9
4	辽宁	辽宁	辽宁	吉林	吉林	黑龙江	黑龙江	内蒙古	黑龙江	辽宁
5	福建	江苏	江苏	山东	山东	安徽	安徽	浙江	浙江	福建
6	福建	江苏	江苏	山东	山东	浙江	浙江	浙江	浙江	福建
7	江西	湖北	湖北	湖南	湖南	海南	海南	广西	广西	广西
8	四川	四川	四川	四川	湖南	贵州	湖北	云南	云南	西藏
9	四川	陕西	广东	甘肃	甘肃	宁夏	安徽	青海	辽宁	新疆

b. 当 H_0 不等于 0 时，$SH_0H_1H_2$ 由全国统一分配。分配方案如表 6.8 所示。一个 HLR 可包含一个或若干个 $SH_0H_1H_2$ 数值。

表 6.8　当 H_0 不等于 0 时，$SH_0H_1H_2$ 的分配情况

接入网号	1	2	3	4	5	6	7	8	9
139	北京(00~49) 上海(50~99)	天津(00~29) 重庆(30~99)	河北(00~99)	河北(00~99)	山西(00~99)	辽宁(00~99)	辽宁(00~19) 吉林(20~99)	内蒙古(00~59) 预留(60~99)	黑龙江(00~99)
138	山东(00~99)	山东(00~99)	山东(00~49) 河南(50~99)	河南(00~99)	河南(00~99)	四川(00~99)	四川(00~94) 西藏(95~99)	贵州(00~79) 预留(80~99)	云南(00~99)
137	江苏(00~99)	江苏(00~99)	安徽(00~99)	安徽(00~49) 浙江(50~99)	浙江(00~99)	湖北(00~99)	湖北(00~49) 湖南(50~99)	湖南(00~99)	江西(00~99)
136	广东(00~99)	广东(00~99)	广东(00~69) 海南(70~99)	预留(00~29) 福建(30~99)	福建(00~39) 预留(40~89) 广西(90~99)	广西(00~99)	陕西(00~79) 预留(80~99)	宁夏(00~09) 预留(10~49) 青海(50~59) 新疆(60~99)	甘肃(00~59) 预留(60~99)
135									

③ SN(移动用户号)：$ABCD$。由各 HLR 自行分配。

(2) PSTN 交换机分析 MSISDN 号码

PSTN 接到用户的呼叫后，根据 MSISDN 号码中的 NDC 分析得出此用户是要接入移动用户网，这样就将接续转接到移动网的关口移动交换中心(GMSC，Gateway Mobile Services Switching Center)。

(3) GMSC 分析 MSISDN 号码

GMSC 分析 MSISDN 号码得到被呼用户所在的归属寄存器 HLR 的地址。这是因为 GMSC 不含有被呼用户的位置信息，而用户的位置信息只存放在用户登记的 HLR 和 VLR

中,所以网络应在 HLR 中取得被呼用户的位置信息。所以得到 HLR 地址的 GMSC 发送一个携带 MSISDN 的消息给 HLR,以便得到用户呼叫的路由信息。这个过程称为 HLR 查询。

（4）HLR 分析由 GMSC 发来的信息

HLR 根据 GMSC 发来的消息,在其数据库中找到用户的位置信息。如前面所述,只有 HLR 知道当前被呼用户所在的位置信息,即被呼用户是在哪一个 VLR 区登记的。要说明的是,HLR 不负责建立业务信道的连接,业务信道的连接是由移动交换机 MSC 负责的,而 HLR 只起到用户信息的查询的作用。

现在介绍 HLR 中的内容,以示被叫用户是如何定位的。

HLR 包含如下内容:

- MSISDN;
- IMSI;
- VLR 的地址;
- 用户的数据。

其中 MSISDN 已介绍过了。这里出现了一个新的号码 IMSI(International Mobile Subscriber Identity),IMSI 叫作国际移动用户识别,它是移动用户的唯一识别号码,为一个 15 位数字的号码。其号码结构如图 6.54 所示,由 3 部分组成。

图 6.54　IMSI 的号码结构

① 移动国家号码 MCC:由 3 个数字组成,唯一地识别移动用户所属的国家。中国为 460。

② 移动网号 MNC:识别移动用户所归属的移动网。中国移动通信公司的 TDMA 数字公用蜂窝移动通信网为 00。中国联通公司的 TDMA 数字公用蜂窝移动通信网为 01。

③ 移动用户识别码:MSIN 由 10 位数字组成。

这里存在一个要说明的问题,即为什么不用用户的 MSISDN 号码进行网络登记和建立呼叫,而要引出一个 IMSI 号码呢? 原因是:首先,不同国家移动用户的 MSISDN 号码的长度是不相同的,这主要是它们的国家码 CC 长度不同。中国的 CC 为 86,美国的 CC 为 1,而芬兰的 CC 为 358。因此如果用 MSISDN 进行用户登记,为了防止来自不同国家的 MSISDN 号码的不同部分(CC、NDC、SN)混淆,则在网络处理时需为每个部分加一个长度指示,这将使处理变得复杂。其次,为了可以识别话音、数据和传真等不同的业务,一个移动用户需要有不同 MSISDN 号码与相应的业务对应。所以移动用户的 MSISDN 号码不是唯一的,而移动用户的 IMSI 号码却是全球唯一的。

HLR 中另外的一个数据字段 VLR 地址字段是用于保存被呼用户当前登记的 VLR 地址的,这是网络建立与被呼用户的连接所需要的。

（5）HLR 查询当前为被呼移动用户服务的 MSC/VLR

HLR 查询当前为被呼移动用户服务的 MSC/VLR 的目的是为了在 VLR 中得到被呼用户的状态信息以及呼叫建立的路由信息。

（6）由正在服务于被呼用户的 MSC/VLR 得到呼叫的路由信息

正在服务于被呼用户的 MSC/VLR 是由其产生的一个移动台漫游号码(MSRN)给出呼叫路由信息的。这里由 VLR 分配的 MSRN 是一个临时移动用户的一个号码。该号码在接续完成后即可以释放给其他用户使用。它的结构如下。

① 结构 1：$13S00M_1M_2M_3ABC$。其中，$M_1M_2M_3$ 为 MSC/VLR 号码，分配方案参见我国 GSM 技术体制。S 为 9、7、6、5 或 1 和 0。

② 结构 2：$1354S\,M_0M_1M_2ABC$。其中，$S\,M_0M_1M_2$ 为 MSC/VLR 号码，分配方案参见我国 GSM 技术体制。

要注意的是 MSRN 主要是通过给出正在为被呼用户服务的 MSC/VLR 号码来应答 HLR 所请求的路由信息。

(7) MSC/VLR 将呼叫的路由信息传送给 HLR

在此传送过程 HLR 对路由信息不做任何处理，而是直接将其传送给 GMSC。

(8) GMSC 接收包含 MSRN 的路由信息

GMSC 接收包含 MSRN 的路由信息，并分析 MSRN，得到被叫的路由信息。最后将向正在为被呼用户服务的 MSC/VLR 发送携带有 MSRN 的呼叫建立请求消息，正在为被呼用户服务的 MSC/VLR 接到此消息，通过检查 VLR 识别出被叫号码，找到被叫用户。

上述的过程只完成了 GMSC 和 MSC/VLR 的连接，但还没有连接到最终的被叫用户。下面的过程是 MSC/VLR 定位被叫用户。

当在一个 MSC/VLR 的业务区域内搜寻被叫用户时，在这样大的区域内搜寻一个用户，会花费 MSC/VLR 大量的工作量。因此，有必要将 MSC/VLR 的业务区域划分成若干较小的区域，这些小的区域称为位置区(LA，Location Area)，并由 MSC/VLR 管理，如图 6.55 所示。

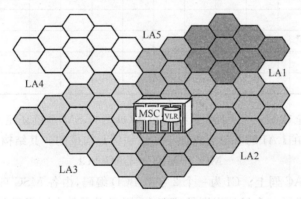

图 6.55　LA 划分示意图

每一个 MSC/VLR 包含若干个位置区(LA)，这样我们就可以将寻呼被呼用户位置区域由原来的 MSC/VLR 业务区缩小到 LA 区域，以减小 MSC/VLR 搜索被叫用户的工作量。这里要说明的是，当位置区为 LA 时，通常的位置更新就要在 LA 之间进行了，具体过程与前面介绍的大同小异，这里不再论述了。

现在 VLR 所存的内容如下：

* IMSI；
* LAC(位置区代码)；
* MSRN；
* 用户数据。

为了标识一个位置区,我们给每个 LA 分配一个位置区识别(LAI)。LAI 由 3 部分组成:

$$LAI = MCC + MNC + LAC$$

其中,MCC,MNC 为移动国家号码和移动网号;LAC 为一个 2 字节十六进制编码,表示为 $X_1 X_2 X_3 X_4$。范围为 0000~FFFF。全部为 0 的编码不用。

我国的 $X_1 X_2$ 的分配如表 6.9 所示,$X_3 X_4$ 的分配由各省市自行分配。

表 6.9 我国 $X_1 X_2$ 的分配

X_1＼X_2	0	1	2	3	4	5	6	7	8	9	A	B	C	D	E	F
0																
1	北京								上海							
2		天津				广东	广东									
3		河北				山西		河南								
4		辽宁		吉林		黑龙江		内蒙古								
5		江苏		山东		安徽		浙江		福建						
6																
7		湖北		湖南		海南		广西		江西						
8		四川				贵州		云南		西藏						
9		陕西		甘肃		宁夏		青海		新疆						
A																
B																
C																
D																
E																
F																

另外,为了区分全球每一个 GSM 系统的小区(cell),GSM 系统还定义了一个全球小区识别码(GCI)。GCI 是在 LAI 的基础上再加小区识别(CI)构成的。其结构如下:

$$MCC + MNC + LAC + CI$$

其中,MCC,MNC,LAC 同上。CI 为一个 2 字节 BCD 编码,由各 MSC 自定。

GSM 系统还定义了一个基站识别码(BSIC),用于识别各个网络运营商之间的相邻基站。BSIC 为 6 bit 编码。其结构为

$$BSIC = NCC(3bit) + BCC(3bit)$$

其中,NCC(网络色码)用于识别不同国家(国内区别不同的省)及不同运营者,结构为 XY_1Y_2,这里 X 可扩展使用。我国的 Y_1Y_2 分配如表 6.10 所示。

表 6.10 我国 Y_1Y_2 分配

Y_1＼Y_2	0	1
0	吉林、甘肃、西藏、广西、福建、北京、湖北、江苏	黑龙江、辽宁、四川、宁夏、山西、山东、海南、江西、天津
1	新疆、广东、安徽、上海、贵州、陕西、河北	内蒙古、青海、云南、河南、浙江、湖南

当网络知道了被叫用户所在的位置区后,便在此位置区内启动一个寻呼过程。图 6.56 给出了一个网络进行寻呼的简单步骤。

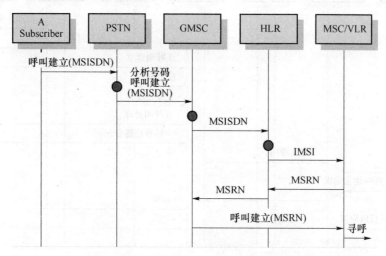

图 6.56　呼叫建立的简单步骤

当寻呼消息经基站通过寻呼信道 PCH 发送出去后,在位置区内某小区 PCH 上空闲的移动用户接到寻呼信息,识别出 IMSI 码,便发出寻呼响应消息给网络。网络接到寻呼响应后,为用户分配一业务信道,建立始呼和被呼的连接,完成一次呼叫建立。

以上介绍了固定网用户呼叫移动用户的呼叫建立过程,下面介绍移动台始呼的过程。

2. 移动台的始呼过程

当一个移动用户要建立一个呼叫,只需拨被呼用户的号码,再按“发送”键,移动用户则开始启动程序。首先,移动用户通过随机接入信道(RACH)向系统发送接入请求消息。MSC/VLR 便分配给它一专用信道,查看主呼用户的类别并标记此主叫用户示忙。如果系统允许该主呼用户接入网络,则 MSC/VLR 发证实接入请求消息,主叫用户发起呼叫。如果被呼叫用户是固定用户,则系统直接将被呼用户号码送入固定网(PSTN),固定网将号码路由至目的地。如果被呼号是同一网中的另一个移动台,则 MSC 以类似从固定网发起呼叫处理方式,进行 HLR 的请求过程,转接被呼用户的移动交换机,一旦接通被呼用户的链路准备好,网络便向主呼用户发出呼叫建立证实,并给它分配专用业务信道 TCH。主呼用户等候被呼用户响应证实信号,这时完成移动用户主呼的过程。图 6.57 为移动台始呼的简单过程。

6.6.4　越区切换与漫游

1. 越区切换的定义

当移动用户处于通话状态时,如果出现用户从一个小区移动到另一个小区的情况,为了保证通话的连续,系统需要将对该 MS 连接控制也从一个小区转移到另一个小区。这种将正在处于通话状态的 MS 转移到新的业务信道上(新的小区)的过程称为“切换”(Handover)。因此,从本质上说,切换的目的是实现蜂窝移动通信的“无缝隙”覆盖,即当移动台从一个小区进入另一个小区时,保证通信的连续性。切换的操作不仅包括识别新的小区,而且需要分配给移动台在新小区的话音信道和控制信道。

通常,有以下两个原因引起一个切换:

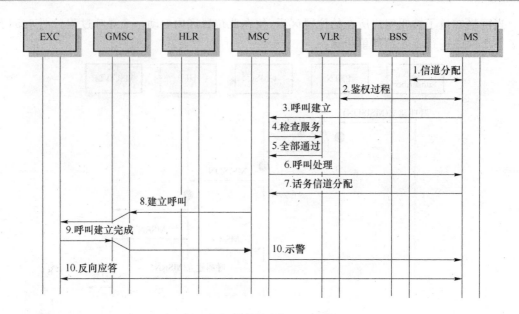

图 6.57 移动台发起呼叫过程

- 信号的强度或质量下降到系统规定的参数要求以下,此时移动台被切换到信号强度较强的相邻小区。
- 某小区业务信道容量全被占用或几乎全被占用,此时移动台被切换到业务信道容量较空闲的相邻小区。

由第一种原因引起的切换一般由移动台发起,由第二种原因引起的切换一般由上级实体发起。以下我们主要讨论由第一种原因引起的切换的情况。

2. 切换的策略

在 GSM 数字移动系统中,对切换的控制是分散控制。移动台与基站均参与测量接收信号的强度(RSSI)和质量(BER)。对不同的基站,RSSI 的测量在移动台处进行,并以每秒两次的速率,将测量结果报告给基站。同时,基站对移动台所占用的业务信道 TCH 也要进行测量,并报告给基站控制器(BSC),最后由基站控制器决定是否需要切换。由于 GSM 系统采用的是时分多址接入(TDMA)的方式,它的切换主要是在不同时隙之间进行的,这样在切换的瞬间切换过程会使通信发生瞬间的中断,即首先断掉移动台与旧的链路的连接,然后再接入新的链路。人们称这种切换为"硬切换"。

下面我们简单表述一下 GSM 系统的决定切换的指标。通常有 3 个反映信道链路的指标,即:

- WEI (Word Error Indicator)。这是一个表明在 MS 侧当前的突发脉冲(burst)是否得到正确解调的指标。
- RSSI (Received Signal Strength Indicator)。这是一个反映信道间干扰和噪声的指标。
- QI (Quality Indicator)。这是一个对无线信号质量估计的一个指标,它是在一个有效窗口内用载干比(S/I)加上信噪比来估计信号质量的一个指标。

一般在决定是否进行切换时,主要根据两个指标:WEI 和 RSSI。可以依据这两个指标来设计切换的算法。另外,在实施切换时还要正确选择滞后门限,以克服切换时所产生的"乒乓效应",但同时还要保证不因此滞后门限设置得过大而发生掉话。

3. 越区切换的种类

通常,切换分为三大类。

(1) 同一 BSC 内不同小区间的切换

在 BSC 控制范围内切换要求 BSC 建立与新的基站之间的链路,并在新的小区基站分配一个业务信道 TCH。而网络 MSC 对这种切换不进行控制。图 6.58 是这种切换的示意图。

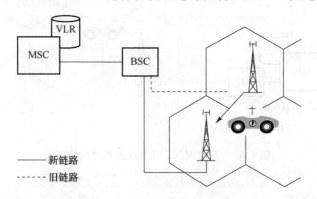

图 6.58　同 BSC 内的 BTS 间的切换

(2) 同一 MSC/VLR 内不同 BSC 控制的小区间的切换

在这种情况下,网络参与切换过程,如图 6.59 所示。当原 BSC 决定切换时,需要向 MSC 请求切换,然后再建立 MSC 与新的 BSC、新的 BTS 的链路,选择并保留新小区空闲 TCH 供 MS 切换后使用,然后命令 MS 切换到新频率的新的 TCH 上。切换成功后,MS 同样需要了解周围小区的信息,若位置区域发生了变化,呼叫完成后必须进行位置更新。

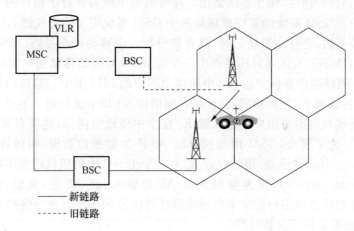

图 6.59　同 MSC/VLR 区不同 BSC 切换

(3) 不同 MSC/VLR 控制的小区间的切换

这种不同 MSC 间的切换比较复杂,原因在于当 MS 从正在为其服务的原 MSC 的区域移动到另一个 MSC 管辖的区域时(称此时的 MSC 为目标 MSC),目标 MSC 要向原 MSC 提供一路由信息以建立两个移动交换机的连接,这个路由信息是由切换号码(HON,Hand Over Number)提供的。HON 的结构如下:

$$HON = CC + NDC + SN$$

其中,CC 为国家码;NDC 为数字蜂窝移动业务接入号;SN 为移动用户号。

不同 MSC/VLR 控制的小区间切换的具体过程如图 6.60 所示。

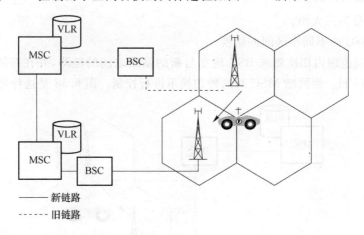

——— 新链路
------ 旧链路

图 6.60　不同 MSC/VLR 交换机之间的切换

6.6.5　安全措施

在 GSM 系统中,主要采取了以下安全措施:对用户接入网的鉴权;在无线链路上对有权用户通信信息的加密;移动设备的识别;移动用户的安全保密。

1. 对用户接入的网鉴

(1) 鉴权原理

鉴权的作用是保护网络,防止非法盗用。同时通过拒绝假冒合法用户的"入侵"从而保护 GSM 网络的用户。GSM 系统的鉴权原理是基于 GSM 系统定义的鉴权键 K_i。当一个客户与 GSM 网络运营商签约,进行注册登记时,其要被分配一个移动用户号码(MSISDN)和一个移动用户识别号码(IMSI),与此同时还要产生一个与 IMSI 对应的移动用户鉴权键 K_i。鉴权键 K_i 被分别存放在网络端的鉴权中心 AC 中和移动用户的 SIM 卡中。鉴权的过程就是验证网络端和用户端的鉴权键 K_i 是否相同,验证是在网络的 VLR 中进行的。不过这样进行鉴权存在一个问题,就是鉴权时需要用户将鉴权键 K_i 在空中传输给网络,这就存在鉴权键 K_i 可能被人截获的问题。为了安全,GSM 用鉴权算法 A3 产生加密的数据,叫做符号响应(SRES, Signed Response)。具体方法是,用鉴权键 K_i 和一个由 AC 中伪随机码发生器产生的伪随机数(RAND,Random number),作为鉴权算法 A3 的输入,经 A3 后,其输出便是符号响应 SRES。这样在鉴权时移动用户在空中向网络端传送的是 SRES,并在网络的 VLR 中比较。

(2) 安全算法及鉴权三参数的产生

在 GSM 系统中,为了鉴权和加密应用了 3 种算法,它们分别是 A3 算法、A5 算法和 A8 算法。其中 A3 算法用于鉴权,A8 算法用于产生一个供用户数据加密使用的密钥 K_c,而 A5 算法用于用户数据的加密。图 6.61 为安全算法所在 GSM 系统的位置。

在进行鉴权和加密时,GSM 系统要在其鉴权中心 AC 产生鉴权三参数,即 RAND、SRES 和 K_c。三参数的产生过程如图 6.62 所示。

下面讨论鉴权的过程:

首先,AC 产生鉴权三参数后将其传送给 VLR,鉴权开始时 VLR 通过 BSS 将 RAND 送给移动台的 SIM 卡。由于 SIM 卡中具有与网络端相同的 K_i 和 A3、A8 算法,所以可产生与网络端相同的 SRES 和 K_c。为了在 VLR 中进行鉴权验证,MS 要将 SIM 卡产生的 SRES 发给 VLR,以便在 VLR 中将其与网络端的 SRES 比较,达到鉴权加密的目的。另外,我们看到因为 SRES 是随机的,所以在空中传输时是加密的。具体鉴权过程如图 6.63 所示。

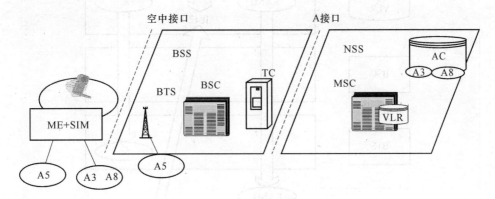

图 6.61　安全算法

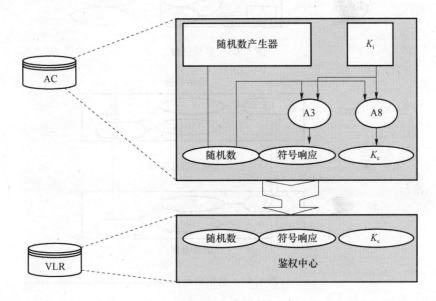

图 6.62　鉴权三参数产生过程

2. 无线链路上有权用户通信信息的加密

有权用户通信信息加密的目的是在空中口对用户数据和信令的保密。加密过程如图 6.64 所示。

由图 6.64 可知,加密开始时根据 MSC/VLR 发出的加密指令,BTS 侧和 MS 侧均开始使用 K_c。在 MS 侧,由 K_c、TDMA 帧号一起经 A5 算法,对用户信息数据流加密,在无线路径上传输。在 BTS 侧,把从无线信道上收到的加密信息流、TDMA 帧号和 K_c,经过 A5 算法解密后,传送给 BSC 和 MSC。上述过程反之亦然。

3. 移动设备的识别

移动设备的识别的目的是确保系统中使用的移动设备不是盗用的或非法的设备。

移动设备的识别过程如下:

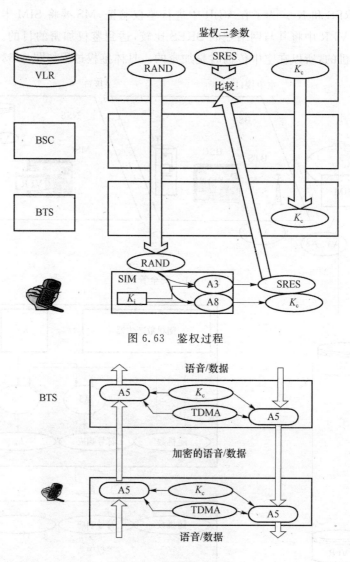

图 6.63　鉴权过程

图 6.64　通信信息加密

① 首先,MSC/VLR 向移动用户请求 IMEI(国际移动台设备识别码)并将 IMEI 发送给 EIR(设备识别寄存器)。

② 收到 IMEI 后,IER 使用所定义的三个清单:

- 白名单。包括已分配给参加运营者的所有设备识别序列号码。
- 黑名单。包括所有被禁止使用的设备识别。
- 灰名单。由运营者决定。例如,包括有故障的及未经型号认证的移动设备。

③ 最后,将设备鉴定结果送给 MSC/VLR,以决定是否允许入网。

4. 移动用户的安全保密

移动用户的安全保密包括两个方面:用户的临时识别码(TMSI)和用户的个人身份号(PIN)。

(1) TMSI

TMSI 的设置是为了防止非法个人和团体通过监听无线路径上的信令交换而窃得移动用

户的真实 IMSI 或跟踪移动用户的位置。

TMSI 由 MSC/VLR 分配,并不断进行更换,更换周期由网络运营者决定。每当 MS 用 IMSI 向系统请求位置更新、呼叫建立或业务激活时,MSC/VLR 对它进行鉴权。允许接入网络后,MSC/VLR 产生一个新的 TMSI,通过给 IMSI 分配 TMSI 的信令将其传送给移动台,写入用户的 SIM 卡。此后,MSC/VLR 和 MS 之间的信令交换就使用 TMSI,而用户的 IMSI 不在无线路径上传送。

(2) PIN

用户个人身份号码是一个 4～8 位的个人身份号,用于控制对 SIM 卡的使用,只有 PIN 码认证通过,移动设备才能对 SIM 卡进行存取,读出相关数据,并可以入网。每次呼叫结束或移动设备正常关机时,所有的临时数据都会从移动设备传送到 SIM 卡中,再打开移动设备时要重新进行 PIN 码校验。

如果输入不正确的 PIN 码,用户可以再连续输入两次,超过 3 次不正确,SIM 卡就被阻塞。此时须到网络运营商处消除阻塞。当连续 10 次不正确输入时,SIM 卡会被永久阻塞,此 SIM 卡作废。

6.6.6　计费

移动通信的计费较之公共固定网要复杂得多,原因在于移动用户的移动和漫游。一般来说,计费的原则是由网络运营商之间相互协商拟定的。我国根据我们的具体情况制定了移动网的计费原则和要求。具体计费原则和要求见我国 GSM 技术体制。

6.7　通用分组无线业务

6.7.1　概述

在技术上 GSM 所采用的电路方式也可以传送 9.6 kbit/s 或更高至 14.4 kbit/s 的数据业务,但目前只能为每个用户分配一个信道。尽管高速电路数据(HSCSD)可为一个用户同时分配多个信道,能提供与有线网 64kbit/s 相比的高速数据,然而当所传送的数据业务是突发性强的少量数据时,GSM 的电路交换方式对有限的无线资源是一种浪费,其利用效率极低。基于 GSM 网络所开发的通用分组无线业务(GPRS)是按需动态占用资源的,其频谱利用率较高,数据传输速率最高可达到 171.2 kbit/s,适合各种突发性强的数据传输。而且 GPRS 只在有数据传输时才分配无线资源,所以它采取的计费方式与电路交换的计时收费不同,GPRS 是按传输的数据量或数据量和计时两者结合的方式计费。

本书的宗旨是全面介绍移动通信的理论和应用,因此这里只能简单介绍 GPRS 的一些基本原理,有关更详细的内容请读者参考其他 GPRS 的专著。下面将介绍 GPRS 的基本业务、网络结构和移动性管理等基本概念。

6.7.2 GPRS 的业务

GPRS 网络可以提供两类业务:点对点(PTP,Point To Point)的业务;点对多点(PTM,Point To Multipoint)的业务。这两类业务也被称为 GPRS 网所提供的承载业务。在 GPRS 承载业务支持的标准化网络协议基础上,GPRS 可支持或为用户提供一系列的交互式电信业务,包括承载业务、用户终端业务、补充业务以及短消息业务、匿名接入等其他业务。以下只对承载业务和用户终端业务作一介绍。

1. GPRS 网络业务

(1) 点对点业务

点对点业务是 GPRS 网络在业务请求者和业务接收者之间提供的分组传送业务。点对点业务又分为两种:点对点面向无连接的网络业务(PTP-CLNS)和点对点面向连接的网络业务(PTP-CONS)。

① PTP-CLNS 属于数据报业务类型,即数据用户之间的信息传递没有端到端的呼叫建立过程,分组的传送没有逻辑连接,且没有交付确认保证。点对点面向无连接的网络业务主要支持突发非交互式应用业务,如基于 IP 的网络应用。

② PTP-CONS 属于虚电路型业务,它要为两个用户之间传送多路数据分组建立逻辑电路(PVC 或 SVC)。它要求有建立连接、数据传送和连接释放的过程。点对点面向连接的网络业务是面向连接的网络协议 CONP 支持的业务,即 X.25 协议支持的业务。

(2) 点对多点业务

GPRS 提供的点对多点业务可以根据某个业务请求者请求,把信息传送给多个用户或一组用户,由 PTM 业务请求者定义用户组成员。GPRS 使用国际移动组识别(IMGI)识别组成员,其组成员主要由移动用户组成。业务请求者可定义所传送信息的地理区域,地理区域可以是一个或几个,即所有成员可能分布在不同的地理区域内。

2. 用户终端业务

用户终端业务可按基于 PTP 或基于 PTM 分为两类。

(1) 基于 PTP 的用户终端业务

① 信息点播业务。例如,Internet 浏览业务(WWW);各种类型的信息查询业务,如娱乐类(影视、餐馆等)、商业类(股票等)、交通类(路况、时刻表等)、新闻类、天气预报等。

② E-mail 业务。

③ 会话业务。在两个用户的实时终端到实时终端之间提供双向信息交换。

④ 远程操作业务。例如,电子银行、电子商务、远程监控定位等业务。

(2) 基于 PTM 的用户终端业务

点对多点应用业务包括点对多点单向广播业务和集团内部点对多点双向数据量事务处理业务。例如,新闻广播、天气预报、本地广告、旅游信息等。

3. GPRS 的业务质量

GPRS 为用户提供了 5 种可协商的业务质量(QoS)的基本属性,如图 6.65 所示。

上述的每一种属性都有多个级别的值可供选用,不同级别属性值的组合构成了对要求不同的 QoS 的各种应用的支持。GPRS 标准中定义的这种 QoS 组合有许多种,但目前 GPRS 只支持其中的一部分 QoS 配置。

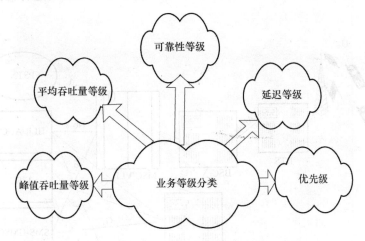

图 6.65　业务等级的分类

　　QoS(GPRS 业务质量)定义文件(Profile),是与每一个包数据协议(PDP,Packet Data Protocol)关联相联系的。QoS 定义文件被当作一个单一的参数,该参数具有多个数据传递属性。

　　在 QoS 定义文件协商过程中,移动台可以为每一个 QoS 属性申请一个值,包括存储在 HLR 中用户开户的默认值。网络也要为每一个属性协商一个等级,能够与有效的 GPRS 资源相一致,以便提供适当的资源支持已经协商的 QoS 定义文件。

　　具体协商过程和属性的定义此处不作介绍了。

6.7.3　GPRS 的网络结构及其功能描述

　　GPRS 网络是在 GSM 网的基础上发展的移动数据分组网。GPRS 网络分为两个部分:无线接入以及核心网。无线接入在移动台和基站子系统(BSS)之间传递数据;核心网在基站子系统和标准数据网边缘路由器之间中继传递数据。GPRS 的基本功能就是在移动终端和标准数据通信网的路由器之间传递分组业务。

1. GPRS 的网络结构

　　图 6.66 给出 GPRS 网络结构及其接口。

　　由图 6.66 可以看出,GPRS 网是在原有 GSM 网的基础上增加了 SGSN(GPRS 业务支持节点)、GGSN(GPRS 网关支持节点)和 PTM SC(点对多点业务中心)等功能实体。尽管 GPRS 网与 GSM 使用同样的基站但需要对基站的软件进行更新,使之可以支持 GPRS 系统,并且要采用新的 GPRS 移动台。另外,GPRS 还要增加新的移动性管理(MM)程序。而且原有的 GSM 网络子系统也要进行软件更新并增加新的 MAP 信令及 GPRS 信令等。

　　下面对 GPRS 网的相关功能实体和相应接口作一介绍。

　　(1) SGSN 及其对外的接口

　　在一个归属 PLMN 内,可以有多个 SGSN,如图 6.67 所示。

　　SGSN 的功能类似 GSM 系统中的 MSC/VLR,主要是对移动台进行鉴权、移动性管理和路由选择,建立移动台 GGSN 的传输通道,接收基站子系统透明传来的数据,进行协议转换后经过 GPRS 的 IP 骨干网(IP Backbone)传给 GGSN(或 SGSN)或反向进行,另外还进行计费和业务统计。

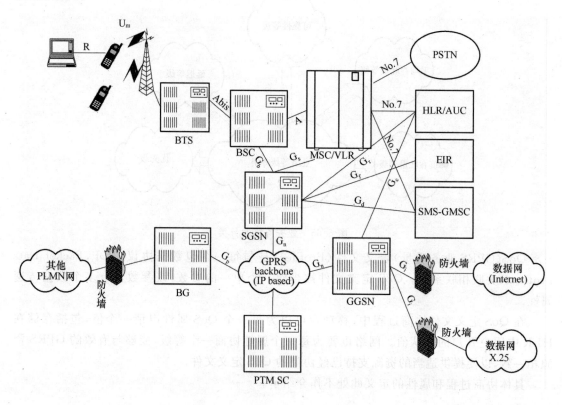

图 6.66   GPRS 网络结构及其接口

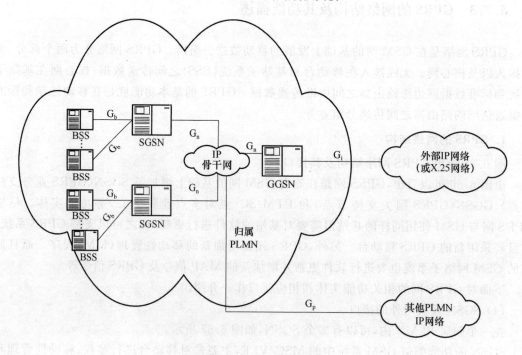

图 6.67   SGSN 及对外部的接口

SGSN 与 BBS 间的接口为 G_b 接口,该接口协议即可用来传输信令和话务信息。通过基于帧中继的网络业务提供流量控制,支持移动性管理功能和会话功能,如 GPRS 附着/分离、安全、路由选择、数据连接信息的激活/去活等,同时支持 MS 经 BSS 到 SGSN 间分组数据的传输。

同一 PLMN 中 SGSN 与 SGSN 间以及 SGSN 与 GGSN 间的接口为 G_n 接口,该接口协议支持用户数据和有关信令的传输,支持移动性管理(MM),该接口采用的为 TCP/IP 协议。

不同 PLMN 间,SGSN 与 SGSN 间,以及 SGSN 与 GGSN 间的接口为 G_p 接口,该接口与 G_n 接口的功能相似,另外它还提供边缘网关(BG)、防火墙以及不同 PLMN 间的互联功能。

此外,SGSN 与 MSC/VLR 的接口为 G_s 接口,其接口协议用来支持 SGSN 和 MSC/VLR 之间的配合工作,使 SGSN 可以向 MSC/VLR 发送 MS 的位置信息或接收来自 MSC/VLR 的寻呼信息。该接口采用 No. 7 信令 MAP 方式,使用 BSSAP+协议,是一个可选接口,但对于 GPRS 的 A 类终端必须使用此接口。

SGSN 与 HLR 的接口为 G_r 接口,其接口协议用来支持 SGSN 接入 HLR 并获得用户管理数据和位置信息。该接口采用 No. 7 信令 MAP 方式。

SGSN 与 EIR 的接口为 G_f 接口,其接口协议用来支持 SGSN 与 EIR 交换有关数据,认证 MS 的 IMEI 信息。

SGSN 与 SMS-GMSC 的接口为 G_d 接口,通过此接口可以提高 SMS 的使用效率。

(2) GGSN 及其对外的接口

GGSN 实际上是 GPRS 网对外部数据网络的网关或路由器,它提供 GPRS 和外部分组数据网的互联。GGSN 接收移动台发送的数据,选择到相应的外部网络,或接收外部网络的数据,根据其地址选择 GPRS 网内的传输通道,传输给相应的 SGSN。此外,GGSN 还有地址分配和计费等功能。

GGSN 与其他功能实体的接口除了上面所介绍的 G_n、G_p 接口外还有与外部分组数据网的接口 G_i。GPRS 通过该接口与外部分组数据网互联(IP、X. 25 等)。由于 GPRS 可以支持各种各样的数据网络,所以 G_i 不是标准接口,只是一个接口参考点。

GGSN 与 HLR 之间的接口为 G_c 接口。通过此可选接口可以完成网络发起的进程激活,此时支持 GGSN 到 HLR 获得 MS 的位置信息,从而实现网络发起的数据业务。

以上重点介绍了 GPRS 网的 SGSN、GGSN 及其接口,图 6.66 中的其他功能实体和网络接口与 GSM 系统基本相同,但为了支持分组数据的新协议必须升级软件,增加新的协议功能。例如,U_m 接口,其射频部分与 GSM 相同,但逻辑信道增加了分组数据信道(PDCH),采用了 4 种新的信道编码方式:CS-1(9. 05 kbit/s)、CS-2(13. 4 kbit/s)、CS-3(15. 6 kbit/s)和 CS-4(21. 4 kbit/s),并能支持多时隙的传输方式,最多可到 8 个时隙。

图 6.66 中的 GPRS 骨干网(IP Backbone)是用于将(S/G)GSNs 等互联起来的 IP 专用网或分组数据网,也可以为一条专用线路。PLMN 内部骨干网是专用 IP 网,只用于 GPRS 数据和 GPRS 信令。PLMN 内部骨干网通过 G_p 接口,采用边缘网关(BG)和多个 PLMN 互连骨干网连接起来。多个 PLMN 骨干网通过漫游协议进行选择,该协议包括 BG 安全功能。多个 PLMN 骨干网互连可以通过分组数据网,也可以用一条专用线路。

2. GPRS 协议栈

GPRS 的协议栈如图 6.68 所示。

在上述 GPRS 协议栈中:

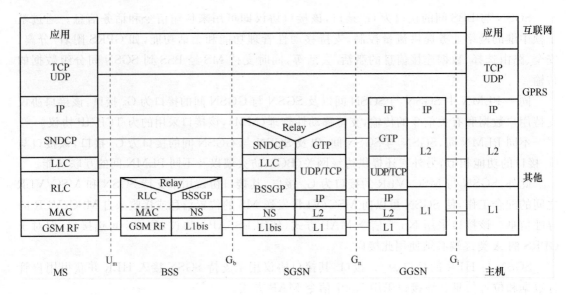

图 6.68　GPRS 协议栈

（1）RLC/MAC 为无线链路控制/媒体接入层。这一层包括两个功能。

- 无线链路控制功能,提供与无线解决方案有关的可靠的链路。
- 媒体接入控制功能,控制无线信道的接入信令过程(请求和允许)以及将 LLC(链路控制)帧映射为 GSM 的物理信道。

（2）LLC 为逻辑链路控制层。这一层可以在 MS 与 SGSN 之间提供安全可靠的逻辑链路,并且独立于低层无线接口协议,以便允许引入其他 GPRS 无线解决方案,而对 NSS 只作最少的改动。图 6.69 给出了从 LLC PDU 到 RLC 数据单元的分解示例。SNDCP 为子网汇聚协议,它的主要功能是将若干分组数据协议合路;压缩和解压缩用户数据或协议控制信息,这样可以提高信道的利用率;将网络协议单元(N-PDU)分解成逻辑链路控制协议数据单元(LL-PDU),或反之,将 LL-PDU 组装成 N-PDU。SNDCP 用于不同分组数据协议合路,如图 6.70所示。

（3）在 G_b 接口：

- NS(网络业务)层是基于帧中继连接基础上的传输 BSSGP 协议数据单元。
- BSSGP 为基站系统 GPRS 协议层,它的主要功能是在 BSS 和 SGSN 之间传输与路由及 QoS 相关的信息。

（4）在 G_n 接口：

- L1、L2 是基于 OSI 第一、二层协议为 GPRS 骨干网传输 IP 数据的协议层。
- IP 是 GPRS 骨干网协议,用于用户数据和控制信令的路由选择。
- TCP 或 UDP 用于传送 GPRS 骨干网内部的 GTP 分组数据单元。TCP 适用需要可靠数据链路的协议,如 X.25。UDP 适用传输不需要可靠数据的链路,如 IP。
- GTP 为隧道协议。该协议用于在 GPRS 骨干网内部的支持点间传输用户数据和信令。所有的点对点的、采用 PDP 的分组数据单元都通过 GPRS 隧道协议进行封装打包,如图 6.71 所示。

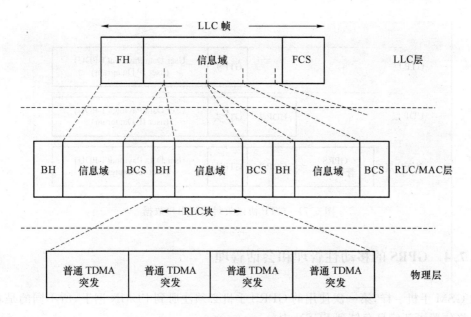

图 6.69　LLC PDU 到 RLC 数据块的分解

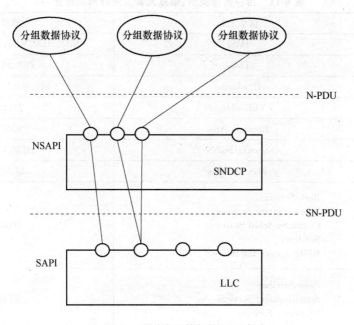

图 6.70　不同分组数据协议的合路

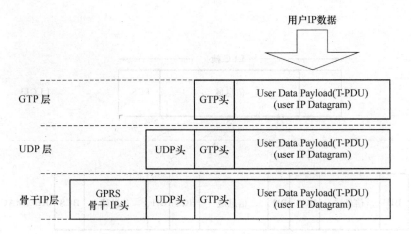

图 6.71　GTP 协议头封装到用户数据

6.7.4　GPRS 的移动性管理和会话管理

像 GSM 手机一样,第一次使用的 GPRS 手机必须注册到 PLMN 网上,所不同的是 GPRS 手机要将位置更新信息存储到 SGSN 中。

分布在 GPRS 不同网络单元的用户信息分为 4 类:认证信息、位置信息、业务信息和鉴权数据。表 6-11 给出了用户信息类型、信息元素及所存储的位置。

表 6-11　用户信息类型、信息元素及所存储的位置

信息类型	信息元素	存储位置
认证	IMSI	SIM、HLR、VLR、SGSN、GGSN
	TMSI	VLR、SGSN
	IP address	MS、SGSN、GGSN
存储位置	VLR-address	HLR
	Location Area	SGSN
	Serving SGSN	HLR、VLR
	Routing Area	SGSN
业务	Basic Services, Supplementary Services, Circuit Switched Bearer Services, GPRS Service Information	HLR
	Basic Services Supplementary Services CS Bearer Services	VLR
	GPRS Service Information	SGSN
鉴权数据	K_i、algorithms	SIM、AC
	Triplets	VLR、SGSN

一般来说,GPRS 手机类似于一台 PC,它不仅要有一个识别码,而且还要有一个连接到数据网的地址。当前最常用的、大多数 GPRS 网络运营商所支持的地址为 IP 地址。

一个新的 GPRS 手机用户首先要注册到网络,网络则要为这一用户分配一个 IP 地址。其注册过程类似 GSM 的位置更新,这一过程称为 GPRS 附着过程。网络为移动台分配 IP 地址,使其成为外部 IP 网络的一部分,这一过程称为 PDP 移动关联激活。

GPRS 手机连接到网络需要两个阶段:

① 连接到 GPRS 网络(GPRS 附着)

GPRS 手机开机后,要向网络发送附着消息。SGSN 从 HLR 收集用户数据,对用户进行鉴权,然后与 GPRS 手机附着。

② 连接到 IP 网络(PDP 关联)

GPRS 手机与网络附着后,向网络请求一个 IP 地址(如 155.133.33.55)。一个用户可能有的 IP 地址如下:

- 静态 IP 地址。分配用户固定的 IP 地址。
- 动态 IP 地址。每次会话都分配用户一个新的 IP 地址。

从业务管理角度来说,GPRS 网络有两个管理过程:一个是 GPRS 的移动性管理过程(GMM);另一个是 GPRS 的会话管理过程(SM)。

GPRS 的移动性管理过程的主要功能是支持 GPRS 用户的移动性,如将用户的当前位置通知网络等。

GPRS 的会话的管理功能是指支持移动用户对 PDP 关联的处理,也就是说 GPRS 移动台连接到外部数据网络的处理过程。

下面分别对这两个管理功能作简单描述。

1. GPRS 的移动性管理

(1) 路由区

路由区由一个或多个小区组成,最大的路由区为一个 GSM 网定义的位置区 LA,一个路由区不能跨越多个位置。定义路由区 RA 的目的是为了更有效地寻呼 GPRS 用户。一个路由区只能由一个 SGSN 提供服务。路由区是由 RAI 路由区识别来标识的,RAI 的结构如下:

$$RAI = MCC + LAC + RAC$$

其中,MCC 为移动国家号码;LAC 为位置区代码;RAC 为路由区代码。

RAI 是由运营商确定的。RAI 作为系统信息进行广播,移动台监视 RAI,以确定是否穿越了路由区边界。如果确实穿越了边界,移动台将启动路由区域更新过程。

(2) 移动性管理状态

与 GSM 一样,GPRS 移动性管理的主要作用是确定 GPRS 移动台的位置,为此 GPRS 定义了 3 种移动性管理状态:

① 空闲状态

在此状态下,移动用户没有附着 GPRS 网,即没有附着 GPRS 移动性管理。移动台和 SGSN 均未保留有效的用户位置或路由信息,并且不执行与用户有关的移动性管理过程。

② 守候状态

在守候状态下,用户与 GPRS 移动性管理建立连接,移动台和 SGSN 已经为用户的 IMSI 建立了移动性管理关联。移动台可以接收点对多点的业务数据,并且可以接收对点对点或点对多点群呼业务数据的寻呼或对信令消息传递的寻呼。通过 SGSN 也可以接收电路交换业务的寻呼。但在此状态下不能进行 PTP 数据接收和传送。另外,移动台可以激活或清除 PDP 移动关联。

③ 就绪状态

处于就绪状态,移动台与 GPRS 移动性管理建立关联,移动台可以接收发送数据。也可以激活或清除 PDP 移动关联,向外部 IP 网发送数据。另外,网络不会发起对就绪状态的移动台寻呼,其他业务的寻呼可以通过 SGSN 进行。在任何时候,只要没有寻呼 SGSN 就可以向移动台发送数据,移动台也可以向 SGSN 发送数据。就绪状态由一个定时器控制,如果定时器超时,MM 关联就会从就绪状态变为守候状态。

另外,从在 SGSN 存储的位置区域来说,在守候状态 SGSN 存储的位置信息是路由区(RA),在就绪状态 SGSN 存储的位置信息是小区(cell)。

上述 3 种移动性管理状态在一定条件是要进行状态转化的,图 6.72 给出了状态转换关系。

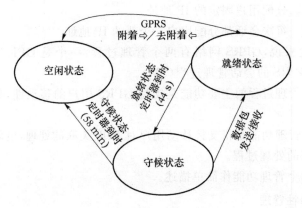

图 6.72 状态转换关系

(3) GPRS 附着和去附着

① GPRS 附着

附着就是 GPRS 手机建立与 GPRS 网络的连接,MS 请求接入,并发起与 SGSN 的连接,在移动台和 SGSN 间建立 MM 移动关联。

② GPRS 去附着

去附着就是 GPRS 手机结束与 GPRS 网络的连接,MS 将从就绪状态变为空闲状态,结束与 SGSN 建立的 MM 移动关联的连接。

(4) GPRS 的位置区域管理

所谓 GPRS 的位置区域管理就是移动台位置移动的管理,比如,当移动台从一个位置小区或一个路由区移动到另外一个位置小区或路由区时网络是如何进行管理的。

大概有这样几种位置更新过程:

① 当 MS 处于就绪状态在路由区内从一个小区移动到另一个小区时,MS 要进行小区的位置更新(Cell Update)。

② 当 MS 从一个路由区移动到另一个路由区时,MS 要执行路由区的位置更新(Routing Area Update)。这种更新还分两种:一种是在 SGSN 内的路由区的位置更新(Intra-SGSN Routing Area Update);另一种是 SGSN 之间的路由区的位置更新(Inter-SGSN Routing Area Update)。

③ 当 SGSN 与 MSC/VLR 建立关联后,还有一种 SGSN 间的 RA/LA 联合更新过程 (Combined Inter SGSN RA/LA Update)。

以上这些位置更新过程比较复杂,这里不做进一步的论述了。

2. GPRS 的会话管理

GPRS 的会话管理(Session Management)是指 GPRS 移动台连接到外部数据网络的处理过程,其主要功能是支持用户终端对 PDP 移动关联的处理。

所谓 PDP 移动关联是指 GPRS 系统提供一组将移动台与一个 PDP 地址(通常是 IP 地址)相关联和释放相关联的功能。通常移动台附着到网络后,应激活所有需要与外部网络进行数据传输的地址,当数据传输结束后,再解除这些地址。移动台只有在守候或就绪状态下,才能使用 PDP 移动关联的功能。

PDP 地址一般是指 IP 地址,移动台通常被分配 3 种 PDP 地址:

① 静态 PDP 地址。归属 PLMN(HPLMN)运营商永久地给移动台分配的 PDP 地址。

② 动态 HPLMN PDP 地址。激活 PDP 移动关联时,HPLMN 给移动台分配的 PDP 地址。

③ 动态 VPLMN PDP 地址。激活 PDP 移动关联时,VPLMN 给移动台分配的 PDP 地址。

VPLMN 是指访问 PLMN。使用动态 HPLMN PDP 还是使用动态 VPLMN PDP 地址,由 HPLMN 运营商在与用户签约中规定。使用动态地址时,由 GGSN 分配和释放动态 PDP 地址。若 PDP 移动关联的激活是网络请求的,则只能使用静态 PDP 地址。

具体会话过程此处不作介绍了。

6.7.5　GPRS 的空中接口

与 GSM 一样,GPRS 的空中接口是整个 GPRS 系统的关键技术之一,内容十分丰富。这里只能简单用图的形式介绍一下 GPRS 的信道,其他概念,比如信道编码、吞吐量、信道分配以及物理层、媒体接入/无线链路层等相关概念不作介绍了,读者可参阅有关 GPRS 更详细的文献和参考书。

图 6.73 给出了 GPRS 所包含的逻辑信道。

在 GPRS 系统中,分组逻辑信道分为以下几种类型:分组广播控制信道(PBCCH)、分组公共控制信道(PCCCH)和分组专用控制信道(PACCH)。

1. 分组广播控制信道

如果 PLMN 中没有分配 PBCCH,则与分组相关的系统信息在 BCCH 上广播。它属于下行链路。

2. 分组公共控制信道

分组公共控制信道由下面的逻辑信道组成:

- 分组寻呼信道(PPCH)(下行链路)。用于寻呼分组或电路交换业务。
- 分组随机接入信道(PRACH)(上行链路)。MS 使用此信道发起上行链路传送,发送数据或信令信息。

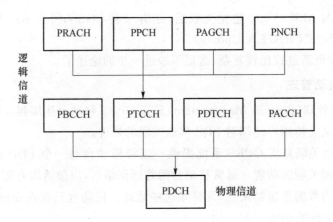

图 6.73　GPRS 的逻辑信道

- 分组接入允许信道(PAGCH)(下行链路)。用于在分组建立阶段,向 MS 发送无线资源分配信息。
- 分组通知信道(PNCH)。用于向一组 MS 发送 PTM-M 通知信息,它发生在 PTM-M 分组传送之前。

3. 分组专用控制信道

分组专用控制信道由下面的逻辑信道组成:

- 分组随路控制信道(PACCH)。用于传送某个已知移动台的信令信息,包括确认、功率控制等信息。
- 分组数据业务信道(PDTCH)。用于传送用户的分组数据。
- 分组定时提前量控制信道(PTCCH)。分为两种:上行 PTCCH/U 用于传送随机接入突发(bursts);下行 PTCCH/D 用于向多个 MS 传送定时提前量信息。

GPRS 的物理信道称为分组数据信道(PDCH),在 GPRS 的 PDCH 中 GPRS 的逻辑信道也采用的是复用方式,GPRS 分组数据信道的复帧结构如图 6.74 所示。

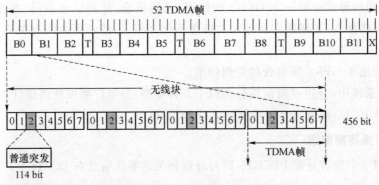

图 6.74　GPRS 分组数据信道的复帧结构

其他一些物理信道的概念这里不作介绍了。

6.8　增强型数据速率 GSM 演进技术(EDGE)

EDGE 是英文 Enhanced Data Rate for GSM Evolution 的缩写,即增强型数据速率 GSM 演进技术。一般认为,EDGE 是 2G 通往 3G 的一个过渡技术方案,它的主要特点是:充分利用现有的 GSM 资源,特别是不需要大量改动或增加硬件,而只需对网络软件及硬件做一些较小的改动,就能够使运营商向移动用户提供高速率的数据业务,如互联网浏览、视频电话会议和高速电子邮件传输等无线多媒体服务。相对于 GPRS 来说,业界称 EDGE 为 2.75G。

EDGE 对 GSM/GPRS 系统的提升体现在两个方面:一是高速电路交换数据业务(HSCSD,High-Speed Circuit Switched Data)的增强,即 ECSD(Enhanced Circuit-Switched Data);另一个是 GPRS 的分组业务的增强,即 EGPRS(Enhanced GPRS)。鉴于我国目前的 EDGE 网络主要是 EGPRS,所以这里只对 EGPRS 作一介绍。

如前所述 GPRS 使用 8 个时隙时,最高瞬时速率可以达到 171.2 kbit/s(当编码速率为 1 时,一个时隙的传输能力可达到 21.4 kbit/s),而 EGPRS 可以达到 384 kbit/s[4]。之所以 EGPRS 可以一个时隙提高两倍多的速率,主要是 EGPRS 采用了 8PSK 调制技术、递增冗余传输技术以及相适应的链路自适应机制等。采用这些技术对现有 GSM/GPRS 的网络所产生的影响主要在无线接入部分,即 EDGE 主要影响网络的无线访问部分收发基站(BTS)、GSM 中的基站控制器(BSC),但是对基于电路交换和分组交换访问的应用和接口并没有不良影响。地面电路的移动交换中心(MSC)和服务 GPRS 支持节点(SGSN)可以保留使用现有的网络接口。事实上,EDGE 改进了一些现有的 GSM 应用的性能和效率,为将来的宽带服务提供了可能。

为了更好地比较 EGPRS 和 GPRS 技术上的区别表 6.12 列出了它们的技术参数。

表 6.12　GPRS 与 EGPRS 技术参数比较

	GPRS	EGPRS
调制	GMSK	8-PSK/GMSK
符号速率	270 k 符号/秒	270 k 符号/秒
调制比特速率	270 kbit/s	810 kbit/s
每时隙的无线数据速率	22.8 kbit/s	69.2 kbit/s
1 个时隙的用户速率	20 kbit/s(CS4)	59.2 kbit/s(MCS9)
用户速率(8 个时隙)	160 kbit/s	473.6 kbit/s

表 6.12 中,CS4 表示编码方案 4;MCS9 表示调制编码方案 9。

从表 6.12 中看出,虽然 GPRS 和 EGPRS 的符号速率是一样的,但是比特速率 EGPRS 几乎是 GPRS 的 3 倍。另外,无线数据速率和用户速率的不同在于,无线速率包括了分组包的头信息比特。

下面分别介绍 EDGE 的关键技术。

1. EDGE 的调制技术

在 GSM/GPRS 系统中采用的调制技术是 GMSK,而 EDGE 采用的 8-PSK,图 6.75 给出了两种调制方式相位路径图或称星座图,从中可以看到 8-PSK 带来的速率提高。

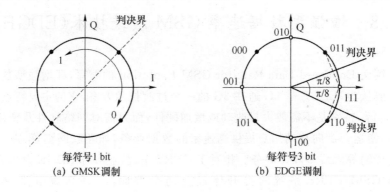

图 6.75　GMSK 和 EDGE 信号相位变换路径

8-PSK 带来速率的提高是以降低了抗干扰能力为代价的。比较 GMSK 和 8-PSK 的星座图可知,8-PSK 符号间的欧拉距离远小于 GMSK,因此接收端解调时 8-PSK 要比 GMSK 困难得多,即 8-PSK 的抗干扰能力差,具体理论分析见第 3 章。为了减少干扰的影响,在 EDGE 中采用了链路自适应以及逐步增加冗余等技术来适应不同的无线环境,保证链路的可靠性。

2. 链路自适应技术

链路自适应技术的实质是对时变的无线信道进行自适应跟踪,以使无线资源达到一个最优的配置,大大提高系统的性能。自适应技术包括物理层自适应技术、链路层自适应技术及网络层自适应技术。物理层自适应技术包括自适应编码、调制、功率控制、速率控制等。链路层自适应技术包括 ARQ 技术、拥塞控制技术等。网络层自适应技术包括跨层优化、协作等[7]。EDGE 的链路自适应技术主要采用的是自适应选择调制、编码技术以及混合 ARQ 技术。

(1)EDGE 中的调制编码方案

EGPRS 定义了 9 种调制编码方案,共分 A、B、C 三类,如表 6.13 所示。

每一类各有一个基本的有效负荷单元,分别为 37、28 和 22 字节,每一类中又通过在每个无线分组上传送不同数目的有效负荷单元来获得不同的编码速率。对于类别 A 和 B,每个无线分组可传送 1、2 或 4 个有效负荷单元;对于类别 C,每个无线分组仅可传送 1 或 2 个有效负荷单元。当一次传送 4 个有效负荷单元(MCS-7、MCS-8、MCS-9)时,这 4 个有效负荷单元被分成 2 个 RLC(无线链路控制协议)分组。

对于负荷单元 MCS-7,在 4 个突发上进行交织;而对于负荷单元 MCS-8 和 MCS-9,则在两个突发上进行交织,对于其他携带一个 RLC 分组(但可能有 1 或 2 个有效负荷单元组成)的 MCS 都是在 4 个突发上进行交织。

为了增强无线分组头部的纠错能力,编码时无线分组的头部与数据部分是分开进行的。头部计算出的 8 bit CRC 用于错误检测,接下来的比特要进行 1/3 速率的卷积编码(并进行收缩)用于错误纠正。其头部共有 3 种格式:第一种是 MCS-7、MCS-8 和 MCS-9 使用的;第二种是 MCS-5 和 MCS-6 使用的;第三种是 MCS-1 到 MCS-4 使用的。前两种采用 8-PSK,第三种采用 GMSK 调制。引入新的调制方式和编码序列,很大程度上提高了数据业务的吞吐速率。

表 6.13　EGPRS 的调制编码方案

方案	编码速率	调制方式	一个无线分组包括的 RLC 分组数	头部编码速率	数据速率/(kbit·s⁻¹)	类别
MSC-1	0.53	GMSK	1	0.51	8.8	C
MSC-2	0.66	GMSK	1	0.51	11.2	B
MSC-3	0.85	GMSK	1	0.51	14.8	A
MSC-4	1.0	GMSK	1	0.51	17.6	C
MSC-5	0.37	8-PSK	1	1/3	22.4	B
MSC-6	0.49	8-PSK	1	1/3	29.6	A
MSC-7	0.76	8-PSK	2	0.36	44.8	B
MSC-8	0.96	8-PSK	2	0.36	56.4	A
MSC-9	1.0	8-PSK	2	0.36	59.2	A

（2）链路自适应原理

图 6.76 给出了链路（速率）自适应实现原理图。

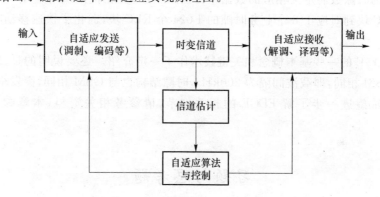

图 6.76　链路（速率）自适应实现原理图

在这过程中,关键是对时变信道的估计,只有比较准确地对信道特性进行了估计,才能按照自适应的算法与控制在发送端和接收端进行自适应发送和接收。相对于 EGPRS 就是系统周期性地对下行链路进行测量并及时反馈给基站,根据链路状况选择最适应链路质量要求的调制编码方案 MCS1～MCS9 来传输下一数据包。链路自适应意味着实现调制和编码的完全自动化,不需要网络运营者额外管理。但在现实情况下,各种调制和编码方案之间进行动态切换并不容易,它需要在接收端进行精确的 SNR 测量并作迅速反馈。另外,理想的交换点是移动速率的函数,这样当干扰特性、信道特性和延迟等发生改变时,就会造成收发端来不及进行响应而引起理想交换点的偏移。为了避免这种危险性,引出了逐步增加冗余传输的概念。

还要说明的是,EGPRS 的 MCS1～MCS4 尽管也采用了 GMSK 调制但与 GSM/GPRS 有所不同,因 EGPRS 采用了逐步增加冗余传输的方式。

3. 逐步增加冗余和 EDGE 的 HARQ

逐步增加冗余即 EDGE 在重发信息中加入更多的冗余信息从而提高接收端正确解调的概率。当接收端接收到故障帧时,与 GPRS 简单地混合,自动重发请求（HARQ）机制不同,EGPRS 采用的是全增量混合重发请求机制,即在前后相继的若干个数据块中加入的冗余纠错比特具有部分相关性,因此 EDGE 会在接收端存储故障数据块而不是删除,发送端重发一个使用同组内不同 MCS 数据块,接收端综合前次故障数据块中的信息比特、冗余信息,本次信息比特、冗余信息等多方信息进行综合纠、检错分析后作相关解调接收,用"冗余"的信息量提高接收成功率。对于逐步增加编码冗余度的方式,初始编码速率的选取取决于链路质量的测量结果。刚开始传输的信息,采用纠错能力较低的编码方式,若接收端解码正确,则可得到比较高的信息码率。反之,如果解码失败,则需要增加编码冗余量,直到解码正确为止。显然,编码冗余度的增加会导致有效数据速率的降低和延时的增加。如果链路质量较差,需引入较多的编码冗余度,反之需引入较少的编码冗余度,以免资源浪费。

从表 6.13 可以看出,保证可靠传输是以牺牲传输速率为代价的,表中编码速率一栏说明了信号中增加的保护程度或纠错数量。可以通过减少纠错能力的措施来提高传输速率,反之就会降低传输速率。

另外,数据传输的信息窗口大小也是影响数据重发效率的一个重要因素。GPRS 仅能提供最大值为 64 的 RLC 窗口大小,当传播环境急剧恶化时,如快速移动环境下,对于多时隙能力的 MS 便会出现窗口滞后效应,导致大量的重发出现。EDGE 可以根据不同时隙支持能力的 MS 所分配的时隙数而定义相应的数据重传窗口大小,变化范围从对应于一个业务时隙的最大 64 个 RLC 块到对应于 8 个业务时隙的 1 024 个 RLC 块,弱化了快速移动时对数据吞吐速率的影响。

以上对 EDGE 的一些基本概念和关键技术作了一定介绍。还要说明的是,EDGE 物理层许多参数与 GSM 相同,即载波间隔为 200kHz,时隙结构也与 GSM 相同,突发格式也与 GSM 相似。读者若希望进一步了解 EDGE 的相关细节,请参考相关资料(本章参考文献[8]~[10])等。

习题与思考题

6.1 说明 GSM 系统的业务分类。

6.2 画出 GSM 系统的总体结构图。

6.3 说明 GSM 系统专用和公共逻辑信道的作用,画出逻辑信道示意图。

6.4 简述移动用户主呼(移动用户呼叫固定用户)的主要过程。

6.5 GSM 系统中,突发脉冲序列共有哪几种?普通突发脉冲序列携带哪些信息?

6.6 简述 GSM 系统的鉴权中心 AUC 产生鉴权三参数的原理以及鉴权原理。

6.7 画出 GSM 系统第一物理信道的示意图。

6.8 画出 GSM 系统语音处理的一般框图。

6.9 GSM 系统的越区切换有几种类型?简述越区切换的主要过程。

6.10 画出 GSM 系统的协议模型图。

6.11 SIM 卡由哪几部分组成?其主要功能是什么?

6.12 简述 GSM 系统中的第一次位置登记过程。

6.13 简述 GPRS 网络所提供的两种业务。

6.14 说明 GPRS 的业务质量种类。

6.15 描述 SGSN、GGSN 的功能和作用。

6.16　画出 GPRS 的协议栈。

6.17　简述 EDGE 提高数据速率的关键技术。

本章参考文献

[1]　啜钢,王文博,常永宇,等. 移动通信原理与应用[M]. 北京:北京邮电大学出版社,2002.

[2]　[美]William C Y Lee(李建业). 移动蜂窝通信-模拟和数字系统[M]. 2 版. 伊浩,等,译. 北京:电子工业出版社,1996.

[3]　孙孺石,丁怀元,穆万里,等. GSM 数字移动通信工程. 北京:人民邮电出版社,1996.

[4]　The GSM System for Mobile Communications. Michel Mouly and Marie-Bernadette Pauter,1992.

[5]　钟章队,蒋文怡,李红君,等. GPRS 通用分组无线业务[M]. 北京:人民邮电出版社,2001.

[6]　[美] Theodore S Rappaport. Wireless communications principles and practice. 影印版. 北京:电子工业出版社,1998.

[7]　吴伟陵,牛凯. 移动通信原理[M]. 北京:电子工业出版社,2005.

[8]　Ericsson. EDGE Intrduction of high-speed data in GSM/GPRS network ,EDGE white paper,2002.

[9]　李瑞,刘志权. 从调制编码技术看 EDGE 与 GSM/GPRS 及 WCDMA/HSDPA[J]. 邮电设计技术,2006,7.

[10]　3GPP TS43. 051 GSM/EDGE Radio Access Network ;over all description-stage2;(Release5). 2001/11.

第7章 第三代移动通信系统及其增强技术

学习重点和要求

本章介绍了 cdma2000 1x、WCDMA 和 TD-SCDMA 移动通信系统。包括各系统的特色及其上、下行链路物理层信道结构。以 cdma2000 1x 系统为例介绍了功率控制与切换。

要求：

- 掌握 cdma2000 1x 系统上、下行链路的物理层信道结构、扩频调制方法；
- 了解 cdma2000 1x EV-DO；
- 掌握 WCDMA 系统上、下行链路的物理层信道结构、扩频调制方法；
- 了解 HSDPA；
- 掌握 TD-SCDMA 系统上、下行链路的物理层信道结构、扩频调制方法；
- 掌握 cdma2000 1x 系统功率控制与切换。

7.1 第三代移动通信系统概述

1985 年国际电信联盟(ITU,International Telecommunication Union)提出了第三代移动通信概念,同时成立了专门的组织机构 TG8/1 对其进行研究,当时为之取名为未来陆地移动通信系统(FPLMTS,Future Public Land Mobile Telecommunication System)。1992 年,世界无线电行政大会(WARC)分配了 230 MHz 的频率给 FPLMTS:1 885～2 025 MHz 和 2 110～2 200 MHz。FPLMTS 的研究主要由 ITU 负责,其中 ITU-T 负责网络方面的标准化工作,ITU-R 负责无线接口方面的标准化工作。1996 年 FPLMTS 更名为:国际移动通信-2000 (IMT-2000,International Mobile Telecommunication-2000),其含义为该系统预期在 2000 年左右投入使用,工作于 2 000 MHz 频带,最高传输数据速率为 2 000 kbit/s。IMT-2000 的技术选取中最关键的是无线传输技术(RTT,Radio Transmission Technology)。RTT 主要包括多址技术、调制解调技术、信道编解码与交织、双工技术、信道结构和复用、帧结构、RF 信道参数等。ITU 于 1997 年制定了 M.1225 建议,对 IMT-2000 RTT 提出了最低要求,并面向世界范围征求 RTT 建议。截止到 1998 年 6 月 30 日,ITU 共收到 16 项建议,其中关于地面移动通信的建议有 10 项。通过一年半时间的评估和融合,1999 年 11 月 5 日 ITU 在赫尔辛基举行的 TG 8/1 第 18 次会议上,通过了 ITU-R M.1457,确认了 5 种第三代移动通信地面部分 RTT 技术。其中有两种是基于 TDMA 的技术,它们分别是美国 TIA 提交的 UMC-136 和欧洲 ETSI 提交的 EP-DECT。其余三种均基于 cdma 技术,它们分别是 cdma2000、WCDMA 和 TD-SCDMA。ITU-R M.1457 的通过标志着第三代移动通信标准的基本定型。其中cdma2000、WCDMA 和 TD-SCDMA 成为三大主流标准。

cdma2000 是在 IS-95 系统(世上第一个采用 cdma 技术的蜂窝移动通信系统)的基础上由 Qualcomm、Lucent、Motorola 和 Nortel 等公司一起提出的,cdma2000 技术的选择和设计最大限度地考虑了和 IS-95 系统的后向兼容,很多基本参数和特性都与 IS-95 相同,并在无线接口进行了增强。cdma2000 有单载波版 cdma2000 1x 和多载波版 cdma2000 3x,其中 cdma2000 1x 是研究和开发的重点。本章主要介绍 cdma2000 1x 系统。

WCDMA 最初主要由 Ericsson 公司、Nokia 公司等欧洲通信厂商提出。这些公司都在第二代移动通信技术和市场占尽了先机,并希望能够在第三代依然保持世界领先的地位。由于日本在第二代移动通信时代没有采用全球主流的技术标准,很大程度上制约了其设备厂商在世界范围内的作为,所以日本希望借第三代的契机,能够进入国际市场。以 NTT DoCoMo 为主的各个公司提出的技术与欧洲的 WCDMA 比较相似,二者相融合,成为现在的 WCDMA 标准。WCDMA 主要采用了带宽为 5 MHz 的宽带 cdma、上下行快速功率控制、下行发射分集、基站间可以异步操作等技术。

TD-SCDMA 是信息产业部电信科学技术研究院(现大唐移动通信设备有限公司)在国家主管部门的支持下,根据多年的研究而提出的具有一定特色的 3G 通信标准。TD-SCDMA 综合了 TDD 和 cdma 的技术优势,具有灵活的空中接口,并采用了智能天线、联合检测等先进技术。

7.2　cdma2000 1x 标准介绍

7.2.1　cdma2000 1x 标准特色

cdma2000 1x 是在 IS 95 基础上的进一步发展。为了支持高速数据业务,cdma2000 1x 在无线接口进行了增强,具体如下:

(1)支持新的无线配置

无线配置(RC,Radio Configuration)是一系列通过物理层参数(如传输速率、信道编码方式及交织等)标识的信息组帧方式的集合。无论是上行还是下行 RC1 和 RC2 都兼容 IS-95 系统。下行 RC3、RC4 及 RC5 分配给 cdma2000 1x。上行 RC3、RC4 分配给 cdma2000 1x。

(2)下行链路引入辅助导频

在下行链路上,cdma2000 1x 允许采用辅助导频来支持波束赋形应用,以增加系统容量。

(3)采用变长的 Walsh 码

cdma2000 1x 中,不同的数据速率要求业务信道采用周期长度不同的 Walsh 码,因此所采用的 Walsh 码的长度是可变的,其周期长度从 4 个码片到 128 个码片。这样,数据速率高的用户占用较短的 Walsh 码,也就是较多的码信道资源;而数据速率低的用户占用较长的 Walsh 码,即较少的码信道资源。这使得无线资源的利用可以比 IS-95 系统更为灵活,尽管它要求有较为复杂的控制机制,但带来的最大好处就是无线资源的利用效率比较高。

(4)引入准正交函数

当 Walsh 码的使用受到限制时(数量不够时),可以通过掩码函数生成准正交码,用于下行链路的正交扩频。

(5) 支持 Turbo 编码

cdma2000 1x 中所有卷积码的约束长度都为 9。cdma2000 1x 系统中,高速数据业务信道还可以采用 Turbo 编码,以利用其优异的纠错性能。而卷积码一般用在公用信道和较低速率的信道中。相比较而言,采用 Turbo 码能够使解码时所需的 E_b/N_t 降低 $1\sim2$ 个 dB,其纠错能力更强,解码质量更好,但是译码时延大。因此一般用于对时延要求比较宽松的数据业务。

(6) 下行链路的发射分集

cdma2000 1x 的下行链路还可以采用传输发射分集,包括正交发射分集 OTD 和空时扩展 STS,以降低下行信道的发射功率,提高信道的抗衰落能力,改善下行信道的信号质量,增加系统容量。对于 OTD 方式,可以通过分离数据流,采用正交序列扩展两个数据流来完成。对于 STS 方式,则是通过对数据流进行空时编码,采用两个不同的 Walsh 码进行扩展,并发送到两个天线来实现。

(7) 下行链路采用快速功率控制

由于上行引入了功率控制子信道,它复用在上行导频信道上,从而可以实现下行链路快速闭环功率控制,功控频率为 800 Hz。这样就大大降低了下行链路的干扰,提高了下行信道的容量。

(8) 增加了上行导频信道(R-PICH)

为了提高上行链路的性能,cdma2000 1x 在上行链路增加了导频信道 R-PICH,它是未经调制的扩频信号,使得上行信道可以进行相干解调。上行导频信道上还复用了上行功率控制子信道,用于支持下行链路的开环和闭环功率控制。

(9) 上行链路连续的波形

cdma2000 上行链路上采用连续的波形,进行连续传输。这样可以降低对其他设备的电磁干扰,也有利于保证对上行信道闭环功率控制的性能。

(10) 引入下行快速寻呼信道(F-QPCH)

在 cdma2000 1x 中引入了快速寻呼信道,使得移动台不必长时间连续监听下行寻呼信道,可减少移动台激活时间。采用快速寻呼信道极大地减小了移动台的电源消耗,提高了移动台的待机时间,提高了寻呼的成功率。

(11) 增加了上行增强接入信道(R-EACH)

cdma2000 1x 兼容 IS-95 的接入方式,同时引入了新的接入方式,增加了增强接入信道 R-EACH,用于提高系统的接入性能,支持高速数据业务的接入。

(12) 采用新的扩频调制方式

cdma2000 1x 下行链路中,采用 QPSK 调制。扩频方式为复扩频,可以有效地降低峰均比,提高功率放大器的效率。在 cdma2000 1x 上行链路中,采用了混合相移键控(HPSK)。通过限制信号的相位跳变,可以有效地降低信号功率的峰均比,并限制信号频谱的旁瓣。这就降低了对功率放大器动态范围的需求,提高了功率放大器的效率。

(13) 支持可变的帧长

cdma2000 支持长度为 5 ms、20 ms、40 ms 和 80 ms 的帧,用于信令、用户信息以及控制信息。较短的帧长可以减少端到端的时延,而对较长的帧而言,帧头的开销所占的比重小,信道编码的时间分集作用更明显,解调时所需的 E_b/N_t 也将减小。

7.2.2　cdma2000 1x 下行链路

1. cdma2000 1x 下行链路信道

cdma2000 1x 下行链路所包括的物理信道如图 7.1 所示。图中灰色部分表示与 IS-95 后向兼容。cdma2000 1x 下行链路使用的无线配置为 RC1 到 RC5。下行链路物理信道由适当的 Walsh 函数或准正交函数(QOF,Quasi-Orthogonal Function)进行扩频。Walsh 函数用于 RC1 或 RC2;Walsh 函数或 QOF 用于 RC3 到 RC5。

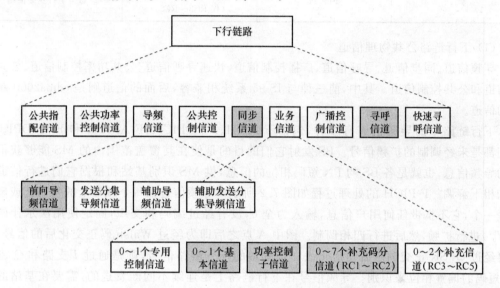

图 7.1　cdma2000 1x 下行链路物理信道划分

各个物理信道的名称如表 7.1 所示,该表还给出了下行链路上基站能够发送的每种信道的最大数量。下行链路的物理信道可以划分为两大类:下行链路公共物理信道和下行链路专用物理信道。

表 7.1　cdma2000 1x 下行链路物理信道

	信道名称	物理信道类型	最大数目
下行链路 公共物理信道 (F-CPHCH)	F-PICH	下行导频信道	1
	F-TDPICH	发送分集导频信道	1
	F-APICH	辅助导频信道	未指定
	F-ATDPICH	辅助发送分集导频信道	未指定
	F-SYNC	同步信道	1
	F-PCH	寻呼信道	7
	F-CCCH	下行公共控制信道	7
	F-BCCH	广播控制信道	8
	F-QPCH	快速寻呼信道	3
	F-CPCCH	公共功率控制信道	15
	F-CACH	公共指配信道	7

续 表

	信道名称	物理信道类型	最大数目
下行链路 专用物理信道 (F-DPHCH)	F-APICH	下行专用辅助导频信道	未指定
	F-DCCH	下行专用控制信道	1/每个下行业务信道
	F-FCH	下行基本信道	1/每个下行业务信道
	F-SCCH	下行补充码分信道 (仅 RC1 和 RC2)	7/每个下行业务信道
	F-SCH	下行补充信道 (仅 RC3~RC5)	2/每个下行业务信道

(1) 下行链路公共物理信道

导频信道、同步信道、寻呼信道、广播控制信道、快速寻呼信道、公共功率控制信道、公共指配信道和公共控制信道。其中,前三种与 IS-95 系统相兼容,后面的信道则是 cdma2000 新定义的信道。

下行链路中的导频信道有多种,包括 F-PICH、F-TDPICH、F-APICH 和 F-ATDPICH。它们都是未经调制的扩频信号。BS 发射它们的目的是使在其覆盖范围内的 MS 能够获得基本的导频信息,也就是各 BS 的 PN 短码相位的信息,供 MS 识别基站和根据它们进行信道估计和相干解调。F-PICH 的处理过程如图 7.2 所示。导频信道在每个载频上的每小区或扇区配置一个,它不携带任何用户信息,输入为全 0,没有经过编码和交织,固定使用沃尔什函数 $0(W_0^{64})$ 进行扩频,然后进行四相调制。图中 A 点之后即为经过 Walsh 码正交化后的信号,然后再经过 QPSK 正交调制后发送出去。该基站的下行链路信号,则是通过 I 支路和 Q 支路 PN 短码的偏置相位来识别。导频信号在下行链路上是连续不间断发送的,需要在基站的整个覆盖范围内有效,因此导频信道通常占用的功率较大。

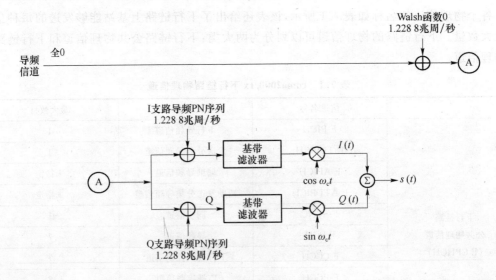

图 7.2 F-PICH 的处理过程

如果 BS 在下行链路上使用了发送分集方式,则它必须发送相应的 F-TDPICH。如果 BS 在下行链路上应用了智能天线或波束赋形,则可以在一个 cdma 信道上产生一个或多个(专用)辅助导频(F-APICH),用来提高容量或满足覆盖上的特殊要求(如定向发射)。当使用了

F-APICH 的 cdma 信道采用了分集发送方式时，BS 应发送相应的 F-ATDPICH。

同步信道 F-SYNCH 用于传送同步信息，在基站覆盖的范围内，各移动台可利用这种信息进行同步捕获。导频信道为移动台提供载波相位以及 PN 短码相位信息后，同步信道进一步为移动台提供当前系统时间、长码发生器状态、短码偏置值、下行寻呼信道数据速率、本地的时间偏置以及基站的系统 ID 和网络 ID 等信息。同步信道发送的消息中包括长码发生器移位寄存器在指定系统时间的状态，移动台通过同步信道将该数据加载到其长码发生器中，然后在适当的时间启动发生器。一旦完成这一步，移动台便获得了完全同步。F-SYNCH 的处理过程如图 7.3 所示。同步信道的数据速率为 1.2 kbit/s，固定使用沃尔什函数 W_{32}^{64}。经过卷积编码后的符号速率为 2.4 千次取样/秒，经过符号重复后符号速率为 4.8 千次取样/秒，然后经过交织，交织的时延为 26.66 ms。经过交织的符号速率为 4.8 千次取样/秒，它与 1.228 8 兆周/秒的 Walsh 码模二加，然后进行四相调制。同步信道帧的帧长为 26.66 ms（含 32 bit），3 个同步信道帧组成一个超帧，超帧长 80 ms（含 96 bit）。每 25 个超帧构成一个高帧，高帧帧长为 2 s。同步信道的定时关系以高帧为基础。

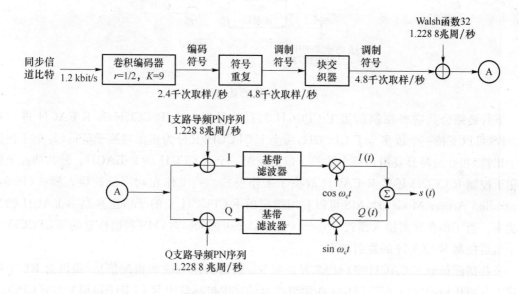

图 7.3　F-SYNCH 的处理过程

当 MS 解调 F-SYNCH 之后，便可以根据需要解调寻呼信道（F-PCH）了，MS 可以通过它获得系统参数、接入参数、邻区列表等系统配置参数，这些属于公共开销信息。当业务信道尚未建立时，MS 还可以通过 F-PCH 收到诸如寻呼消息等针对特定 MS 的专用消息。F-PCH 是和 IS-95 兼容的信道，每载频上的每小区或者扇区最多可配置 7 个寻呼信道。寻呼信道根据配置不同，固定采用 W_1^{64} 到 W_7^{64} 之中的某些沃尔什码。通常移动台在建立同步之后，就在首选的寻呼信道 W_1^{64}（或者基站指定的寻呼信道上）监听基站发来的信令。寻呼信道的传输数据速率分为 9.6 kbit/s 和 4.8 kbit/s 两种，使用哪一种由系统规划决定，在给定的系统中所有寻呼信道的速率相同。寻呼信道具体使用的速率由同步信道广播出去。F-PCH 的处理过程如图 7.4 所示。在 cdma2000 中，F-PCH 的功能可以被 F-BCCH、F-QPCH 和 F-CCCH 取代并得到增强。基本上，F-BCCH 发送公共系统开销消息；F-QPCH 和 F-CCCH 联合起来发送针对 MS 的专用消息，提高了寻呼的成功率，同时降低了 MS 的功耗。

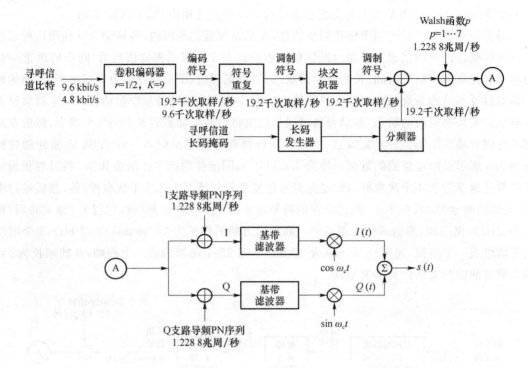

图 7.4 F-PCH 的处理过程

下行链路公共功率控制信道 F-CPCCH 的目的是对多个 R-CCCH 和 R-EACH 进行功控。BS 可以支持一个或多个 F-CPCCH,每个 F-CPCCH 又分为多个功控子信道(每个子信道一个比特,相互间时分复用),每个功控子信道控制一个 R-CCCH 或 R-EACH。公共功控子信道用于控制 R-CCCH 还是 R-EACH 取决于工作模式。当工作在功率受控接入模式(Power Controlled Access Mode)时,MS 可以利用指定的 F-CPCCH 上的子信道控制 R-EACH 的发射功率。当工作在预留接入模式(Reservation Access Mode)时,MS 利用指定的 F-CPCCH 上的子信道控制 R-CCCH 的发射功率。

公共指配信道 F-CACH 专门用来发送对 RL 信道快速响应的指配信息,提供对 RL 上随机接入分组传输的支持。F-CACH 在预留接入模式中控制分配 R-CCCH 和相关的 F-CPCCH 子信道,并且在功率受控接入模式下提供快速的确认响应,此外还有拥塞控制的功能。BS 也可以不用 F-CACH,而是选择 F-BCCH 来通知 MS。F-CACH 可以在 BS 的控制下工作在非连续方式。

下行链路公共控制信道 F-CCCH 用来发送给指定 MS 的消息,如寻呼消息。它的功能虽然和 IS-95 中寻呼信道的功能有些重叠,但它的数据速率更高,也更可靠。

(2) 下行链路专用物理信道

由于 3G 要求支持多媒体业务,不同的业务类型(话音、分组数据和电路数据等)带来了不同的需求,这就需要业务信道可以灵活地适应这些不同的要求,甚至同时支持多个并发的业务。cdma2000 1x 中新定义的专用信道就是为了满足这样的要求。

下行链路专用物理信道主要包括:专用控制信道、基本信道、补充信道和补充码分信道,它们用来在 BS 和某一特定的 MS 之间建立业务连接。其中,基本信道的 RC1 和 RC2,以及补充码分信道是和 IS-95 系统中的业务信道兼容的,其他的信道则是 cdma2000 1x 新定义的下行链路专用信道。

下行链路专用控制信道(F-DCCH)和下行链路基本信道(F-FCH)用来在通话过程中向特定的 MS 传送用户信息和信令信息。F-FCH 主要承载话音业务。在 cdma2000 1x 系统中，F-FCH 可以工作在无线配置 RC1 到 RC5 下。工作于 RC1 或 RC2 时，它等价于 IS-95 A 或 IS-95 B 中的业务信道，此时帧长为 20 ms。工作于 RC3 到 RC5 时，帧长为 5 ms 或 20 ms。在 F-FCH 上，可以复用一个下行功率控制子信道。

F-FCH 可以支持多种速率。在某一 RC 下，F-FCH 的数据速率和帧长可以按帧为单位进行选择，即后一帧和前一帧的数据速率和帧长可以不一样，但在一帧之内必须是保持不变的。尽管各帧之间的数据速率可以变化，但调制符号速率(交织器输入端)必须保持为一个常数。这一点是通过对编码符号进行重复和删除而实现的。

F-FCH 工作在 RC1 时，传输信息的数据速率有 9.6 kbit/s、4.8 kbit/s、2.4 kbit/s 和 1.2 kbit/s；当工作在 RC2、RC5 时，数据速率有 14.4 kbit/s、7.2 kbit/s、3.6 kbit/s 和 1.8 kbit/s；当工作在 RC3、RC4 时，可变数据速率有 9.6 kbit/s、4.8 kbit/s、2.7 kbit/s 和 1.5 kbit/s。数据速率越低，相应的调制符号的发射能量也越低。

下行补充信道(F-SCH)用于承载高速数据业务，是一种分组数据业务信道。在 cdma2000 1x 系统中，F-SCH 应用于 RC3 到 RC5，其结构如图 7.5 所示。

信道比特	帧质量指示位	8位保留/编码器尾比特	卷积或Turbo编码器		符号重复	符号删除		块交织器	调制符号
比特/帧	比特		数据速率(kbit·s⁻¹)	R	系数	删除	符号		速率(kbit·s⁻¹)
24 bit/5 ms	16		9.6	1/4	1×	无	192		38.4
16 bit/20 ms	6		1.5	1/4	8×	1/5	768		38.4/n
40 bit/20 n ms	6		2.7/n	1/4	4×	1/9	768		38.4/n
80 bit/20 n ms	8		4.8/n	1/4	2×	无	768		38.4/n
172 bit/20 n ms	12		9.6/n	1/4	1×	无	768		38.4/n
360 bit/20 n ms	16		19.2/n	1/4	1×	无	1 536		76.8/n
744 bit/20 n ms	16		38.4/n	1/4	1×	无	3 072		153.6/n
1 512 bit/20 n ms	16		76.8/n	1/4	1×	无	6 144		307.2/n
3 048 bit/20 n ms	16		153.6/n	1/4	1×	无	12 288		614.4/n
1~3 047 bit/20 n ms									

图 7.5 F-FCH/F-SCH 信道结构(RC3，编码部分)

F-SCH 的结构和 F-FCH 相似，但可以采用 Turbo 编码，且支持的数据速率也更高。F-SCH 可以根据需求提供不同速率的数据业务，相应会分配以不同维数的 Walsh 码，数据速率越高，Walsh 码维数越低，若工作于 RC3，数据速率可以为 19.2~153.6 kbit/s；若工作于 RC4，则是 19.2~307.2 kbit/s；若工作于 RC5，则是 28.8~230.4 kbit/s。

图 7.5 给出了 RC3 的 F-FCH/F-SCH 编码部分的信道结构。

图中的 n 代表帧长度对于 20 ms 的整倍数，对于 F-FCH，n 的取值为 1。对于 RC3，F-FCH 只对应其中信道比特为 16~172 的情况。对于图中的"卷积或 Turbo 编码器"，F-FCH 只使用卷积编码器。"符号重复"和"符号删除"的作用是在交织之前进行速率匹配，维持速率的恒定。

图 7.5 中编码后的结果"W"还要被继续处理,进行加扰和插入功率控制比特,其过程如图 7.6 所示。经过这一步处理后,再进行扩频调制处理。

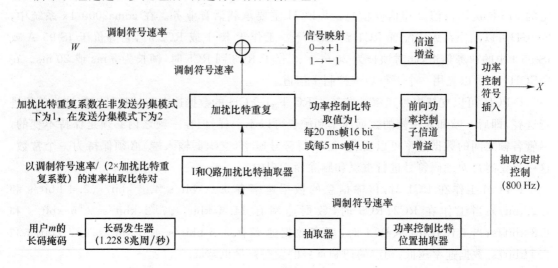

图 7.6 F-FCH/F-SCH 信道结构(扰码和插入功控比特部分)

以上讲述了各个物理信道的编码结构,经过处理后的数据符号在解复用后将进行扩频调制处理。下行链路的发射采用 QPSK 调制,并利用 PN 码进行复扩频,同时采用不同的 Walsh 码或者准正交函数来区分不同的用户信道。下面以非发送分集模式下的处理为例,来说明扩频调制的过程,如图 7.7 所示。

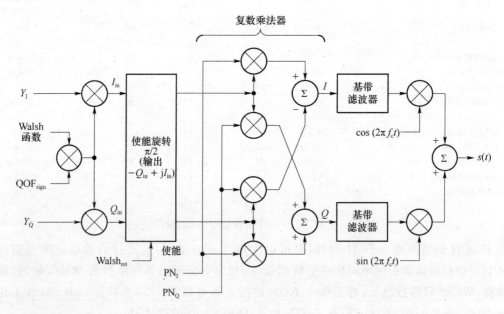

图 7.7 下行链路扩频调制结构(非发送分集模式)

信号解复用后,加 Walsh 码或者准正交函数进行扩频,"Y_I"路和"Y_Q"路使用相同的 Walsh 码或者准正交函数。准正交函数是为了进一步提升 cdma2000 1x 下行链路数据传输能力而引入的,它对原有的 Walsh 码进行数学运算,从而产生更多的码资源,但经过处理后的码字之间不再保持正交。

之后使用 PN 短码进行复扩频,"Y_I"路和"Y_Q"路使用的 PN 码不同,二者之间是正交的。经过复扩频后,每个信道的 I 路和 Q 路数据分别进行求和,然后经过基带滤波和射频调制,发送到天线发射出去。cdma2000 1x 下行链路采用复扩频,能有效地降低信号的峰均值比(PAR,Peak-to-Average Ration),提高功率放大器的效率。

F-DCCH 基本上不会单独构成业务信道,与 F-FCH 相比,它虽然也可传送用户信息,但它主要的用途是传送信令信息;因为数据业务的引入使得信令流量增加(如动态分配信道的信令),为了使信令在 F-FCH 繁忙时仍能可靠地传送,就采用了 F-DCCH。在不影响信令传送的前提下,F-DCCH 上也可以传送突发的数据业务。每个下行链路业务信道中,可以包括最多 1 个 F-DCCH 和最多 1 个 F-FCH。F-DCCH 必须支持非连续的发送方式。在 F-DCCH 上,允许附带一个下行链路功控子信道。在 F-FCH 上,允许附带一个下行链路功控子信道。

下行链路补充信道(F-SCH)和补充码分信道(F-SCCH)都是用来在通话(可包括数据业务)过程中向特定的 MS 传送用户信息,进一步讲,主要是支持(突发/电路)数据业务。F-SCH 只适用于 RC3 到 RC5,F-SCCH 只适用于 RC1 和 RC2。每个下行链路业务信道可以包括最多 2 个 F-SCH,或包括最多 7 个 F-SCCH;F-SCH 和 F-SCCH 都可以动态地灵活分配,并支持信道的捆绑以提供很高的数据速率。

cdma2000 1x 系统中,对下行链路各个物理信道的数据速率都有具体的规定,如表 7.2 所示。

表 7.2　cdma2000 1x 下行链路物理信道数据速率

信道类型		数据速率/(bit · s⁻¹)
下行同步信道		1 200
下行寻呼信道		9 600 或 4 800
下行广播控制信道		19 200(40 ms 时隙长), 9 600(80 ms 时隙长), 4 800(160 ms 时隙长)
下行快速寻呼信道		4 800 或 2 400
下行公共功率控制信道		19 200(9 600 /每 I 和 Q 支路)
下行公共指配信道		9 600
下行公共控制信道		38 400(5、10 或 20 ms 帧长), 19 200(10 或 20 ms 帧长), 9 600(20 ms 帧长)
下行专用控制信道	RC3	9 600
下行基本信道	RC1	9 600, 4 800, 2 400,1 200
	RC2	14 400, 7 200, 3 600,1 800
	RC3	9 600, 4 800, 2 700, 1 500(20 ms 帧长); 9 600(5 ms 帧长)
下行补充码分信道	RC1	9 600
	RC2	14 400
下行补充信道	RC3	153 600, 76 800, 38 400, 19 200, 9 600,4 800, 2 700, 1 500(20 ms 帧长); 76 800, 38 400, 19 200, 9 600, 4 800,2 400, 1 350(40 ms 帧长); 38 400, 19 200, 9 600, 4 800, 2 400,1 200(80 ms 帧长)

2. cdma2000 1x 下行链路的差错控制技术

为了保证信息数据的可靠传输,cdma2000 1x 系统针对不同的数据速率的业务需求,采用了多种差错控制技术,主要包括循环冗余校验编码(CRC,Cyclic Redundancy Code)、下行纠错编码(FEC,Forward Error Correction)以及交织编码。其中 FEC 包括卷积编码和 Turbo 编码。

循环冗余校验编码主要用于生成数据帧的帧质量指示符。帧质量指示符对于接收端来说,有两种作用,首先,通过检测帧质量指示符可以判决当前帧是否错误;其次,帧质量指示符可以辅助确定当前的数据速率。帧质量指示符(CRC)由一帧的所有比特(除 CRC 自身、保留位和编码器尾比特外)计算而得到。不同的信道以及不同的数据速率一般采用不同的比特数目的帧质量指示符。

cdma2000 1x 中,下行纠错编码采用卷积编码和 Turbo 编码。卷积编码用于低速率业务,当数据速率大于或等于 19.2 kbit/s 时,一般采用 Turbo 编码。cdma2000 1x 下行链路各个信道对下行纠错编码的要求如表 7.3 所示。

表 7.3　cdma2000 1x 下行链路对 FEC 的要求

信道类型	FEC	编码速率 R
同步信道	卷积码	1/2
寻呼信道	卷积码	1/2
广播信道	卷积码	1/4 或 1/2
快速寻呼信道	无	—
公共功率控制信道	无	—
公共指配信道	卷积码	1/4 或 1/2
下行公共控制信道	卷积码	1/4 或 1/2
下行专用控制信道	卷积码	1/4 (RC3)
下行基本信道	卷积码	1/2 (RC1 或 RC2) 1/4 (RC3)
下行补充码分信道	卷积码	1/2 (RC1 或 RC2)
下行补充信道	卷积码或 Turbo 码〔$N(360)$〕	1/4 (RC3)

注:N 是每帧的信息比特数。

3. cdma2000 1x 下行链路中采用的序列

cdma2000 1x 中采用的序列有 PN 短码、PN 长码、Walsh 码以及准正交函数。

(1) PN 短码

使用了两个互为准正交的 PN 短码序列,码速率均为 1.228 8 兆周/秒。其生成多项式分别如下。

I 支路:

$$P_{\mathrm{I}}(x) = x^{15} + x^{13} + x^9 + x^8 + x^7 + x^5 + 1$$

Q 支路:

$$P_{\mathrm{Q}}(x) = x^{15} + x^{12} + x^{11} + x^{10} + x^6 + x^5 + x^4 + x^3 + 1$$

按照上式产生的 m 序列周期长度为 $2^{15} - 1$,当序列每个周期中出现 14 个连"0"时,再插入一个"0",从而周期长度为 2^{15}(32 768),而且序列中"0"和"1"的个数各占一半,使码的平衡性更好。用上述两个 PN 码序列构建了一个复 PN 序列,复 PN 序列的实部和虚部分别是 $P_1(x)$ 和 $P_Q(x)$。

所用基站都使用上述复 PN 序列,但是各个基站复 PN 序列的偏置是不同的,即采用不同的起始位置,各个基站就通过这些不同的偏置来识别。复 PN 序列可用的偏置共有 512 个,一个偏置为 64 个 chip。

(2) PN 长码

PN 长码周期为 $2^{42}-1$,速率为 1.228 8 兆周/秒,用于下行链路寻呼信道和业务信道的数据加扰,以及在上行链路中区分用户。PN 长码的特征多项式为

$$P(x)=x^{42}+x^{35}+x^{33}+x^{31}+x^{27}+x^{26}+x^{25}+x^{22}+x^{21}+x^{19}+$$
$$x^{18}+x^{17}+x^{16}+x^{10}+x^7+x^6+x^5+x^3+x^2+x+1$$

长码发生器的结构如图 7.8 所示。

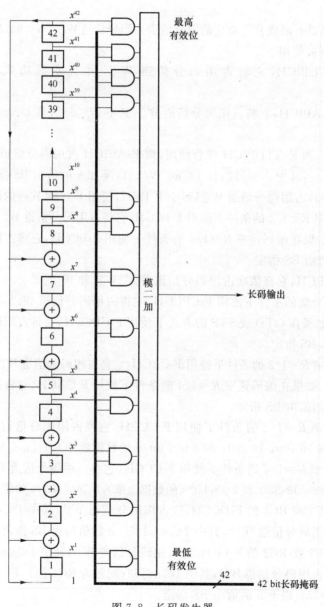

图 7.8　长码发生器

由图中可知,长码发生器是由 42 级移位寄存器、相应的反馈支路以及模二相加器组成。为了保密起见,42 级移位寄存器的各级输出与长码掩码(一个 42 位的序列)相乘,然后进行模二加,得到长码输出。

(3) Walsh 码

cdma2000 1x 系统中,使用的 Walsh 码的最大长度为 128。为了提供高速数据业务,同时保持下行链路中恒定的码片速率,需要使用变长的 Walsh 码,即对较高数据速率的信道使用长度较短的 Walsh 码。但是,占用了某个长度较短的 Walsh 码后,就不能使用由这个 Walsh 码生成的任何长度的 Walsh 码。因此,高速率业务信道减少了可用的业务信道的数量。此外,系统一些公共的控制信道还要占用一定数量的 Walsh 码。

Walsh 码进行分配时,必须要保证与其他码分信道之间的正交关系。cdma2000 1x 系统中:

F-PICH 占用 Walsh 函数 W_0^{64} 对应的码分信道。码分信道 W_{64k}^N($N>64$,k 满足 $0 \leqslant 64k \leqslant N$,且 k 为整数)不能再被使用。

如果使用 F-TDPICH,它将占用码分信道 W_{16}^{128},并且发射功率小于或等于相应的 F-PICH。

如果使用了 F-APICH,它将占用码分信道 W_n^N,其中 $N \leqslant 512$,且 $1 \leqslant n \leqslant N\text{-}1$,$N$ 和 n 的值由 BS 指定。

如果 F-APICH 和 F-ATDPICH 联合使用,则 F-APICH 占用码分信道 W_n^N,F-ATDPICH 占用码分信道 $W_{n+N/2}^N$,其中 $N \leqslant 512$,且 $1 \leqslant n \leqslant N/2\text{-}1$,$N$ 和 n 的值由 BS 指定。

对于 F-SYNCH,占用码分信道 W_{32}^{64};对于 F-PCH,使用 W_1^{64} 到 W_7^{64} 的码分信道。

如果在编码速率 $R=1/2$ 的条件下使用 F-BCCH,它将占用码分信道 W_n^{64},其中 $1 \leqslant n \leqslant 63$,$n$ 的值由 BS 指定。如果在编码速率 $R=1/4$ 的条件下使用 F-BCCH,它将占用码分信道 W_n^{32},其中 $1 \leqslant n \leqslant 31$,$n$ 的值由 BS 指定。

如果使用 F-QPCH,它将依次占用码分信道 W_{80}^{128}、W_{48}^{128} 和 W_{112}^{128}。

如果在非发送分集的条件下使用 F-CPCCH,它将占用码分信道 W_n^{128},其中 $1 \leqslant n \leqslant 127$,$n$ 的值由 BS 指定。如果在 OTD 或 STS 的方式下使用 F-CPCCH,它将占用码分信道 W_n^{64},其中 $1 \leqslant n \leqslant 63$,$n$ 的值由 BS 指定。

如果在编码速率 $R=1/2$ 的条件下使用 F-CACH,它将占用码分信道 W_n^{128},其中 $1 \leqslant n \leqslant 127$,$n$ 的值由 BS 指定。如果在编码速率 $R=1/4$ 的条件下使用 F-CACH,它将占用码分信道 W_n^{64},其中 $1 \leqslant n \leqslant 63$,$n$ 的值由 BS 指定。

如果在编码速率 $R=1/2$ 的条件下使用 F-CCCH,它将占用码分信道 W_n^N,其中 $N=32$,64 和 128(分别对应 38 400,19 200,和 9 600 bit/s 的数据速率),$1 \leqslant n \leqslant N\text{-}1$,$n$ 的值由 BS 指定。如果在编码速率 $R=1/4$ 的条件下使用 F-CCCH,它将占用码分信道 W_n^N,其中 $N=16$,32 和 64(分别对应 38 400,19 200,和 9 600 bit/s 的数据速率),$1 \leqslant n \leqslant N\text{-}1$,$n$ 的值由 BS 指定。

对于配置为 RC3 或 RC5 的 F-DCCH,应占用码分信道 W_n^{64},其中 $1 \leqslant n \leqslant 63$;配置为 RC4 的 F-DCCfH,应占用码分信道 W_n^{128},其中 $1 \leqslant n \leqslant 127$。$n$ 的值均由 BS 指定。

对于配置为 RC1 或 RC2 的 F-FCH,应占用码分信道 W_n^{64},其中 $1 \leqslant n \leqslant 63$;配置为 RC3 或 RC5 的 F-FCH,应占用码分信道 W_n^{64},其中 $1 \leqslant n \leqslant 63$;配置为 RC4 的 F-FCH,应占用码分信道 W_n^{128},其中 $1 \leqslant n \leqslant 127$。以上 n 的值由 BS 指定。

对于配置为 RC3、RC4 或 RC5 的 F-SCH,应占用码分信道 W_n^N,其中 $N=4$,8,16,32,

64，128，128，和 128（分别对应于最大的所分配 QPSK 符号速率：307 200，153 600，76 800，38 400，19 200，9 600，4 800 和 2 400 sps），$1 \leqslant n \leqslant N-1$，$n$ 的值由 BS 指定。对于 4 800 和 2 400 sps 的 QPSK 符号速率，在每个 QPSK 符号 Walsh 函数分别发送 2 次和 4 次，Walsh 函数的有效长度分别为 256 和 512。

对于配置为 RC1 或 RC2 的 F-SCCH，应占用码分信道 W_n^{64}，其中 $1 \leqslant n \leqslant 63$，$n$ 的值由 BS 指定。

（4）准正交函数

cdma2000 1x 系统中，除利用 Walsh 码作为正交码外，还采用了准正交函数（QOF），以弥补 Walsh 码数量不足的情况。应用准正交函数进行正交扩频过程如图 7.9 所示。

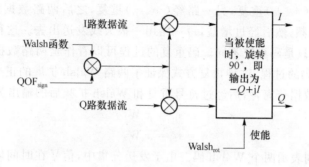

图 7.9　QOF 进行正交扩频

QOF 由一个非零 QOF 掩码（QOF_{sign}）和一个非零旋转使能 Walsh 函数（$Walsh_{rot}$）相乘而得。用 QOF 进行正交扩频的过程是：首先，由适当的 Walsh 函数与双极性符号的掩码相乘（该掩码由 QOF_{sign} 经 $0 \to +1$、$1 \to -1$ 的符号映射后得到），之后所得的序列分别与 I、Q 支路的数据流相乘；然后，两条支路的数据流再与 $Walsh_{rot}$ 经复映射后得到的序列相乘。复映射将 0 映射为 1，而把 1 映射为 j（j 是表示 90°相移的一个复数）。

图中，Walsh 函数是经过了 $0 \to +1$、$1 \to -1$ 符号映射的函数，而 $Walsh_{rot}$ 是 90°旋转使能函数，$Walsh_{rot} = 0$ 时不旋转，$Walsh_{rot} = 1$ 时旋转 90°。

由以上可知，准正交函数的掩码有两个：一个是 QOF_{sign}，一个是与之相应的 $Walsh_{rot}$，cdma2000 1x 中使用的这两个掩码函数如表 7.4 所示，生成的 QOF 长度为 256。

表 7.4　cdma2000 1x 中 QOF 的掩码函数

函数	掩码函数	
	QOF_{sign} 的十六进制表示形式	$Walsh_{rot}$
0	0000000000000000000000000000000000000000 0000000000000000000000000000000000000000	W_0^{256}
1	7d72141bd7d8beb1727de4eb2728b1be 8d7de414d828b1417d8deb1bd72741b1	W_{10}^{256}
2	7d27e4be82d8e4bed87dbe1bd87d41e4 4eebd7724eeb288d144e7228ebb17228	W_{213}^{256}
3	7822dd8777d2d2774beeee4bbbe11e44 1e44bbe111b4b411d27777d2227887dd	W_{111}^{256}

4. cdma2000 1x 下行链路发射分集

为了克服信道衰落，提高系统容量，cdma2000 允许采用多种分集发送方式，包括：多载波发射分集、正交发射分集(OTD,Orthogonal Transmission Diversity)和空时扩展分集(STS, Space Time Spreading)三种。对于 cdma2000 1x,其下行链路上支持正交发送分集模式或空时扩展模式。

(1) 正交发送分集

正交发送分集的结构如图 7.10 所示,这是一种开环分集方式。采用 OTD 的发送分集方式,其中一个导频采用公共导频,另一个天线需要应用发送分集导频,并且两个天线的间距一般要大于 10 个波长的距离,以得到空间的不相关性。

OTD 方式中,经过编码、交织后的数据符号经过数据分离,按照奇偶顺序分离为两路,经过映射后,其一路经(+ +)重复,另一路经(+ -)重复,之后两路数据乘上 Walsh 码,再由 PN 码序列进行复扩频,然后经过增益,每一路用一根天线发送出去。这种发送方式与普通方式基本上是相同的,只是码重复不同。码重复的过程可以看作是两路数据分别经过了一个构造高一阶的 Walsh 码的过程,这种重复方式保证了两路 Walsh 扩展的正交性。

原始数据进行数据分离,然后经过符号重复和 Walsh 扩频后的输出为

$$s_1 = x_e W_1$$
$$s_2 = x_o W_2$$

其中,W_1 和 W_2 分别表示两个 Walsh 码。由于发送分集中,信号在时间域和频率域内没有冗余,这样发送分集不会降低频谱利用率,因而有利于高速数据传输。但是由于采用了多天线,在空间域引入了冗余,并且两个天线发送的信号到达移动台不相关,这样使得传输的性能得到了提高。

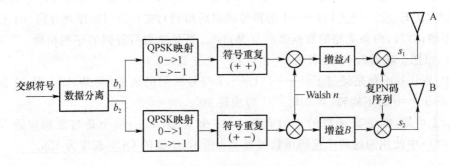

图 7.10 正交发送分集结构

(2) 空时扩展分集

空时扩展发送分集是另外一种开环发送分集方式,结构如图 7.11 所示。这种方式下,编码、交织符号采用多个 Walsh 码进行扩频,STS 方式是空时码中空时块码的一种实现方式。

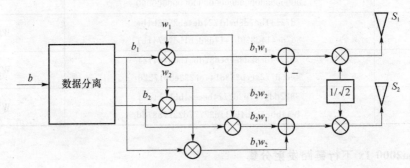

图 7.11 空时扩展分集结构

图 7.11 中,发送的符号可以表示为

$$S_1 = \frac{b_1 W_1 - b_2 W_2}{\sqrt{2}}$$

$$S_2 = \frac{b_2 W_1 + b_1 W_2}{\sqrt{2}}$$

其中,W_1 和 W_2 为两个正交的 Walsh 码。

STS 发送分集方式在移动台接收端的解扩基于 Walsh 码的积分,空时块码的构造和译码比较简单,而且当一根天线失效时仍能工作。与 OTD 发送分集方式相比,由于 STS 扩展扩频比的加倍,每个符号的能量在总能量不变的条件下与普通的模式是相同的,而且每个符号经历的独立衰落信道数目是 OTD 方式的 1 倍,因此 STS 分集性能要高于 OTD 方式。

7.2.3　cdma2000 1x 上行链路

1. cdma2000 1x 上行链路信道组成

cdma2000 1x 上行链路(RL)所包括的物理信道如图 7.12 所示。图中灰色部分表示与 IS95 后向兼容。cdma2000 1x 上行链路中采用的无线配置为 RC1～RC4。在上行链路上,不同的用户仍然用 PN 长码来区分,一个用户的不同信道则是用 Walsh 码来区分。

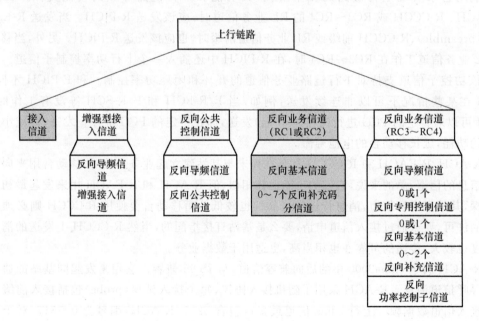

图 7.12　cdma2000 1x 上行链路物理信道划分

上行链路上各个物理信道的名称如表 7.5 所示,该表还给出了移动台能够发送的每种信道的最大数量。

上行链路的物理信道也可以划分为公共物理信道和专用物理信道两大类。

表 7.5　cdma2000 1x 上行链路物理信道

	信道名称	物理信道类型	最大数目
上行链路 公共物理信道 (R-CPHCH)	R-ACH	上行接入信道	1
	R-CCCH	上行公共控制信道	1
	R-EACH	上行增强接入信道	1
上行链路 专用物理信道 (R-DPHCH)	R-PICH	上行导频信道	1
	R-FCH	上行基本信道	1
	R-DCCH	上行专用控制信道	1
	R-SCH	上行补充信道	2
	R-SCCH	上行补充码分信道	7

（1）上行链路公共物理信道

上行链路公共物理信道包括：接入信道、增强接入信道和上行公共控制信道，这些信道是多个移动台共享使用的。cdma2000 提供了相应的随机接入机制，以进行冲突控制。与下行不同，上行的导频信道在同一移动台的信道中是公用的，而各个移动台的导频信道之间是不同的，即在局部上可以说上行导频信道是公共信道。

cdma2000 采用了 RL 导频信道 R-PICH，以提高 RL 的性能，它是未经调制的扩频信号。基站利用它来实现上行链路的相干解调；其功能和下行链路导频的功能类似。当使用 R-EACH、R-CCCH 或 RC3～RC4 的 RL 业务信道时，应该发送 R-PICH。当发送 R-EACH 前缀（preamble）、R-CCCH 前缀或 RL 业务信道前缀时，也应该发送 R-PICH。另外，当移动台的 RL 业务信道工作在 RC3～RC4 时，在 R-PICH 中还插入一个上行功率控制子信道。移动台用该功控子信道支持对下行链路业务信道的开环和闭环功率控制。和 F-PICH 不同，R-PICH 在某些情况下可以非连续发送，例如，当 F/R-FCH 和 F/R-SCH 等没有工作时，R-PICH 可以对特定的 PCG 进行门控（Gating）发送，即在特定的 PCG 上停止发送，以减小干扰并节约功耗，延长移动台的电池寿命。

R-ACH、R-EACH 和 R-CCCH 都是在尚未与基站建立起业务连接时，移动台用来向基站发送信息的信道，总的来说，它们的功能比较相似，但 R-ACH 和 R-EACH 用来发起最初的呼叫试探，其消息内容较短，消息传递的可靠性也较低。而移动台要使用 R-CCCH 则必须经过基站的许可，要么通过接入信道申请，要么是基站直接指配的，当然 R-CCCH 上发送的消息内容长度也较大，传递的可靠性也相当高，更适用于数据业务。

R-ACH 属于 cdma2000 中的后向兼容信道，与 IS-95 兼容。它用来发起同基站的通信或响应寻呼信道消息。R-ACH 采用了随机接入协议，每个接入试探（probe）包括接入前缀和后面的接入信道数据帧。上行 cdma 信道最多可包含 32 个 R-ACH，编号为 0～31。对于下行 cdma 信道中的每个 F-PCH，在相应的上行 cdma 信道上至少有 1 个 R-ACH。

R-EACH 用于移动台发起同基站的通信或响应专门发给移动台的消息。R-EACH 采用了随机接入协议。R-EACH 可用于两种接入模式中：基本接入模式和预留接入模式。由于通常接入时没有下行链路业务信道发送，因此与 R-EACH 相关联的 R-PICH 不包含上行功控子信道。

R-CCCH 用于在没有使用上行业务信道时向基站发送用户和信令信息。R-CCCH 可用于两种接入模式中：预留接入模式和指定接入模式，它们的发射功率受控于基站，并且可以进行软切换。

(2) 上行链路专用物理信道

上行专用物理信道和下行专用物理信道种类基本相同,并相互对应,它们包括:上行专用控制信道、基本信道、补充信道和补充码分信道,它们用来在某一特定的 MS 和 BS 之间建立业务连接。其中,R-FCH 中的 RC1 和 RC2 分别和 IS-95A 和 IS-95B 系统中的上行业务信道兼容,其他的信道则是新定义的上行专用信道。

R-DCCH 和 F-DCCH 的功能相似,用于在通话中向 BS 发送用户和信令信息。上行业务信道中可包括最多 1 个 R-DCCH,可非连续发送。R-FCH 和 F-FCH 的功能相似,用于在通话中向 BS 发送用户和信令信息。上行业务信道中可包括最多 1 个 R-FCH。R-SCH 的功能与 F-SCH 相似,用于在通话中向 BS 发送用户信息,它只适用于上行 RC3~RC4。上行业务信道中可包括最多 2 个 R-SCH。R-SCCH 的功能与 F-SCCH 相似,用于在通话中向 BS 发送用户信息,它只适用于 RC1 和 RC2。上行业务信道中可包括最多 7 个 R-SCCH。

cdma2000 1x 系统中,上行链路各个物理信道的数据速率如表 7.6 所示。

表 7.6　cdma2000 1x 上行链路物理信道数据速率

信道类别		数据速率/(bit·s⁻¹)
上行接入信道		4 800
上行增强型接入信道	报头	9 600
	数据	38 400 (5 ms, 10 ms 或 20 ms 帧长), 19 200 (10 ms 或 20 ms 帧长), 9 600 (20 ms 帧长)
上行公共控制信道		38 400 (5 ms, 10 ms 或 20 ms 帧长), 19 200(10 ms 或 20 ms 帧长), 9 600 (20 ms 帧长)
上行专用控制信道	RC3	9 600
上行基本信道	RC1	9 600, 4 800, 2 400 或 1 200
	RC2	14 400, 7 200, 3 600 或 1 800
	RC3	9 600, 4 800, 2 700, 1 500 (20 ms 帧长)　9 600 (5 ms 帧长)
上行补充码分信道	RC1	9 600
	RC2	14 400
上行补充信道	RC3	307 200, 153 600, 76 800, 38 400, 19 200, 9 600, 4 800, 2 700, 1 500 (20 ms 帧长)　153 600, 76 800, 38 400, 19 200, 9 600, 4 800, 2 400, 1 350 (40 ms 帧长)　76 800, 38 400, 19 200, 9 600, 4 800, 2 400, 1 200 (80 ms 帧长)

2. cdma2000 1x 上行链路中的差错控制

上行链路中,所采用的循环冗余校验编码与下行链路相同。

上行链路各个信道对下行纠错编码的要求如表 7.7 所示。

表 7.7　cdma2000 1x 上行链路对 FEC 的要求

信道类别	FEC	编码速率 R
接入信道	卷积码	1/3
增强型接入信道	卷积码	1/4
上行公共控制信道	卷积码	1/4

信道类别	FEC	编码速率 R
上行专用控制信道	卷积码	1/4
上行基本信道	卷积码	1/3 (RC1)
		1/2 (RC2)
		1/4 (RC3)
上行补充码分信道	卷积码	1/3 (RC1)
		1/2 (RC2)
上行补充信道	卷积码或 Turbo 码 ($N \geqslant 360$)	1/4 (RC3, $N < 6\,120$)
		1/2 (RC3, $N = 6\,120$)

注:N 是每帧的信息比特数。

3. cdma2000 1x 上行链路中的扩频码

cdma2000 1x 系统的上行链路中,在 RC1 和 RC2,接入信道和业务信道要使用 Walsh 码进行 64 阶正交调制。对于 RC3 和 RC4,移动台在上行导频信道、增强接入信道、上行公共控制信道以及上行业务信道上,使用 Walsh 码进行正交扩频,以区分同一个移动台的不同信道。上行链路上 Walsh 码的使用如表 7.8 所示。

表 7.8 上行链路 Walsh 码的使用(RC3 和 RC4)

信道类型	Walsh 函数	信道类型	Walsh 函数
R-PICH	W_0^{32}	R-FCH	W_4^{16}
R-EACH	W_2^8	R-SCH 1	W_1^2 或 W_2^4
R-CCCH	W_2^8	R-SCH 2	W_2^4 或 W_6^8
R-DCCH	W_8^{16}		

7.2.4 cdma2000 1x EV-DO 介绍

cdma2000 1x 的增强型技术 cdma200 1x EV 系统(EV 是 Evolution 的缩写),是在 cdma2000 1x 基础上的演进系统。cdma2000 1x EV 系统分为两个阶段,即 cdma2000 1x EV-DO 和 cdma2000 1x EV-DV。DO 是 Data Only 或 Data Optimized,cdma2000 1x EV-DO 通过引入一系列新技术,提高了数据业务的性能。DV 是 Data and Voice 的缩写,cdma2000 1x EV-DV 同时改善了数据业务和语音业务的性能。2000 年 9 月,3GPP2 通过了 cdma2000 1x EV-DO 的标准,协议编号为 C.S0024,对应的 TIA/EIA 标准为 IS-856。

cdma2000 1x EV-DO 的主要特点是提供高速数据服务,每个 cdma 载波可以提供 2.457 6 Mbit/s/扇区的下行峰值吞吐量。下行链路的速率范围是 38.4~2.457 6 Mbit/s,上行链路的速率范围是 9.6~153.7 kbit/s。上行链路数据速率与 cdma2000 1x 基本一致,而下行链路的数据速率远远高于 cdma2000 1x。为了能提供下行高速数据速率,cdma2000 1x EV-DO 主要采用了以下关键技术:

1. 下行最大功率发送

cdma2000 1x EV-DO 下行始终以最大功率发射,确保下行始终有最好的信道环境。换言之,cdma2000 1x EV-DO 下行始终以恒定功率发射,不采取功率控制。这里用下面将要介绍到的速率控制取代了功率控制。

2. 动态速率控制

终端根据信道环境的好坏(C/I)，向网络发送 DRC(Data Rate Control)请求，快速反馈目前下行链路可以支持的最高数据速率，网络以此速率向终端发送数据，信道环境越好，速率越高，信道环境越差，速率越低。与功率控制相比，速率控制能够获得更高的小区数据业务吞吐量。通常，移动台离基站较远时，因接收到的信号强度较弱，链路质量下降。此时，基站以较低的数据速率为移动台提供服务；相反，当移动台离基站较近时，通常，基站以较高的数据速率为移动台提供服务。

3. 自适应编码和调制

根据终端反馈的数据速率情况（即终端所处的无线环境的好坏），网络侧自适应地采用不同的编码和调制方式（如 QPSK，8PSK，16PSK）向终端发送数据。

4. HARQ

根据数据速率的不同，一个数据包在一个或多个时隙中发送，HARQ 功能允许在成功解调一个数据包后提前终止发送该数据包的剩余时隙，从而提高系统吞吐量。HARQ 功能能够提高小区吞吐量 2.9～3.5 倍。

5. 多用户分集和调度

cdma2000 1x EV-DO 同一扇区内的用户间以时分复用的方式共享唯一的下行数据业务信道。cdma2000 1x EV-DO 系统默认采用比例公平（Proportional Fair）调度算法，此种调度算法使小区下行链路吞吐量最大化。当有多个用户同时申请下行数据传输时，扇区优先分配时隙给 DRC/R 最大的用户，其中 DRC 为该用户申请的速率，R 为之前该用户的平均数据速率。可粗略地将其看成是多用户分集时间相等，即当用户无线条件较好时，尽量多传送数据；当用户信道条件不好时，少传或不传数据，将资源让给信号条件好的用户，避免自身的数据经历多次重传，降低系统吞吐量，并同时保持多用户之间的公平性。即为无线环境相当的用户比较均匀地分配无线资源，维持可接受的包延迟率。可以看出，每个用户的实际吞吐量取决于总的用户数量和干扰水平。

7.3 WCDMA 标准介绍

7.3.1 WCDMA 标准特色

WCDMA 分为 UTRA（Universal Terrestrial Radio Access，通用陆地无线接入）FDD（Frequency Division Duplex，频分双工）和 URTA TDD（Time Division Duplex，时分双工），WCDMA 涵盖了 FDD 和 TDD 两种操作模式。表 7.9 是 WCDMA 空中接口的主要参数。

WCDMA 是一个宽带直扩码分多址（DS-CDMA）系统，即通过用户数据与由 CDMA 扩频码得来的伪随机比特（称为码片）相乘，从而把用户信息比特扩展到宽的带宽上去。为支持高的比特速率（最高可达 2 Mbit/s），采用了可变的扩频因子和多码连接。

表 7.9　WCDMA 的主要参数

多址接入方式	DC-CDMA
双工方式	FDD/TDD
基站同步	异步方式
码片速率	3.84 兆周/秒
帧长	10 ms
载波带宽	5 MHz
多速率	可变的扩频因子和多码
检测	使用导频符号或公共导频进行相关检测
多用户检测、智能天线	标准支持,应用时可选
业务复用	具有不同服务质量要求的业务复用到同一个连接中

使用 3.84 兆周/秒的码片速率需要大约 5 MHz 的载波带宽。带宽约为 1 MHz 的 DS-CDMA 系统,如 IS-95,通常称为窄带 CDMA 系统。WCDMA 所固有的较宽的载波带宽使其能支持高的用户数据速率,而且也具有某些方面的性能优势,例如增加了多径分集。

WCDMA 支持各种可变的用户数据速率,换句话说,就是它可以很好的支持带宽需求的概念。给每个用户都分配一些 10 ms 的帧,在每个 10 ms 期间,用户数据速率是恒定的。然而在这些用户之间的数据容量从帧到帧是可变的,这种快速的无线容量分配一般是由网络来控制,以达到分组数据业务的最佳吞吐量。

WCDMA 支持两种基本的工作方式:频分双工(FDD)和时分双工(TDD)。在 FDD 模式下,上行链路和下行链路分别使用两个独立的 5 MHz 的载波,在 TDD 模式只用一个 5 MHz 的载波,在上、下行链路之间分时共享。上行链路是移动台到基站的连接,下行链路是基站到移动台的连接。TDD 模式在很大程度上是基于 FDD 模式的概念和思想,加入它是为了弥补基本 WCDMA 系统的不足,也是为了能使用 ITU 为 IMT-2000 分配的那些不成对频谱。

7.3.2　WCDMA 下行链路

1. WCDMA 下行链路信道组成

WCDMA 物理信道分为公用物理信道(CPCH)和专用物理信道(DPCH)两大类。WCDMA 系统的下行物理信道的发送过程可以描述为图 7.13。

由图 7.13 可以看出,下行链路中,除同步信道(SCH)外,其他信道均采取 QPSK 调制方式,即每一个物理信道都要先串、并变换,把一路信号映射为 I、Q 两路。经过 I、Q 映射的两路数据,首先和同一个信道化码(此处使用的是 OVSF 码)相乘,进行扩频处理。扩频之后,两路数据以 $I+jQ$ 的形式合并成一个复值序列,与复扰码相乘加扰。加扰之后的信道数据再乘以此物理信道的加权因子 G,和其他信道进行信道合并(复数合并)。SCH 是不经过扩频和加扰的,SCH 乘以加权因子 G 后,直接与其他信道合并。所有物理信道合并后,实部、虚部相分离,通过脉冲成型滤波器后,采用正交调制通过天线发送。

下行公用物理信道用于移动台的初始小区搜索、越区搜索和切换、向移动台传送广播消息或对某个移动台的寻呼消息,主要包括:同步信道(SCH)、公共导频信道(CPICH)、公共控制信道(CCPCH)、物理下行共享信道(PDSCH)、捕获指示信道(AICH)和寻呼信道(PCH)等。

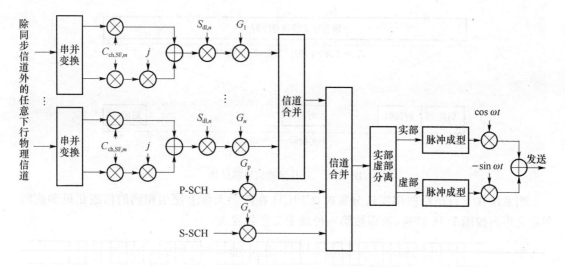

图 7.13　WCDMA 系统的下行发送框图

（1）同步信道（SCH）

同步信道用于小区搜索，它包括主同步信道（P-SCH）和辅同步信道（S-SCH），其帧结构如图 7.14 所示。一个 10 ms 的同步信道帧分为 15 个时隙，每个时隙只在头 256 个码片中传输数据，其余不传。主同步信道在每个时隙的头 256 个码片中重复发送主同步码，主同步码在整个系统中是唯一的，用于移动台取得时隙同步。辅同步信道传输辅同步码。辅同步码共有 16 种，每个时隙传输其中一种。辅同步码用来指示无线帧定时和小区使用的主扰码组号。总体而言，同步信道主要是用来实现与小区同步的。

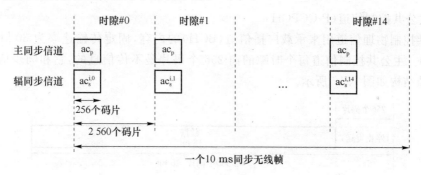

图 7.14　同步信道帧结构

（2）公共导频信道（CPICH）

公用导频信道上发送预先定义的比特/符号序列，固定传输速率为 30 kbit/s，扩频因子为 256，其帧结构如图 7.15 所示。

公共导频信道分为主公共导频信道（P-CPICH）和辅公共导频信道（S-CPICH）。每个小区有且只有一个 P-CPICH，它由小区主扰码加扰，扩频码固定使用 $C_{\mathrm{ch},256,0}$，此信道在整个小区进行广播，作为其他下行物理信道的默认相位参考。S-CPICH 可以使用主扰码加扰，也可以使用主扰码对应的 15 个辅扰码中的任意一个加扰，扩频码取 SF＝256 的任意一个。一个小区内 S-CPICH 的配置数目由基站决定。此信道可以对整个小区广播，也可以只对小区的一部分进行广播。S-CPICH 可以作为特定的下行专用信道的相位参考。

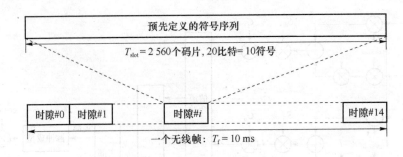

图 7.15　公共导频信道帧结构

当系统在下行链路使用发送分集时,CPICH 在两个天线上使用相同的信道化码和扰码,预定义序列按图 7.16 发送,否则按第一种预定义序列发送。

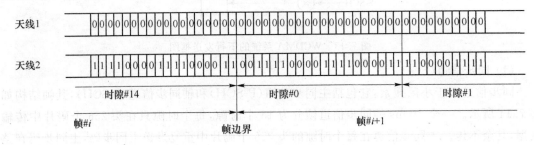

图 7.16　公共导频信道的调制模式

主公共导频信道除了为下行信道提供相位参考外,还在小区搜索过程中完成主扰码的确认。

（3）主公共控制信道（P-CCPCH）

主公共控制物理信道用来承载广播信道（BCH）的内容,固定传输速率为 30 kbit/s,扩频因子为 256。主公共控制信道每个时隙的前 256 个码片是不传信息的,它和同步信道复用传输。它的帧结构如图 7.17 所示。

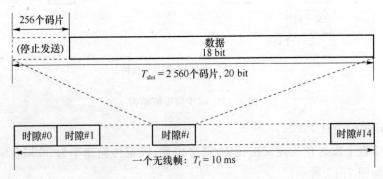

图 7.17　主公共控制信道帧结构

（4）辅公共控制信道（S-CCPCH）

辅公共控制物理信道用来承载下行接入信道 FACH 和寻呼信道 PCH 的内容。此信道的速率与对应的下行专用物理信道 DPCH 相同。它的帧结构如图 7.18 所示。

（5）物理下行共享信道（PDSCH）

下行链路专用信道的扩频因子不能按帧变化,其速率的变化是通过速率匹配操作或者关闭某些时隙的信息位,通过不连续传输而实现的。如果下行物理信道承载峰值速率高、出现频率低的分组数据,那么很容易使基站单一扰码序列的码树资源枯竭。下行共享信道的出现就可以在一定程度上避免这个问题的发生。下行共享信道可以按帧改变扩频因子,并且可以让多个手机共享 DSCH 的容量资源,它可以使用的扩频因子是 4～256,帧结构如图 7.19 所示。

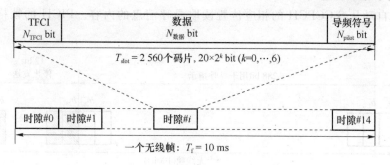

图 7.18　辅公共控制信道帧结构

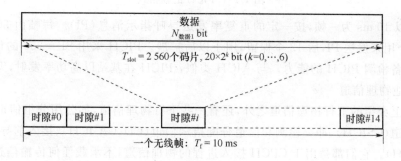

图 7.19　PDSCH 帧结构

下行共享信道需要和下行专用信道配合使用,以提供物理连接所必需的功率控制指令和信令。

(6) 捕获指示信道(AICH)

AICH 用于手机的随机接入进程,作用是向终端指示,基站已经接收到随机接入信道签名序列。它的前缀部分和随机接入信道(RACH)的前缀部分相同,长度为 4 096 个码片,采用的扩频因子为 256。AICH 的信道结构如图 7.20 所示。

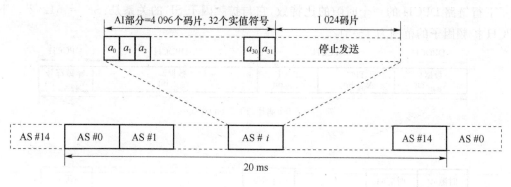

图 7.20　AICH 的信道格式

一个接入时隙(AS)由两个 10 ms 的时隙组成,头 4 096 个码片传输捕获指示消息,后1 024个码片不传信息。AICH 对高层是透明的,直接由物理层产生和控制,以便缩短相应随机接入的时间。为了使小区内每个终端都可以收到此信号,AICH 在基站侧以高功率发射,无功率控制。

(7) 寻呼指示信道(PICH)

PICH 用于指示特定终端,基站有下发给它的消息。终端一旦检测到 PICH 上有自己的寻呼标志,它自动从 S-CCPCH 的相应位置读取寻呼消息的内容。PICH 的帧格式如图 7.21 所示。

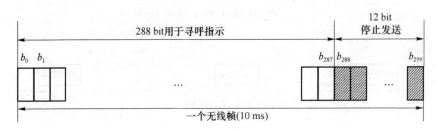

图 7.21 PICH 的帧格式

PICH 以 10 ms 为一帧,按一定的重复率发送寻呼指示消息(PI)。每帧由 300 个比特组成,前 288 个用来发送 PI,后 12 个保留,用于以后扩展。PICH 采用 SF=256 的信道化序列。终端必须具备检测 PICH 的能力。与 AICH 类似,PICH 在基站以高功率发射,无功率控制。

(8) 其他物理信道

除了以上介绍的下行物理信道之外,还有一些下行物理信道,如公用分组信道(CPCH)的状态指示信道(CSICH)、冲突检测和信道分配指示信道(CD\CA-ICH)、接入前导捕获指示信道(AP-AICH)。它们都是用于 CPCH 接入进程的物理信道,不承载任何传输信道,只用来承载 CPCH 进程所必需的物理层标志符。只有当系统配置了 CPCH 信道时,才会使用到这些信道。CSICH 采用 AICH 未定义的 1 024 个码片传输数据,用来指示每个物理 CPCH 信道是否有效。CD\CA-ICH、AP-AICH 信道格式与 AICH 信道相同,也只在前 4 096 个码片传输数据。下行专用物理信道(DPCH)分为下行专用物理数据信道(DPDCH)和专用物理控制信道(DPCCH)。专用物理数据信道承载第二层及更高层产生的专用数据,专用物理控制信道传送第一层产生的控制信息(包括 Pilot、TPC 及可选的 TFI),这两部分是时分复用在一个传输时隙内的。每个下行 DPCH 帧长 10 ms,下行 DPCH 的帧结构如图 7.22 所示。图中参数 k 决定了下行链路 DPCH 的一个时隙的比特数,它与扩频因子 SF 的关系是:$SF = 512/2^k$。下行 DPCH 扩频因子的范围为 4~512。

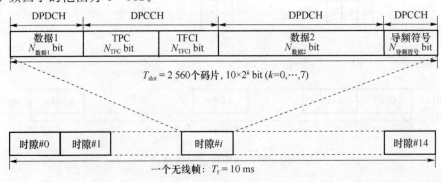

图 7.22 下行专用物理信道的帧结构

2. WCDMA 下行链路中的扩频码

WCDMA 下行链路采用了正交可变扩频因子(OVSF)码和 Gold 码。OVSF 码作为信道化码;两个 Gold 码构成一个复扰码。信道化码用于区分来自同一信源的传输,即一个扇区内的下行链路连接。OVSF 码保证不同长度的不同扩频码之间的正交性。码字可以从图 7.23 所示的码树中选取。同一信息源使用的信道化编码有一定的限制。物理信道要采用某个信道化编码必须满足:某码树中的下层分支的所有码都没有被使用,也就是说此码之后的所有高阶扩频因子码都不能被使用。同样,从该分支到树根之间的低阶扩频因子码也不能被使用。网络中通过无线网络控制器(RNC)来对每个基站内的下行链路正交码进行管理。

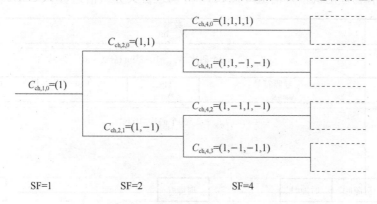

图 7.23　用于产生正交可变扩频因子码(OVSF)的码树

下行扰码的目的是为了将不同的基站区分开来。下行物理信道扰码产生方法如图 7.24 所示,通过将两个实数序列合并成一个复数序列构成一个扰码序列。两个 18 阶的生成多项式,产生两个二进制的 m 序列,两个 m 序列的 38 400 个码片模二加构成两个实数序列。两个实数序列构成了一个复扰码序列,扰码每 10 ms 重复一次。

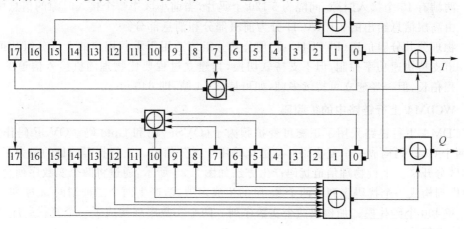

图 7.24　下行链路扰码产生器

7.3.3　WCDMA 上行链路

1. WCDMA 上行链路信道组成

WCDMA 物理信道分为公用物理信道(CPCH)和专用物理信道(DPCH)两大类。上行专用物理信道分为上行专用物理数据信道(上行 DPDCH)和上行专用物理控制信道(上行 DPCCH),DPDCH 和 DPCCH 在每个无线帧内是 I/Q 码复用。上行 DPDCH 用于传输专用传输信道(DCH),在每个无线链路中可以有 0 个、1 个或几个上行 DPDCH。上行 DPCCH 用于传输控制信息,包括支持信道估计以进行相干检测的已知导频比特、发射功率控制指令(TPC)、反馈信息(FBI),以及一个可选的传输格式组合指示(TFCI)。TFCI 将复用在上行 DPDCH 上的不同传输信道的瞬时参数通知给接收机,并与同一帧中要发射的数据相对应。

图 7.25 是上行专用物理信道的帧结构。每个帧长为 10 ms,分成 15 个时隙,每个时隙的长度为 $T_{slot}=2\,560$ 个码片,对应于一个功率控制周期,一个功率控制周期为 10/15 ms。上行公共物理信道有物理随机接入信道(PRACH)和物理公共分组信道(PCPCH)。

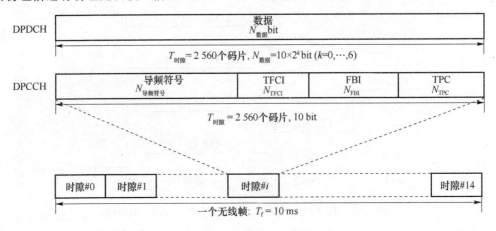

图 7.25 上行 DPDCH/DPCCH 的帧结构

- 物理随机接入信道(PRACH):随机接入信道的传输是基于带有快速捕获指示的时隙 ALOHA 方式。UE 可以在一个预先定义的时间偏置开始传输,表示为接入时隙。每两帧有 15 个接入时隙,间隔为 5 120 个码片,当前小区中哪个接入时隙的信息可用,是由高层信息给出的。PRACH 分为前缀部分和消息部分。

- 物理公共分组信道(PCPCH):物理公共分组信道用于承载用户的上行分组数据,此信道支持快速功率控制,但不支持软切换,其建立过程要比物理随机接入信道的建立过程稍长,但一经建立可持续多帧,如可持续 64 帧,即 640 ms。

2. WCDMA 上行链路中的扩频码

WCDMA 上行链路采用了正交可变扩频因子(OVSF)码和 Gold 码。OVSF 码作为信道化码;两个 Gold 码构成一个复扰码。信道化码用于区分信道。上行扰码的目的是为了将不同的终端区分开来。上行物理信道扰码产生方法如图 7.26 所示,通过将两个实数序列合并成一个复数序列构成一个扰码序列。两个 25 阶的生成多项式,产生两个二进制的 m 序列,两个 m 序列的 38 400 个码片模二加构成两个实数序列。两个实数序列构成了一个复扰码序列,扰码每 10 ms 重复一次。

上行 DPDCH/DPCCH 的扩频原理如图 7.27 所示,用于扩频的二进制 DPCCH 和 DPDCH信道用实数序列表示,也就是说二进制的"0"映射为实数"+1",二进制的"1"映射为实数"−1"。DPCCH 信道通过信道码 C_c 扩频到指定的码片速率,信道化之后,实数值的扩频信号进行加权处理,对 DPCCH 信道用增益因子 β_c 进行加权处理,对 DPDCH 信道用增益因子 β_d 进行加权处理。加权处理后,I 路和 Q 路的实数值码流相加成为复数值的码流,复值信号再经复扰码加扰,扰码和无线帧对应,也就是说第一个扰码对应无线帧的开始。

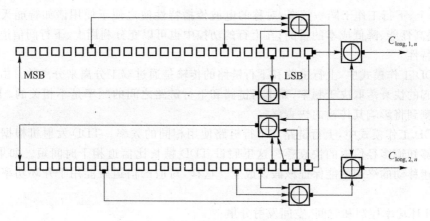

图 7.26　上行扰码序列产生器结构图

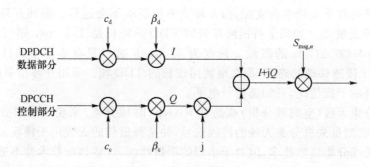

图 7.27　上行链路扩频

PRACH、PCPCH 消息部分扩频和扰码原理与专用信道相同,包括数据和控制部分,对应专用信道的 DPDCH 和 DPCCH。对于专用信道,一个 DPCCH 信道可以和 6 个并行的 DPDCH 信道同时发射,此时 I 路为三个 DPDCH 信道,Q 路为一个 DPCCH 加三个 DPDCH 信道。

7.3.4　TDD 系统

UMTS 的标准提出了两个空中接口:UTRA-TDD 和 UTRA-FDD。

一般信息的交流是双向的,对于移动通信也不例外,双向通信是必需的。对于数字移动通信而言,双向通信可以以频率或时间分开,前者称为频分双工 FDD,后者称为时分双工 TDD。

1. TDD 模式的优点

(1) 有利于频谱有效利用

TDD 能使用各种频率资源,不需要成对的频率。这样可以充分利用那些不成对的频段,分配频段也比较简单。

(2) 更适用于不对称业务

TDD 适用于不对称的上、下行数据传输速率,特别适用于 IP 型的数据业务;IP 型的业务往往上、下行不对称,FDD 对此只能是浪费一个频段,TDD 可以动态的改变上、下行的时隙数,充分利用频率。

(3) 上、下行链路中的对应信道

一般在无线通信系统中,我们将基站到移动台方向称为下行,将移动台到基站方向称为上行。TDD 上、下行工作于同一频率,对称的电波传播特性使之便于使用诸如智能天线等新技术,达到提高性能、降低成本的目的;在上行的功控中也可以充分利用上、下行间信道的对称的电波传播特性。

在 FDD 工作模式中,上行链路和下行链路的传输是通过双工分离来分离的。由于因多径传播而引起的快衰落取决于频率,而上行链路和下行链路之间的频率是不相关的。FDD 发射机不能预测到将影响其传输的快衰落。

在 TDD 工作模式中,上行链路和下行链路使用相同的频率。TDD 发射机根据接收到的信号就能够知道多径信道的快衰落。这里假设 TDD 帧长比信道相干时间短。如果 TDD 移动台是慢速移动的终端就能保证该假设成立。这样,对应的信道就能用于开环功率控制和发射分集。

(4) 开环功率控制和时间、空间发射分集

与闭环功率控制相比,开环功率控制降低了对功率控制信令的要求。闭环功率控制信令还会引入一些延时并受差错率的支配,而开环功率控制就不会这样。要使开环功率控制足够快,TDD 帧就应足够短。如果上行链路部分的 TDD 的帧长是 1.5 ms,则可以支持高至 80 Hz 的多普勒频率(在 2GHz 的载波上速度为 43 km/h 时),只有非常小的性能下降。如果 TDD 系统只用于慢速移动的终端,那么也能用较长的 TDD 帧。采用开环功率控制时,发射机不知道接收机处的干扰情况,只知道信号电平。

可以利用分集天线(空间域分集)或前置 RAKE(时域分集)来实现发射分集。在选择分集合成时,接收机测量来自分集天线的接收信号,并选择最佳的天线用于接收。在基站处可以很容易地运用天线分集接收技术,但对于小型的手持终端,这些接收技术并不适用。要在下行链路中实现天线分集,就要在基站处采用发射分集。并根据上行链路的接收情况来选择最佳的天线用于 TDD 的下行链路传输。

可以方便地使用智能天线技术。在 TDD 模式下,上行链路和下行链路使用的是同一频带,基站端的发射机可以根据在上行链路上得到的接收信号来了解下行链路的多径信道的特性,这样基站的收发信机就可以使用在上行链路上得到的信道估计信息来达到下行的波束形成。

在 FDD CDMA 中,采用一个 RAKE 接收机来收集多径分量从而获得多径分集。最佳的 RAKE 接收机是对多径信道的一个匹配滤波器。如果发射机了解多径信道,它就能将 RAKE 运用在发射机中(前置 RAKE)。这时候的传输是这样的:多径信道对于发射信号来说相当于一个匹配滤波器。这样在接收机中就不需要 RAKE 了(即用一个分支的接收机就能获得多径分集)。但需要指出的是,在室内传播环境中,只能提供很少的多径分集。而室内和微小区环境是最可能采用 TDD 通信的应用区域,因此,对于 TDD 工作来说,天线分集技术是更具有吸引力的分集技术。

如果采用上下行链路具有不同方案的 TDD 提案(其中上行链路使用单个宽带载波,而下行使用多载波),那么就不能运用信道对应。这种结构的效果取决于环境,但是不能保证相干带宽大到足以使上下行链路获得相似的衰落特性。

2. TDD 模式的缺点

(1) 移动速度与覆盖

TDD 系统的主要问题是在终端的移动速度和覆盖距离等方面,目前 ITU 要求 TDD 系统达到 120 km/h,而 FDD 系统则要求达到 500 km/h;FDD 系统的小区半径可能达到数十千米而 TDD 系统只有几千米。

（2）基站的同步

为了减少基站间的干扰，基站间要同步。如果基站不同步，在 TDD CDMA 系统中就会出现小区间和运营者间的干扰问题。因此对于 TDD CDMA 系统来说基站同步是必要的。同步精度应在符号级而不是码片级。这可以用基站处的 GPS 接收机或通过用额外的电缆分布公共时钟来实现。这些方法会增加基础设施的费用。

（3）TDD 中的干扰

TDD 系统中的干扰不同于 FDD 系统中的干扰。在 FDD 中，由于上、下行间是频分双工，信道间的干扰只存在于 MS 和 BS。下行的信道只会对下行的信道产生干扰，上行的信道只会对上行的信道产生干扰，上、下行间不存在干扰。在 TDD 的系统中，上、下行使用同一个载波，所以 MS 和 BS 之间可能存在各种干扰，干扰的比例取决于帧同步和信道的对称性。另外，在 TDD 中存在着来自功率脉动的干扰，蜂窝内的干扰，蜂窝间的干扰，不同运营商间的干扰，TDD/FDD 间的干扰以及 TDD 系统还可能跟那些使用邻近频段的系统有干扰。

CDMA 系统是一个干扰受限系统，且在不同步的情况下 TDD 系统中的干扰不同于 FDD 的干扰，由于同步的困难以及相关的干扰问题成为 TDD-CDMA 使用的主要问题，在 TDD 系统设计和运营时必须使用一些方法来避免或减小这些干扰。

对于蜂窝间的干扰，这些干扰在大蜂窝时尤为突出。TDD 本身的一些特性也使它主要适用于微蜂窝或室内蜂窝，在这些情况下，只要有足够的保护时隙就可以消除或减小这些干扰。对于一些较大的蜂窝（蜂窝半径大于 4.15 m），大的无线来回时延及时间超前的值不能适应时隙间保护时隙。在这种情况下，必须采用专门方法和相互协调的资源分配方法。

所有在同一 TDD 蜂窝内的移动台必须同步。使用同一频率的所有蜂窝需要严格的网同步。使用相邻频段的运营者之间必须协调网络规划，相邻蜂窝间必须有相同的时隙不对称类型。安排好邻近于 FDD 上行波段的 TDD 的系统来减小 TDD/FDD 系统间的干扰。

（4）发射功率

与 FDD 方式相比，在 TDD 方式下，用户数据是间歇发送的，因此其数据速率高，信号功率强。例如，16 个时隙的数据集中到一个时隙发射，其峰值功率为在整个 16 个时隙的 16 倍，这样就会高出 $10\log 16 = 12$ dB，一般 3G 手机发射的最大功率在 $21 \sim 24$ dBm。手机有限的发射功率也限制了 TDD 的蜂窝的大小。但在 TDD 中平均到 16 个时隙的平均功率应该是和 FDD 的平均功率差不多或更小。

7.3.5　HSDPA 介绍

为了适应上、下行数据业务的不对称性，3GPP 在 R5 版本的协议中提出了一种基于 WCDMA 的增强型技术，即高速下行分组接入（HSDPA）技术。

HSDPA 作为 WCDMA 的增强技术，其演进分 3 个阶段。

（1）基本 HSDPA 阶段：由 3GPP R5 协议规定，下行用户速率最高可达 14.4 Mbit/s，主要采用快速链路自适应（AMC）、16QAM 高阶调制、混合自动重传请求（HARQ）、快速分组调度算法等先进技术。这些技术主要是针对大容量、高速率、高突发性的分组数据传输特点发展起来的。

（2）增强 HSDPA 阶段：由 3GPP R6 协议规定，下行用户速率最高可达 30Mbit/s，主要采用 MIMO 技术、空间分集、空间辨识、空时编码、快速小区选择（FCS）等先进技术；另外在上行提出了 HSUPA 技术,大大提高了用户的上行数据速率。

(3) HSDPA 进一步演进阶段:考虑采用 OFDM、64QAM 等新技术,以进一步提高用户上、下行数据传输速率。目前还正处在研究阶段。

目前的系统和终端设备都是按基本型 HSDPA 标准进行开发设计的。基本型 HSDPA 在 WCDMA R99/R4 原有物理信道上,增加了 3 种物理信道,包括两种下行信道和一种上行信道。

(1) 上行引入了一个专用控制信道(HS-DPCCH),供 UE 上报 HARQ 要求的 ACK/NACK 和所测下行信道的质量指示(CQI),使用的扩频因子为 256。

(2) 下行引入了专门用于下行大数据传输的高速数据信道(HS-PDSCH),使用户可以在时域、码域进行资源共享,使用的扩频因子为 16,最多提供 15 个该类信道。

(3) 下行还引入了公用控制信道(HS-SCCH),用以承载业务信道的控制信令,使用的扩频因子为 128,同一小区 HS-SCCH 信道数最多为 4 个。HS-SCCH 要消耗一定的功率,影响系统的容量,在 HSDPA 和 R99 共载频组网的情况下,该信道的配置数目及功率变得十分重要。

基本型 HSDPA 中采用以下几项关键技术:

(1) 自适应编码调制(AMC)

AMC 技术的基本原理就是根据当前无线信道的变化情况(信道质量指示数据由终端进行测量和报告)快速动态地确定当前的下行链路的速率和调制方式,实现最大限度的传输用户数据,改进系统容量,提高系统利用率。在 AMC 系统中,一般用户在理想信道条件下用较高阶的调制方式和较高的编码速率,而在不太理想的信道条件下则用较低阶的调制编码方式。AMC 特别适合于高突发性的分组数据业务。

采用 AMC 的好处主要有:处于有利位置的用户可以具有更高的数据速率,从而提高小区的平均吞吐量;在链路自适应过程中,通过调整调制编码方案而不是调整发射功率的方法实现干扰水平的降低。

AMC 对测量误差和时延比较敏感。为了选择适合的调制方式,必须首先知道信道的质量,信道估测的错误会使系统选择错误的数据传输速率,使传输功率过高,浪费系统容量或者因功率太低而出现误码率升高。由于移动信道的时变特性,信道测量报告的延迟降低了信道质量估计的可靠性。

(2) 混合自动重传请求(HARQ)

标准的自动重传请求(ARQ)是当一个数据包被成功接收时,接收端向发送端发送确认(ACK)消息,如果数据接收失败,接收端向发送端发送否认(NACK)消息,发送端会重新传送出错的数据。HSDPA 中在下行链路采用了 HARQ 技术,HARQ 对 ARQ 进行了功能改进,主要体现在重传信息的内容及数据合并的方式上,另外重传机制由基站的 MAC-hs 直接控制,有效地降低了处理时延。

3GPP 规范中定义了 3 种方式的 HARQ。其中两种为新增加的类型,一种是 Chase 合并(Chase Combining)方式的软合并方式,一种是增量冗余(Incremental Redundancy)方式。

HARQ 也是一种链路自适应技术,它能够自动适应连续变化的信道条件。与 AMC 不同的是,HARQ 对测量错误以及测量时延不敏感,将 HARQ 与 AMC 这两种链路自适应技术结合使用,可以取得比较理想的效果。即 AMC 基于信道测量结果大致决定数据传输速率,HARQ 在此基础上根据实时信道条件再对数据传输速率进行微调。

（3）快速分组调度技术

快速调度机制使系统可以根据所有用户的情况决定哪个用户可以使用信道，以何种速率使用信道。信道总是被与信道状况相匹配的用户所使用，这样在每个瞬间都可以达到最高的用户数据速率和最大的数据吞吐量，但同时兼顾每个用户的等级和公平性。

一般来说，HSDPA 的分组调度有以下几类：

- 基于时间的轮循方式（Round Robin）；
- 基于流量的轮循方式；
- 最大 C/I 方式；
- 比例公平（Proportional Fair Scheduler）方式。

其中，比例公平方式综合考虑了公平性和效率性两方面，既照顾到了大部分用户的满意度，也能从一定程度上保证系统有比较高的吞吐量，是目前厂家比较推荐的一种调度方法。为了能更好地适应信道的快速变化，HSDPA 将调度功能单元放在 NodeB 而不是 RNC，同时也将时间间隔 TTI 缩短到 2 ms。而 WCDMA R99 版本中的 TFI 为 10 ms 或 20 ms。

7.4　TD-SCDMA 标准介绍

7.4.1　TD-SCDMA 标准特色

TD-SCDMA 系统全面满足 IMT-2000 的基本要求。采用不需配对频率的 TDD（时分双工）工作方式，以及 FDMA/TDMA/CDMA 相结合的多址接入方式。同时使用 1.28 兆周/秒的低码片速率，扩频带宽为 1.6 MHz。TD-SCDMA 的基本物理信道特性由频率、时隙和码决定。其帧结构将 10 ms 的无线帧分成 2 个 5 ms 子帧，每个子帧中有 7 个常规时隙和 3 个特殊时隙。信道的信息速率与符号速率有关，符号速率由 1.28 兆周/秒的码速率和扩频因子所决定。上、下行的扩频因子在 1～16 之间，因此各自调制符号速率的变化范围为 80 千次采样/秒～1.28 万次采样/秒。TD-SCDMA 系统还采用了智能天线、联合检测、同步 CDMA、接力切换及自适应功率控制等诸多先进技术，与其他 3G 系统相比具有较为明显的优势，主要体现在：

（1）频谱灵活性

TD-SCDMA 采用 TDD 方式，仅需要 1.6 MHz（单载波）的最小带宽。因此频率安排灵活，不需要成对的频率，可以使用任何零碎的频段，能较好地解决当前频率资源紧张的矛盾；若带宽为 5 MHz 则支持 3 个载波。

（2）高频谱利用率

TD-SCDMA 频谱利用率高，抗干扰能力强，系统容量大，适用于人口密集的大、中城市传输对称与非对称业务。尤其适合于移动 Internet 业务（它将是第三代移动通信的主要业务）。

（3）适用于多种使用环境

TD-CDMA 系统全面满足 ITU 的要求，适用于多种环境。

7.4.2 TD-SCDMA 物理信道

1. TD-SCDMA 的物理信道结构

TD-SCDMA 的物理信道采用四层结构:系统帧号、无线帧、子帧、时隙和信道码。时隙用于在时域上区分不同用户信号,具有 TDMA 的特性。图 7.28 给出了物理信道的信号格式。

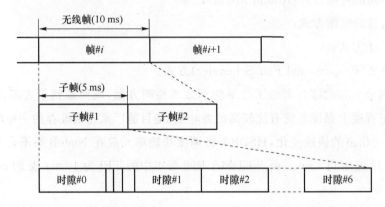

图 7.28 TD-SCDMA 的物理信道信号格式

TDD 模式下的物理信道是将一个突发在所分配的无线帧的特定时隙发射。一个突发由数据部分、训练序列部分和保护间隔组成。几个突发同时发射时,各个突发的数据部分必须使用不同 OVSF 的信道码和相同的扰码。而且训练序列部分必须使用同一个基本训练序列码。突发的数据部分由信道码和扰码共同扩频。信道码是 OVSF 码,扩频因子可以取 1,2,4,8 或16,物理信道的数据速率取决于使用的 OVSF 码所采用的扩频因子。小区使用的扰码和基本训练序列码是广播的。

2. TD-SCDMA 系统的帧结构

TD-SCDMA 系统帧长为 10 ms,分成两个 5 ms 子帧。这两个子帧的结构完全相同。如图7.29 所示,每一子帧又分成长度为 675 μs 的 7 个常规时隙和 3 个特殊时隙。这 3 个特殊时隙分别为 DwPTS(下行导频时隙)、GP(保护时隙)和 UpPTS(上行导频时隙)。在 7 个常规时隙中,Ts0 总是分配给下行链路,而 Ts1 总是分配给上行链路。上行时隙和下行时隙之间由切换点分开,在 TD-SCDMA 系统中,每个 5 ms 的子帧有两个切换点(UL 到 DL,和 DL 到 UL)。通过灵活的配置上、下行时隙的个数,TD-SCDMA 可实现上、下行对称及非对称的业务模式。图 7.30 分别给出了对称分配和不对称分配上、下行链路的例子。

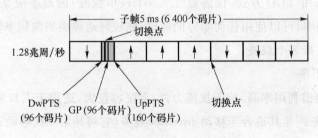

图 7.29 TD-SCDMA 子帧结构

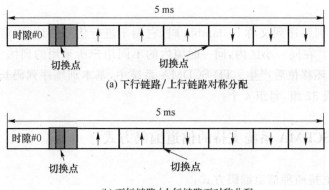

图 7.30　TD-SCDMA 子帧结构示意图

（1）下行导频时隙（DwPTS）：每个子帧中的 DwPTS 是作为下行导频和同步而设计的。该时隙是由长为 64 个码片的 SYNC_DL 序列和 32 个码片的保护间隔组成，其结构如图 7.31 所示。SYNC_DL 是一组 PN 码，用于区分相邻小区，系统中定义了 32 个码组，每组对应一个 SYNC-DL 序列，SYNC-DL PN 码集在蜂窝网络中可以复用。DwPTS 的发射，要满足覆盖整个区域的要求，因此不采用智能天线赋形。将 DwPTS 放在单独的时隙，一个是便于下行同步的迅速获取，再者，也可以减小对其他下行信号的干扰。

（2）上行导频时隙（UpPTS）：每个子帧中的 UpPTS 是为建立上行同步而设计的，当 UE 处于空中登记和随机接入状态时，它将首先发射 UpPTS，当得到网络的应答后，发送 RACH。这个时隙由长为 128 个码片的 SYNC_UL 序列和 32 个码片的保护间隔组成，其结构如图 7.32 所示。SYNC_UL 是一组 PN 码，用于在接入过程中区分不同的 UE。

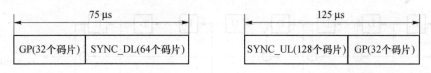

图 7.31　DwPCH（DwPTS)的突发结构　　图 7.32　UpPCH（UpPTS）的突发结构

（3）保护时隙（GP）：即在 Node B 侧，由发射向接收转换的保护间隔，时长为 75 μs(96 个码片）。

3. TD-SCDMA 系统的突发结构

TD-SCDMA 采用的突发格式如图 7.33 所示。突发由两个长度分别为 352 个码片的数据块、一个长为 144 个码片的训练序列和一个长为 16 个码片的保护间隔组成。数据块的总长度为 704 个码片，所包含的符号数与扩频因子有关。突发的数据部分由信道码和扰码共同扩频。即将每一个数据符号转换成一些码片，因而增加了信号带宽，一个符号包含的码片数称为扩频因子（SF）。扩频因子可取 1,2,4,8,16。

数据符号 352个码片	训练序列 144个码片	数据符号数 352个码片	GP 16 CP
864个码片			

图 7.33　突发结构（GP 表示保护间隔，CP 表示码片长度）

4. 训练序列

突发结构中的训练序列又称 midamble 码,它用于进行信道估计、测量,如上行同步的保持以及功率测量等。在同一小区内,同一时隙内的不同用户所采用的训练序列码由一个基本的训练序列码经循环移位后产生。TD-SCDMA 系统中,基本训练序列码长度为 128 个码片,个数为 128 个,分成 32 组,每组 4 个。

7.4.3 TD-SCDMA 系统支持的信道编码方式

TD-SCDMA 支持两种信道编码方式:
- 卷积编码。约束长度为 9,编码速率为 1/2,1/3。
- Turbo 编码。

其详细参数如表 7.10 所示。

表 7.10 纠错编码参数

传输信道类型	编码方式	编码率
BCH	卷积编码	1/3
PCH		1/3,1/2
RACH		1/2
DCH,DSCH,FACH,USCH		1/3,1/2
	Turbo 编码	1/3

卷积编码器的配置如图 7.34 所示。

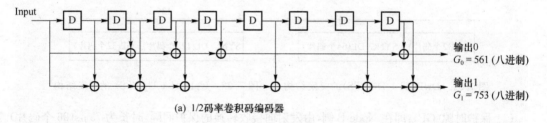

(a) 1/2 码率卷积码编码器

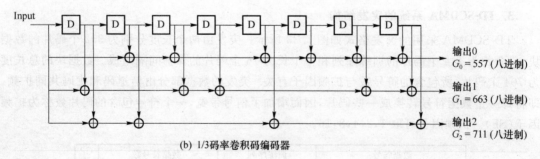

(b) 1/3 码率卷积码编码器

图 7.34 编码率为 1/2 和 1/3 的卷积编码器

Turbo 编码器结构如图 7.35 所示。

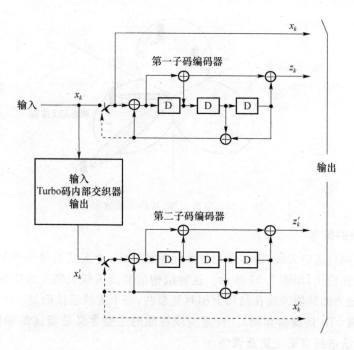

图 7.35　编码率 1/3 的 Turbo 编码器结构（虚线仅适用于 trellis 终止）

7.4.4　TD-SCDMA 的调制、扩频及加扰方式

TD-SCDMA 采用 QPSK 和 8PSK 调制方式，对于 2 Mbit/s 的业务，使用 8PSK 调制方式。TD-SCDMA 与其他 3G 一样，均采用 CDMA 的多址接入技术，所以扩频是其物理层很重要的一个步骤。扩频操作位于调制之后和脉冲成形之前。首先用扩频码对数据信号扩频，其扩频因子在 1～16 之间。第二步操作是加扰码，将扰码加到扩频后的信号中。TD-SCDMA 所采用的扩频码是一种正交可变扩频因子（OVSF）码，这可以保证在同一个时隙上不同扩频因子的扩频码是正交的。扩频码的作用是用来区分同一时隙中的不同用户。而长度为 16 的扰码用来区分不同的小区。

7.4.5　TD-SCDMA 中智能天线技术

目前，基站普遍使用的是扇区化天线，扇区化天线具有固定的天线方向图，而智能天线将具有根据信号情况实时变化的方向图特性，如图 7.36 所示。在使用扇区化天线的系统中，对于在同一扇区中的终端，基站使用相同的方向图进行通信，这时系统依靠频率、时间和码字的不同来避免相互间的干扰。而在使用智能天线的系统中，系统将能够区别用户位置的不同，并且形成有针对性的方向图，由此最大化有用信号、最小化干扰信号，在频率、时间和码字的基础上，提高了系统从空间上区别用户的能力。这相当于在频率和时间的基础上扩展了一个新的维度，能够很大程度地提高系统的容量以及与之相关的其他方面的能力（例如，覆盖、获取用户位置信息等）。

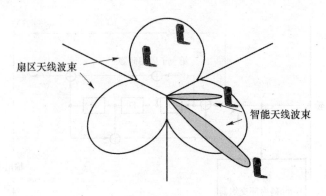

图 7.36　扇区天线、智能天线波束

1. 智能天线的概念

智能天线也叫自适应天线,由多个天线单元组成,每一个天线后接一个复数加权器,最后用相加器进行合并输出,如图 7.37 所示。这种结构的智能天线只能完成空域处理,同时具有空域、时域处理能力的智能天线在结构上相对复杂些,每个天线后接的是一个延时抽头加权网络(结构上与时域 FIR 均衡器相同)。自适应或智能的主要含义是指这些加权系数可以根据一定的自适应算法进行自适应更新调整。

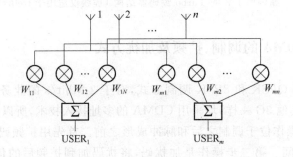

图 7.37　智能天线方框图

智能天线的基本思想是:天线以多个高增益窄波束动态地跟踪多个期望用户,接收模式下,来自窄波束之外的信号被抑制,发射模式下,能使期望用户接收的信号功率最大,同时使窄波束照射范围以外的非期望用户受到的干扰最小。智能天线利用用户空间位置的不同来区分不同用户。不同于传统的频分多址(FDMA)、时分多址(TDMA)或码分多址(CDMA),智能天线引入第 4 种多址方式:空分多址(SDMA)。即在相同时隙、相同频率或相同地址码的情况下,仍然可以根据信号不同的传播路径而区分。SDMA 是一种信道增容方式,与其他多址方式完全兼容,从而可实现组合的多址方式,如空分-码分多址(SD-CDMA)。智能天线与传统天线概念有本质的区别,其理论支撑是信号统计检测与估计理论、信号处理及最优控制理论,其技术基础是自适应天线和高分辨阵列信号处理。

2. 智能天线的自适应算法

自适应算法是智能天线研究的核心,一般分为非盲算法和盲算法两类。

(1)非盲算法:是指需要借助参考信号(导频序列或导频信道)的算法,此时接收端知道发送端发送的参考信号,按一定准则确定或逐渐调整权值,使智能天线输出与已知输入最大相关,常用的相关准则有 MMSE(最小均方误差)、LMS(最小均方)和 LS(最小二乘)等。

（2）盲算法：无须发端传送已知的导频信号，它一般利用调制信号本身固有的、与具体承载的信息比特无关的一些特征，如恒模、子空间、有限符号集、循环平稳等，并调整权值以使输出满足这种特性，常见的是各种基于梯度的使用不同约束量的算法。非盲算法相对盲算法而言，通常误差较小，收敛速度也较快，但需浪费一定的系统资源。将二者结合产生一种半盲算法，即先用非盲算法确定初始权值，再用盲算法进行跟踪和调整，这样做可综合二者的优点，同时也与实际的通信系统相一致，因为通常导频符不会时时发送而是与对应的业务信道时分复用。

7.5　cdma2000 1x 系统中的功率控制和切换介绍

7.5.1　cdma2000 1x 系统中的功率控制技术

cdma2000 1x 系统中，对于上行功率控制，是将上行导频的发射功率作为参考值，并维持专用信道与导频信道之间的功率比例，通过调整上行导频信道功率来进行的。对于下行功率控制，cdma2000 1x 采用了基于功控控制指令的快速功率控制。

1. 上行开环功率控制

开环功率控制在上行接入信道（R-ACH）和上行增强接入信道（R-EACH）上使用。如果移动台工作在预留接入模式，则开环和闭环功率控制都可以在上行公用控制信道（R-CCCH）上使用。

在 R-ACH 中，cdma2000 1x 的开环功控与 IS-95 相兼容。在 R-EACH 和 R-CCCH 上，cdma2000 引入了新的接入方式，包括基本接入模式和预留接入模式，使得这两个信道上的开环估计有所不同。

R-EACH 和 R-CCCH 功率值与上行导频信道的功率值有关。

使用 R-EACH 时，R-PICH 的开环功率估计如下：

$$导频信道平均输出功率（dBm）=-平均输入功率（dBm）+功率偏置（参见开环功率偏置表）+干扰校正+EACH\_NOM\_PWRs+$$
$$EACH\_INIT\_PWRs+PWR\_LVL \times PWR\_STEP\_$$
$$EACHs+6$$

使用 R-CCCH 时，R-PICH 的开环功率估计如下：

$$导频信道平均输出功率（dBm）=-平均输入功率（dBm）+功率偏置（参见开环功率偏置表）+干扰校正+RCCCH\_NOM\_PWRs+RC-$$
$$CCH\_INIT\_PWRs+PREV\_CORRECTIONS+6$$

其中，PREV_CORRECTIONS 等于 R-EACH 上 PWR_LVL×PWR_STEP_EACH 的值。

R-EACH 和 R-CCCH 的平均输出功率可由下式确定：

$$码信道平均输出功率（dBm）=导频信道平均输出功率（dBm）+0.125 \times Nominal\_$$
$$Reverse\_Common\_Channel\_Attribute\_Gain[Rate,$$
$$Frame\ Duration]+0.125 \times RL\_GAIN\_COMMON\_$$
$$PILOTs$$

其中，Nominal_Reverse_Common_Channel_Attribute_Gain 为上行公共信道的标称属性增益，

在相关的标准中定义,其取值与数据速率和帧长度有关。

RL_GAIN_COMMON_PILOT 是上行增强接入信道和上行公用控制信道相对上行导频信道的增益调整值。

表 7.11 给出了 cdma2000 1x 中开环功率控制所用到的部分参数的值,包括功率偏置以及干扰校正。

表 7.11　开环功率估计部分参数值

信道类型		偏置功率/dBm		干扰校正/dB
		0 频带	1 频带	
R-ACH		-73	-76	$\min\{\max[(-7-\text{ECIO},0),7]\}$
R-EACH 和 R-CCCH		-81.5	-84.5	$\min\{\max[(\text{IC\_THRES}-\text{ECIO},0),\text{IC\_MAX}]\}$
上行业务信道	RC1、RC2	-73	-76	$\min\{\max[(-7-\text{ECIO},0),7]\}$
	RC3、RC4	-81.5	-84.5	$\min\{\max[(\text{IC\_THRES}-\text{ECIO},0),7]\}$

注:ECIO 为激活集最强导频的 E_c/I_o;IC_MAX 为可用的最大干扰校正值;IC_THRES 表示干扰校正开始应用时的电平门限。

2. 上行闭环功率控制

cdma2000 1x 系统中,所有上行链路上的专用信道,如上行基本信道(R-FCH)、上行补充信道(R-SCH)、上行补充编码信道(R-SCCH)和上行专用控制信道(R-DCCH),都需要进行闭环功率控制,用于对各个信道的平均发射功率进行精确的调整。如果移动台工作在预留接入模式,则上行公用控制信道(R-CCCH)上也可以使用闭环功控。

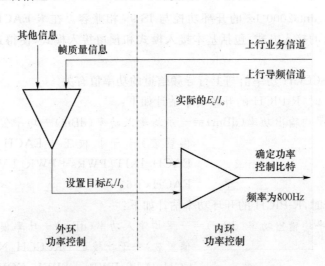

图 7.38　cdma2000 1x 上行闭环功率控制

cdma2000 1x 系统上行链路采用快速的闭环功率控制,功控速率为 800 Hz。对于 RC1 和 RC2,其功控方法与 IS-95 相同。对于新增的无线配置,其方法与 IS-95 类似,但是其内环功控的测量点不再是业务信道的信噪比 E_b/N_t,而是上行导频信道的强度 E_c/I_o,如图 7.38 所示。上行功率控制将上行导频的发射功率作为参考值,通过调整上行导频信道功率,同时根据信道的速率、目标 FER 和系统干扰情况等维持专用信道与导频信道之间的功率比例,从而调整各个信道的发射功率。

当移动台接收到 F-CPCCH 上的功率控制比特时,它将调节 R-EACH 和 R-CCCH 的平均输出功率;当收到 F-FCH 或 F-DCCH 上的功率控制比特时,将调节上行专用信道的平均输出功率。功控比特为"0"时,表示要增加发射功率;功控比特为"1"时,表示要降低发射功率。

上行链路中对专用信道的功率进行调节时,将 R-PICH 的发射功率作为参考值,然后给上行专用信道引入一个功率偏置,并根据信道配置参数调节发射功率,如数据速率、帧大小等。

接收到有效的功率控制比特后,R-PICH 的输出功率可由下式计算得到:

$$平均导频信道输出功率(dBm) = 平均输入功率(dBm) + 功率偏置(来自开环功率偏置表) + 干扰校正 + ACC\_CORRECTIONS + RLGAIN\_ADJs + 所有闭环功率控制校正的总和$$

其中的参数如下:

- ACC_CORRECTIONS

该参数是使用接入信道后对增益的校正。可由下式计算得到:

$$ACC\_CORRECTIONS = NOM\_PWR + INIT\_PWR - 16 \times NOM\_PWR\_EXT + PWR\_LVL \times PWR\_STEP$$

- RLGAIN_ADJ

该参数是相对于接入信道的发射功率,导频信道输出功率的增益调节。

R-FCH、R-DCCH 和 R-SCH 的功率电平的设置可由下式确定:

$$平均码信道输出功率(dBm) = 平均导频信道输出功率(dBm) + 0.125 \times (Nominal\_Attribute\_Gain [Rate, Frame\ duration, Coding] + Attribute\_Adjustment\_Gain [Rate, Frame\ Duration, Coding] + Reverse\_Channel\_Adjustment\_Gain [Channel] - Multiple\_Channel\_Adjustment\_Gain [Channel] - Variable\_Supplemental\_Channel\_adjustment\_Gain [Channel] + RLGAIN\_TRAFFIC\_PILOTs + RLGAIN\_SCH\_PILOT [Channel]s + IFHHO\_SRCH\_CORR)$$

其中,[ ]中的"Channel"表明针对的信道是 FCH、DCCH 还是 SCH。各个参数都是整数,单位为 0.125dB,分别如下:

- Nominal_Attribute_Gain

该参数可以从 RL Nominal Attribute Gain Table 查到,它在移动台中维持,其中存有 R-FCH、R-SCH 或 R-DCCH 相对于上行导频的标称功率,分别对应各种数据速率、帧长和编码速率。

- Attribute_Adjustment_Gain

移动台中必须维持一个 RL Attribute Adjustment Gain Table,其中存放移动台所支持的各种数据速率、帧长和编码速率,所对应的相对于上行导频功率的修正值。该参数可以通过功率控制消息更新。

- Reverse_Channel_Adjustment

移动台中必须维持一个 Reverse Channel Adjustment Gain Table,其中存放移动台所支持的各个上行码分信道相对于上行导频功率的修正值。该参数可以通过功率控制消息更新。

- Multiple_Channel_Adjustment

调节并存的多个码分信道的增益。

- Variable_Supplemental_Channel_Adjustment_Gain

调节支持可变速率传输的 R-SCH 信道的增益。

- RLGAIN_TRAFFIC_PILOT

该参数是开销参数,用来调节业务信道和导频信道的功率比例。

- RLGAIN_SCH_PILOT

该参数是开销参数,用来调节 R-SCH 上业务信道和导频信道的功率比例。

- IFHHO_SRCH_CORR

该参数是进行频率间硬切换时,对增益的校正值,通常设置为 0。

3. 下行快速功率控制

下行快速功控的原理与上行闭环功率控制相似,它在移动台增加了一个功率控制环,用于保持一个确定的 E_b/N_t 目标值。下行内环功率控制测量点是 E_b/N_t,外环功率控制测量点是 FER。移动台测量下行信道的 E_b/N_t,并将其与目标值比较,如果大于目标值,则命令基站降低发射功率;反之命令基站增加发射功率。外环功控在移动台进行,如果 FER 的测量值大于目标 FER,则提高 E_b/N_t 的目标值;反之,则降低 E_b/N_t 的目标值。功控的原理如图 7.39 所示。

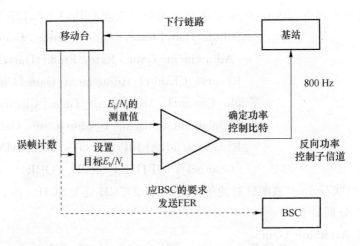

图 7.39 cdma2000 1x 下行功率控制

功率控制比特在上行功控子信道发送,它与上行导频信道时分复用,速率通常是 800 bit/s。每个 20 ms 的帧中包括 16 个功率控制组,每个功率控制组包含一个功率控制比特。功率控制子信道分为主要上行功率控制子信道和辅助上行功率控制子信道。主要上行功率控制子信道控制 F-FCH 和 F-DCCH,而辅助上行功率控制子信道控制 F-SCH。

下行链路功率控制速率是由基站选择的模式(FPC_MODE)决定的。有效的速率是 50 bit/s、200 bit/s、400 bit/s、600 bit/s 和 800 bit/s。

cdma2000 中为下行快速功率控制定义了 7 种模式,由参数 FPC_MODE 决定,如表 7.12 所示。对于表中的功控速率,主要上行功率控制子信道采用第一个速率,辅助上行功率控制子信道采用第二个速率。

表 7.12　下行快速功率控制模式

FPC_MODE （二进制）	功控速率	主要上行 功率控制子信道	辅助上行 功率控制子信道
000	800 bit/s	在所有 PCG 发送	不可用
001	400/400 bit/s	在偶数 PCG 发送	在奇数 PCG 发送
010	200/600 bit/s	在 1,5,9,13 PCG 发送	在其他 PCG 发送
011	50 bit/s EIB	在每个 PCG 重复	不可用
100	50 bit/s QIB	在每个 PCG 重复	不可用
101	50/50 bit/s	QIB 在偶数 PCG 重复	EIB 在奇数 PCG 重复
110	400/50 bit/s	在偶数 PCG 发送	EIB 在奇数 PCG 重复
111	不可用	不可用	不可用

其功控方式可以分为以下几类：

（1）内环/外环方式

对于前三种方式，采用的是内环/外环功控，功率控制比特的速率为 800 bit/s。根据不同的模式，将分别测量 F-FCH/F-DCCH 和 F-SCH 以确定功率控制比特的值（"0"表示增加功率，"1"表示降低功率）。

对于速率为 800 bit/s 的方式，功率控制比特只分配给主要上行功率控制子信道，所有的功率控制比特都是根据对 F-FCH/F-DCCH 的测量来确定。

对于速率为 400/400 bit/s 的方式，将在功率控制组中交替设置主要上行功率控制子信道和辅助上行功率控制子信道，偶数的 PCG 设置成主要上行功率控制子信道，奇数的 PCG 设置成辅助上行功率控制子信道。主要上行功率控制子信道和辅助上行功率控制子信道分别得到 1/2 的功率控制比特。

对于速率为 200/600 bit/s 的方式，主要上行功率控制子信道的 PCG 是 1、5、9、13，辅助上行功率控制子信道使用其他 12 个 PCG。主要上行功率控制子信道使用 1/4 的功率控制比特，而辅助上行功率控制子信道使用 3/4 的功率控制比特。

（2）50 bit/s EIB 方式

在 50 bit/s EIB（删除指示比特，Erasure Indicator Bit）模式下，移动台将检测一个整帧，来确定功率控制比特的取值。移动台通过物理层的 CRC 帧校验，来判断该帧是否出错。如果是好帧，则将功率控制比特设置为"0"；如果是坏帧，则将功率控制比特设置为"1"。然后，移动台将在接收帧之后的第二个帧中，发送功率控制比特。该功率控制比特在功率控制子信道中重复发送 16 次，因此这种方法的有效速率是 50 bit/s（与帧的速率相同），是一种比较慢的控制方法。这种模式下不使用外环功率控制。

此外，如果在 20 ms 内移动台至少接收到一个 5 ms 的好帧，并且没有检测到有 5 ms 的坏帧时，此时如果再接收到一个 5 ms 的帧，移动台将功率控制比特置为"0"。

（3）50 bit/s QIB 方式

50 bit/s QIB（质量指示比特，Quality Indicator Bit）方式的基本理论与 50 bit/s EIB 模式相同，都是根据第 i 个接收帧的质量，决定第 $i+2$ 个帧中功率控制比特的取值，然后在每个功率控制组中对功率控制比特重复。图 7.40 给出了这两种控制方式的示意图。

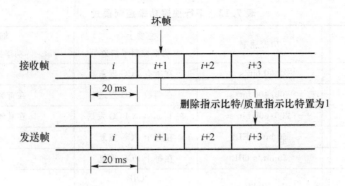

图 7.40　EIB/QIB 方式时序示意图

如果当前的信道是 F-FCH,QIB 模式与 EIB 模式相同。如果当前信道是 F-DCCH,QIB 的设置规则如下:

如果物理层 CRC 帧校验通过,或者没有发送业务信道帧,但是移动台监测到的功率电平足够高时,QIB 将设置为"0"。

如果移动台监测到的功率电平不够高,或者发送了业务信道帧,但是物理层 CRC 帧校验没有通过时,QIB 将设置为"1"。

50 bit/s QIB 模式和 50 bit/s EIB 模式有细微的区别,这是 F-DCCH 的不连续发射特性造成的。在 EIB 模式下,如果只配置了 F-DCCH,并且移动台检测到在 20 ms 内,帧中没有数据,相应的 EIB 将被置为"1"。对于相同的信道配置,在 QIB 模式下,如果移动台没有检测到数据帧,但是却检测到了足够强的功率,相应的 QIB 将被置为"0"。当 F-DCCH 用作控制信道时,QIB 模式要好于 EIB 模式。

(4) 混合功控方式

混合功控方式包括 50/50 bit/s 和 400/50 bit/s 两种方式。

- 对于 50/50 bit/s 方式,将对 F-FCH/F-DCCH 使用 QIB 模式,QIB 在偶数 PCG 中重复发送;F-SCH 使用 EIB 模式,EIB 在奇数 PCG 中重复发送。
- 对于 400/50 bit/s 方式,将对 F-FCH/F-DCCH 使用内环/外环功控方式,功控比特在偶数 PCG 中发送;F-SCH 使用 EIB 模式,EIB 在奇数 PCG 中重复发送。

7.5.2　cdma2000 1x 系统中切换

在移动通信系统中,对于正在通信中的移动台,当它由一个基站的覆盖区域移动到另外一个基站的覆盖区域时,为了保证通信的连续性,网络控制系统会启动切换过程,将移动台与网络之间的通信链路从当前基站转移到新的基站,以保证用户业务的连续传输。切换过程中,用户感觉不到,即对用户来说是透明的。在蜂窝移动通信系统中,小区的覆盖范围越小,用户的移动速度越快,则切换的处理越频繁。cdma2000 1x 系统中支持多种切换方式,包括硬切换、软切换(小区间切换)、更软切换(扇区间切换)等。此外还支持移动台处于空闲状态和系统接入状态时的切换。

1. 软切换

软切换是指需要切换时,移动台先与目标基站建立通信链路,再切断与原基站之间的通信链路的切换方式,即先通后断。采用软切换可以带来以下好处:

（1）提高切换成功率

在软切换过程中，移动台同时与多个基站进行通信。只有当移动台与新的基站建立起稳定的通信之后，原有的基站才会中断其通信控制。因此，与硬切换相比，软切换的失败率相对比较小，有效地提高了切换的可靠性，大大降低切换造成的掉话。

（2）增加系统容量

当移动台与多个基站进行通信时，有的基站命令移动台增加发射功率，有的基站命令移动台降低发射功率，这时移动台优先考虑降低发射功率的命令。这样，从统计的角度上来看，降低了移动台整体的发射功率，从而降低了对其他用户的干扰。CDMA 系统是自干扰系统，降低了发射功率，实际上就降低了背景噪声，从而增加了系统容量。

（3）提高通信质量

软切换过程中，在前向链路，多个基站向移动台发送相同的信号，移动台解调这些信号，就可以进行分集合并，从而提高前向链路的抗衰落能力。在反向链路，多个基站接收到一个移动台的信号，通常这些基站进行解调后送至 BSC，在 BSC 用选择器选择质量最好的一路作为输出，从而实现反向链路的分集接收。因此，采用软切换可以提高接收信号的质量。

在 cdma2000 1x 系统中，移动台将系统中的导频分为 4 个导频集合，在每个导频集合中，所有的导频都有相同的频率，但是其 PN 码的相位不同。这 4 个导频集合是：

（1）激活集

它包括与分配给移动台的前向业务信道相对应的导频，激活集中的基站与移动台之间已经建立了通信链路。激活集也称为有效集。若激活集中仅有一个导频，那么此移动台没有进行软切换。

（2）候选集

候选集中包含的导频目前不在激活集中。但是，这些导频已经有足够的强度，表明与该导频相对应的前向业务信道可以被成功解调。

（3）相邻集

当前不在激活集和候选集中，但是有可能进入候选集的导频集合。

（4）剩余集

除了包含在激活集、候选集和相邻集中的所有导频之外，在当前系统中、当前的频率配置下，所有可能的导频组成的集合。

软切换过程中用到以下控制参数：

（1）导频检测门限（T_ADD）

该参数是向候选集和激活集中加入导频的门限。T_ADD 的值不能设置太低，否则会使软切换的比例过高，从而造成资源的浪费；T_ADD 也不能设置太高，以避免建立切换之前话音质量太差。

（2）导频去掉门限（T_DROP）

该参数是从候选集和激活集中删除导频的门限。设置 T_DROP 时要考虑既要及时去掉不可用的导频，又不能很快地删除有用的导频。此外，还需要注意的是如果 T_ADD 和 T_DROP 值相差太近，而且 T_TDROP 的值太小会造成信令的频繁发送。

（3）导频比较门限（T_COMP）

候选集导频与激活集导频的比较门限。当候选集导频与激活集导频相比，超过该门限时，会触发导频强度测量消息。激活集中的新成员（导频）来自候选集。候选集中的导频满足什么条件时加入激活集? cdma2000 1x 系统对此给出了两个准则。准则一是当信号强度大于 T_ADD 时,加入激活集;准则二是当信号强度大于 T_ADD,与此同时其强度超过激活集中导频 T_COMP×0.5 dB 时,加入激活集。

(4) 切换去掉计时器(T_TDROP)

移动台的激活集和候选导频集中的每一个导频都有一个对应的切换去掉计时器。当该导频的强度降至 T_DROP 以下时,对应的计时器启动;如果导频强度回至 T_DROP 以上,则计时器复位。T_TDROP 的下限值是建立软切换所需要的时间,以防止由信号的抖动所产生的频繁切换(乒乓效应)。

(5) 动态去掉门限(T_DYN_DROP)

从激活集中去掉导频时,移动台首先将激活集中的导频按照其强度进行升序排列,并对于某个激活集中的某个导频移动台计算其动态去掉门限 T_DYN_DROP。

(6) 动态加入门限(T_DYN_ADD)

根据激活集中导频的数量和各导频的强度移动台计算其动态加入门限 T_DYN_ADD。

在处理软切换过程中,移动台和网络之间会有频繁的信令交互。这主要涉及以下切换消息:

(1) 导频强度测量消息(PSMM,Pilot Strength Measurement Message)

移动台通过导频强度测量消息向正在服务的基站报告它现在所检测到的导频。当移动台发现某一个导频足够强,但却并未解调与该导频相对应的前向业务信道,或者当移动台正在解调的某一个前向业务信道所对应的导频信号强度已经低于某一个门限的时候,移动台将向基站发送导频强度测量消息。该消息中包含以下信息:导频信号的 E_c/I_o、导频信号的到达时间、切换去掉计时器信息等。

(2) 切换指示消息(HDM,Handoff Direction Message)

当基站收到移动台的导频强度测量消息后,基站为移动台分配一个与该导频信道对应的前向业务信道,并且向移动台发送切换指示消息,指示移动台进行切换,让移动台解调指定的一组前向业务信道。该消息中包含以下信息:激活集信息(旧的导频和新导频的 PN 偏置)、与激活集中每一个导频对应的 WALSH 码信息和发送导频强度测量消息的参数(T_ADD、T_DROP、T_TDROP 和 T_COMP)等。

(3) 切换完成消息(HCM,Handoff Completion Message)

在执行完切换指示消息之后,移动台在新的反向业务信道上面发送切换完成消息给基站。这个消息实际上是确认消息,告诉基站移动台已经成功地获得了新的前向业务信道。该消息中包含激活集中每个导频的 PN 偏置信息。

切换的前提是能够识别新的基站并了解各个基站发射信号到达移动台处的强度。因此,移动台需要对各个基站的导频信道不断地进行搜索和测量,并将结果报告基站。在进行软切换时,移动台首先搜索所有导频并测量它们的强度。当某个导频的强度超过导频检测门限 T_ADD,但尚未达到动态门限 T_DYN_ADD 时,移动台将导频加入候选集。导频强度超过 T_DYN_ADD,移动台认为此导频的强度已经足够大,能够对其进行正确解调。此时如果移动台与该导频对应的基站之间没有业务信道连接时,它就向原基站发送一条导频强度测量消息,报告这种情况;原基站再将移动台的报告送往基站控制器(BSC),BSC 则让新的基站安排一个前向业务信道给移动台,并且原基站向移动台发送切换指示消息,指示移动台开始切换。收到来自基站的软切换指示消息后,移动台将新基站的导频转入激活集,开始对新基站和原基站的前向业务信道同时进行解调。之后,移动台会向基站发送一条切换完成消息,通知基站已经根据命令开始对两个基站同时解调了。接下来,随着移动台的移动,当该导频的强度降至 T_DYN_DROP 以下,移动台启动 T_TDROP,T_TDROP 到时,移动台向基站发送 PSMM。移动台接收到 HDM,将导频移至候选集,并发送 HCM。当该导频的强度低于 T_DROP 时,移动台启动 T_TDROP。当计时器期满时(在此期间,该导频的强度应该始终低于 T_DROP),移动台将导频移至相邻集。软切换的过程如图 7.41 所示。

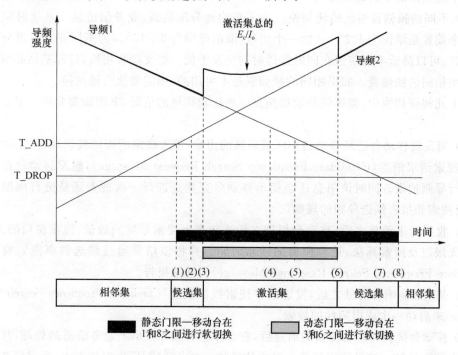

图 7.41　软切换过程

图中各个时刻所对应的消息交互如下:

(1) 导频 2 强度超过 T_ADD,但是尚未达到动态门限 T_DYN_ADD,移动台将导频 2 加入候选集。

(2) 导频 2 强度超过 T_DYN_ADD,移动台向基站发送 PSMM。

(3) 移动台接收到 HDM,将导频 2 加入到激活集中,完成后向基站发送 HCM。

(4) 导频 1 强度降至 T_DYN _DROP 以下,移动台启动切换去掉计时器 T_TDROP。

(5) 切换去掉计时器到时,移动台向基站发送 PSMM。

(6) 移动台接收到 HDM,将导频 1 移至候选集,并发送 HCM。

(7) 导频 1 强度降至 T_DROP 以下,移动台启动切换去掉计时器。

(8) 切换去掉计时器到时,移动台将导频 1 移至相邻集。

2. 硬切换

硬切换是指在新的通信链路建立之前,先中断旧的通信链路的切换方式,即先断后通。在整个切换过程中移动台只能使用一个无线信道。在从旧的服务链路过渡到新的服务链路时,硬切换存在通话中断,但是时间非常短,用户一般感觉不到。在这种切换过程中,可能存在原有的链路已经断开,但是新的链路没有成功建立的情况,这样移动台就会失去与网络的连接,即产生掉话。cdma2000 1x 系统中,常见的硬切换有以下几种情况:

（1）IS-95 系统与 cdma2000 1x 系统之间的切换。

（2）CDMA 系统到采用其他无线技术系统的切换。包括从 CDMA 系统到 AMPS、GSM、WCDMA 等系统的切换。

（3）不同 CDMA 系统之间的切换。指不同运营商的 CDMA 系统之间的切换。

（4）不同载频之间的硬切换。这种硬切换可能发生在一个基站的不同载频之间，也可能发生在不同基站的不同载频之间。

（5）不同的帧偏置引起的硬切换。为了平均地分配负载，业务信道帧与系统时间存在偏置。这个偏置是单位为 1.25 ms 的一个增量（取值范围为 0～15）。为不同业务信道分配不同的帧偏置，可以降低不同信道在同时发送时的突发干扰。要支持软切换，目标基站必须和服务基站使用相同的帧偏置。如果相同的帧偏置是不可用的，则需要执行硬切换。

以上几种硬切换中，频率间的硬切换是一种比较常见的情况，下面简要介绍一下它的处理流程。

（1）当发现移动台已经移动到小区或扇区的边缘，进入确定的硬切换区域时，基站发送候选频率搜索请求消息（Candidate Frequency Search Request Message），触发移动台在候选频率上进行导频搜索。同时该消息还会指示移动台究竟是进行一次搜索还是进行周期性的搜索，以及搜索和报告候选导频的规则。

（2）收到请求消息之后，移动台根据在候选频率上搜索导频的数量、搜索窗口的大小、搜索的优先级以及搜索算法，计算所需的搜索时间。并将该结果通过候选频率搜索响应消息（Candidate Frequency Search Response Message）向基站报告。

（3）基站收到响应消息之后，发送频率搜索控制消息（Candidate Frequency Search Control Message）来启动一次或周期性的搜索。

（4）移动台接收到启动搜索的消息后，它会停止对服务频率上业务信道的处理，开始在候选频率上搜索导频。如果搜索到符合要求的导频，它会恢复到原来的频率上，通过候选频率搜索报告消息（Candidate Frequency Search Report Message）将这些导频的强度及其 PN 偏置报告给基站。该搜索过程及报告需要用到候选频率搜索请求消息中所定义的一些门限。

（5）收到报告之后，基站通过发送通用切换指示消息（Universal Handoff Direction Message）来指示移动台切换到目标导频上。

（6）移动台发送切换完成消息（Handoff Completion Message），通知系统它进行了成功的硬切换。

为了防止掉话，基站可以指示移动台重新返回到原系统，继续接受服务。如果定义了周期性搜索方式，移动台会继续在候选频率上搜索可用导频。如果基站并没有指示移动台重新返回原系统，移动台在目标频率上可能会因衰落计时器超时而掉话。

3. 空闲切换

对于处于空闲状态的移动台，当它从一个小区移动到到另外一个小区时，需要执行空闲切换，以监听新小区的下行公共信道，如寻呼信道。当某个新导频的强度超过服务导频强度 3 dB 时，移动台自动执行空闲切换，空闲切换为硬切换。

空闲切换区域指移动台应该切换到另一寻呼信道的那部分区域。在空闲切换区域中，在服务导频可用的情况下（举例来说，服务导频 $E_c/I_c > -15$ dB），非服务导频的强度至少应比服务导频高 3 dB。

4. 接入切换

接入切换指处于系统接入状态的移动台进行的切换，与空闲切换类似，它们都是从当前寻呼信道转移到另外一个基站寻呼信道的硬切换。cdma2000 1x 系统中，允许进行接入切换，以提升系统性能。

接入切换有以下几种形式：

（1）接入登录切换

接入登录切换发生在移动台发送接入探测之前，它是空闲切换的一个特殊形式。当需要进行接入时，在移动台进入更新开销信息子状态之前，移动台可以执行接入登录切换，切换到最好的基站。接入登录切换可以使用扩展系统参数消息中的参数进行控制。

（2）接入试探切换

在接入尝试的过程中，将在接入信道上持续发送接入试探序列，直至移动台接收到基站给任何一个接入试探的确认信息（或者已经达到接入试探序列的最大数量）。在进行接入尝试的时候，一个新的导频可能变得足够强，移动台就会切换到新的导频上。之后，移动台将向新的基站发送接入试探。在接入尝试过程中进行的切换称为接入试探切换。

接入试探切换仅在始呼和寻呼响应子状态时允许进行。接入试探切换可以使用扩展系统参数消息中的参数进行控制。

（3）接入切换

移动台接收到对接入试探的确认消息后，接入尝试完成。此时如果移动台检测到更强的导频，则会切换到该导频上，接收新的寻呼信道，为进一步的操作做准备，例如等待业务信道分配消息。与接入试探切换类似，接入切换仅在始呼和寻呼响应子状态时允许进行，可以使用扩展系统参数消息中的参数进行控制。

习题与思考题

7.1　在不同的环境下，IMT-2000 对数据传输速率有什么要求？

7.2　第三代移动通信系统的主流标准有哪几种？

7.3　第三代移动通信系统中应用了哪些新技术？

7.4　cdma2000 1x 系统的物理信道中使用了哪些序列？这些序列的码片速率是多少？这些序列在上、下行链路中起到了什么作用？

7.5　WCDMA 系统的物理信道中使用了哪些序列？这些序列的码片速率是多少？这些序列在上、下行链路中起到了什么作用？

7.6　TD-SCDMA 系统的物理信道中使用了哪些序列？这些序列的码片速率是多少？这些序列在上、下行链路中起到了什么作用？

7.7　简述 cdma2000 1x 下行链路中导频信道、同步信道和寻呼信道的处理过程。

7.8　与 cdma2000 1x 相比，cdma2000 1x EV-DO 有哪些主要区别？

7.9　什么是 HSDPA？它与以往的 WCDMA 系统有什么不同？

7.10　简述 TD-SCDMA 系统中采用的关键技术。

7.11　cdma2000 1x 下行链路的发射分集有哪几种形式？

7.12　cdma2000 1x 中上行导频信道的作用是什么？

7.13 简述 WCDMA 系统中所使用的信道化码和扰码的特点。

7.14 简述 TD-SCDMA 系统中训练序列的作用。

7.15 简述智能天线技术在 TD-SCDMA 系统中的作用。

7.16 比较 cdma2000 1x 系统中下行功率控制和上行功率控制。

7.17 叙述 cdma2000 1x 系统中采用的切换方式以及软切换的特点。

本章参考文献

[1] 啜钢,王文博,常永宇. 移动通信原理与应用[M]. 北京:北京邮电大学出版社,2002.

[2] 杨大成,等. cdma2000 技术[M]. 北京:北京邮电大学出版社,2000.

[3] 邬国扬. CDMA 数字蜂窝网[M]. 西安:西安电子科技大学出版社,2000.

[4] Kyoung Il Kim. CDMA 系统设计与优化[M]. 刘晓宇,杜志敏,等,译. 北京:人民邮电出版社,2001.

[5] 啜钢,等. CDMA 无线网络规划与优化[M]. 北京:机械工业出版社,2004.

[6] Man Young Rhee. CDMA 蜂窝移动通信与网络安全[M]. 袁超伟,等,译. 北京:电子工业出版社,2002.

[7] 吴伟陵. 移动通信中的关键技术[M]. 北京:北京邮电大学出版社,2000.

[8] 孙立新,邢宁霞. CDMA(码分多址)移动通信技术[M]. 北京:人民邮电出版社,1996.

[9] Jhong Sam Lee,Leonard E Miller. CDMA 系统工程手册[M]. 许希斌,周世东,赵明,等,译. 北京:人民邮电出版社,2001.

[10] Vijay K Garg. 第三代移动通信系统原理与工程设计 IS-95 CDMA 和 cdma 2000[M]. 于鹏,等,译. 北京:电子工业出版社,2001.

[11] 郭梯云,等. 移动通信[M]. 西安:西安电子科技大学出版社,2000.

[12] Raymond Steele,Chin-Chun Lee,Peter Gould. GSM,CDMA One and 3G Systems[M]. John Wiley & Sons,2001.

[13] 3GPP R4 TS 25.201 v4.3.0 Physical layer-general description.

[14] 3GPP R4 TS 25.221 v4.7.0 Physical channels and mapping of transport channels onto physical channels (TDD).

[15] 3GPP R4 TS 25.222 v4.6.0 Multiplexing and channel coding (TDD).

[16] 3GPP R4 TS 25.223 v4.5.0 Spreading and modulation (TDD).

[17] 李世鹤. TD-SCDMA——第三代移动通信系统标准. 2002 年.

第8章 第四代移动通信系统——LTE

学习重点和要求

本章首先介绍 LTE 的基本概念和技术,之后介绍 LTE 系统的网络结构,最后介绍 LTE 系统的链路结构,并给出了上、下行物理信道和物理信号的资源映射实例。

要求:

- LTE 系统需求,LTE 关键技术;
- LTE 系统的网络结构,S1 接口、X2 接口、空中接口及协议;
- LTE 系统的帧结构,物理信道、物理信号及映射。

8.1 LTE 的基本概念和技术

8.1.1 概述

2004 年年底,正当人们惊讶于全球微波接入互操作(WiMAX,World interoperability for Microwave Access)技术的迅猛崛起之时,第 3 代合作伙伴计划(3GPP,3rd Generation Partnership Project)也开始了通用移动通信系统(UMTS,Universal Mobile Telecommunications System)技术的长期演进(LTE,Long Term Evolution)项目。这项受人瞩目的技术和第 3 代合作伙伴计划 2(3GPP2,3rd Generation Partnership Project 2)的超移动宽带(UMB,Ultra Mobile Broadband)技术被统称为"演进型 3G"(E3G,Evolved 3G)。

为了能和可以支持 20MHz 带宽的 WiMAX 技术相抗衡,LTE 也必须将最大系统带宽从 5MHz 扩展到 20MHz。为此,3GPP 不得不放弃长期采用的码分多址(CDMA)技术,选用新的核心传输技术,即 OFDM/FDMA 技术。在无线接入网(RAN)结构层面,为了降低用户面延迟,LTE 取消了重要的网元——无线网络控制器(RNC)。在整体系统架构方面,和 LTE 相对应的系统框架演进(SAE,System Architecture Evolution)项目则推出了崭新的演进型分组系统(EPS,Evolved Packet System)架构。

LTE 系统支持 FDD 和 TDD 两种双工方式,同时 LTE 还考虑支持半双工 FDD (H-FDD, Half-duplex FDD) 这种特殊的双工方式。

- FDD 双工方式:FDD 双工方式指的是蜂窝系统中上行和下行信号分别在两个频带上发送,上下行频带间留有一定的频段保护间隔,避免上下行信号间的干扰。FDD 使用上下行成对频段,信号的发送和接收可以同时进行,减少了上下行信号间的反馈时延。
- TDD 双工方式:TDD 双工方式中,发送和接收信号在相同的频带内,上下行信号通过在时间轴上不同的时间段内发送进行区分。TDD 双工方式信号可以在非成对频段内发送,不需要像 FDD 双工方式所需的成对频段,具有配置灵活的特点。同时,上下行信号占用的无线信道资源可以通过调整上下行时隙的比例灵活配置。

- H-FDD 双工方式:在半双工 FDD 中,基站仍然采用全双工 FDD 方式,终端的发送和接收信号虽然分别在不同的频带上传输,采用成对频谱,但其接收和发送信号不能够同时进行。H-FDD 的终端接收和发送信号的方式与 TDD 相似。

8.1.2 LTE 需求

LTE 的目标是以 OFDMA 多址接入和多天线为主要技术基础,开发出一套满足更低传输时延、提供更高用户传输速率、增加容量和覆盖、减少运营费用、优化网络架构、采用更大载波带宽,并以优化分组数据域业务传输为目标的新一代移动通信标准。

LTE 系统的需求主要分为以下 8 个方面:

① 系统容量需求;

② 系统性能需求;

③ 系统部署相关需求;

④ 网络架构及迁移需求;

⑤ 无线资源管理需求;

⑥ 复杂性需求;

⑦ 成本相关需求;

⑧ 业务相关需求。

1. 系统容量需求

系统容量需求包括对更高传输峰值速率和更低传输时延的需求。

(1) 峰值速率需求

LTE 无线接入系统(E-UTRA,Evolution UTRA)应显著提升瞬时峰值速率,具体的峰值速率的大小与传输载波带宽成正比。

对于下行传输峰值速率,当终端采用 2 天线接收,在 20 MHz 的载波带宽情况下,瞬时峰值速率应满足 100 Mbit/s〔频谱效率为 5 bit/$(s \cdot Hz^{-1})$〕的设计目标。对于上行传输峰值速率,当终端采用 1 天线发送时,应满足 50 Mbit/s〔频谱效率为 2.5 bit/$(s \cdot Hz^{-1})$〕的设计目标。对于 TDD 系统,如果上行和下行共享传输带宽,不需要同时支持瞬时上、下行峰值速率。

(2) 传输时延需求

传输时延对业务的 QoS、传输速率、业务的建立和切换以及容量有着重要的影响。在 E-UTRA 中,对于传输时延的需求,分为控制平面时延和用户平面时延需求。

① 控制平面时延需求

对于控制平面的时延需求如图 8.1 所示。图中,E-UTRA 提出了一个远小于 UTRA 控制平面时延的需求:驻留态(Camped-State)与激活态(Active)之间的转换时间小于 100 ms;激活态与睡眠态(Dormant)之间的转换时间小于 50 ms。

同时,E-UTRA 系统内需要支持更多的处于激活态的用户数,以提升系统容量。对于 5 MHz 带宽的小区,能够支持 200 个同时处于激活态的用户;对于更大带宽的小区,能够支持至少 400 个同时处于激活态的用户。系统应能支持更多处于睡眠态和驻留态的用户。

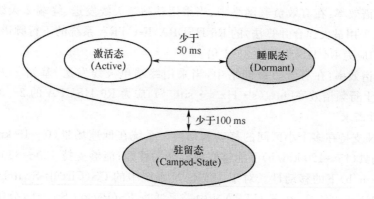

图 8.1　控制平面状态转换示意图

② 用户平面时延需求

用户平面时延定义为 UE(或 RAN 边缘节点)发送 IP 层数据包到 RAN 边缘节点(或 UE)接收 IP 层数据包的单向传输时延。RAN 边缘节点为接入网(RAN)与核心网的接口节点。

对于 E-UTRA 系统的用户平面,在无负载的小数据 IP 包情况下,少于 5ms 的时延。小数据 IP 包定义为:0 字节的负载+IP 包头。

2. 系统性能需求

系统性能需求分为用户吞吐量、频谱效率、移动性、覆盖和多媒体广播多播业务(MBMS, Multimedia Broadcast and Multicast Service)的性能需求。

(1) 用户吞吐量需求

用户吞吐量指标分为用户平均吞吐量和小区边缘吞吐量。其中,用户平均吞吐量可以通过采用 MIMO 等技术有效地提高;而对于带给用户稳定、可靠业务感受的小区边缘吞吐量指标,由于 MIMO 技术并不能直接、有效地提高其性能,因此,苛刻的小区边缘吞吐量指标更难以实现。

下行用户吞吐量需求如下:

① 对于小区边缘吞吐量。下行 5%CDF(累积分布函数)处的每兆赫兹吞吐量设计目标为 R6 版本 HSDPA 的 2～3 倍速率。

② 小区平均吞吐量。当采用基站 2 天线发送、终端 2 天线接收时,相对于单天线接收(采用最大比合并接收算法)的 R6 HSDPA,EUTRA 系统的每兆赫兹吞吐量应为 R6 HSDPA 平均吞吐量的 3～4 倍。

③ 所支持的用户吞吐量应正比于载波带宽。

上行用户吞吐量需求如下:

① 对于小区边缘吞吐量。上行 5%CDF 处的每兆赫兹吞吐量设计目标为 R6 版本 HSUPA(终端单天线发送,基站 2 天线接收)的 2～3 倍速率。

② 小区平均吞吐量。当采用单天线发送、基站 2 天线接收时,每兆赫兹吞吐量应为 R6 HSUPA 平均吞吐量的 2～3 倍。

③ 上行用户吞吐量需求应正比于发送带宽和最大发送功率。

(2) 频谱效率需求

频谱效率需求与用户吞吐量需求类似。

① 下行频谱效率：在有效负载网络中，当采用基站 2 天线发送、终端 2 天线接收时，相对于单天线接收（采用最大比合并算法）的 R6 HSDPA，E-UTRA 系统的下行频谱效率〔bit/（s·Hz^{-1}·site^{-1}）〕应为 R6 HSDPA 的 3～4 倍。

② 上行频谱效率：在有效负载网络中，当采用终端单天线发送、基站 2 天线接收时，E-UTRA 系统的上行频谱效率〔bit/（s·Hz^{-1}·site^{-1}）〕应为 R6 HSUPA 的 2～3 倍。

（3）移动性需求

E-UTRAN 支持在多个小区间的移动和切换。系统在低速场景（0～15 km/h）进行优化设计；在高速场景（15～120 km/h）下能够实现较高的性能；能够支持 120～350 km/h（有可能需要支持 500 km/h）下的移动性。对于 UTRAN 系统中的 CS（Circuit-Switch，电路交换）域的实时业务，如话音业务等，在 E-UTRAN 中需要通过 PS（Packet-Switch，分组交换）方式实现，并具有等同的业务质量。

（4）覆盖需求

E-UTRA 系统应该灵活、有效地支持各种覆盖场景，在各种覆盖场景中，其系统性能应该满足以下指标：

① 小区覆盖半径在 5 km 范围内，用户吞吐量、频谱效率和移动性应完全满足以上需求指标。

② 小区覆盖半径在 30 km 范围内，移动性需求应完全满足，用户吞吐量需求允许略微下降，而频谱效率允许明显下降。

③ 能够支持 100 km 半径的小区覆盖。

（5）MBMS 需求

相对于 UTRA 系统，在 E-UTRA 系统中需要支持功能更强大的 MBMS 业务。在 E-UTRA 系统中，MBMS 业务应具有以下特点：

① 更高的频谱效率。在多个小区同时发送相同的 MBMS 业务时，MBMS 业务的小区边缘频谱效率不低于 1 bit/（s·Hz^{-1}），等同于在 5 MHz 带宽内可支持 300 kbit/s 业务的移动电视 16 个频道。

② 在单播和多播混合载波内，MBMS 业务在小区边缘的频谱效率与单播业务相同。

③ MBMS 业务应尽可能地减少一个小区内或位于两个不同载波间的广播业务频道间、广播业务与单播业务切换时的终端时延。

④ 为了减少终端复杂度，MBMS 业务与单播业务采用相同的多址、调制、编码方式；同时，终端带宽等级方面，MBMS 与单播业务相同；MBMS 业务应在单独载波和混合载波方式下应用。

⑤ E-UTRA 系统支持 MBMS 业务和话音业务在一个用户中并发应用。

⑥ E-UTRA 系统支持 MBMS 业务和数据业务在一个用户中并发应用。

⑦ E-UTRA 系统支持 MBMS 业务在非对称频段中应用。

3. 系统部署相关需求

（1）部署场景

E-UTRAN 系统支持以下两种部署场景：

① 单独部署场景。E-UTRAN 系统可在以前未部署无线网络的地区进行部署；或者在已存在 UTRAN/GERAN 覆盖的区域部署 E-UTRAN 系统，但 E-UTRAN 与 UTRAN/GERAN 间不存在互操作。

② 与现有 UTRAN/GERAN 融合部署。E-UTRAN 在已存在 UTRAN/GERAN 覆盖的区域内部署,并且网络间存在互操作。

（2）频谱灵活应用

E-UTRA 应支持在不同带宽的频带中灵活部署。

① E-UTRA 支持不同带宽的部署场景,包括 1.4 MHz、3.0 MHz、5 MHz、10 MHz、15 MHz 和 20 MHz,同时支持在成对和非成对频段上部署。

② E-UTRA 可灵活支持"Downlink-only"和"Downlink and Uplink"两种广播传输模式,以利于频谱的优化应用。

③ E-UTRA 可根据运营商或特殊的需求（如紧急情况、特殊的局部或全局性事件）,灵活地配置用于不同传输需求的无线资源。

④ 在对称和非对称频谱的使用上,应该避免不必要的技术差异,尽可能地降低附加的复杂度。

（3）频谱部署

E-UTRA 应能够在以下场景下完成部署:

① 在相同的地理区域内实现与 GERAN/3G 系统的邻频、共站址共存。

② 在相同的地理区域内实现不同运营商系统间的邻频、共站址共存。

③ 在国境线上的系统间可实现相互重叠和相邻频段情况下共存。

④ 可在所有的频段内独立进行部署。

（4）与 3GPP 现有系统的共存和互操作

E-UTRA 应支持与其他 3GPP 系统的互操作。

① E-UTRAN 终端如果具有在 UTRAN 或 GERAN 中操作的能力,为了支持系统间切换,终端必须具备在 UTRAN 或 GERAN 中测量的能力,测量对终端复杂度和网络性能的影响可接受。

② 为了支持不同无线接入系统间的切换,E-UTRAN 系统网络需在有限的终端复杂度和对网络性能的影响情况下,有效地支持不同无线接入系统间（Inter-RAT）的测量。例如,通过下行和上行资源调度,为终端提供测量的时机。

③ E-UTRAN 和 UTRAN 系统间实时业务的切换中断时延少于 300 ms。

④ E-UTRAN 和 UTRAN 系统间非实时业务的切换中断时延少于 500 ms。

⑤ E-UTRAN 和 GERAN 系统间实时业务的切换中断时延少于 300 ms。

⑥ E-UTRAN 和 GERAN 系统间非实时业务的切换中断时延少于 500 ms。

⑦ 支持 UTRAN/GERAN 和 E-UTRAN 的双模终端如果处于非激活状态,只需要检测 GERAN、UTRA 或 E-UTRA 中一个系统的寻呼消息。

⑧ E-UTRAN 系统的广播数据流和 UTRAN 系统采用单播方式发送广播数据流（如相同的电视频道）间进行切换时,中断时延满足要求。

⑨ E-UTRAN 系统的广播数据流和 GERAN 系统采用单播方式发送广播数据流（如相同的电视频道）间进行切换时,中断时延需满足要求。

⑩ E-UTRAN 与 UTRAN 系统的广播数据流业务（如相同的电视频道）进行切换时,中断时延需满足要求。

4. 网络架构及迁移需求

① E-UTRAN 系统虽然需要支持实时和对话类业务,但其架构应该基于分组域。

② E-UTRAN 系统架构应在不额外增加系统成本的基础上,最小化"单点失败(Single Points of Failure)"的可能性。

③ E-UTRAN 系统架构应进行简化设计,尽可能地减少接口数目。

④ 为了提升系统性能,E-UTRAN 系统架构应不排除无线网络层(Radio Network Layer)和传输网络层(Transportation Network Layer)间互操作的可能性。

⑤ E-UTRAN 系统架构应支持端到端的 QoS,传输网络层应根据无线网络层的需求提供合适的 QoS。

⑥ QoS 机制应考虑各种类型的业务,如控制平面、用户平面、操作与管理(O&M)类业务,以便有效利用系统带宽。

⑦ E-UTRAN 系统架构设计应尽可能减少时延变化(抖动),以便有效地支持 TCP/IP 分组业务传输。

5. 无线资源管理需求

① 增强无线资源管理机制,以便实现更好的端到端 QoS。

② E-UTRAN 系统应提供在空口有效的传输和高层协议操作方式,如支持 IP 头压缩方式。

③ E-UTRAN 系统应支持在不同的无线接入系统间的负载均衡机制和管理策略。

6. 复杂性需求

(1) 对系统整体需求

为了进一步减少 E-UTRAN 系统的实现复杂性,降低终端的成本,以下需求需要满足:

① 最小化功能实现的可选项。

② 避免多余的必选项特性。

③ 减少测试的数量,比如减少协议栈的状态数、最小化过程数、合适的参数范围和颗粒度等。

(2) 对终端复杂性需求

E-UTRAN 系统终端应在提供高性能服务的同时,尽可能减少尺寸、重量,提高电池使用时长。

① 在设计 E-UTRA 特性复杂度时,应考虑终端可能支持多种模式(GERAN/UTRA/ E-UTRA)时的复杂性。

② 最小化终端的必选特性。

③ 应避免在实现相同的功能时标准化重复或多余的必选项特性。

④ 尽量减少可选项数目,可选项集合可通过不同的终端能力等级进行区分,不同能力等级的终端对应于不同的复杂度和性能折中,如多天线能力等。

⑤ 尽可能减少终端的必选测试项,加快 LTE 开发和测试进度。

7. 成本相关需求

① 回程通信协议应进行优化设计。

② E-UTRAN 架构设计应尽可能减少网络部署的费用,并能重用当前站址。

③ 所有被标准化的接口都应为开放接口,以实现多个设备厂商设备间的互联互通。

④ 系统的维护、管理和配置操作应尽可能简便。

8. 业务相关需求

E-UTRA 系统应能够有效支持各种类型的业务,包括现有的网页浏览、FTP 业务、视频流业务和 VoIP 业务,并能够以分组域方式支持更先进的业务(如实时视频或一键通)。VoIP 业务的无线接口和回程效率以及时延性能不低于现有的 UMTS 系统电路域话音实现方式。

8.1.3　LTE 关键技术

(1) 多载波技术

在 LTE 系统中,多址接入方案在下行方向采用正交频分多址接入(OFDMA),上行方向采用单载波频分多址接入(SC-FDMA)。这两种多址接入技术都将频域作为系统一个新的灵活资源,如图 8.2 所示。

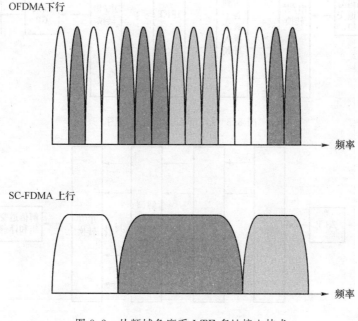

图 8.2　从频域角度看 LTE 多址接入技术

OFDMA 是对多载波技术 OFDM 的扩展,从而提供了一个非常灵活的多址接入方案。其本质上仍然是一种频分复用多址接入技术。OFDM 把有效的信号传输带宽细分为多个窄带子载波,并使其相互正交,任意一个子载波都可以单独或成组地传输独立的信息流;OFDMA 技术则利用有效带宽的细分在多用户间共享子载波。

上述的灵活性可以通过以下几种不同的方式表现:

- 可以在不改变系统基本参数或设备设计的情况下使用不同的频谱带宽。
- 可变带宽的传输资源可以在频域内自由调度,分配给不同的用户。
- 为软频率复用和小区间的干扰协调提供便利。

近年来,在数字音频和视频广播系统领域积累了关于 OFDM 技术的丰富经验。这些经验都强调了 OFDM 的一些主要优点,包括以下几点:

- 对抗时间弥散无线信道的健壮性。由于把宽带传输信号细分为多个窄带子载波,从而使得符号间干扰主要限制在每个符号起始的保护带内。

- 通过频域均衡实现的低复杂度接收机。
- 广播网络中多重发射机发射信号的简单合并。

OFDM 多址方式的发射及接收机结构分别如图 8.3 和图 8.4 所示。以发射机为例,首先对发送信号进行信道编码并交织,然后将交织后的数据比特进行串/并转换,并对数据进行调制后映射到 OFDM 符号的各子载波上;将导频符号插入到相应子载波后,对所有子载波上的符号进行逆傅里叶变换后生成时域信号,并对其进行并/串转换;在每个 OFDM 符号前插入 CP 后,进行数/模变换并上变频到发射频带上进行信号发送。接收端信号处理是发射端的逆过程。

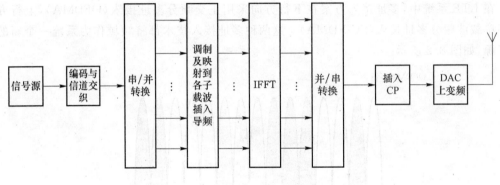

图 8.3 OFDM 发射机结构图

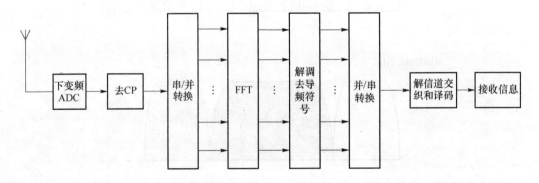

图 8.4 OFDM 接收机结构图

相比之下,OFDM 发射机成本更高,因为 OFDM 信号的峰均功率比(PAPR)相对较高,因此需要有一个线性度较高的射频功率放大器。但这种限制与 OFDM 在下行传输中使用并非完全抵触,因为与移动终端相比,基站对成本的要求相对较低。

然而对于上行传输,OFDM 高峰均功率比对移动终端的发射机来说难以容忍,因为终端必须要在提供良好户外覆盖时所需要的输出功率和功率放大器成本之间做出权衡。SC-FDMA 技术提供了与 OFDMA 技术有很多共同之处的多址接入技术——特别是在频域灵活性方面,以及在每个符号起始处加入保护间隔来降低接收机频域均衡的复杂性方面。同时 SC-FDMA 能显著降低 PAPR。因此 SC-FDMA 在一定程度上解决了这一困境:如何能够在避免移动终端发射机成本过高的情况下使上行传输受益于多载波技术,同时使上行和下行传输技术保留适当程度的共性。

(2)多天线技术

多天线技术是指在无线通信的发射端或接收端采用多副天线,同时结合先进的信号处理技术实现的一种综合技术。

使用多天线技术,可以把空间域作为另一个新资源。在追求更高频谱效率的要求下,多天线技术已经成为最基本的解决方案之一。随着多天线技术的应用,理论上可实现的频谱效率随所装备的发射和接收天线中的最小数目呈线性增长,至少在适当的无线传播条件下可以达到。

多天线技术可以用各种方式实现,主要基于 3 个基本原则,如图 8.5 所示。

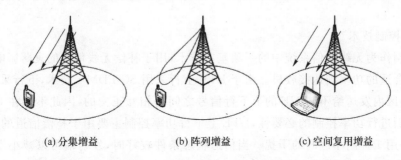

(a) 分集增益　　　　　　(b) 阵列增益　　　　　　(c) 空间复用增益

图 8.5　多天线技术的 3 种基本增益

- 分集增益:利用多天线提供的空间分集来改善多径衰落情况下传输的健壮性。
- 阵列增益:通过预编码或波束成形使能量集中在一个或多个特定方向。这也可以为在不同方向的多个用户同时提供业务(即多用户 MIMO)。
- 空间复用增益:在可用天线组合所建立的多重空间层上,将多个信号流传输给单个用户。

因此,LTE"研究项目"花费很大精力进行各种多天线功能的设计和选择。最终系统包括了若干选项,可以根据不同用户的部署和传播条件进行自适应。

（3）链路自适应技术

在蜂窝移动通信系统中,一个非常重要的特征是无线信道的时变性,其中无线信道的时变特性包括传播损耗、快衰落、慢衰落以及干扰的变化等因素带来的影响。由于无线信道的变化性,接收端接收到的信号质量也是一个随着无线信道变化的变量,如何有效地利用信道的变化性,如何在有限的带宽上最大限度地提高数据传输速率,从而最大限度地提高频带利用效率,逐渐成为移动通信的研究热点。而链路自适应技术正是由于在提高数据传输速率和频谱利用率方面有很强的优势,从而成为目前和未来移动通信系统的关键技术之一。

链路自适应技术,是指系统根据当前获取的信道信息,自适应地调整系统传输参数的行为,用以克服或者适应当前信道变化带来的影响。从链路自适应技术的基本原理可以看出,链路自适应技术主要包含两方面的内容:一方面是信道信息的获取,准确和有效地获取当前信道环境参数,以及采取什么样的信道指示参数能够更为有效和准确地反映信道的状况;另一方面是传输参数的调整,其中包含调制方式、编码方式、冗余信息、发射功率以及时频资源等参数的调整。链路自适应技术主要包含自适应调制与编码技术、功率控制技术、混合自动重传请求和信道选择性调度技术。

- 自适应调制与编码技术

自适应调制和编码(AMC)的基本原理是在发送功率恒定的情况下,通过调整无线链路传输的调制方式与编码速率,确保链路的传输质量。当信道条件较差时,选择较小的调制方式与编码速率;当信道条件较好时,选择较大的调制方式,从而最大化了传输速率。在 LTE 系统中,数据流的处理结构是空域优先的,即先在空域上进行资源分配,然后再分别对每根天线上进行频域的资源分配,这一结构被称为每天线速率控制。然后综合考虑系统性能和复杂度等因素,对于每根天线上的资源分配,采用公共调制-公共编码结构,即对于频域资源块采用相同的调制编码方式(MCS)。简言之,对每个用户的单个数据流,在一个 TTI 内,每个来自层 2 的协议数据单元只能采用一种 MCS 组合,但对于不同 MIMO 流之间则可以采用不同的 MCS 组合。

- 功率控制技术

功率控制作为无线通信系统中的一项基本技术,用于补偿无线信道的衰落影响,使得信号能够以比较合适的功率到达接收机。由于 LTE 上行采用 SC-FDMA 技术,下行采用 OFDMA 技术,一个小区内发送给不同 UE 的上下行信号之间是相互正交的,因此不存在 CDMA 系统因远近效应而进行功率控制的必要性,LTE 上下行功率控制主要用于补偿信道的路径损耗和阴影衰落,并用于抑制小区间的干扰。当信道状态条件较好时,发射端可以减小发送功率,当信道状态条件较差时,发送端可以提高发送功率,保证接收性能,从而保证接收端的信噪比维持在一个相对恒定的范围内。通过合理的功率控制方案,首先可以降低发射机功耗,特别是对终端功耗有重要意义;其次可以避免小区内用户的干扰,提升传输性能和系统容量;最后,还可以控制小区间的互相干扰,这对基于 OFDM 方式的 LTE 系统来说尤为重要。

- 混合自动重传请求

混合自动重传请求(HARQ)技术有效地结合前向纠错编码(FEC)和自动重传请求(ARQ)两种基本的差错控制方法,提供了比单独的 FEC 方法更高的可靠性和比单独的 ARQ 方法更高的传输速率。HARQ 从重传内容上分主要有 3 种机制:Chase 合并、完全增量冗余和部分增量冗余。进一步地讲,如果 HARQ 每次重传的时刻和所采用的发射参数,如调制编码方式及资源分配等都是预先定义好的,称为同步非自适应 HARQ。而所谓异步 HARQ 即重传可以根据需要随时发起,自适应 HARQ 即每次重传的发射参数可以动态调整。因此异步 HARQ 和自适应 HARQ 与一般的同步非自适应 HARQ 相比可以取得一定增益,但同时需要额外的信令开销。在 LTE 系统中,采用的是增量冗余(IR)HARQ 机制,并且在下行链路系统中采用异步自适应的 HARQ 技术,在上行链路采用同步非自适应 HARQ 技术。

- 信道选择性调度技术

信道选择性调度技术是指根据无线信道测量的结果,选择信道条件比较好的时频资源进行数据的传输。对于多用户共享的资源,由于移动通信系统用户所处的位置不同,其对应的信号传输信道也是不同的。在 LTE 系统中,由于 OFDM 技术的应用,可在频域上进行信道选择性调度,调度的颗粒度更小。同时,随着系统带宽的增加,其信道的频率选择性衰落特性体现得更为明显,通过为每个用户分配最佳的频带资源,从而获得频域上的多用户分集增益,进一步提高系统吞吐量和频谱利用率。频域信道选择性调度与信道质量信息(CQI)的获得紧密相关,下行信道 CQI 通过终端测量全带宽的公共参考信号,获得不同频带的信道状态信息,并通过上行信道反馈给基站。上行信道质量信息可以通过基站测量终端发送的上行探测参考信号获得不同频带的信道状态信息。

8.2　LTE 系统的网络结构

8.2.1　网络架构

1. LTE 网络架构概述

从整体上说,与 3GPP 已有系统类似,LTE 系统架构仍然分为两部分,如图 8.6 所示,包括网元和标准化的接口。整个 LTE 网络是由核心网(EPC,Evolved Packet Core)和接入网(E-UTRAN)组成的。

核心网由许多逻辑节点组成,而接入网只有一个节点,即与用户终端(UE)相连的 eNode B(可以简写为 eNB)。所有网元都通过接口相互连接,通过对接口的标准化,可以满足众多供应商产品间的互操作性。

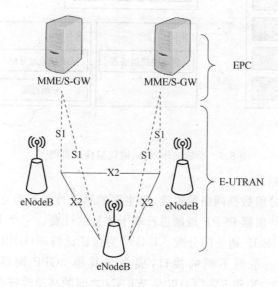

图 8.6　E-UTRAN 总体架构图[1]

与 3G 系统相比,由于重新定义了系统网络架构,核心网和接入网之间的功能划分也随之有所变化,需要重新明确以适应新的架构和 LTE 的系统需求。针对 LTE 的系统架构,网络功能划分如图 8.7 所示。

2. 核心网

核心网负责对用户终端的全面控制和有关承载的建立。EPC 的主要逻辑节点有:

- 分组数据网关(P-GW,Packet Data Network Gateway);
- 服务网关(S-GW,Serving Gateway);
- 移动性管理实体(MME)。

除了这些节点,EPC 也包括其他的逻辑节点和职能,注入用户归属服务器(HSS)、策略控制和计费规则功能(RCPF)等。

EPC 逻辑主要节点的功能,下面将给予详细的介绍。

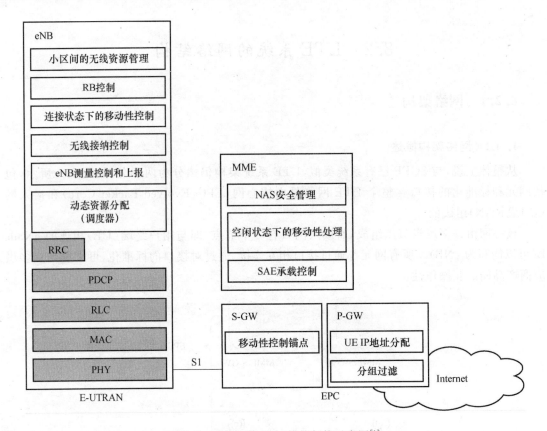

图 8.7　功能实体划分、协议架构示意图[1]

（1）P-GW：分组数据网关

P-GW 提供与外部分组数据网络的连接，是主要的移动性处理节点。P-GW 负责用户 IP 地址分配和 QoS 保证，并根据 PCRF 规则进行基于流量的计费。一个 UE 可能和多个 P-GW 相连，P-GW 同时负责 UE IP 地址的分配。P-GW 为保证比特率（GBR）承载提供 QoS 保证。另外，P-GW 可以通过一系列不同的接口，成为与其他 3GPP 网络或非 3GPP 网络，如 WiMAX、3GPP2(CDMA 1X 和 EV-DO)以及 WLAN 之间的移动性锚点。

（2）S-GW：服务网关

S-GW 通过 S1-U 接口来实现用户数据包的路由和分发。实现的功能主要有数据通道、IP 头压缩处理、用户数据流加密、针对移动性的用户面的切换、寻呼时用户面数据包的终止。当用户在 eNode B 之间移动时，S-GW 作为数据承载的本地移动性管理实体。当用户处于空闲状态时，S-GW 将保留承载信息并临时把下行数据存储在缓存区里，以便当 MME 开始寻呼 UE 时重新建立承载。同时，在与其他 3GPP 技术如 GPRS 和 UMTS 等交互工作时，它可以作为"移动性管理锚点"。

（3）MME：移动性管理实体

MME 是处理 UE 和核心网络间信令交互的控制节点。在 UE 和核心网络间所执行的协议栈成为非接入层协议（NAS）。MME 具有如下功能：

- 寻呼信息分发。MME 负责将寻呼信息按照一定的原则分发到相关的 eNode B。
- 安全控制。
- 空闲状态的移动性管理。

- SAE(系统架构演进)承载控制。
- 非接入层信令的加密和完整性保护。

3. 接入网

LTE 的接入网 E-UTRAN 仅由 eNode B 组成,如图 8.6 所示。网络架构中节点数量减少,网络架构更加趋于扁平化。这种扁平化的网络架构带来的好处是降低了呼叫建立时延以及用户数据的传输时延。

E-UTRAN 系统提供用户平面和控制平面的协议,用户平面包括分组数据汇聚协议(PDCP,Packet Data Convergence Protocol)层、无线链路控制(RLC,Radio Link Control)层、媒体接入控制(MAC,Medium Access Control)层;控制平面包括无线资源控制(RRC,Radio Resource Control)层。

eNode B 之间通过 X2 接口进行连接,通过 S1 接口与 EPC 连接,更确切地说,通过接口 S1-MME 连接到 MME,通过接口 S1-U 连接到 S-GW。eNode B 与 UE 间的协议为接入层(AS)协议。

eNode B 具有如下功能:

(1) 无线资源管理相关的功能,如无线承载控制、接纳控制、连接移动性管理、上/下行动态资源分配/调度等。

(2) IP 头压缩与用户数据流的加密。

(3) UE 附着时的 MME 选择。由于 eNode B 可以与多个 MME/S-GW 之间存在 S1 接口,因此在 UE 初始接入到网络时,需要选择一个 MME 进行附着。

(4) 寻呼信息的调度和传输。

(5) 广播信息的调度和传输。

(6) 用于移动和调度的测量和测量报告的配置。

4. S1 接口

S1 接口是 MME/S-GW 网关与 eNode B 之间的接口。S1 又分为两个接口,一个用于用户平面,另一个用于控制平面。

(1) 用户平面

S1 接口用户平面提供 eNode B 与 S-GW 之间用户数据传输功能。S1 接口用户平面(即 S1-UP)的协议栈如图 8.8 所示,S1-UP 的传输网络层基于 IP 传输,UDP/IP 协议之上采用 GPRS 用户平面隧道协议(GTP-U,GPRS Tunnelling Protocol for User Plane)来传输 S-GW 与 eNode B 之间的用户平面 PDU。

S1 用户平面无线网络层协议至少应具备以下一些主要特点:

① 在 S1 接口的目标节点中指示数据分组所属的 SAE 接入承载。

② 移动性过程中尽量减少数据的丢失。

③ 错误处理机制。

④ MBMS 支持功能。

⑤ 分组丢失检测机制。

(2) 控制平面

S1 接口控制平面的协议栈如图 8.9 所示,与用户平面类似,控制平面也是基于 IP 传输的,不同的是控制平面在 IP 层的上面采用 SCTP(Stream Control Transmission Protocol,流控制传输协议),为无线网络层信令消息提供可靠的传输。如果每个 UE 对应一个 SCTP 连接,则 SCTP 还可以提供寻址 UE 上下文的功能。

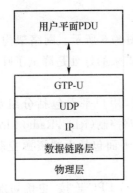

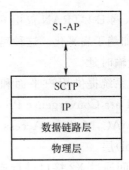

图 8.8　S1 接口用户平面[2]　　　　　图 8.9　S1 接口控制平面[2]

S1 接口无线网络层信令协议表示为 S1-AP(S1 Application Protocol),类似于 3G UMTS 系统 Iu 接口的 RANAP 协议。在传输网络层,信令协议数据单元的传输在 IP 层采用点到点方式传输。

S1 接口具有如下一些主要功能:

① SAE 承载服务管理功能,包括 SAE 承载的建立、释放。

② S1 接口 UE 上下文管理功能。

③ LTE_ACTIVE 状态下 UE 移动性管理功能。

④ S1 接口的寻呼。

⑤ NAS 信令传输。提供 UE 与核心网之间非接入层信令的透明传输。

⑥ S1 接口管理功能(如错误指示、S1 接口建立等)。

⑦ 网络共享功能。

⑧ 漫游与区域限制支持功能。

⑨ NAS 节点选择功能。

⑩ 初始上下文建立过程。

⑪ S1 接口的无线网络层不提供流量控制功能和拥塞控制功能。

5. X2 接口

X2 接口是 eNode B 与 eNode B 之间的接口。X2 接口的定义采用了与 S1 接口一致的原则,体现在 X2 接口的用户平面协议接口与控制平面协议结构均与 S1 接口类似。

(1)用户平面

X2 接口用户平面提供 eNode B 之间的用户数据传输功能。X2-UP 的协议栈结构如图 8.10 所示,X2-UP 的传送网络层基于 IP 传输,UDP/IP 协议之上采用 GTP-U 来传输 eNode B 之间的用户面 PDU。

X2-UP 接口支持 eNode B 之间的隧道传输终端用户分组功能。而隧道协议至少应具备下列功能。

① 在 X2 接口的目标节点中指示数据分组所属的 SAE 接入承载。

② 在移动性过程中,尽量减少数据的丢失。

③ 对于 X2 接口上业务流的传输,将与 S1 接口保持一致,以便降低架构的复杂性,并有利

于 S1 接口和 X2 接口上与业务流管理的一致性。

（2）控制平面

X2 接口控制平面协议栈如图 8.11 所示。为简化网络设计,LTE 系统 X2 接口的定义采用了与 S1 接口一致的原则,其传输网络层控制平面 IP 层的上面也采用 SCTP,为信令消息提供可靠的传输。应用层信令协议表示为 X2-AP(X2 Application Protocol)。

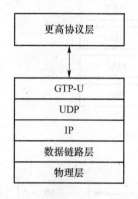

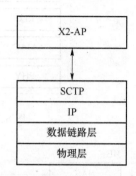

图 8.10　X2 接口用户平面[2]　　　　　　图 8.11　X2 接口控制平面[2]

X2 接口应用协议(X2-AP)的一些主要原则如下:

① X2-AP 实现 X2 接口控制平面的主要功能,主要包括 UE 在 eNB 之间的移动性管理功能、多小区之间无线资源管理功能、常规的 X2 接口管理功能和错误处理功能。

② X2-AP 应尽量继承和重用 3G Iur 接口的 RNSAP 协议的一些应用原则和协议过程,并根据 LTE 新增加的特定应用层功能来定义新的协议过程。

③ X2-AP 层消息应使用 ASN.1 编码。〔注:ASN.1 是描述在网络上传输信息格式的 ISO/ITU-T 标准。它指定了以何种方式对非平凡的数据类型进行编码,以便其他任何平台及第三方工具都能够解释其内容。〕

④ X2-AP 层与传输网络层所提供的服务应保持独立。

X2 接口应用层协议具有如下一些主要功能:

① 支持 LTE_ACTIVE 状态下 UE 的 LTE 接入系统内的移动性管理功能。主要体现在切换过程中由源 eNB 到目标 eNB 的上下文传输以及源 eNB 与目标 eNB 之间用户平面隧道的控制。

② X2 接口自身的管理功能,如错误指示等。

8.2.2　空中接口协议

空中接口是指终端和接入网之间的接口,一般称为 Uu 接口。空中接口协议主要是用来建立、重配置和释放各种无线承载业务的。空中接口是一个完全开放的接口,只要遵守接口规范,不同制造商生产的设备就能互相通信。

LTE 无线接口协议体系结构根据用途分为用户平面协议栈和控制平面协议栈。用户平面协议与 UMTS 系统相似,如图 8.12 所示,主要包括 PDCP、RLC、MAC 层,执行头压缩、调度、加密等功能。

控制平面协议如图 8.13 所示,主要包括非接入层(NAS)、RRC、PDCP、RLC、MAC 层。

其中 PDCP、RLC 和 MAC 和用户平面的功能相同,但控制平面没有 IP 报文头压缩功能。

RRC 协议终止于 eNode B,它在接入层中起主要控制作用,负责建立无线承载和配置 eNode B 和 UE 间由 RRC 信令控制的所有底层。

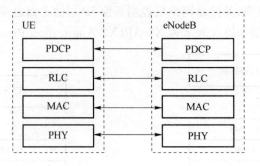

图 8.12　用户平面协议栈[1]

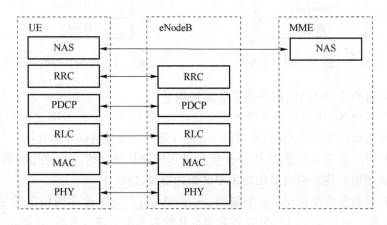

图 8.13　控制平面协议栈[1]

NAS 控制协议,主要实现以下功能:

- SAE 承载管理。
- 鉴权。
- LTE_IDLE 状态下的移动性处理。
- 产生 LTE_IDLE 状态下的寻呼消息。
- 安全控制。

1. 层 1 协议框架

图 8.14 中给出了物理层周围的 E-UTRA 无线接口协议结构。物理层与层 2 的媒体接入控制(MAC)子层和层 3 的无线资源控制(RRC)层具有接口。图中层与层之间的连接点称为服务接入点(SAP,Service Access Point)。物理层向 MAC 层提供传输信道。MAC 层提供不同的逻辑信道给层 2 的无线链路控制(RLC)子层。

物理层向高层提供数据传输服务,可以通过 MAC 子层并使用传输信道来接入这些服务。物理层提供如下功能:

- 传输信道的错误检测并向高层提供指示。
- 传输信道的前向纠错(FEC,Forward Error Correction)编码解码。
- 混合自动重传请求(HARQ,Hybirid Automatic Repeat-reQuest)软合并。

- 编码的传输信道与物理信道之间的速率匹配。
- 编码的传输信道与物理信道之间的映射。
- 物理信道的功率加权。
- 物理信道的调制和解调。
- 频率和时间同步。
- 射频特性测量并向高层提供指示。
- 多输入多输出(MIMO,Multiple Input Multiple Output)天线处理。
- 传输分集,波束赋形。
- 射频处理。

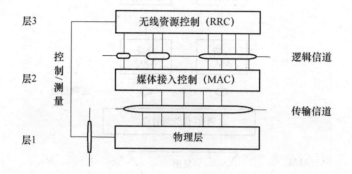

图 8.14　物理层周围的无线接口协议结构[2]

2. 层 2 协议框架

层 2 主要是由 MAC、RLC 以及 PDCP 等子层组成的。以下将介绍 L2 的总体框架以及各层的功能。

图 8.15 和图 8.16 分别给出了下行和上行的层 2 框架。

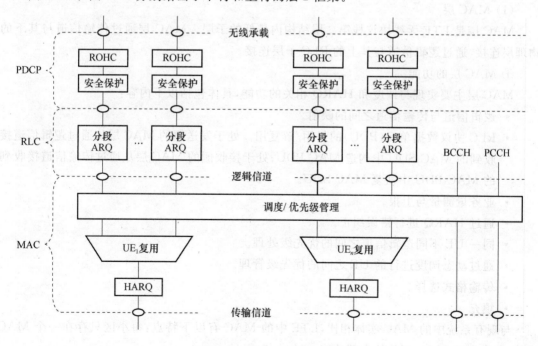

图 8.15　层 2 下行架构图[1]

　　PDCP 向上提供的服务是无线承载,提供可靠头压缩(ROHC,Robust Header Compression)功能与安全保护。RLC 与 MAC 之间的服务为逻辑信道。MAC 提供逻辑信道到传输信道的复用与映射。

　　上行架构与下行架构的区别主要有:下行反映网络侧的情况,处理多个用户;上行反映终端侧的情况,只处理一个用户。每个子层实现的功能是相同的。

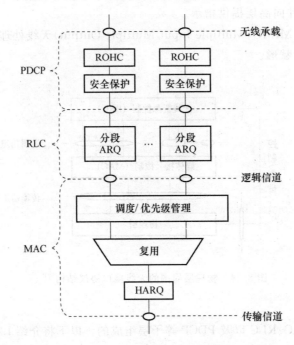

图 8.16　层 2 上行架构图[1]

　　(1) MAC 层

　　MAC 层是 LTE 无线协议栈第二层结构内最低的子层。MAC 层通过传输信道与其下的物理层连接,通过逻辑信道与其上的 RLC 子层连接。

　　① MAC 层的功能

　　MAC 层主要实现与调度和 HARQ 相关的功能,具体包括以下内容:

- 逻辑信道与传输信道之间的映射。
- RLC 协议数据单元(PDU)的复用/解复用。处于发送侧的 MAC 层从通过逻辑信道接收到的 MAC SDU 中构造 MAC PDU;处于接收侧的 MAC 层从通过传输信道接收到的 MAC PDU 中恢复 MAC SDU。
- 业务量测量与上报。
- 通过 HARQ 进行错误纠正。
- 同一 UE 不同逻辑信道之间的优先级处理。
- 通过动态调度进行的 UE 之间的优先级管理。
- 传输格式选择。
- 填充。

　　与现有系统中的 MAC 实体相比,LTE 中的 MAC 有以下特点:每小区只存在一个 MAC 实体,负责实现 MAC 相关的全部功能。

② 逻辑信道

MAC 层通过逻辑信道为 RLC 层提供数据传输业务。逻辑信道既可以是承载 RRC 等控制数据的控制逻辑信道，也可以是承载用户平面数据的业务逻辑信道。

控制信道主要有以下几种类型：

- 广播控制信道（BCCH，Broadcast Control CHannel）。传输广播系统控制信息的下行信道。
- 寻呼控制信道（PCCH，Paging Control CHannel）。传输 UE 来电或系统信息改变的下行信道。
- 公共控制信道（CCCH，Common Control CHannel）。UE 和 eNode B 连接建立过程中，发送控制信息的上行或下行信道。
- 多播控制信道（MCCH，Multicast Control CHannel）。发送与 MBMS 业务接收相关的控制信息的下行信道。
- 专用控制信道（DCCH，Dedicated Control CHannel）。传输专用控制信息的上行或下行信道。通常在 UE 与 eNode B 之间有 RRC 连接时使用。

业务信道只用于用户平面信息的传输。业务信道主要有以下几种类型：

- 专用业务信道（DTCH，Dedicated Traffic CHannel）。发送专用用户数据的上/下行信道。
- 多播业务信道（MTCH，Multicast Traffic CHannel）。发送 MBMS 业务用户数据的下行信道。

③ 传输信道

来自 MAC 层的数据通过传输信道与物理层进行交换，可根据数据如何在空口传输将它们复用到传输信道上。

下行传输信道类型主要有以下几种：

- 广播信道（BCH，Broadcast CHannel）。该信道用来传输对接入 DL-SCH 必需的部分系统信息。它的传输格式固定且容量有限。
- 下行共享信道（DL-SCH，Downlink Shared CHannel）。该信道用来传输下行用户数据或控制信息。
- 寻呼信道（PCH，Paging CHannel）。该信道用来向 UE 传输寻呼信息，同时也用来通知 UE 系统信息的更新。
- 多播信道（MCH，Multicast CHannel）。该信道用来传输单频网络相关的用户数据或者控制信息。

上行传输信道类型主要有以下两种：

- 上行共享信道（UL-SCH，Uplink Shared CHannel）。传输上行用户数据或控制信息。
- 随机接入信道（RACH，Random Access CHannel）。用来在 UE 没有精确的上行时间同步时，或当 UE 没有分配到上行发送资源时接入网络。

④ 传输信道和逻辑信道间的复用和映射

图 8.17 和图 8.18 分别显示了下行和上行逻辑信道和传输信道之间的可能复用。

下行时，DL-SCH 承载除 PCCH 外所有逻辑信道中的信息。对 MBMS 来说，MTCH 和 MCCH 既可映射到 DL-SCH，也可映射到 MCH，这取决于数据是由单小区发送还是多小区发送。

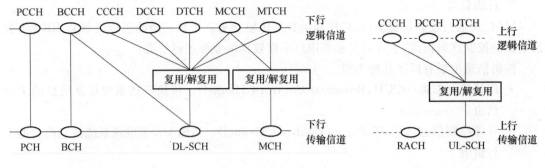

图 8.17　下行逻辑信道复用[7]　　　　　　图 8.18　上行逻辑信道复用[7]

上行时,UL-SCH 承载所有逻辑信道中的信息。

（2）RLC 层

RLC 层位于 PDCP 层和 MAC 层之间。它通过业务接入点（SAP）与 PDCP 层通信,通过逻辑信道与 MAC 层通信。RLC PDU 由 RLC 头和 RLC SDU 组成。

RLC 主要实现与 ARQ 相关的功能,具体包括以下几点:

① 通过 ARQ 机制进行错误修正。

② 根据传输块（TB）大小进行动态分段。

③ 重传时对 PDU 进行重分段,且重分段的数目没有限制。

④ 顺序传送上层的 PDU（切换时除外）。

⑤ 重复检测。

⑥ 底层协议错误检测与恢复。

⑦ eNode B 和 UE 间的流控。

⑧ SDU 丢弃。

⑨ 重置（Reset）。

RLC 层的功能是通过 RLC 实体来实现的。RLC 提供 3 种数据传输模式:透明模式（TM,Transparent Mode）、非确认模式（UM,Unackowledge Mode）和确认模式（AM,Acknowledge Mode）。

① 透明模式

TM RLC 不对 PDU 增加任何 RLC 头,仅仅根据业务类型决定是否进行分段操作。该模式适用于那些不需要重发或对投递顺序不敏感的服务。只有 RRC 消息如广播系统信息消息和寻呼消息使用该 TM 模式。TM 模式不用于用户面数据传输。

TM RLC 提供单向的数据传输业务,也就是说,一个单独的 TM RLC 实体既可以配置成发送 TM RLC 实体,也可配置成接收 TM RLC 实体。

② 非确认模式

和 TM RLC 一样,UM RLC 提供单向的数据传输业务。UM 模式按顺序投递那些可能因 MAC 层 HARQ 进程而在接收时发生混乱但又无须重发丢失 PDU 的数据。该模式主要用于延时敏感和可容错的实时业务,尤其是 VoIP,以及其他对时延敏感的流媒体业务中。点对多点业务如 MBMS（多媒体广播/多播业务）也使用 UM RLC,这是因为点对多点情况下没有使用的反馈途径,不能使用 AM RLC。

在发射端,UM RLC 实体根据 MAC 层给出的 RLC PDU 总长度来分割/级联 RLC SDU。

而接收 UM RLC 实体进行重复检测、重新排序和重组。

③ 确认模式

与其他 RLC 传输模式相反,AM RLC 提供双向的数据传输业务。因此,单个 AM RLC 实体可配置成同时发送和接收,并将相应的 AM RLC 实体部分称为"发射侧"和"接收侧"。

AM RLC 最重要的特征是"重传",自动重传请求(ARQ)用来支持无差错传输。AM RLC 主要用于错误敏感、时延容忍的非实时应用中,如 Web 浏览和文件下载等。如果时延要求不太严格,流媒体类型业务也经常使用 AM RLC。在控制平面中,为了确保可靠性,RRC 消息通常使用 AM RLC。

(3) PDCP 层

PDCP 提供下列功能:

① 用户平面数据的报头压缩和解压缩。

② 安全性功能。用户和控制平面协议的加密和解密;控制平面数据的完整性保护和验证。

③ 切换支持功能。切换时对上层发送的 PDU 顺序发送和重排序;对映射到 RLC 确认模式下的用户平面数据的无损切换。

④ 丢弃超时的用户平面数据。

PDCP 层管理用户平面以及控制平面的数据流。用户平面和控制平面数据的 PDCP 架构如图 8.19 和图 8.20 所示。

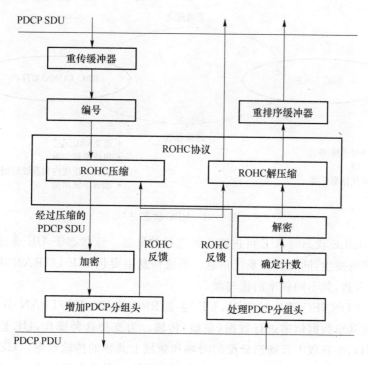

图 8.19 用户平面 PDCP 概览[3]

LTE 定义了两种不同的 PDCP PDU,即 PDCP 数据 PDU 和 PDCP 控制 PDU。PDCP 数据 PDU 可传输控制平面数据和用户平面数据,而 PDCP 控制 PDU 用来传输无损切换情况下的 PDCP 状态报告和包头压缩的反馈信息。

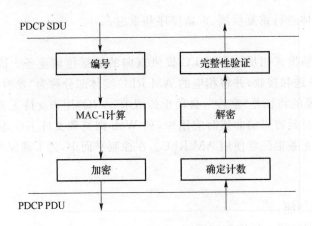

图 8.20　控制平面 PDCP 概览[3]

3. 层 3 协议框架

层 3 协议主要由无线资源控制(RRC)层构成。RRC 层承担 RRC 连接管理、无线承载控制、移动性管理以及 UE 测量报告与控制。它还负责广播系统信息和寻呼。

UMTS 有 4 种 RRC 状态,而 LTE 只有两种状态:RRC_IDLE 和 RRC_CONNECTED,如图 8.21 所示。建立 RRC 连接时,UE 处于 RRC_CONNECTED 状态,否则,UE 处于 RRC_IDLE 状态。

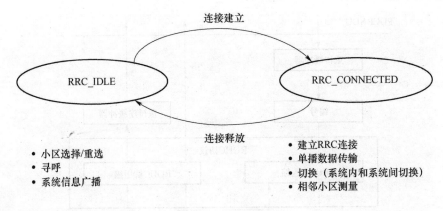

图 8.21　RRC 状态[4]

处于 RRC_IDLE 状态时,UE 可进行小区选择与重选。该状态下 UE 通过监视寻呼信号来检测来电被叫的发生,同时获取系统信息。系统信息主要包括 E-UTRAN 用来控制小区选择/重选过程的参数,如不同频率的优先级。

处于 RRC_CONNECTED 状态时,UE 建立 RRC 连接。E-UTRAN 分配无线资源给UE,以便于通过共享数据信道进行数据(单播)传输。为支持这种操作,UE 监视物理下行控制信道(PDCCH),来获取 UE 动态分配的时域和频域上共享的传输资源。UE 向网络提供下行信道质量和邻小区信息,以便 E-UTRAN 为 UE 选择一个最合适的小区。UE 也会接收系统信息。

RRC 协议涵盖了以下功能:

(1) 系统信息广播。处理包含 NAS 公共信息在内的系统信息广播。

(2) RRC 连接控制。涉及 RRC 连接建立、修改、释放相关的所有过程,包括寻呼、初始安全激活、信令无线承载(SRB)和携带用户数据的无线承载(数据无线承载,即 DRB)的建立、LTE 内的切换、底层协议的配置以及无线链路失效等。

(3)频带内、频间及 Inter-RAT 移动性的测量配置和上报。包括测量间隔的配置和激活。

(4)其他功能。包括专用 NAS 信息传输和 UE 无线接入能力信息的传输等。

8.3　LTE 系统的链路结构

8.3.1　LTE 系统的帧结构

LTE 系统支持的无线帧结构有两种,分别支持 FDD 模式和 TDD 模式。

1. FDD 帧结构

该帧结构适用于全双工和半双工 FDD 模式。如图 8.22 所示,每个无线帧长度为 10 ms,包含 10 个子帧。每个子帧包含 2 个时隙。每个时隙的长度为 0.5 ms。在 FDD 模式中,上下行传输在不同的频域上进行,因此每一个 10 ms 中,有 10 个子帧可以用于上行传输,有 10 个子帧可以用于下行传输。

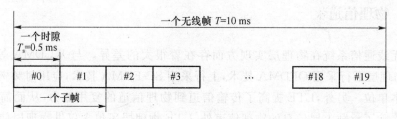

图 8.22　LTE FDD 模式帧结构[5]

2. TDD 帧结构

该帧结构适用于 TDD 模式。如图 8.23 所示,每个无线帧由两个半帧构成,每一个半帧长度为 5 ms。每一个半帧又由 8 个常规时隙和 3 个特殊时隙(DwPTS、GP 和 UpPTS)构成。

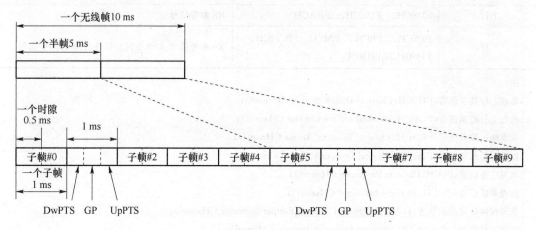

图 8.23　LTE TDD 模式帧结构[5]

1个常规时隙的长度为 0.5 ms。DwPTS 和 UpPTS 的长度是可配置的,并且 DwPTS、GP 和 UpPTS 的总长度为 1 ms。所有其他子帧包含两个相邻的时隙。TDD 模式支持 5 ms 和 10 ms 的上下行子帧切换周期。具体配置如表 8.1 所示,其中 D 表示用于下行传输的子帧,U 表示用于上行传输的子帧,S 表示包含 DwPTS、GP 以及 UpPTS 的特殊子帧。子帧 0 和子帧 5 以及 DwPTS 永远预留为下行传输。

表 8.1 上下行子帧切换点配置[5]

上下行配置	切换周期/ms	子帧序号									
		0	1	2	3	4	5	6	7	8	9
0	5	D	S	U	U	U	D	S	U	U	U
1	5	D	S	U	U	D	D	S	U	U	D
2	5	D	S	U	D	D	D	S	U	D	D
3	10	D	S	U	U	U	D	D	D	D	D
4	10	D	S	U	U	D	D	D	D	D	D
5	10	D	S	U	D	D	D	D	D	D	D
6	5	D	S	U	U	U	D	S	U	U	D

8.3.2 物理信道

不同的无线通信系统在物理层实现方面存在着很大的差异。与 WCDMA 等 3G 系统不同,LTE 在物理层下行采用 OFDMA 技术,上行采用 SC-FDMA 技术,应用时频资源块作为资源分配的基本单位。另外,LTE 提高了传输信道到物理信道的复用能力,从而简化了物理层信道的种类。除了承载上层信息的物理信道外,LTE 物理层还包含仅供物理层使用的物理信号,如参考信号、同步信号等。物理层信道按传输方向划分可以分为上行信道和下行信道,如表 8.2 所示。

表 8.2 LTE 物理信道与物理信号

方向	物理信道	物理信号
上行	PUSCH、 PUCCH、 PRACH	RS 参考信号
下行	PDSCH、 PBCH、 PMCH、 PCFICH、 PDCCH、 PHICH	RS 参考信号、PSS 主同步信号、SSS 辅同步信号

注:
物理上行共享信道(PUSCH,Physical Uplink Shared CHannel);
物理上行控制信道(PUCCH,Physical Uplink Control CHannel);
物理随机接入信道(PRACH,Physical Random Access CHannel);
物理下行共享信道(PDSCH,Physical Downlink Shared CHannel);
物理广播信道(PBCH,Physical Broadcast CHannel);
物理多播信道(PMCH,Physical Multicast CHannel);
物理控制格式指示信道(PCFICH,Physical Control Format Indicator CHannel);
物理下行控制信道(PDCCH,Physical Downlink Control CHannel);
物理 HARQ 指示信道(PHICH,Physical Hybrid ARQ Indicator CHannel)。

1. 物理资源

　　LTE 物理层传输使用的最小资源单位定义为资源粒子（RE,Resource Element）,依据时域和频域索引对(k,l)进行区分,其中 k 为频域载波序号,l 为时域符号序号。在 RE 之上,还定义了资源块（RB,Resource Block）,一个 RB 包含若干个 RE,如图 8.24 所示。LTE 为用户

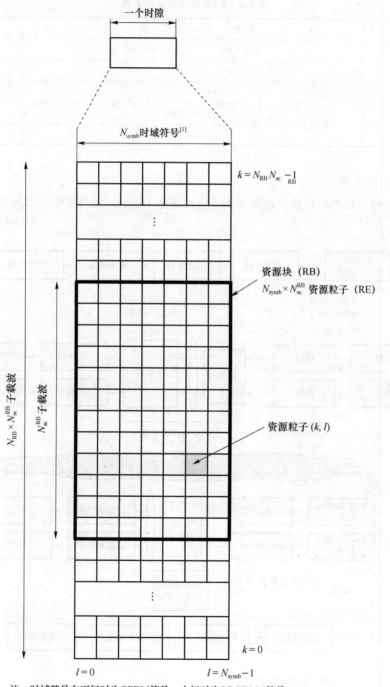

注：时域符号在下行时为OFDM符号，上行时为SC-FDMA符号

图 8.24　LTE 物理资源

分配资源是以 RB 为单位进行的,用户的物理信道和物理信号的分配则以 RE 为单位。上下行物理资源块的配置参数如表 8.3 所示。N_{RB} 为系统频带内的 RB 个数,与系统带宽有关。例如,由表 8.3 的参数可知一个 RB 的带宽为 180 kHz,因此当系统带宽为 10 MHz 时,去除保护带宽后,可容纳 50 个 RB。

表 8.3　LTE 物理资源块参数

方向	配置		N_{sc}^{RB}	N_{symb}
上行	常规 CP		12	7
	扩展 CP		12	6
下行	常规 CP	$\Delta f = 15\,\text{kHz}$	12	7
	扩展 CP	$\Delta f = 15\,\text{kHz}$	12	6
		$\Delta f = 15\,\text{kHz}$	24	3

2. 物理信道生成

物理信道的一般生成和接收过程如图 8.25、图 8.26 所示。LTE 中引入层是为了区分多

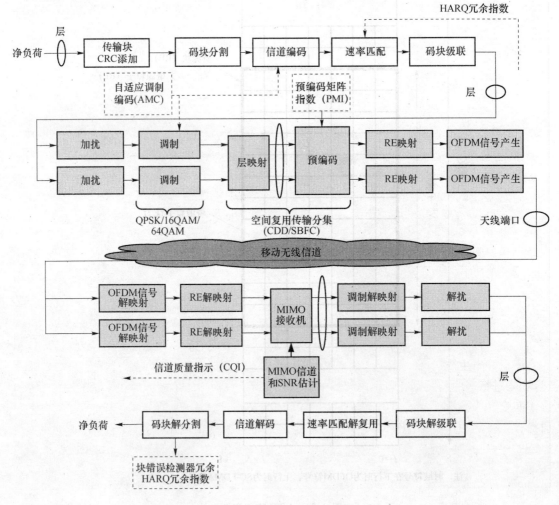

图 8.25　下行物理信道的一般流程

路数据以便实现多天线端口的发送分集和发送复用。层的概念在 LTE R-8 版本中仅存在于下行过程中。这是因为 LTER-8 中上行只采用一根天线,无法实现多路数据到天线端口的映射。上下行的一个重要区别在于采用的是 OFDM 还是 SC-FDMA。两者的一个重要差异在于时域峰均值比。OFDM 是多个正交载波信号在时域上的叠加,因此 OFDM 信号波峰值和波谷值差别可能会较大,这对发送端的功率和功放的要求较高。SC-FDMA 在这一点上优于OFDM,因此考虑到手机终端的实际情况,LTE 标准中在上行采用了 SC-FDMA。

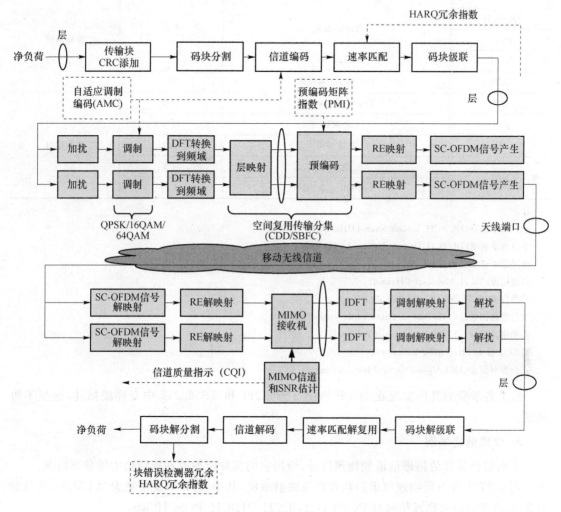

图 8.26　上行物理信道的一般流程

　　下面介绍生成过程。首先,来自 MAC 层的数据(静负荷)进行 CRC 计算并添加校验比特,然后进行码块分段并为每个码块添加各自的 CRC 校验比特。随后对码块进行信道编码、速率匹配和码块级联。不同的传输信道的编码方式不同,如表 8.4 所示。接下来,数据要进行加扰、调制、层映射、预编码、RE 映射、信号生成等过程。其中调制过程中会根据信道的不同类型采用不同的调制方式,如数据信道 PDSCH 和 PUSCH 可以采用 QPSK、16QAM、64QAM 等多种方式,控制信道 PDCCH 和 PUCCH 采用 QPSK 方式,PHICH 则采用 BPSK。控制信息和 HARQ 信息采用低阶的编码方式是为了保障其正确率,数据信息采用高阶调制则是为了提高传输效率。RE 映射需要解决不同信道的资源映射问题,因此上下行的处理会有所不同,具体内容将在下一小节介绍。

信道的接收过程是生成过程的逆过程。此外,接收机还要对信道进行估计,并反馈信道质量指示(CQI)、预编码码本指示(PMI)、重传指示(RI)等信息,以供下一次生成信道时使用。

表 8.4　LTE 信道编码方案和编码速率[6]

名称	编码方案	编码速率	种类
UL-SCH	Turbo 编码	1/3	传输信道
DL-SCH			
PCH			
MCH			
BCH	Tail Biting 卷积码	1/3	
DCI	Tail Biting 卷积码	1/3	控制信息
CFI	块编码	1/16	
HI	重复编码	1/3	
UCI	块编码	可变	
	Tail Biting 卷积码	1/3	

注:
上行共享信道(UL-SCH,Uplink Shared CHannel);
下行共享信道(DL-SCH,Downlink Shared CHannel);
寻呼信道(PCH,Paging CHannel);
多播信道(MCH,Multicast CHannel);
广播信道(BCH,Broadcast CHannel);
下行控制信息(DCI,Downlink Control Information);
控制格式指示(CFI,Control Format Indicator);
HARQ 指示(HI,HARQ Indicator);
上行控制信息(UCI,Uplink Control Information)。

以上各步骤的具体实现在 3GPP 协议 TS36.211 和 TS36.212 中有详细描述,这里不再赘述。

3. 物理信道举例

下面结合具体的物理信道和物理信号,给出它们实际传输时在资源格中的分布情况。

图 8.27 中为下行物理信道的物理资源映射举例,其中 LTE 系统带宽为 1.4 MHz,天线数目为 4,物理信道和物理信号有 PCFICH、PDCCH、PHICH、PDSCH、RS。

图 8.28 中为上行物理信道的物理资源映射举例,其中 LTE 系统带宽为 1.4 MHz,物理信道和物理信号有 PUCCH、PUSCH、RS。需要注意的是同一个用户的 PUCCH 和 PUSCH 不能在同一个子帧内发送,其 PUCCH 会先于相应的 PUSCH 发送。

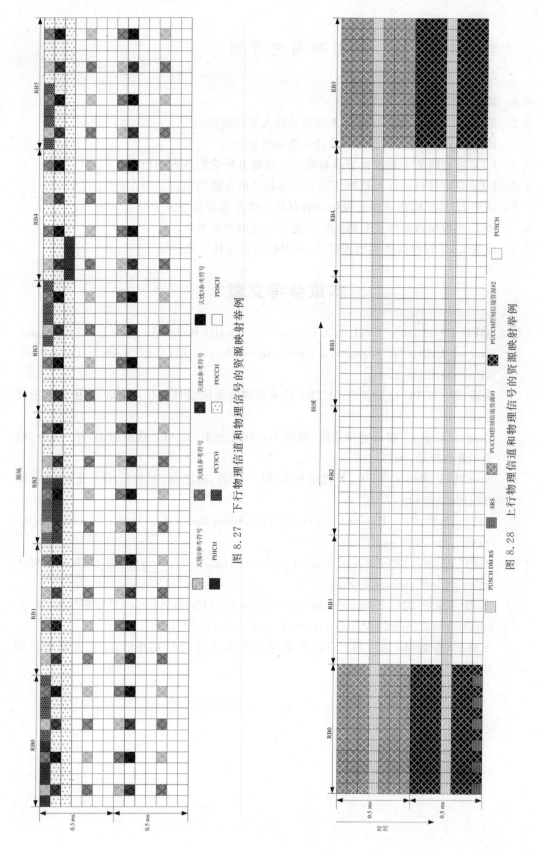

图 8.27　下行物理信道和物理信号的资源映射举例

图 8.28　上行物理信道和物理信号的资源映射举例

习题与思考题

8.1 简述 LTE 的双工方式种类。

8.2 简述 LTE 上行和下行采用不同多址接入方式的原因。

8.3 试论述 LTE 网络基本结构及其功能实体划分。

8.4 LTE 核心网的主要逻辑节点有哪些？简要分析它们各自的功能。

8.5 LTE 空中接口协议包括哪三层？简述每层的主要功能。

8.6 简述 LTE 逻辑信道和传输信道各自的功能及信道类型。

8.7 RLC 的数据传输模式有哪些？简述其应用的业务类型。

8.8 简述 LTE 物理信道和物理信号，并用框图描述其生成过程。

本章参考文献

[1] 3GPP TS 36.300. Evolved Universal Terrestrial Radio Access (E-UTRA) and Evolved Universal Terrestrial Radio Access Network (E-UTRAN)；Overall description；Stage 2.

[2] 沈嘉,等. 3GPP 长期演进（LTE）技术原理与系统设计[M]. 北京：人民邮电出版社,2008.

[3] Mustafa Ergen. 移动宽带系统：包括 WiMAX 和 LTE[M]. 欧阳恩山,译. 北京：电子工业出版社,2011.

[4] Arunabha Ghosh,等. LTE 权威指南[M]. 李莉,孙成功,王向云,译. 北京：人民邮电出版社,2012.

[5] 3GPP TS 36.211. Evolved Universal Terrestrial Radio Access (E-UTRA)；Physical channels and modulation

[6] 3GPP TS 36.212. Evolved Universal Terrestrial Radio Access (E-UTRA)；Multiplexing and channel coding

[7] 3GPP TS 36.321. Evolved Universal Terrestrial Radio Access (E-UTRA)；Medium Access Control (MAC) protocol specification

[8] 王映民,孙韶辉,等. TD-LTE 技术原理与系统设计[M]. 北京：人民邮电出版社,2010.

第9章　无线移动通信未来发展

学习重点和要求

本章主要介绍继第四代移动通信系统 3GPP LTE-Advanced 系统的增强技术和第五代移动通信系统的发展状况。

要求：

- 了解第四代移动通信系统 LTE-Advanced 的各种增强技术；
- 了解未来第五代无线移动通信技术的发展趋势。

9.1　LTE-Advanced 系统增强技术

9.1.1　概述

LTE-Advanced(LTEA)是 3GPP 为了满足 ITU IMT-Advanced(4G)的需求而推出的 LTE 后续演进技术标准，将 LTE 升级到 4G 不需要改变 LTE 标准的核心，而只需在 LTE R8 版本基础上进行扩充、增强和完善。3GPP 从 2008 年 4 月正式开始 LTE-Advanced 标准的研究和制定，最大可支持 100 MHz 的系统带宽，下行峰值速率超过 1 Gbit/s，上行峰值速率达到 500 Mbit/s。LTE-Advanced 系统设计不仅需要满足性能，还要考虑对 LTE 较好的后向兼容性，以降低运营商网络升级的成本。

LTE-Advanced 系统要求对 LTE 保持良好的后向兼容性，并与 LTE 系统共用相同的频谱资源。此外，LTE-Advanced 系统在数据速率、网络时延和频谱效率等方面都提出了较高的要求。

表 9.1 具体列出了 LTE-Advanced 系统所支持的主要指标与需求。由于 LTE-Advanced 系统是基于 LTE 系统的平滑演进，它要求系统具有后向兼容性，即两个系统的终端均可在对方的系统下正常工作。因此，LTE-Advanced 系统需支持 LTE 的全部功能，两个系统在传统场景中可共用一个技术平台。但 LTE-Advanced 系统的先进性为这个系统引入了新的场景，这就要求 LTE-Advanced 需运用新技术来实现新场景下的系统运营。因此，一旦发现了可以显著提高 LTE-Advanced 系统性能的先进技术，"强兼容"要求也是可以适度放宽的。

表 9.1　LTE-Advanced 的主要指标与需求

系统性能		LTE-A	LTE
峰值速率	下行	1 000 Mbit/s,100 MHz	100 Mbit/s,20 MHz
	上行	500 Mbit/s,100 MHz	50 Mbit/s,20 MHz
控制面时延	Idle to connected	<50 ms	<100 ms
	Dormant to active	<10 ms	<50 ms
用户面时延(无负荷)		比 LTE 更短	<5 ms
频谱效率	峰值	下行:30 bit·s^{-1}·Hz^{-1},不大于 8×8 上行:15 bit·s^{-1}·Hz^{-1},不大于 4×4	下行:5 bit·s^{-1}·Hz^{-1},2×2 上行:2.5 bit·s^{-1}·Hz^{-1},1×2
	平均	下行:3.7 bit·s^{-1}·Hz^{-1}·cell^{-1}, 不大于 4×4 上行:2.0 bit·s^{-1}·Hz^{-1}·cell^{-1}, 不大于 2×4	下行:R6 HSPA 的 3~4 倍,2×2 上行:R6 HSPA 的 2~3 倍,1×2
	小区边缘	下行:0.12 bit·s^{-1}·Hz^{-1}·cell^{-1}·user^{-1}, 不大于 4×4 下行:0.07 bit·s^{-1}·Hz^{-1}·cell^{-1}·user^{-1}, 不大于 2×4	N/A
移动性		不大于 350 km/h,不大于 500 km/h,freq band	不大于 350 km/h
带宽灵活部署		连续频谱,大于 20 MHz,频谱聚合	1.4,3,5,10,15,20 MHz 支持成对的频谱和非成对的频谱

为了满足 3GPP 为 LTE-Advanced 制定的技术需求,LTE-Advanced 引入了上/下行增强 MIMO(Enhanced UL/DL MIMO)、协作多点传输(CoMP,Coordinated Multi-point Transmission)、中继(Relay)、载波聚合(CA,Carrier Aggregation)、增强型小区间干扰协调(eICIC,Enhanced Inter-cell Interference Coordination)等关键技术。上/下行增强 MIMO 技术扩展了天线端口数量并同时支持多用户发送/接收,可充分利用空间资源,提高 LTE-Advanced 系统的上下行容量;CoMP 技术通过不同基站/扇区的相互协作,有效抑制小区间干扰,可提高系统的频谱利用率;Relay 技术通过无线回传有效解决覆盖和容量问题,摆脱了对有线回传链路的依赖,增强部署灵活性;CA 可提供更好的用户体验,提升业务传输速率;分层网干扰协调增强可重点解决异构网络下控制信道的干扰协调问题,保证网络覆盖的同时有效满足业务 QoS 需求。

LTE-Advanced 系统引入上述增强技术,可显著提高无线通信系统的峰值数据速率、峰值谱效率、小区平均谱效率以及小区边界用户性能,有效改善小区边缘覆盖和平衡 DL/UL 业务性能,提供更大的带宽。

9.1.2　协作多点传输

协作多点传输(CoMP)是指多小区间相互协作,交互相应的控制信息和/或数据信息,实现联合发送和接收,避免或利用小区间干扰,从而增强接收信号质量的传输增强技术。CoMP 拓扑架构可以是射频远程单元(RRU)协作、inter-eNB/intra-eNB 协作或中继协作,根据硬件成本和现网部署灵活选择。基于上述拓扑架构,可以实现两类 CoMP 协作方案:第一类是进行多点联合处理/传输,可以利用多点信号的相互干扰,但实现较为复杂;第二类是协作调度/波束赋形,实际是单点传输,实现干扰避免,实现较为简单。在实现这两类传输方案时,需要协作簇选择,这可以采用静态协作簇配置或动态协作簇配置,也可以是网络选择或 UE 选择,协作簇配置应考虑 LTE 定义的测量集概念。

CoMP 传输的重点应用是下行传输。下行 CoMP 通常需要协作点共享 UE 信道状态信息和 UE 数据信息以及联合资源分配和调度。相对于 LTE 非 CoMP 传输,CoMP 传输增加的复杂度主要体现在以下几点:

- UE 需要测量邻小区信道质量(这在 R8/R9/R10 中已有定义),同样,eNB 需要测量邻小区 UE 的信道状态信息 CSI,增加了上行 SRS 检测次数,这相对于 LTE 需要额外定义;
- 额外的上下行信令传输,但在 TDD 系统可以设置成透明模式,即不增加额外信令;
- 额外的基站间信令和数据交互,需要在专用接口(如 X2 接口或背板)上定义新的进程;
- MIMO 预编码处理,在信道矩阵维数变大的情况下,预编码加权系数的求解变得更为复杂;
- 小区间联合调度和资源分配,问题求解复杂度增加,数据缓存需求亦增加。

协作多点传输技术的应用场景如图 9.1 所示。通过 CoMP 进行干扰避免或利用,使得小区业务覆盖更趋均匀,有效提升了 UE 业务体验。

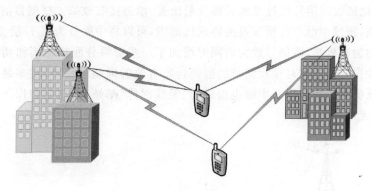

图 9.1　多点协作传输的应用场景

9.1.3　多频带技术

IMT-Advanced 系统很可能是一个多频段层叠的无线接入系统,例如,将基于高频段优化的系统用于小范围热点、室内和家庭基站(Home Node B)等场景,基于低频段的系统为高频段系统提供"底衬",填补高频段系统的覆盖空洞和支持高速移动用户。

相比多频段协同更进一步的是频谱聚合(SA,Spectrum Aggregation)或载波聚合(CA,Carrier Aggregation)技术。如图 9.2(a)所示,首先考虑将相邻的数个较小的频带整合为一个较大的频带。这种情况的典型应用场景是:低端终端的接收带宽小于系统带宽,此时为了支持小带宽终端的正常操作,需要保持完整的窄带操作。但对于那些接收带宽较大的终端,则可以将多个相邻的窄频带整合为一个较宽频带,进行统一的基带处理。

如图 9.2(b)所示,离散多频带的整合主要是为了将分配给运营商的多个较小的离散频带联合起来,当成一个较宽的频带使用,通过统一的基带处理实现离散频带的同时传输。对于OFDM系统,这种离散频谱整合在基带层面可以通过插入"空白子载波"来实现。

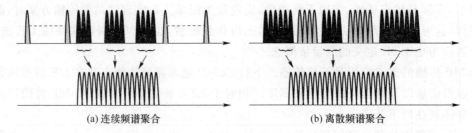

(a) 连续频谱聚合　　　　　　　　(b) 离散频谱聚合

图 9.2　频谱聚合操作

9.1.4　Relay 技术

围绕 IMT-Advanced 技术的未来应用,为了能够为整个网络提供更大的网络覆盖和容量、快速灵活的部署、降低运营商的设备投资和维护成本,引入了中继的概念并考虑中继辅助通信中存在的问题。

中继站(Relay Station)是将信号进行再生、放大处理后,再转发给目的端,以确保传输信号的质量的网络节点,如图 9.3 所示。在无线电通信中,它作为设置在发射点与接收点中间的工作站,作用是把接收的信号经过处理后再发射出去,增强接收效果。根据目前 3GPP 提出的中继节点的分类,按照中继节点所涉及的协议栈范围,可以将中继分为层 1/层 2/层 3 共 3 种。层 1 中继站也称为直放站,将信号放大的同时增加了一些资源分配功能诸如功率控制和子载波映射等。层 2 中继站通过对接收信号的解码转发有效的抑制了噪声,在多跳传输时往往能够更加有效降低噪声干扰。层 3 中继也被成为"无线回传"基站,其功能和作用类似于一个小型基站,但是有无线回传功能。

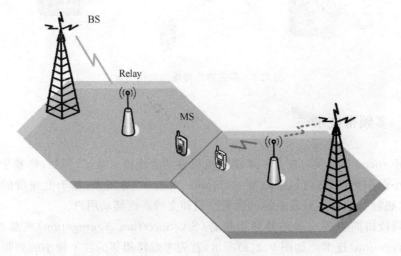

图 9.3　中继站示意图

9.1.5 eICIC

随着不断增长的数据业务要求,通过简单的小区分裂或 LTE Realease 8/9 中 ICIC(Inter-cell interference coordination)技术已经难以满足提高数据容量和小区边缘频谱效率的要求,在 LTE R8 中,针对邻小区的干扰和控制信道可靠性的分析,主要对数据域的干扰协调做了一定的标准化工作。在此背景下,同频共信道的异构网络的研究和标准化逐步走向前沿。

异构网络是指在传统的 Macro eNB 覆盖区域内,再部署若干个小功率传输节点,可能是 Pico eNB 和 Femto,但它们与传统分层覆盖采用的异频组网方式不同,这些小功率传输节点与 Macro eNB 占用的是相同的频率,甚至载波带宽,如图 9.4 所示。考虑到未来业务和需求的发展,异构网络将是网络发展的必然趋势和典型部署方式,分层网络之间的同频复用也将更加普遍。异构网络的同频部署为进一步提高小区边缘 UE 的吞吐量或频谱效率提供了可能,但它也会带来潜在的问题,那就是 Macro eNB 和小功率传输节点间的共信道干扰问题,新节点的引入使得系统拓扑结构更加复杂,形成一个多种类型节点共同竞争相同无线资源的全新干扰环境。基于此,针对这种网络部署的增强的 ICIC 技术在 LTE-Advanced 作为独立的 WI eICIC 被提出研究并标准化。

在异构网络中,控制信道的可靠性下降,直接影响到小功率传输节点的有效利用,因此针对控制域的干扰协调成为 eICIC 的主要研究和标准化内容。在初始研究阶段,3 种不同的控制域干扰协调方案被提出,分别为基于载波聚合的干扰协调方案、基于频域划分的干扰协调方案及基于时域划分的干扰协调方案,但综合考虑选择基于时域划分的干扰协调方案,在该方案中 Macro eNB 和 Pico eNB/Femto 按照负载半静态调整分配一定的时域资源作为干扰节点对被干扰节点的保护资源,从而保证被干扰节点的终端在被干扰节点下被保护资源中可以可靠的通信,得以继续驻留在被干扰节点下,可以实现干扰保护和卸载负载或均衡负载的作用,改善整个通信系统的性能。

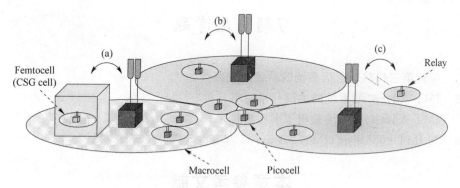

图 9.4 分层网络的应用场景

9.2 第五代移动通信技术(5G)发展

5G 又称为 IMT-2020,预期在 2020 年实现商用。5G 在吞吐率、时延、连接数量和能耗指标等方面相比 4G 进一步提升系统性能。5G 将提供超级容量的带宽,如支持传输高质量视频图像,短距离传输速率是 10 Gbit/s,并将各种无线接入方式相融合,支持各种泛在业务。

5G 既不是单一的技术演进,也不是几个全新的无线接入技术,而是整合了新型无线接入技术和现有无线接入技术(WLAN,4G、3G、2G 等),通过集成多种技术来满足不同的需求,是一个真正意义上的融合网络。5G 可以打破现有频谱资源的制约,实现全频谱感知智能通信;更重要的是,通过集成多种无线接入解决方案,5G 技术将可以把人类社会彻底带入网络社会,实现万物互联。在这样的背景下,5G 除了要满足超高速的传输需求外,还需要应对来自联网设备的大规模增长以及不同应用场景对网络需求不同的挑战,满足超高容量、超可靠性、随时随地可接入性等要求。

要实现随时随地接入的需求,5G 的主要研究方向涉及多个层面,包括网络系统体系架构、无线组网、无线传输、新型天线与射频以及新频谱开发与利用等关键技术的支撑。

1. 5G 无线网络构架与关键技术

5G 的核心无疑是异构网的融合,需要考虑不同技术或系统的融合与应用,其网络构架更复杂,需要研究的关键技术包括:支持高速移动互联的新型网络架构、高密度新型分布式协作与自组织组网和异构系统无线资源联合调配技术等。

2. 5G 无线传输关键技术

为实现 10 Gbit/s 业务总速率,5G 融合现有无线技术。此外,5G 研究还离不开其他新型无线传输技术研究,尤其是需要突破大规模协作所涉及的技术瓶颈,包括大规模协作配置情况下的无线传输、阵列天线和新型调制编码等关键技术。

3. 5G 移动通信系统业务应用技术

5G 的提出是为了满足未来激增的网络流量,有关 5G 业务应用与需求、商业发展模式、用户体验模式、网络演进及发展策略、频谱需求与空中接口技术需求等,面向 5G 频谱应用的信号传播特性、测量与建模等方面的研究也都是重要方向。

习题与思考题

9.1　简述第三代移动通信系统的后续演进路线。

9.2　IMT-Advanced 系统的主流标准有哪几种?

9.3　IMT-Advanced 系统采用了哪些新技术?

9.4　与 IMT-2000 相比,IMT-Advanced 有哪些改进?

本章参考文献

[1]　IEEE. Contribution to technical requirements for IMT-Advanced systems.

[2]　Huawei. Further details and considerations of different types of relays. 3GPP TSG-RAN WG1 ♯ 54bis, R1-083712.

[3]　3GPP TR 25.814 V10.0. 3rd Generation Partnership Project;Technical Specification Group Radio Access Network;Requirements for Evolved UTRA (E-UTRA) and Evolved UTRAN (E-UTRAN) (Release 10).

附录 话务量和呼损简介

1. 呼叫话务量

话务量是度量通信系统通话业务量或繁忙程度的指标。话务量是指单位时间(1 小时)内进行的平均电话交换量,即

$$A = C \times t_0 \qquad\qquad (\text{附 }1.1)$$

其中,C 为每小时的平均呼叫次数(包括呼叫成功和呼叫失败的次数);t_0 为每次呼叫平均占用信道的时间(包括接续时间和通话时间)。

如果在 1 小时内不断地占用一个信道,则其呼叫话务量为 1 Erl(爱尔兰)。

2. 呼损率

在一个通信系统中,造成呼叫失败的概率称为呼叫损失概率,简称呼损率(B)。设 A' 为呼叫成功而接通电话的话务量,简称完成话务量;C_0 为 1 小时内呼叫成功而通话的次数;t_0 为每次通话的平均占用信道的时间,则完成话务量为

$$A' = C_0 \times t_0 \qquad\qquad (\text{附 }1.2)$$

于是呼损率为

$$B = \frac{A - A'}{A} \times 100\% = \frac{C - C_0}{C} = \frac{C_i}{C} \qquad\qquad (\text{附 }1.3)$$

其中,$A - A'$ 为损失话务量。

呼损率也称为系统的服务等级(或业务等级)。呼损率与话务量是一对矛盾,即服务等级与信道利用率是矛盾的。

Erlang B 公式(也叫阻塞呼叫清除公式)求解呼叫阻塞概率:

$$B = P_n = \frac{\dfrac{A^n}{n!}}{\displaystyle\sum_{k=0}^{n} \dfrac{A^k}{k!}} \qquad\qquad (\text{附 }1.4)$$

式中,A 为流入业务的流量强度(话务量);n 为系统容量(电路数量)。

例如,有一个系统容量 $C = 10$(条线),流入的业务强度 $A = 6$ Erl,系统服务的用户很多,可计算这个系统的呼损率为

$$B = 0.043\,142 (4.3\%)$$

在不同呼损率 B 的条件下,信道的利用率也是不同的:

$$\eta = \frac{A_0}{n} = \frac{A(1-B)}{n} \qquad\qquad (\text{附 }1.5)$$

Erlang B 公式已经制成爱尔兰呼损表,知道 3 个参数 A、B 和 n 中的任何两个参数,就可以从爱尔兰呼损表查出需要的第 3 个参数。例如,可以从附表 1.1 中找到 B、A 和 n 三者。

附表 1.1 爱尔兰呼损表

n	A				
	B=1%	B=2%	B=5%	B=10%	B=20%
1	0.010 1	0.020	0.053	0.111	0.25
5	1.360	1.657	2.219	2.881	4.010
10	4.460	5.092	6.216	7.511	9.685
20	12.031	13.181	15.249	17.163	21.635

3. 每个信道能容纳用户数的计算

为了计算每个信道能容纳多少用户,需要计算每个用户忙时话务量。在考虑通信系统的用户数和信道数时,应采用"忙时平均话务量"。因为只要在"忙时"信道够用,"非忙时"肯定就不成问题。先定义繁忙小时集中率(K)为

$$K = \frac{忙时话务量}{全日话务量} \tag{附 1.6}$$

再考虑每个用户忙时话务量(A_a)为

$$A_a = CTK\frac{1}{3\,600} \tag{附 1.7}$$

式中,C 为每一用户每天平均呼叫次数;T(单位为秒)为每次呼叫平均占用信道的时间;A_a 为最繁忙的那个小时的话务量,是统计平均值。

这样就可以计算每个信道能容纳的用户数(m)了。每个信道所能容纳的用户数 m 可由下式决定:

$$m = \frac{A/n}{CTK\dfrac{1}{3\,600}} = \frac{A/n}{A_a} = \frac{A/A_a}{n} \tag{附 1.8}$$

例如,某移动通信系统,每天每个用户平均呼叫 10 次,每次占用信道平均时间为 80 s,呼损率要求 10%,忙时集中率 $K=0.125$,问给定 8 个信道容纳多少用户?

① 利用爱尔兰损失概率表,查表求得:$A=5.597$ Erl。

② 求每个用户忙时话务量 A_a:

$$A_a = CTK\frac{1}{3\,600} = 0.027\,2 \text{ Erl/用户}$$

③ 每个信道能容纳的用户数 m 为

$$m = \frac{A/n}{A_a} = 205.8/8$$

④ 系统所容纳的用户数约为 205。

习　题

1. 某基站共有 10 个信道,现容纳 300 户,每用户忙时话务量为 0.03 Erl,问此时的呼损率为多少? 如用户数及忙时话务量不变,使呼损率降为 5% 时,求所需增加的信道数。